Digitalisierung

Schlüsseltechnologien
für Wirtschaft und Gesellschaft

Fraunhofer-Forschungsfokus:

Reimund Neugebauer

Digitalisierung

Schlüsseltechnologien für Wirtschaft und Gesellschaft

1. Auflage

Reimund Neugebauer
Zentrale der Fraunhofer-Gesellschaft,
München, Germany

ISBN 978-3-662-55889-8 ISBN 978-3-662-55890-4 (eBook)

Die Deutsche Nationalbibliothek verzeichnet diese Publikation in der Deutschen Nationalbibliografie; detaillierte bibliografische Daten sind im Internet über http://dnb.d-nb.de abrufbar.

Springer Vieweg

Gedruckt auf säurefreiem und chlorfrei gebleichtem Papier

Springer Vieweg ist Teil von Springer Nature
Die eingetragene Gesellschaft ist „Springer-Verlag GmbH Berlin Heidelberg“

Inhaltsverzeichnis

Digitale Information – der „genetische Code" moderner Technik

1

Prof. Dr.-Ing. Reimund Neugebauer
Präsident der Fraunhofer-Gesellschaft

1.1 Einleitung: Digitalisierung als hochdynamischer Prozess

Das Digitale Zeitalter begann vergleichsweise langsam. Als erster Computer, der den binären Code verwendete und programmierbar war, gilt Zuse Z3, entwickelt und gebaut von Konrad Zuse und Helmut Schreyer 1941 in Berlin. 1971 wurde der erste Mikroprozessor patentiert; er enthielt 8000 Transistoren. Zehn Jahre später war man bei etwa der zehnfachen Transistorenzahl angekommen, 2016 schließlich bei etwa 8 Mrd.

Diese exponentielle Steigerung von Komplexität und Leistung digitaler Rechner hat Gordon Moore 1965 prognostiziert. Das nach ihm benannte „mooresche Gesetz" – dem Wesen nach eher eine Faustregel – besagt nach gängiger Interpretation, dass sich die Anzahl an Transistoren, die in einen integrierten Schaltkreis festgelegter Größe passen, etwa alle 18 Monate verdoppelt. Über Auslegung und Wirkdauer dieser Regel mag man diskutieren, sie bildet aber ausreichend genau ab, mit welcher Dynamik sich die Entwicklung der Digitaltechnik vollzieht.

Die Gründe für die enorme Beschleunigung des Fortschritts liegen unter anderem darin, dass die Digitalisierung neben allen technischen und praktischen Anwendungsfeldern auch die Forschungs- und Entwicklungsarbeit selbst verändert hat. Ein Prozessor mit Transistoren in Milliardenzahl etwa ist nur mit weitgehend automatisierten, digitalisierten Verfahren zu konstruieren und herzustellen. Komplexe Programme wiederum werden ganz oder teilweise von Rechnern selbst entworfen, umgesetzt und geprüft. Die immensen Datenmengen aus Forschungsprojekten, Produktionsanlagen und sozialen Medien können nur mit massiver Rechnerunterstützung ausgewertet werden. Dann jedoch lassen sich daraus Erkenntnisse gewinnen, die vor einigen Jahren noch praktisch unzugänglich waren. Maschinelles Lernen wird zum Standard: Künstliche Systeme sammeln Erfahrungen und können diese anschließend verallgemeinern. Sie erzeugen Wissen.

Die Dynamik der Entwicklung wird aber auch dadurch verstärkt, dass die Anwendungsfelder der Technologien ebenso rasch wachsen. Der Bedarf an digitalen Systemen erscheint unerschöpflich, da sich fast überall damit Verbesserungen in Leistungen und Eigenschaften sowie in Effizienz und Ressourcenschonung von Produkten und Verfahren erzielen lassen. Der Entwicklungsschub ist so umfassend, dass man – durchaus berechtigt – von einer „digitalen Revolution" sprechen kann.

1.2 Der „genetische Code" moderner Technik

Maschinen brauchen zum Funktionieren eine Anweisung. Bei einfachen Vorgängen reicht eine manuelle Bedienung; den Ansprüchen moderner Produktionsmaschinen und Anlagen genügt man damit aber längst nicht mehr. Zahlreiche Sensoren liefern Unmengen von Daten; die Maschine speichert und interpretiert sie und reagiert nach Direktiven, die in einem digitalen Programmcode hinterlegt sind. In einem solchen System summieren sich das Wissen der Entwickler, das Ergebnis des maschinellen Lernens und aktuelle Daten.

Auch ein biologischer Organismus sammelt zahlreiche Daten aus seiner Umgebung und interpretiert sie. Der Bauplan zur Konstruktion des Organismus, der in jeder Zelle vorhandene genetische Code, summiert das gesammelte Wissen aus der Evolution des Organismus.

Idealerweise stellen aber in beiden Fällen – Organismus und Maschine – die gesammelten und gespeicherten Informationen passende Antworten für alle denkbaren Anforderungen bereit. Der digitale Code erinnert daher – trotz vieler Unterschiede im Detail – in Funktion und Wirkung an den genetischen Code der biologischen Systeme. Gemeinsam ist beiden:

- Damit beschrieben sind die Informationen über Aktionen, Reaktionen und Eigenschaften einer Organisationseinheit, sei es eine Zelle oder eine Maschine.
- Komplexe Informationen sind auf eine umfangreiche Abfolge weniger „Buchstaben" komprimiert. Die DNA kommt dabei mit vier solchen Buchstaben aus, nämlich den Nukleotiden Adenin, Guanin, Thymin und Cytosin; der Digitalcode benutzt dazu zwei, nämlich 0 und 1.
- Gespeichert werden können mit diesen Codes nicht nur Bau und Verhaltensrahmen kleiner Einheiten, sondern auch der Gesamtstruktur – im Falle des genetischen Codes etwa eines Organismus, im Falle des digitalen Codes einer Produk-

tionsanlage oder Fabrik. Flexibilität und Lernfähigkeit lassen beide Systeme grundsätzlich zu.
- Eine Vervielfältigung der gespeicherten Information ist fast unbegrenzt und im Grundsatz verlustlos möglich. Eine identische Replikation der DNA erfolgt über die Auftrennung der Doppelhelix und die Ergänzung der frei werdenden Bindungsstellen durch Anlagerung komplementärer neuer DNA-Basen. Die Vervielfältigung einer digitalen Information erfolgt durch verlustfreies Auslesen und erneutes Hinterlegen auf einem Speichermedium.
- Die Informationen bleiben bei der Vervielfältigung erhalten. Sie können aber, wenn ein Anpassungsbedarf vorliegt, auch modifiziert werden: Beim genetischen Code z. B. durch Mutationen oder durch Neukombination vorhandener Teilinformationen mit anschließender Auslese; beim digitalen Code durch Ersetzen oder Ergänzen von Teilen des Skripts.

Somit ergibt sich für den Digitalcode ebenso wie für den genetischen Code ein konservatives und ein innovatives Potenzial, und beides ist miteinander kombinierbar: Veränderungen können deshalb auf dem bereits Erreichten aufbauen. Damit lässt sich bereits erklären, warum die Digitalisierung in der Welt der Technik für einen solchen Innovationsschub sorgt. Sie hebt das Potenzial des evolutionären Fortschritts durch Forschung und Entwicklung auf einen im Bereich der Technik noch nicht da gewesenen Level.

Was die Wirksamkeit des digitalen Codes als Evolutions- und Innovationstreiber aber noch weiter verstärkt – auch im Vergleich mit dem genetischen Code – sind die Tatsachen, dass neue digitale Informationen zum einen sehr zielgerichtet eingefügt werden können und zum anderen via Internet in Echtzeit weltweit transportierbar sind. Eine evolutionäre Verbesserung von Technologien ist also schnell zu realisieren und sofort überall verfügbar – gebremst allenfalls von patentrechtlichen oder politischen Einschränkungen.

1.3 Die Dynamik des digitalen Alltags

In der Konsequenz hat die Digitalisierung auf die aktuelle und weitere Entwicklung der Technik eine enorm dynamisierende Wirkung. Es ist gerade zehn Jahre her, als das erste Smartphone auf den Markt kam, und das Leben der Menschen hat sich allein infolgedessen weltweit stark verändert. Wir können unabhängig vom realen Aufenthaltsort akustisch und optisch in Kontakt sein mit wem wir wollen. Auf das Privat- und Berufsleben, aber selbst auf das Mobilitäts- und Migrationsverhalten hat diese Option bereits erkennbaren Einfluss.

Das gesamte Arbeits- und Lebensumfeld ist im Umbruch. Hochkomplexe Steuerungen steigern Effizienz, Geschwindigkeit und Leistungen von praktisch allen technischen Geräten, mit denen wir täglich zu tun haben. Mobilität, energieeffiziente Klimatisierung der Räume, automatisierte Haushaltsgeräte, ubiquitäre Verfügbarkeit von Kommunikations- und Arbeitsmöglichkeiten, von Informationen und Zerstreuung – um nur einige zu nennen – schaffen uns ungeahnte Möglichkeiten. Die Entwicklung des taktilen Internets lässt es zu, dass ein Klick oder Knopfdruck praktisch zeitgleich am anderen Ende der Welt Wirkung zeigt. Effiziente und flexible Produktionstechniken erlauben ein individuelles Produktdesign und eine Herstellung vieler Produkte auf privaten 3D-Druckern.

Die dezentrale Erzeugung von Inhalten oder Waren wie im letztgenannten Beispiel ist eine bemerkenswerte Begleiterscheinung der Digitalisierung. Die schnelle Veröffentlichung von individuell entstandenen Büchern, Bildern, Filmen, Musikstücken, Gegenständen, Ideen und Meinungen – meist ohne Kontrolle durch Verlage und andere Instanzen – ist über den Verteilungsweg Internet gängig geworden. Sie schafft neue, schnelle Möglichkeiten der wirtschaftlichen Verwertung und der Selbstverwirklichung, aber auch Gefahren sozialer Art, mit denen umzugehen wir in vielen Fällen noch lernen müssen.

Aus den neuen Möglichkeiten erwachsen Erwartungen und Ansprüche: Wir gewöhnen uns beispielsweise nicht nur an den komfortablen Status Quo, sondern auch an die Dynamik der Entwicklung. Wir erwarten morgen mehr von all dem, was digitalbasierte Produkte und Medien heute bieten. Und das bedeutet, dass die internationalen Märkte für technische Produkte ebenso wie die Technologien selbst der gleichen enorm gestiegenen Veränderungs- und Wachstumsdynamik unterliegen.

Auch deshalb hat die Digitalisierung auf den Arbeitsmarkt keine dämpfende, sondern eine antreibende Wirkung. Im Gegensatz zu der oft geäußerten Befürchtung, Digitaltechnik vernichte Arbeitsplätze, hat sie in erster Linie zu einer Veränderung der Tätigkeitsprofile geführt – und insgesamt gesehen sogar zu einer Zunahme des Job- und Erwerbsangebots. Von berufstätigen Menschen wird heute und in Zukunft gleichwohl mehr Flexibilität, Lernbereitschaft und vielleicht auch ein gewisses Maß an professioneller Neugier erwartet. Unternehmen müssen schneller und sehr flexibel auf Marktveränderungen reagieren – mit neuen Produkten oder auch mit disruptiv veränderten Geschäftsmodellen. Sie müssen vorausahnen, welche Bedarfe der Markt in Zukunft entwickelt, um rechtzeitig die passenden Produkte anbieten zu können.

Das lebenslange Lernen ist für alle, die am wirtschaftlichen Prozess teilnehmen, zur unausweichlichen Realität geworden, und die Digitalisierung mit der damit verbundenen Dynamisierung der Entwicklungen ist der Hauptgrund dafür.

1.4 Resilienz und Sicherheit

Mit Digitaltechnik werden heute praktisch alle Bereiche technisch gesteuert, die für Wirtschaft, Wissenschaft und öffentliches sowie privates Leben essenziell sind: Sicherheit, Gesundheit, Energieversorgung, Produktion, Mobilität, Kommunikation und Medien. Je mehr technologische Bereiche wir aber der Datentechnik anvertrauen, desto wichtiger wird für uns deren Zuverlässigkeit. Das betrifft einzelne Systeme wie Autos oder Flugzeuge ebenso wie komplexe Strukturen wie Versorgungssysteme und Kommunikationsnetze. Resilienz – die Fähigkeit eines Systems, auch beim Ausfall einzelner Komponenten weiter zu funktionieren – wird mit dem Fortschreiten der Digitalisierung daher ein zentrales Entwicklungsziel.

Informationen werden heute fast ausschließlich digital gespeichert und transportiert. Wir konsumieren aber nicht nur Daten, wir produzieren sie auch, und mit uns machen das alle digital gesteuerten Produkte und Produktionsanlagen. Die Menge der täglich erzeugten Digitaldaten steigt kontinuierlich an. Diese Daten sind aufschlussreich und nützlich – und deshalb auch wertvoll. Das betrifft persönliche Daten ebenso wie solche, die von Maschinen erzeugt werden und dazu verwendbar sind, Verfahren zu erklären, zu verbessern oder zu steuern. Digitaldaten werden daher gehandelt, und man kann schon heute sagen, dass sie zu den wichtigsten Waren des 21. Jahrhunderts gehören.

Das automatisierte Fahren – eine konkrete technische Vision, die nur mit hochentwickelter Digitaltechnik zu realisieren ist – lässt sich erst dann sinnvoll in die Praxis umsetzen, wenn man dem Auto ohne Bedenken und auf Dauer die gesamte Steuerung überlassen kann. Dazu muss eine erhebliche Menge an automatisierter Kommunikation reibungslos und zuverlässig stattfinden, und zwar innerhalb des Autos zwischen Steuerung und Sensoren, zwischen den Verkehrsteilnehmern und auch mit der Infrastruktur, beispielsweise mit Verkehrsleitsystemen und Standortdiensten.

Und dies ist nur ein Beispiel dafür, wie stark moderne Produkte und Infrastrukturen vom Funktionieren digitaler Technik abhängen. Das betrifft ebenso die gesamte Informations- und Kommunikationstechnik, die Produktions- und Gesundheitstechnik sowie die Logistik und vernetzte Sicherheitssysteme. Man kann also ohne Übertreibung sagen: Die Digitaltechnik ist schon heute zu einem Fundament einer technisch orientierten Zivilisation geworden.

Aus all dem ergibt sich: Die Sicherheit ist das Kernthema schlechthin bei der Digitalisierung. Produkte, Systeme und Infrastrukturen so zu realisieren, dass sie immer und ausnahmslos im Interesse der Menschen funktionieren und agieren, wird zu einem zentralen Ziel der technischen Entwicklung. Hierin sieht die Fraunhofer-

Gesellschaft mit ihrer umfassenden Kompetenz im Bereich Informationstechnik und Mikroelektronik eine entscheidende Herausforderung und ein wichtiges Arbeitsfeld für die angewandte Forschung.

Der Begriff Sicherheit wird bei der Digitalisierung mit den beiden Fachbegriffen Safety (Betriebssicherheit) und Security (Sicherheit vor Angriffen) spezifiziert. In beiden Bereichen ist ein permanenter hoher Forschungsbedarf erkennbar. Da bei Cyberattacken auf digitale Infrastrukturen erfahrungsgemäß neueste Techniken zum Einsatz kommen, müssen Schutz und Sicherheit durch kontinuierliche Forschung so gestärkt werden, dass sie den Angreifern stets einen Schritt voraus sind. Verglichen mit dem Schadenspotenzial heutiger Cyberattacken und großräumiger Ausfälle der IT-Infrastruktur erscheint auch ein relativ hoher Aufwand an Sicherheitsforschung gerechtfertigt.

Ebenso gilt es aber, die Aus- und Weiterbildung von Fachleuten zu fördern und ein ausgeprägtes Sicherheitsbewusstsein bei den einschlägigen Spezialisten und professionellen Anwendern zu erzeugen. Hier setzt beispielsweise das Konzept des Lernlabors Cybersicherheit an, das von Fraunhofer in Zusammenarbeit mit Hochschulen und mit Förderung des Bundesministeriums für Bildung und Forschung (BMBF) an neun Standorten umgesetzt wurde.

Auch Politik und Gesellschaft müssen hinsichtlich des Datenschutzes stärker sensibilisiert und informiert werden. Nicht zuletzt sind die einzelnen Menschen gefordert, auf ihre digitale Sicherheit ebenso selbstverständlich zu achten wie auf das Verschließen von Türen und Fenstern. Eine Technologie, die in vielen Punkten die Dezentralisierung fördert, fordert auch vermehrt die Verantwortlichkeit der Einzelnen – sicherheitstechnisch ebenso wie ethisch.

1.5 Fraunhofer forscht für die Anwendung

Die Fraunhofer-Gesellschaft hat unter den Wissenschaftsorganisationen eine besondere Rolle übernommen. Auf der einen Seite betreibt sie Forschung mit dem Anspruch auf wissenschaftliche Exzellenz, auf der anderen Seite mit dem erklärten Ziel, Ergebnisse für die Anwendung in der Praxis zu erzielen. Damit steht Fraunhofer bei der Erfindung und Weiterentwicklung neuer Technologien an vorderster Front. Wir sind Key Player bei Schlüsseltechnologien und steuern vielfach deren weiteren Fortschritt und ihre Verbreitung. Daraus erwächst eine besondere Verantwortung, denn in modernen Industriegesellschaften haben Technologien einen bestimmenden Einfluss auf das Leben der Menschen.

Im Bereich Digitalisierung ist Fraunhofer an entscheidend wichtigen Initiativen, Entwicklungen und Kooperationen federführend beteiligt. Darunter sind die folgenden, die vom Bundesministerium für Bildung und Forschung (BMBF) gefördert werden:

- Das Lernlabor Cybersicherheit; Konzept und Umsetzung liegen bei Fraunhofer.
- Die Initiative Industrial Data Space: Sie zielt darauf ab, einen sicheren und selbstbestimmten Datenaustausch von Unternehmen als Voraussetzung für das Angebot von Smart Services und innovativer Geschäftsmodelle zu ermöglichen. Inzwischen hat Fraunhofer additiv weitere Aspekte wie den Material Data Space und den Medical Data Space entwickelt und eingebunden.
- Das Internet-Institut für die vernetzte Gesellschaft: Fraunhofer ist mit dem Fraunhofer-Institut für Offene Kommunikationssysteme FOKUS daran beteiligt.
- Die Forschungsfabrik Mikroelektronik Deutschland: Sie geht auf ein Konzept aus dem Fraunhofer-Verbund Mikroelektronik zurück.

Mit unserer Erfahrung als marktorientierter Anbieter von Forschungs- und Entwicklungsdienstleistungen definieren wir Technologiebereiche mit großer aktueller und künftiger Bedeutung. Sie rücken damit in den Fokus unserer Aktivitäten. Drei große Forschungsfelder greifen wir heraus, die das Potenzial haben, das Leben der Menschen in Zukunft gravierend zu beeinflussen. Es sind:

- Ressourceneffizienz
- Digitalisierung
- Biologisierung

Um diese drei Themenfelder in ihrer Bedeutung zu unterstreichen und sie wirksam im Bewusstsein von Wissenschaft, Wirtschaft und Öffentlichkeit zu verbreiten, haben wir – zusammen mit Springer Vieweg – die Buchreihe „Fraunhofer-Forschungsfokus“ ins Leben gerufen. Den zweiten Band dieser Reihe halten Sie in den Händen. Er gibt einen Überblick über wichtige Projekte an den Fraunhofer-Instituten im Bereich der Digitalisierung.

Digitalisierung – Anwendungsfelder und Forschungsziele

2

Dr.-Ing. Sophie Hippmann · Dr. Raoul Klingner · Dr. Miriam Leis
Fraunhofer-Gesellschaft

2.1 Einleitung

Für die meisten Leser dieses Buchs ist die Digitalisierung inzwischen zu einem selbstverständlichen Teil des Alltags geworden. Prinzipiell bedeutet „Digitalisierung" die binäre Repräsentation von Texten, Bildern, Tönen, Filmen sowie Eigenschaften physischer Objekte in Form von aneinandergereihten Sequenzen aus „1" und „0", die von heutigen Computern mit extrem hoher Geschwindigkeit – Milliarden von Befehlen pro Sekunde – verarbeitet werden können.

Die Digitalisierung fungiert gewissermaßen wie ein „Universalübersetzer", der die Daten unterschiedlicher Quellen für den Computer bearbeitbar macht und damit viele Möglichkeiten bereitstellt, die ansonsten undenkbar wären. Darunter fallen z. B. komplexe Analysen und Simulationen von Objekten, Maschinen, Prozessen, Systemen und sogar dem menschlichen Körper und Organen, wie sie etwa bei der 3D-Body-Reconstruction-Technologie des Fraunhofer-Instituts für Nachrichtentechnik, Heinrich-Hertz-Institut, HHI realisiert sind. Mit digitalisierten Daten von sensorisch erfassten Gehirnsignalen können auch Computer und Roboter angesteuert werden. Inzwischen ist es auch umgekehrt möglich, mittels digitaler Signale haptische Empfindungen an Prothesen zu erzeugen. Hier agiert die Digitalisierung als direktes Bindeglied zwischen biologischer und cyber-physischer Welt.

Obwohl die Digitalisierung fast universell einsetzbar ist, widmet sich dieses Einleitungskapitel hier den folgenden Anwendungsbereichen, die auf das Leben der Menschen besonders großen Einfluss haben:

- Datenanalyse und Datenübertragung
- Arbeit und Produktion
- Sicherheit und Versorgung

2.2 Datenanalyse und Datenübertragung

2.2.1 Die Digitalisierung der materiellen Welt

Um materielle Objekte rekonstruieren zu können, ist die Information über ihre Zusammensetzung, ihren Aufbau und ihre Form entscheidend. Diese Parameter sind digitalisierbar und können in Computern rekonstruiert werden. So können inzwischen komplexe Maschinen, Materialien und Medikamente am Computer entworfen und in Simulationen auf ihre Tauglichkeit hin überprüft werden, noch bevor sie real entstanden sind. Virtual-Reality-Projektionen visualisieren Objekte detailgetreu und reagieren auf die Interaktion mit dem Nutzer. Die Digitalisierung gewinnt daher auch für Kunst- und Kulturschaffende an Interesse. Mithilfe von 3D-Scanning- und Digitalisierungstechnologien können z. B. wertvolle Kunst- und Kulturgüter detailgetreu in digitalisierter Form „informatisch" erhalten werden, wie es etwa am Fraunhofer-Institut für Graphische Datenverarbeitung IGD durchgeführt wird. Somit können Kulturgüter jedem zugänglich gemacht werden – auch für wissenschaftliche Untersuchungen –, ohne dass die Gefahr einer Beschädigung des Originals besteht.

2.2.2 Intelligente Datenanalysen und Simulationen für bessere Medizin

Auch in der Medizin spielt die Digitalisierung von Daten – z. B. von medizinischen Bildaufnahmen, von Textinformationen oder molekularen Konfigurationen – eine bedeutende Rolle. Hier spielen auch effektive, sichere und effiziente Verfahren zur Analyse sehr großer Datenmengen eine wichtige Rolle. Multimodale Datenanalysen, d. h. der computergestützte Abgleich von unterschiedlichen Bildaufnahmen (Röntgen, MRT, PET etc.) in Kombination mit Laborbefunden, individuellen physischen Parametern und Informationen aus der Fachliteratur können den Weg zu genaueren Diagnosen bis hin zu individualisierten Therapien ebnen, die von keinem Experten allein in diesem Ausmaß bewerkstelligt werden könnten. Die Digitalisierung der Medizin ist ein Spezialgebiet des Fraunhofer-Instituts für Bildgestützte Medizin MEVIS. Wie auch in anderen Bereichen muss hier „Big Data" in „Smart Data" gewandelt werden. Ebenso sollen die digitalen Assistenzen die Fähigkeit erlangen, ergänzende, fehlende oder widersprüchliche Informationen automatisch zu erkennen und durch gezielte Nachfragen Informationslücken zu schließen, wie es derzeit in einem Projekt der Fraunhofer „Young Research Class" entwickelt wird.

2.2.3 Gleiche Qualität bei geringerer Größe durch Datenkomprimierung

Die immense Verbreitung der Digitalisierung hat dazu geführt, dass die Menge an Daten exponentiell anwächst und dass es trotz des Ausbaus der Kapazitäten zu Engpässen bei der Datenübertragung kommen kann. Einige Hochrechnungen gehen davon aus, dass sich die weltweit pro Jahr erzeugte Datenmenge bis 2025 gegenüber 2016 verzehnfachen und auf 163 Zettabyte (eine 163 mit 21 Nullen oder 41.000 Mrd. DVDs) ansteigen könnte.

Heutzutage nimmt das Musik- und Video-Streaming einen großen Teil des weltweiten Datentransfers ein. Der verlustfreien Datenkompression kommt daher eine sehr wichtige Rolle zu, um die Größe digitaler Datenpakete zu reduzieren und damit die Übertragungszeit zu verkürzen und weniger Speicher in Anspruch zu nehmen. Seit der bahnbrechenden Entwicklung der mp3-Kodierung durch Forschungsleistungen der Fraunhofer-Institute für Integrierte Schaltungen IIS und für Digitale Medientechnologie IDMT, entwickelt Fraunhofer kontinuierlich Verfahren zur Kompression von Audio- und Videodaten weiter, um immer bessere Übertragungsqualität bei möglichst geringem Datenvolumen zu erzielen. Nichtkomprimierte Audiodateien sind z. B. bei gleicher Klangqualität bis zu zehnmal größer als mp3-Dateien.

2.2.4 Digitaler Rundfunk – besserer Radioempfang für alle

Eine weitere Errungenschaft im Bereich der Audiotechnologien – der digitale Rundfunk – wurde mit seinen Basis-, Sende- und Empfangstechnologien ebenfalls maßgeblich vom Fraunhofer IIS mitentwickelt. Digitaler Rundfunk bietet erhebliche Vorteile gegenüber den analogen Verfahren. Er ist ebenfalls terrestrisch via Funk auch ohne Internetzugang kostenfrei zu empfangen. Energieeffiziente Übertragung, störungsfreier Empfang, hohe Klangqualität, die Option auf zusätzliche Datendienste und zugleich Platz für mehr Sender gehören zu den überzeugenden Vorteilen. Ebenfalls ist es mit digitalem Rundfunk möglich, Verkehrs- und Katastrophenwarnungen in Echtzeit mit sehr hoher Zuverlässigkeit und Reichweite zu kommunizieren, auch wenn der Internetzugang nicht verfügbar ist. In Europa wird der digitale Rundfunk die analogen Systeme in den nächsten Jahren weitgehend ersetzen. Auch in Schwellenländern wie Indien ist die Umstellung in vollem Gang.

2.2.5 Mehr Daten in kürzerer Zeit übertragen: 5G, Edge Computing & Co.

Eine schnelle Datenübertragung mit minimaler Verzögerungs- bzw. Latenzzeit, oftmals als „Taktiles Internet" bezeichnet, ist Grundlage für eine Vielzahl neuer technischer Anwendungen. Dazu gehören vernetzte Maschinen, autonome Fahrzeuge und Objekte, die in Echtzeit mit dem Menschen und miteinander kommunizieren können, Augmented-Reality-Anwendungen, die punktaktuelle Updates einspielen oder Spezialisten, die auf der anderen Seite des Globus hochkomplexe chirurgische Eingriffe mittels Teleroboter sicher durchführen können. In Zukunft wird sich die globale Datenmenge von Video- und Audiodaten hin zu (Sensor-)Daten aus dem Industriebereich, der Mobilität und dem „Internet of Things" verlagern. Der neue 5G-Mobilfunkstandard, dessen Entwicklung, Austestung und Verbreitung unter maßgeblicher Beteiligung von Fraunhofer vorangetrieben wird, soll mit einer Datenübertragungsrate von 10 Gbit/s zehnmal schneller sein als das heutige 4G/LTE. Die Anforderungen an das Industrial Internet sind hoch und fordern v. a. Skalierbarkeit, Echtzeitfähigkeit, Interoperabilität und Datensicherheit.

In den vier Transferzentren in Berlin – dem Internet of Things Lab (Fraunhofer-Institut für Offene Kommunikationssysteme FOKUS), dem Cyber Physical Systems Hardware Lab (Fraunhofer-Institut für Zuverlässigkeit und Mikrointegration IZM), dem Industrie 4.0 Lab (Fraunhofer-Institut für Produktionsanlagen und Konstruktionstechnik IPK) und dem 5G Testbed (Fraunhofer-Institut für Nachrichtentechnik, Heinrich-Hertz-Institut, HHI) – sollen neue Technologien für das Taktile Internet entwickelt und getestet werden. Neben 5G-Technologien spielen in diesem Kontext auch industrielles Cloud Computing und Edge Computing eine bedeutende Rolle. Bei Letzterem wird ein Großteil der Rechenleistung in den einzelnen Maschinen und Sensorknoten selbst durchgeführt – was die Latenzzeiten verkürzt, da nicht alle Daten in der Cloud verarbeitet werden müssen.

2.3 Arbeit und Produktion

2.3.1 Die Digitalisierung der Arbeitswelt

Die Digitalisierung hat unsere Arbeitswelt tiefgreifend verändert, und sie wird dies auch noch weiter tun. Heute hat das E-Mail (oder der Chat) den klassischen Brief in der schriftlichen Alltagskommunikation fast vollständig abgelöst. Ingenieure entwerfen ihre Prototypen am Rechner statt am Reißbrett und in Zukunft werden uns Roboter und interaktive digitale Assistenzsysteme bei alltäglichen Aufgaben helfend zur Seite stehen. Technologien zur Sprach-, Gesten- und Emotionserkennung erlauben, dass Mensch und Maschine auf intuitive Weise miteinander kommunizieren. Zudem helfen Erkenntnisse aus den Neurowissenschaften dabei zu erkennen, worauf der Mensch seine Aufmerksamkeit bei der Nutzung von Maschinen lenkt, um auf diese Weise bessere, sichere und nutzerfreundliche Designs und Schnittstellen entwerfen zu können. Das Fraunhofer-Institut für Arbeitswirtschaft und Organisation IAO analysiert z. B., was im Gehirn von Nutzern technischer Geräte vorgeht, um die Interaktionsschnittstellen zu optimieren. In der Arbeitswelt der Zukunft kommt es zu einer stärkeren interaktiven Kooperation zwischen Menschen und Maschinen, wobei der Mensch dennoch immer weiter in den Mittelpunkt rückt. Das verändert nicht nur die Produktionsarbeit, sondern ermöglicht auch neue Prozesse und Dienstleistungen; im Future Work Lab des Fraunhofer IAO finden Forschungen dazu statt.

2.3.2 Digital und vernetzt produzieren

Moderne Maschinen sind inzwischen zu Cyber-physischen Systemen (CPS) geworden; das ist eine Kombination aus mechanischen, elektronischen und digitalen Komponenten, die über das Internet kommunizieren können. Auf ihnen basiert Industrie 4.0: Hier sind Produktionsanlagen und -systeme durchgehend vernetzt; Computer, Internetanbindungen, Echtzeit-Sensormessungen, digitale Assistenzsysteme und kooperierende Robotersysteme gehören zu den Komponenten künftiger Produktionsstätten. Das Fraunhofer-Institut für Werkzeugmaschinen und Umformtechnik IWU forscht und entwickelt Innovationen für die digitale Fabrik.

Ebenfalls eingesetzt werden digitale Kopien von Maschinen, die „digitalen Zwillinge". Sie sind im virtuellen Raum mit allen Eigenschaften ausgestattet, die unter realen Bedingungen betriebsrelevant werden können. So lassen sich Optimierungsmöglichkeiten und potenzielle Fehler frühzeitig erkennen und das Verhalten kann unter wechselnden Bedingungen im Vorfeld ausgiebig getestet werden. Industrie 4.0 soll dazu beitragen, Prozesse ressourceneffizient zu optimieren, die Arbeitsbedingungen für die Menschen zu verbessern und preiswert individualisierte Produkte herzustellen.

2.3.3 Die Umwandlung von Daten in Materie

Besonders deutlich wird die Verbindung zwischen digitaler und physischer Welt bei der generativen Fertigung, dem „3D-Druck". Damit ist es möglich, Informationen über den Aufbau von Objekten per Computer zu versenden, um diese an einem anderen Ort zu „materialisieren". Ähnlich wie Lebewesen durch die in ihrer DNA enthaltenen Informationen ihre physische Gestalt erhalten, wird bei der generativen Fertigung das Objekt anhand der Digitaldaten automatisch materiell realisiert.

Materialvielfalt und -qualität sowie Detailtiefe bei der generativen Fertigung verbessern sich stetig. Dieses Verfahren ermöglicht eine relativ kostengünstige Fertigung von Prototypen, Ersatzteilen, Sonderanfertigungen oder passgenauen individuellen Prothesen. Weitere Vorteile bei generativen Fertigungsverfahren sind die Materialeffizienz – da das Objekt direkt aus einer Materialmasse aufgebaut und nicht aus einem vorhandenen Block durch Abtragung herausgearbeitet wird – sowie die Möglichkeit, sehr kleine oder komplexe Geometrien zu fertigen. Generative Fertigungsverfahren sollen daher als fester Bestandteil in die Industrie-4.0-Konzepte integriert werden. Dieser Herausforderung widmet sich das Fraunhofer-Institut für Elektronische Nanosysteme ENAS zusammen mit anderen Fraunhofer-Instituten in einem groß angelegten Leitprojekt.

2.3.4 Kognitive Maschinen stehen uns zur Seite

Künstliche Intelligenz wird vielseitiger und entwickelt sich in Richtung „kognitiver Maschinen", die über Interaktionsfähigkeit, Erinnerungsvermögen, Kontexterfassung, Anpassungs- sowie Lernfähigkeit verfügen. Das maschinelle Lernen gilt inzwischen als Schlüsseltechnologie für die Entwicklung von kognitiven Maschinen. Anstatt alle Schritte für die Lösung eines Problems vorab einzuprogrammieren, bringt man die Maschine dazu, aus einer sehr großen Menge von Beispieldaten eigenständig Muster zu erkennen, Regeln abzuleiten und so ihre Leistung zu verbessern. Voraussetzungen hierfür sind schnelle Prozessoren und große Datenmengen – „Big Data". Im Ergebnis lernen Maschinen, natürliche Sprache zu verarbeiten, kleinste Unregelmäßigkeiten in Prozessen zu identifizieren, komplexe Anlagen zu steuern oder subtile Auffälligkeiten in medizinischen Bildern zu entdecken.

Die Einsatzbereiche kognitiver Maschinen sind universell – sie reichen vom autonomen Fahren über Medizintechnik bis hin zur Zustandsüberwachung von Industrie- und Stromerzeugungsanlagen. An ihrer Verbesserung forschen Fraunhofer-Institute mit verschiedenen Schwerpunkten. Dazu gehören z. B. das effektive maschinelle Lernen mit weniger Daten, die Verbesserung der Transparenz, v. a. beim Lernen in „tiefen neuronalen Netzen" (Deep Learning), oder die Einbeziehung von physikalischen Daten und Expertenwissen in „Grey Box"-Modellen.

2.4 Sicherheit und Resilienz

2.4.1 Daten – das Elixier der modernen Welt

Daten sind die DNA und der Treibstoff unserer modernen Welt. Wie im Beispiel der generativen Fertigung gibt die Information über den Aufbau und die Zusammensetzung von Materie dem Objekt seine Funktion und damit seinen Wert. Wer die Daten über das 3D-Modell hat, könnte es prinzipiell überall erstellen. Ähnlich verhält es sich mit Pharmazeutika, die zwar aus häufig vorkommenden Atomen bestehen, jedoch ihre Struktur – die Anordnung der Atome – über die Wirksamkeit entscheidet. Die richtige Konfiguration und den Weg der Synthese zu finden kann jedoch Jahre in Anspruch nehmen. Wer relevante Daten und Informationen hat und kontrolliert, besitzt einen Wettbewerbsvorteil. Die Fraunhofer-Allianz Big Data hilft dabei, solche Datenschätze zu heben, aber dabei die Qualität und den Datenschutz nicht aus dem Auge zu verlieren.

Je komplexer technische Systeme sind, desto anfälliger sind sie auch für Störungen und ihre Auswirkungen. Deshalb müssen komplexe technische Systeme auf Resilienz getrimmt werden, d. h. sie müssen widerstandsfähig gegen Störungen sein und auch im Schadensfall noch hinreichend zuverlässig funktionieren. Dem Ziel, unsere Hightech-Systeme und die davon abhängigen Infrastrukturen sicherer zu machen, widmet sich besonders das Fraunhofer-Institut für Kurzzeitdynamik, Ernst-Mach-Institut EMI.

2.4.2 Industrial Data Space – Datensouveränität behalten

Datensicherheit ist ein äußerst wichtiges Thema. Man muss Informationen austauschen können, um Forschung zu betreiben oder bedarfsgerechte Dienstleistungen anbieten zu können, andererseits müssen Daten aber auch vor unerlaubtem Zugriff geschützt werden. Aber nicht nur der Diebstahl von Daten ist ein Problem, sondern auch ihre Verfälschung. Je mehr datengetrieben gesteuert wird, desto gravierender können die Auswirkungen von fehlerhaften oder gefälschten Daten sein.

Die Initiative der Fraunhofer-Gesellschaft zum Industrial Data Space zielt darauf ab, einen sicheren Datenraum zu schaffen, der Unternehmen verschiedener Branchen und aller Größen die souveräne Bewirtschaftung ihrer Datengüter ermöglicht. Schutz-, Governance-, Kooperations- und Kontrollmechanismen für die sichere Verarbeitung und den sicheren Austausch der Daten sind der Kern des Industrial Data Space. Dessen Referenzarchitekturmodell soll eine Blaupause für eine Vielzahl von Anwendungen liefern, wo eine solche Form des Datenaustauschs essenziell ist. Dazu gehören Anwendungen des Maschinellen Lernens, die Verbesserung der Ressourceneffizienz in der Produktion, die Sicherheit im Straßenverkehr, bessere Diagnosen in der Medizin, die intelligente Steuerung der Energieversorgung und die Entwicklung neuer Geschäftsmodelle und verbesserter Dienste der öffentlichen Hand. Für eine erfolgreiche Energiewende ist die Digitalisierung ebenfalls wichtig, denn Verbrauch, Verfügbarkeit und Lasten zu analysieren und intelligent zu steuern ist eine Aufgabe digitaler Systeme. Hier liegt ein zentrales Aktivitätsfeld des Fraunhofer-Instituts für Experimentelles Software Engineering IESE.

2.4.3 Herkunfts- und Fälschungssicherheit in der digitalen Welt

Ein wichtiges Thema der Digitalisierung ist neben der Datenverschlüsselung auch die Validierung und sichere Dokumentation von digital durchgeführten Transaktionen. Daten sind nämlich leichter zu manipulieren als physische Objekte, da sie schnell kopiert werden können und die Veränderung nur weniger Befehle im Computercode ausreichen kann, um die Wirkung des gesamten Systems abzuändern. Eine Papierbanknote oder ein materielles Objekt zu fälschen ist hingegen viel aufwendiger. Zur Validierung der Echtheit von digitalen Einträgen und Transaktionen werden die Möglichkeiten der Blockchain-Technologie getestet und ausgebaut.

Bekannt geworden ist dieses Verfahren vor allem durch seinen Einsatz bei Kryptowährungen (verschlüsselte, digitale Währungen) wie BitCoin oder Ethereum. Die Blockchain ist prinzipiell eine Datenbank, die dem Hauptbuch der doppelten Buchführung ähnelt, bei der aufeinanderfolgende Transaktionen in chronologischer Weise festgehalten werden und mithilfe von Verschlüsselungsverfahren gegen Manipulation gesichert sind. Diese Blockchain-Datenbanken können auch dezentral, auf mehrere Benutzer verteilt, geführt werden. Das Fraunhofer-Institut für Angewandte Informationstechnik FIT erforscht die Potenziale und entwickelt Innovationen für Blockchain-Anwendungen.

2.4.4 Cyber-Sicherheit als Grundlage für moderne Gesellschaften

IT-, Daten- und Cyber-Sicherheit sind essenziell für das Funktionieren der digitalen Gesellschaft. Dies betrifft den Schutz vor unbefugtem Zugriff auf und Manipulation von Daten und Dateninfrastrukturen sowie die Sicherheit persönlicher und personenbezogener Daten. Sei es im Auto, das inzwischen mehr Programmiercode enthalten kann als ein Flugzeug, sei es bei der Energie- und Wasserversorgung, die von Computern gemanagt wird, oder sei es in hochvernetzten Anlagen der Industrie 4.0

oder des Smart Home – Cyber-Gefährdungen können schwerwiegende Probleme verursachen und müssen deshalb frühzeitig erkannt und abgewehrt werden.

Ausfälle digitaler Systeme können dazu führen, dass ganze Versorgungsnetze zusammenbrechen; das betrifft z. B. Strom, Mobilität, Wasser oder Nahrungsmittel. Neben technischen Innovationen wie der Früherkennung von potenziellen Cyber-Gefährdungen mithilfe des Maschinellen Lernens bieten die Fraunhofer-Institute für Sichere Informationstechnologie SIT und für Angewandte und Integrierte Sicherheit AISEC auch Cyber-Sicherheitsschulungen und Lernlabore an.

2.4.5 Anpassung der Cyber-Sicherheitstechnik an den Menschen

Für die Sicherheit ist es wichtig, dass IT- und Cyber-Sicherheitsanwendungen nutzerfreundlich gestaltet und einfach zu bedienen sind. Ist die Anwendung nämlich zu komplex und aufwendig, wird sie oft gar nicht genutzt – und damit steigt das Risiko. Deshalb wird am Fraunhofer-Institut für Kommunikation, Informationsverarbeitung und Ergonomie FKIE erforscht, wie die Bedienerfreundlichkeit von Informationstechnik und Cyber-Sicherheitssystemen maximiert und so ergonomisch wie möglich gestaltet werden kann. Mit dem neuen Forschungsprojekt „Usable Security“ sollen die bestehenden Grenzen der Bedienbarkeit von Computersystemen erweitert werden. Die Technik soll sich dem Menschen anpassen, nicht wie bisher umgekehrt. Nur wenn der Faktor Mensch im Mittelpunkt des Interesses steht, können die Handlungsfähigkeit und der Schutz im Cyberspace das höchstmögliche Niveau erreichen.

2.4.6 Der Mensch im Mittelpunkt der Digitalisierung

Ein Zurück aus der Digitalisierung ist für eine Hightech-Gesellschaft undenkbar und würde wohl einer Katastrophe gleichkommen. Aber es gibt noch viele neue Anwendungen, die auf uns warten: automatisiertes Fahren, kooperierende Roboter und Assistenzsysteme, Telemedizin, Virtual Reality und digitale öffentliche Dienste. Die Fraunhofer-Institute für Materialfluss und Logistik IML und für Verkehrs- und Infrastruktursysteme IVI entwickeln Fahrerassistenzsysteme weiter zu sicherem und zuverlässigem automatisierten Fahren in den Bereichen Straßenverkehr, Landwirtschaft und Logistik.

Mit der Weiterentwicklung der digitalen Welt sind aber auch etliche Herausforderungen verbunden wie der Schutz digitaler Daten und Infrastrukturen, der effiziente, effektive und intelligente Umgang mit „Big Data“, schnellere Datenübertragung und Verringerung der Latenzzeiten sowie die Weiterentwicklung von Prozessortechnologien und Rechenverfahren.

Die nächste Phase der Entwicklung könnte durch die Verbindung von digitalen und biologischen Konzepten charakterisiert sein – da sich genetischer und binärer Code ähnlich sind. Lernende Robotiksysteme, Schwarmintelligenz in der Logistik, Biosensorik, 3D-Druck und programmierbare Materialien weisen bereits in diese Richtung. Die Fraunhofer-Gesellschaft widmet sich den Lösungen für Herausforderungen und Innovationen, um den Prozess der Digitalisierung weiterhin zu verbessern und voranzutreiben – wobei der Mensch stets im Mittelpunkt bleibt.

3 Virtuelle Realität in Medien und Technik

Digitalisierung von Kulturartefakten und industriellen Produktionsprozessen

Prof. Dr. Dieter W. Fellner
Fraunhofer-Institut für Graphische Datenverarbeitung IGD

Zusammenfassung

Technologien der virtuellen und erweiterten Realität konnten sich bereits in zahlreichen Engineering-Anwendungsfeldern etablieren. Auch im Bereich von Kultur und Medien werden zunehmend interaktive dreidimensionale Inhalte zu Informationszwecken zur Verfügung gestellt und für wissenschaftliche Forschung genutzt. Diese Entwicklung wird zum einen durch den aktuellen Fortschritt von Smartphones, Tablets und Head-Mounted-Displays beschleunigt. Sie unterstützen komplexe 3D-Anwendungen in mobilen Anwendungsszenarien und ermöglichen es, unsere reale Umgebung durch multimodale Sensorik zu erfassen, um das reale Umfeld mit der 3D-Datenwelt zu korrelieren. Zum anderen erlauben neue, automatisierte Digitalisiertechnologien wie CultLab3D des Fraunhofer-Instituts für Graphische Datenverarbeitung IGD, die dafür notwendigen digitalen Repliken von realen Objekten wirtschaftlich, schnell und in hoher Qualität zu generieren.

3.1 Einleitung: Digitalisierung realer Objekte am Beispiel von Kulturgütern

Um kulturelles Erbe bestmöglich zu erhalten und zu dokumentieren, wurden digitale Strategien auf politischer Ebene weltweit formell etabliert. Neue Initiativen wie die „iDigBio Infrastruktur“ oder „Thematic Collections Networks“ in den USA fördern die fortgeschrittene Digitalisierung von biologischen Sammlungen. Auch sind die EU-Mitgliedstaaten durch die Europäische Kommission aufgerufen, ihre Digitalisierungsbemühungen zu verstärken. Der Exekutivvorgang ist Teil der Digitalen Agenda für Europa und unterstreicht die Notwendigkeit, verbesserte Bedingungen für die Online-Zugänglichkeit von historischem Kulturgut im großen Maßstab zu ermöglichen [1]. Als eine der Leitinitiativen der Europa-2020-Strategie definiert die Digitale Agenda die langfristige Erhaltung des kulturellen Erbes für einen besseren Zugang zu Kultur und Wissen durch eine bessere Nutzung von Informations- und Kommunikationstechnologien [2]. Diese Maßnahmen sind eng mit Artikel 3.3 des Lissabon-Vertrags der Europäischen Union [3] verknüpft, der „die Bewahrung des kulturellen Erbes Europas für künftige Generationen" sichert.

Trotz der gesetzlichen Rahmenbedingungen, Kulturerbe als bedeutsam für die Gesellschaft anzuerkennen, ist dies durch Risiken aller Art bedroht. Wie zerbrechlich Kulturerbe wirklich ist, wurde durch diverse natürliche und von Menschen verursachte Katastrophen in jüngster Zeit deutlich. Vorfälle wie die absichtliche Zerstörung der antiken semitischen Stadt Palmyra in Syrien oder der archäologischen Funde im Museum in Mosul, Irak, unterstreichen die Notwendigkeit neuer und schnellerer Dokumentationsmethoden und führen zu einer Neubewertung hochauflösender Faksimiles. Darüber hinaus motiviert die Tatsache, dass nur ein kleiner Teil aller Artefakte in Sammlungseinrichtungen öffentlich zugänglich ist, den Zugang zu Informationen des kulturellen Erbes zu verbessern [4]. Innovative Dokumentationsmethoden für ein Kulturerbe erlangen dadurch eine immer größere Bedeutung. Diese ergibt sich sowohl aus dem Wunsch, einen besseren Zugang zu einzigartigen Objekten zu ermöglichen, z. B. um Sammlungen leichter für die Forschung oder ein breiteres Publikum zugänglich zu machen, als auch durch ihre latente Bedrohung, sie durch Katastrophen und andere Umwelteinflüsse auf ewig zu verlieren.

Vor diesem Hintergrund gewinnt in Zeiten des digitalen Wandels der Einsatz von 3D-Technologien im Kulturbereich zunehmend an Stellenwert. Denn sie bieten ein bislang nicht ausgeschöpftes Nutzungspotenzial, sei es zu Dokumentations- und Erhaltungszwecken, für innovative Anwendungen in unterschiedlichsten Bereichen wie Bildung oder Tourismus, für die optimierte Zugänglichkeit und Visualisierung von Artefakten oder als Grundlage für Forschung und Konservierung. Auch erlauben sie es, physische Kopien als Ergebnis von hochpräzisen 3D-Modellen herzustellen. Der wachsende Bedarf an Informations- und Kommunikationstechnologien zeigt den zunehmenden Forschungsbedarf in der gesamten Wertschöpfungskette – von der Digitalisierung über eine web-basierte Visualisierung bis hin zum 3D-Druck.

Damit sind Instrumente geschaffen, die zur Entwicklung neuer Technologien für die digitale Verarbeitung und Visualisierung von Sammlungsgut anregen und eine Bewahrung von kulturellem Erbe ermöglichen. Die digitale Erfassung von zweidimensionalen Kulturschätzen wie Büchern, Gemälden oder „digitally-born collections" wie Filmen, Fotos und Tonaufnahmen ist heute bereits weit verbreitet. Beispiele für umfassende Anstrengungen in Richtung Massendigitalisierung sind Initiativen wie das „Google Books Library Project", das sich auf das Scannen von Millionen von Büchern weltweit konzentriert, oder die virtuelle Bibliothek Europeana, die entsprechend der Zielsetzung für 2015 bereits über 30 Mio. digitalisierte Artefakte verzeichnet. Sie setzen den Standard für einen digitalen Zugang des Endverbrauchers.

Doch bleiben diese bisherigen Digitalisierungsaktivitäten meist auf zweidimensionale Artefakte beschränkt. Um Millionen von dreidimensionalen Objekten wie Skulpturen oder Büsten effizient und hochpräzise dreidimensional zu digitalisieren, fehlen kommerziell verfügbare Technologien. Maßnahmen konzentrieren sich hier primär auf prestigeträchtige Einzelfälle statt auf ganze Serien von Objekten, z. B. die 3D-Erfassung der weltberühmten Büste Nofretete durch die TrigonArt GmbH (2008, 2011). Grund dafür ist der hohe Kosten- und Zeitaufwand, der noch immer für die Erfassung der gesamten Objektoberfläche samt Hinterschneidungen benötigt wird. Entsprechenden Studien zufolge liegt z. B. der Zeitaufwand für die Umpositionierung des Erfassungsgeräts derzeit bei bis zu 85% der gesamten Akquisitionszeit, unabhängig von den dafür verwendeten Technologien (Streifenlicht- oder Laserscanner). Hinzu kommt, dass die technischen Möglichkeiten für die Erfassung bestimmter Materialien noch immer eingeschränkt sind.

3.1.1 Automatisierung des 3D-Digitalisierprozesses mittels CultLab3D

Um Sammlungsbestände verschiedenen Nutzergruppen auch in 3D zugänglich zu machen und den Bedarf nach einfach zu bedienenden, schnellen und damit ökonomischen 3D-Digitalisierungsansätzen gerecht zu werden, entwickelt das Fraunhofer-Institut für Graphische Datenverarbeitung IGD derzeit die modulare Digitalisierstraße CultLab3D [5]. Mit ihr werden dreidimensionale Objekte durch einen vollautomatisierten Scanprozess mikrometergenau in 3D erfasst. Erstmalig wird dabei der Aspekt der Massendigitalisierung in 3D berücksichtigt. Durch erhöhte Geschwindigkeit sollen die Kosten für 3D-Scans um das Zehn- bis Zwanzigfache verringert werden. Zudem wird eine originalgetreue Wiedergabe in hoher Qualität angestrebt, die Geometrie, Textur und optische Materialeigenschaften berücksichtigt.

Die modulare Scanstraße (siehe Abb. 3.1) besteht momentan aus zwei Scanstationen, dem CultArc3D und dem CultArm3D. Die Vollautomatisierung des gesamten Digitalisierungsprozesses erfolgt mittels industrieller Fördertechnik und autonomer Roboter als Trägersysteme für entsprechende optische Scantechnologien. Indem sie die farbkalibrierte Erfassung von Geometrie und Textur eines Objektes von seiner eigentlichen finalen 3D-Rekonstruktion mittels Photogrammetrie ent-

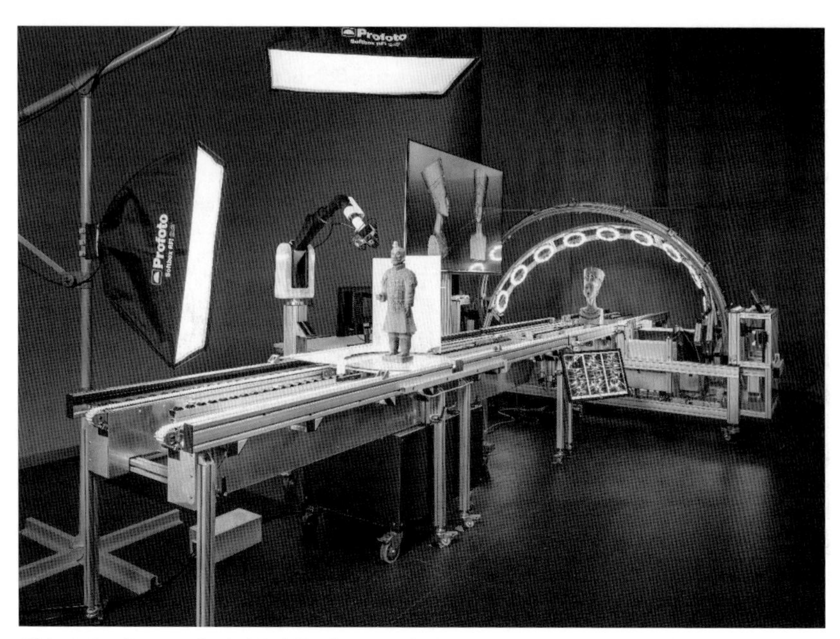

Abb. 3.1 Scanstraße CultLab3D des Fraunhofer IGD (Fraunhofer IGD)

koppelt, erreicht die Scanstraße einen Durchsatz von nur 5 min. pro Objekt. Bei genügend Rechenkapazitäten kann zudem alle 5 min. ein finales 3D-Modell berechnet werden. In den meisten Fällen ist nur wenig bis gar keine Nachbearbeitung nötig. Die Scanstraße digitalisiert momentan Objekte von 10 cm bis 60 cm Durchmesser und Höhe. Die gesamte Scanstraße wird von einem TabletPC gesteuert, an dem sich alle Komponenten des Systems anmelden.

CultArc3D

Der CultArc3D kann entweder autark oder im Verbund mit anderen Scannern betrieben werden. Das Modul erfasst sowohl Geometrie und Textur als auch optische Materialeigenschaften ähnlich vorangegangenen Arbeiten [6][7]. Während des Digitalisierungsprozesses bewegt ein Förderband die zu scannenden Objekte vollautomatisiert auf gläsernen Tablets durch den CultArc3D.
Der CultArc3D (siehe Abb. 3.2) besteht aus zwei koaxialen, halbkreisförmigen Bögen. Sie drehen sich um eine gemeinsame Achse. Beide Bögen decken eine Halbkugel um ein im Mittelpunkt zentriertes Objekt ab. Jeder Bogen wird von einem eigenen Stellantrieb bewegt, sodass eine diskrete Anzahl von Haltepositionen

Abb. 3.2 CultArc3D: zwei halbkugelförmige Rotationsbögen, einer mit Kameras, einer mit Ringlichtquellen (Fraunhofer IGD)

möglich ist. Die Radien der Bögen unterscheiden sich, um eine unabhängige Bewegung zu ermöglichen. Der äußere Bogen (nachfolgend als Kamerabogen bezeichnet) enthält neun äquidistante Kameras. Neun weitere Kameras unterhalb der Objektförderebene erfassen die Unterseite des jeweiligen Artefakts.

In Analogie zum äußeren Kamerabogen enthält der innere Bogen (nachfolgend Lichtbogen genannt) neun äquidistant montierte Lichtquellen. Momentan werden alle Objekte im sichtbaren Lichtspektrum erfasst. Jedoch lassen sich multispektrale Sensoren oder Lasersensoren zur Erfassung optisch komplizierter Materialien problemlos in das System integrieren. Gleiches gilt für volumetrische Datenerfassungssensoren, die Röntgentomographie oder MRT verwenden. Eine weitere Stärke des CultArc3D ist die Erfassung optischer Materialeigenschaften. Zu diesem Zweck können beide Bögen frei gegeneinander bewegt werden, um jede Kombination von Lichtrichtung und Aufnahmeperspektive für die obere Hemisphäre eines Objekts zu erfassen.

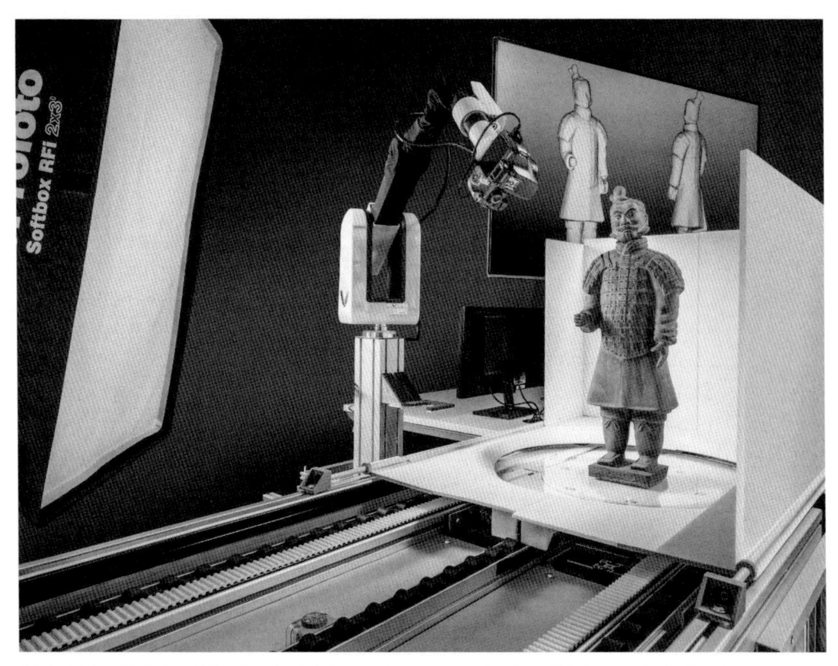

Abb. 3.3 CultArm3D: Der Leichtbauroboterarm mit einer 24-Megapixel-Fotokamera am Endeffektor am Drehteller mit einer weißen, zweigeteilt zusammenklappbaren Fotobox (Fraunhofer IGD)

CultArm3D

In kaum einem anderen Bereich sind Objekte so unterschiedlich in Material und Form und die Anforderungen an Präzision und Farbtreue der digitalen Repliken so hoch wie im Kulturerbe. Um eine vollständige und genaue 3D-Rekonstruktion beliebiger Objekte zu gewährleisten, ist es daher wichtig, die Scanner sorgfältig in Bezug auf die Oberflächengeometrie des Objekts sowie das Messvolumen des Scanners zu positionieren. Der CultArm3D (siehe Abb. 3.3) ist ein Robotersystem für diese automatisierte 3D-Rekonstruktion. Er besteht aus einem Leichtbau-Roboterarm mit einer Fotokamera an seinm Endeffektor und einem Drehteller für das zu scannende Objekt. Er kann sowohl autark als auch im Verbund mit CultLab3D operieren, wobei er im autarken Modus in der Lage ist, Geometrie und Textur selbstständig und vollständig zu erfassen.

Der ausgewählte Roboterarm hat fünf Freiheitsgrade und kann Traglasten von bis zu 2 kg stabil bewegen. Er ist kollaborativ und kann in Gegenwart von Menschen in einer Quasi-Hemisphäre von ca. 80 cm sicher betrieben werden. Der Roboterarm trägt eine hochauflösende Kamera (24 Megapixel) und ist mit einem diffusen Beleuchtungsaufbau (statisches Softbox-Setup) synchronisiert. Eine zweigeteilte weiße Fotobox am Drehteller sorgt für einen gleichbleibenden Hintergrund, der für eine korrekte photogrammetrische 3D-Rekonstruktion und die Vermeidung fehlerhafter Feature-Korrespondenzen wichtig ist.

Im Verbund mit CultLab3D ergänzt der CultArm3D als zweite Scanstation den CultArc3D als erste Scanstation am Fördersystem. Im Gegensatz zum CultArc3D mit einem großen Sichtfeld auf einer festen Hemisphäre um das Objekt konzentriert sich die Kameraoptik des CultArm3D-Systems eher auf adaptive detaillierte Nahaufnahmen. Diese Ansichten werden dann auf Grundlage des 3D-Preview-Models des ersten Scans am CultArc3D so geplant, dass zusätzliche Objektmerkmale erfasst werden. So lassen sich verbleibende Löcher und Hinterschneidungen auflösen und lokal die Qualität und Vollständigkeit des Scans verbessern. Die Anzahl zusätzlich geplanter Ansichten zur Erfüllung bestimmter Qualitätskriterien hängt stark von der Oberflächen- und Texturkomplexität des Objekts ab. Automatisches Planen einer unterschiedlichen Anzahl von Ansichten und einer damit verbundenen dynamischen Scanzeit, abhängig von der Objektkomplexität, führt zu einem hohen Durchsatz der CultLab3D-Digitalisierungspipeline. Beim Betreiben des CultArm3D im Standalone-Modus außerhalb des CultLab3D-Verbunds wird der erste Scan-Durchgang mit generischen Kameraansichten durchgeführt, die nur bezüglich der zylindrischen Außenabmessung des Objekts wie Höhe und Durchmesser geplant sind.

In Anbetracht des begrenzten Arbeitsraums des Leichtbauroboterarms ist die Aufgabe, beliebige Objekte bis zu einer Größe von 60 cm in Höhe und Durchmesser zu erfassen, anspruchsvoll. In einigen Fällen können geplante Kameraansichten, die in Bezug auf Scanabdeckung und Qualität optimal sind, aufgrund von Sicherheits- oder Erreichbarkeitsbeschränkungen nicht exakt erfasst werden. Allerdings gelingt es in den meisten Fällen leicht modifizierte und machbare Sichten (oder Sätze von Ansichten) zu finden, die gleichermaßen zur Scanqualität beitragen

3.1.2 Ergebnisse, Anwendungsszenarien und Weiterentwicklung

Der Einsatz von robotergeführten 3D-Scannern zur Erfassung gleichartiger Einzelteile ist in der Industrie schon lange Standard. Kulturelle Artefakte dagegen stellen aufgrund ihrer einzigartigen Beschaffenheit eine neue Herausforderung dar. Durch Fortschritte in der 3D-Digitalisierungs- und Automatisierungstechnik ist deren wirtschaftlicher Einsatz nun in greifbare Nähe gerückt. Erstmals können in Form und

Abb. 3.4 links: 3D-Rekonstruktion einer Replik der Nofretete – Mesh; rechts: 3D-Rekonstruktion einer Replik der Nofretete – finales farbkalibriertes 3D-Modell (Fraunhofer IGD)

Größe unterschiedliche Objekte in großen Mengen und in hoher Qualität digital erfasst werden (siehe Abb. 3.4, siehe Abb. 3.5).

Sinnvolle Anwendungsmöglichkeiten der beschriebenen Digitalisierstraße sind auch in der Industrie denkbar. Die Produktportfolio-Digitalisierung in der nächsten

Abb. 3.5 3D-Rekonstruktion einer Replik eines Chinesischen Kriegers; CultLab3D erfasst auch die Unterseite von Objekten (Fraunhofer IGD)

dritten Dimension für Reseller, Baumärkte oder Versandhäuser ist dabei nur ein möglicher Einsatzbereich. Das langfristige Ziel ist es, konsolidierte 3D-Modelle zu generieren. Sie repräsentieren digitale Abbilder realer Objekte, für die Ergebnisse verschiedener Messverfahren in jeweils einem 3D-Modell zusammengeführt werden. So können in einem konsolidierten 3D-Modell Ergebnisse einer Oberflächenakquise mit denen eines volumetrischen Scanverfahrens (z. B. CT, MRT, Ultraschall) sowie den Ergebnissen einer Festigkeitsanalyse verschmolzen werden. Für die Erfassung von 3D-Geometrie, Textur und Materialeigenschaften besteht CultLab3D bereits aus flexibel einsetzbaren Modulen. Das zugrundeliegende Scankonzept ermöglicht aber eine reale ebenso wie eine virtuelle Erweiterung der 3D-Modelle um Ergebnisse der unterschiedlichsten Scanverfahren wie CT, Ultraschall, konfokaler Mikroskopie, Terahertz oder Massenspektroskopie. Der Ansatz erlaubt so, Gegenstände in ihrer Gesamtheit – innen und außen – umfassend zu untersuchen und eröffnet damit neue Möglichkeiten des Monitorings, der Analyse und der virtuellen Präsentation über den Kulturerbebereich hinaus.

3.2 Virtual und Augmented Reality-Systeme optimieren Planung, Konstruktion und Produktion

Virtual und Augmented Reality-Technologien (VR/AR) werden heute von kompletten Cloud-Infrastrukturen bis hin zum Head-Mounted-Display auf unterschiedliche Rechenkapazitäten, Betriebssysteme und Ein- und Ausgabemöglichkeiten skaliert. Neben der Skalierbarkeit und Plattformdiversität bringen mobile Systeme auch ganz neue Sicherheitsanforderungen mit sich, weil vertrauliche Daten kabellos übertragen oder CAD-Daten auf mobilen Systemen nur visualisiert, jedoch nicht gespeichert werden sollen. Diesen Anforderungen können Virtual und Augmented Reality-Technologien in Zukunft nur dann genügen, wenn sie auf Web-Technologien aufsetzen, die plattformunabhängig nutzbar und in puncto Sicherheit hoch entwickelt sind. Vor diesem Hintergrund sind aktuelle Forschungs- und Entwicklungsarbeiten in den Bereichen VR/AR eng an Web-Technologien gebunden, die enorme Vorteile gerade für die industrielle Einsetzbarkeit bringen.

3.2.1 Virtual Reality

Virtual Reality wird seit über 25 Jahren in der europäischen Industrie erfolgreich eingesetzt, um digitale 3D-Daten erlebbar zu machen. Vor allem in der Automobilindustrie und im Flugzeug- und Schiffbau verdrängen Digitale Mock-Ups (DMU)

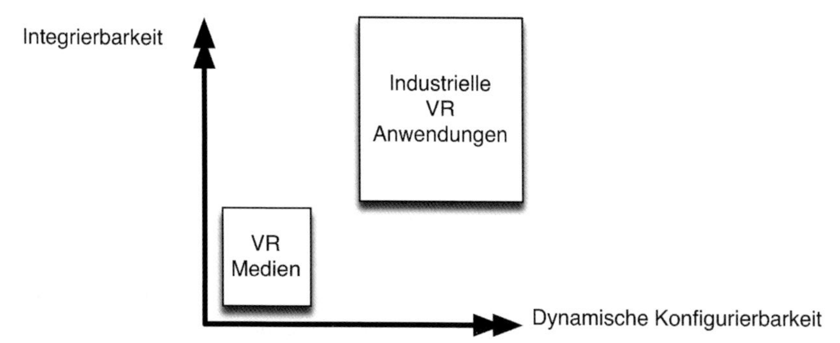

Abb. 3.6 Einordnung der etablierten VR-Medien/Spiele-Technologien und neuen Anforderungen für die Industrie (Fraunhofer IGD)

reale und physikalische Mock-Ups (PMU) in vielen Anwendungsfeldern. Industrielle VR-Anwendungen nutzen durchgängig Produktions- und DMU-Daten für digitale Absicherungsprozesse (z. B. Ein-/Ausbau-Absicherung) trotz der relativ hohen Hardware- und Software-Kosten für die VR-Lösungen.

Durch allgemeine Verbesserungen bei der LCD-und OLED-Technologie sind die Kosten für VR-Brillen in den letzten fünf Jahren auf wenige hundert Euro gesunken. Die dazugehörigen VR-Medien und -Spiele sind in den etablierten Online-Stores (z. B. Stream) verfügbar und einem harten Preiskampf ausgesetzt. Für industrielle VR-Anwendungen sind noch keine durchgängigen Lösungen etabliert, da die Anwendungen eine wesentlich höhere Integrierbarkeit und dynamische Konfigurierbarkeit fordern. Klassische Lösungen aus dem Spielemarkt sind nicht direkt übertragbar, da die Verfahren und Daten in manuellen Konfigurationsprozessen abgestimmt werden müssen.

Dynamische Konfigurationen fordern eine „smarte" und vollautomatische Adaption der Verfahren, um den stetig wachsenden Verteilungsgrad und die explodie-

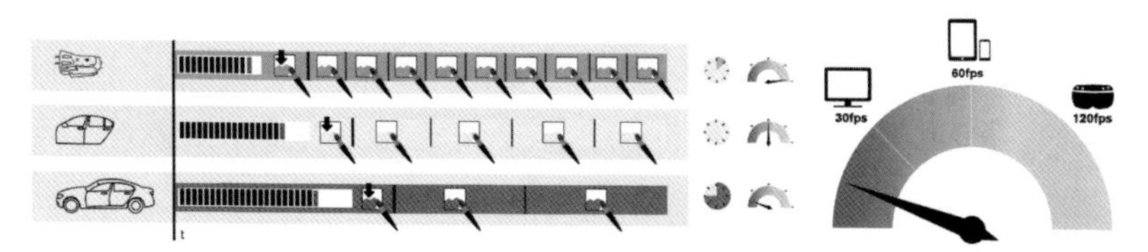

Abb. 3.7 „Input Daten sensitive" Visualisierungsprobleme der aktuellen Standardverfahren für VR; mit der Größe der Daten wächst die Bildwiederholrate, was für VR/AR Anwendung nicht akzeptabel ist. (Fraunhofer IGD)

renden Datengrößen abdecken zu können. Die aktuellen Standardsysteme für industrielle 3D-Daten-Visualisierung nutzen etablierte Dokumentenformate und die eingesetzten Verfahren sind „Input Daten sensitive". Mit der Größe der Daten wächst auch der Aufwand für die Visualisierung.

Trotz konstant wachsender Leistungsfähigkeit moderner Grafik-Hardware ist die Visualisierung von massiven 3D-Datensätzen bei interaktiver Framerate nicht allein durch mehr Graphikkartenspeicher und eine höhere Geschwindigkeit der Rasterisierung zu lösen. Probleme wie das der Sichtbarkeits-Berechnung der Szenen-Elemente müssen durch räumliche hierarchische Datenstrukturen beschleunigt werden. Anstelle der hochkomplexen Geometrie der eigentlichen Szenen-Elemente verarbeiten diese Datenstrukturen nur deren Hüllkörper. Hierbei gilt das Konzept „Divide-and-Conquer" auf Basis der durch rekursive Zerlegung erzeugten Baumstrukturen.

Für den Aufbau solcher Hierarchien existieren unterschiedliche Konzepte aus verschiedenen Forschungsrichtungen, beispielsweise die Kollisionserkennung oder das Raytracing. Während etwa binäre K-D-Bäume in jedem Knoten den zugeordneten Raum durch eine Hyperebene zweiteilen, basiert die Strukturierung einer Bounding-Volume-Hierarchie auf der rekursiven Vereinigung der Hüllkörper der Szenen-Elemente. Hybride Verfahren wie die Bounding-Interval-Hierarchy verknüpfen diese Ansätze, um die jeweiligen Vorteile zu verbinden. Im Kontrast zu diesen irregulären Ansätzen stehen Strukturen wie reguläre Gitter oder Octrees, deren Raumunterteilungsstrategie die Inhaltsdichte desselben weitestgehend bis vollständig ignorieren. Innerhalb der verschiedenen Forschungsfelder werden diese unterschiedlichen Ansätze dabei kontinuierlich weiterentwickelt und optimiert.

Die Besonderheit sogenannter Out-of-Core-Technologien liegt nun darin, dass diese ihre Daten nicht vollständig im Hauptspeicher ablegen, sondern On-Demand und On-the-fly aus dem Sekundärspeicher laden. Im Gegensatz zur automatisierten virtuellen Speicherverwaltung von Betriebssystemen, auf die die Anwendungen in der Regel keinerlei Einfluss haben, benötigt ein Programm hierzu die vollständige

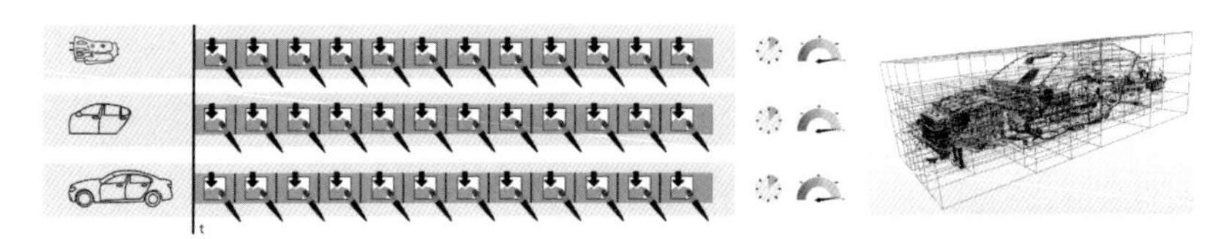

Abb. 3.8 Smart Spatial Service (S3) nutzen eine konstante Bildrate zur globalen Budgetierung von Sichtbarkeitsberechnungen und Bildgenerierung. Analog zu Film-Streaming ist eine konstante Bildrate das Ziel. (Fraunhofer IGD)

Kontrolle über das Speichermanagement und Caching der Daten. Idealerweise werden die Anwendungen dabei durch outputsensitive Algorithmen unterstützt. Der Fokus der Visualisierung liegt hierbei weniger auf einer hundertprozentigen Korrektheit und/oder Vollständigkeit der Darstellung als vielmehr in der Gewährleistung einer gewünschten Performanz im Sinne einer harten Echtzeitanforderung.

Diese kann durch Ausnutzung von räumlicher und zeitlicher Kohärenz erreicht werden. Während die räumliche Kohärenz durch die hierarchischen Datenstrukturen abgebildet wird, muss der frameübergreifende, zeitliche Zusammenhang innerhalb des Render-Algorithmus erfasst werden. Für die Verdeckungsberechnung der Elemente innerhalb einer Szene (Occlusion-Culling) kann dies beispielsweise durch Algorithmen wie das Coherent Hierarchical Culling erreicht werden.

3.2.2 Augmented Reality

Im Kontext von Industrie 4.0 werden Simulations- und Fertigungsprozesse mit dem Ziel parallelisiert, eine optimale Fertigungsqualität durch den SOLL-IST-Abgleich zu gewährleisten (Cyber-physikalische Äquivalenz). Ebenso wird der Digital Twin genutzt, um die IST-Daten in eine agile Produktionsplanung zurückzuführen.

In diesem Zusammenhang sind Augmented-Reality (AR) Verfahren relevant, die SOLL-IST-Differenzen in Echtzeit registrieren und in Überlagerung zum vermessenen Umfeld visualisieren. Augmented Reality-Verfahren konnten sich in diesem Zusammenhang in zahlreichen Anwendungsfeldern bewähren und finden heute schon in routinemäßigen Planungs- und Prüfprozessen eine Anwendung:

- Augmented Reality-Werkstattsysteme
  Augmented Reality-Systeme werden heute schon als produktive Systeme angeboten. Hier werden KFZ-Mechaniker gezielt durch komplexe Reparaturszenarien geführt (siehe Abb. 3.9). Ziel ist es hier, die Augmented Reality-Reparaturan-

Abb. 3.9 Demonstrator für ein Augmented-Reality-Werkstatt-System (Fraunhofer IGD)

leitung exakt auf das Fahrzeug anzupassen unter Berücksichtigung der konkreten Konfigurationund Ausstattung.

- Augmented Reality-gestützte Wartung
  In gleicher Weise werden Augmented Reality-gestützte Wartungssysteme eingesetzt, die häufig das Augmented Reality-System um eine Remote-Expert-Komponente ergänzen. Dabei werden die Kamerabilder, die mit dem AR-System aufgezeichnet werden, via Internet an den Experten übertragen, der zusätzliche Hilfestellung in Reparaturszenarien geben kann. Diese Informationen können mit dem AR-System und der AR-Reparaturanleitung verknüpft werden, sodass die Remote-Expert-Komponente gleichzeitig als Autorensystem für die Ergänzung der Reparaturanleitungen genutzt wird.

- Augmented Reality-Handbücher
  Augmented Reality-Handbücher für komplexe Geräte können eine weitestgehend graphische und somit sprachunabhängige Anleitung zu komplexen Bedienungsanleitungen geben. Die Handbücher können über App-Stores für die verschiedenen Smartphone- und Tabletsysteme vertrieben und deshalb einfach aktualisiert und verteilt werden (siehe Abb. 3.9).

Augmented Reality-Technologie findet insbesondere deshalb eine große Beachtung, weil neue Hardwaresysteme entwickelt werden, die ganz neue Interaktionsparadigmen ermöglichen und die Arbeits- und Vorgehensweisen in Produktionsplanung und Qualitätskontrolle komplett revolutionieren. Wegweisend ist hier das System HoloLens von Microsoft, das zum einen eine multimodale Sensorik integriert und zum anderen als Optical-See-Through-System eine hohe Bildqualität liefert (siehe Abb. 3.10). An diesem System können aber auch sehr gut die Einschränkungen der Technologie für die professionelle Nutzung aufgezeigt werden:

- Aufwand Content-Aufbereitung
  Für aktuelle Lösungen, die für die HoloLens entwickelt werden, werden 3D-Modelle mit hohem händischen Aufwand auf eine für AR geeignete Modellgröße reduziert. (Die von Microsoft empfohlene Modellgröße für das System HoloLens umfasst gerade einmal 100.000 Polygone, ein Standard-PKW-CAD-Modell beinhaltet ca. 80 Mio. Polygone.)

- Tracking mit der HoloLens
  Im verwendeten SLAM-basierten Verfahren (Simultanous Localisation and Mapping) erfolgt die Initialisierung des Trackings durch eine gestenbasierte Nutzerinteraktion, d. h. die Modelle sind genauso ausgerichtet, wie sie vom Nut-

Abb. 3.10 Demonstrator zur Augmented Reality-gestützten Wartung unter Nutzung der HoloLens (Fraunhofer IGD)

zer via Gestik platziert wurden. Diese gestengesteuerte Initialisierung kann durch den Benutzer nicht so realisiert werden, dass sie z. B. für Soll-Ist-Abgleichsverfahren ausreichend ist.

- Tracking in statischen Umgebungen
  Das Tracking basiert auf 3D-Rekonstruktionen von 3D-Featuremaps und 3D-Meshes, die während der Laufzeit der Anwendung aufgebaut werden. Deswegen bekommt das Tracking Schwierigkeiten in dynamischen Umgebungen, etwa wenn mehrere Benutzer gleichzeitig HoloLens-Systeme nutzen oder wenn zu trackende Komponenten bewegt werden.

- Tracking von CAD-Modellen
  Das SLAM-basierte Trackingverfahren kann nicht verschiedene zu trackende Objekte differenzieren. Es kann auch nicht differenzieren, was zum Objekt oder zum Hintergrund der Szene gehört. Somit ist das Verfahren nicht für Soll-Ist-Abgleichszenarien geeignet, die die Ausrichtung eines Objekts in Relation zu einer Referenzgeometrie überprüfen.

- Gestenbasierte Interaktion
  Die gestenbasierte Interaktion auf der HoloLens ist für Augmented Reality-Spiele ausgelegt und für industrielle Anwendungen nicht immer geeignet. Deswegen soll es möglich sein, die Interaktion über ein Tablet zu steuern, während die Augmented Reality-Visualisierung auf der HoloLens ausgeführt wird.

- Datenspeicherung auf Mobilesystemen
  Die aktuellen Lösungen erzwingen eine Speicherung der (reduzierten) 3D-Modelle auf der HoloLens. Damit können Prozesse im Kontext Datensicherheit und Datenkonsistenz gefährdet werden.

Diese Einschränkungen der HoloLens-Nutzung können nur dann kompensiert werden, wenn die Algorithmen in Client-Server-Infrastrukturen verteilt werden. Wesentlich dabei ist, dass die vollständigen 3D-Modelle, die in industriellen Unternehmen eine wesentliche IP stellen, das PDM-System nicht verlassen und ausschließlich auf dem Server gespeichert werden. Auf dem Client sind dann nur Einzelbilder dargestellt, die über Videostreaming-Technologien übertragen werden. Alternativ werden G-Buffer gestreamt, die für das Rendering des aktuellen Views berechnet wurden. Diesen Anforderungen können VR/AR-Technologien in Zukunft nur dann genügen, wenn sie auf Web-Technologien und Dienstearchitekturen aufsetzen. Die Entwicklung von VR/AR-Technologien auf Basis von Dienstearchitekturen ist jetzt möglich, da Bibliotheken wie WebGL/WebCL zur Verfügung stehen, die eine performante und Plugin-freie On-Chip-Verarbeitung im Web-Browser ermöglichen. Insbesondere für industrielle Anwendungen bieten Web-Technologien als Grundlage für VR/AR-Anwendungen die folgenden Vorteile:

- Sicherheit
  Wenn VR/AR-Anwendungen als Webanwendungen auf dem Endgerät (Smartphone, Tablet, PC, Thin Client) der Nutzer im Webbrowser ausgeführt werden, müssen im günstigsten Fall überhaupt keine nativen Softwarekomponenten installiert werden, die immer potenzielle Unsicherheiten mit sich bringen.

- Plattformabhängigkeit
  Im Allgemeinen können Web-Technologien plattformunabhängig und mit jedem Browser genutzt werden. Somit können plattformspezifische Parallelentwicklungen (für iOS, Android, Windows usw.) weitestgehend vermieden werden.

- Skalierbar- und Verteilbarkeit
  Durch die Nutzung von Web-Technologien können rechenaufwendige Prozesse gut auf Client-Server-Infrastrukturen verteilt werden. Dabei kann die verteilte

Anwendung nicht nur auf die Leistungsfähigkeit des Endgerätes skaliert werden. Skalierungen können ebenso an die Web-Konnektivität, die Menge gleichzeitiger Nutzer und das benötigte Datenvolumen angepasst werden.

Ein Beispiel für die industrielle Relevanz in diesem Zusammenhang ist die Verlinkung zum PDM-System, das alle relevanten Produktdaten (z. B. CAD-Daten, Simulationsdaten, Montageanleitungen) zentral verwaltet und versioniert. Durch eine zentrale Datenhaltung soll sichergestellt werden, dass immer die aktuellste und abgestimmte Datenversion für Planungs- und Entwicklungsprozesse herangezogen wird. Gerade für VR/AR-Anwendungen, die etwa im Anwendungsbereich „SOLL-IST-Abgleich" eingesetzt werden, muss die korrekte Versionierung gewährleistet sein. Über Dienstearchitekturen können VR/AR-Anwendungen realisiert werden, die den aktuellen Datenstand bei Start der Anwendung aus dem PDM-System ziehen und während der Datenübertragung in geometrische Primitive codieren, die im Web-Browser visualisiert werden können. Dazu werden die 3D-Daten in Linked-3D-Data-Schemas organisiert, die eine flexible Teilung und Nutzung der Daten in der Dienstearchitektur zulassen.

3.2.3 Visualisierung über Linked-3D-Data-Schemas

Die Menge des Datenbestands und die Sicherheitsanforderungen im Automobilbau schließen eine Komplettübertragung der vollständigen CAD-Daten an den Client aus. Daher muss die 3D-Visualisierungskomponente in der Lage sein, relevante Bereiche in der Applikation adaptiv nachzuladen und anzuzeigen. Die 3D-Daten werden hierzu auf der Serverseite in eine für die Visualisierung optimierte Form gebracht. Wesentlich sind hier die 3D-Daten aus CAD-Systemen, die aus Strukturdaten (z. B. die Lage eines Bauteils im Raum) und Geometriedaten (z. B. ein Dreiecksnetz, das die Oberfläche eines Bauteils beschreibt) bestehen. Üblicherweise sind diese in einer Baumstruktur angelegt, die Querreferenzen zu anderen Daten und Ressourcen aufweisen kann (siehe Abb. 3.11).

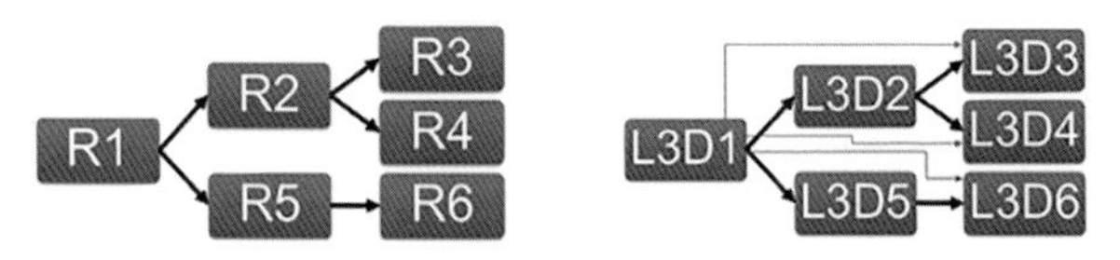

Abb. 3.11 links: 3D-Daten aus CAD-Systemen werden üblicherweise als eine verlinkte Hierarchie von Ressourcen beschrieben; rechts: Aus Applikationssicht bestehen die 3D-Daten aus einem verlinkten Netzwerk von 3D-Daten. (Fraunhofer IGD)

Eine typische PDM-Strukturbeschreibung ist beispielsweise in den standardisierten Formaten STEP242/PLMXML abgebildet, die auf Geometrien verweist, die wiederum im JT-Format gespeichert werden. (Diese wiederum verweisen auf weitere JT-Subkomponenten und können weitere 3D-Daten enthalten.) Für die Visualisierung von optimierten Daten wird am Fraunhofer IGD die web-basierte Diensteinfrastruktur instant3dhub entwickelt. Hier werden die 3D-Daten in einem verlinkten 3D-Daten-Netzwerk („linked 3D Data" oder „L3D") abgelegt, das transparent gegenüber allen Ressourcen-Formaten die komplette Struktur und Geometrie vorhält und über zusätzliche Verlinkungen skalier- und erweiterbar ist (siehe Abb. 3.11 rechts).

Die Umwandlung zwischen der Ressourcenbeschreibung und den verlinkten 3D-Daten erfolgt über einen Transkodierprozess. Da die Infrastruktur für das schnelle und adaptive Nachladen von Daten entworfen wurde, verfügt sie über entsprechende Vorhaltestrategien. Dabei wird als Ablageort dieser Daten ein verteilter 3D-Cache benutzt, der über Transkodierungsjobs befüllt und über Regeldienste ausgeliefert wird.

Die clientseitige Applikation steuert die Anzeige der verlinkten 3D-Daten. Für diesen Zugriff stellt instant3dhub eine clientseitige API zur Verfügung. Für die Integration in eine Browserapplikation ist dies die Javascript-API webVis. Über diese API werden Interaktionen und veränderte Kameraposen kommuniziert, die serverseitig Sichtbarkeitsanalysen und neue Verlinkungen bewirken.

Beim Zugriff auf diese Daten erfolgt die Transkodierung applikationsgesteuert transparent, d. h. der Client verwendet nur die verlinkten 3D-Daten und der zuge-

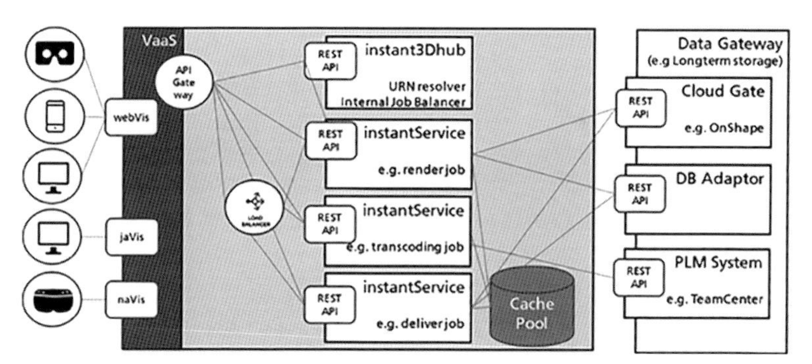

Abb. 3.12 Client/Server-Architektur der 3D-Komponente: Die clientseitige Applikation nutzt das webVis API um auf Cache-Einträge zuzugreifen. Das instant3Dhub-service regelt die Auslieferung der Cache-Einträge bzw. eine allfällige Transkodierung. Die Anbindung an originale 3D-Ressourcen findet über ein Datencenter-Gateway statt. (Fraunhofer IGD)

hörige Cache-Eintrag wird erst beim ersten Zugriff automatisch erzeugt. Um den Zugriff zu beschleunigen, kann eine komplette Transkodierung der Daten zum Publikationszeitpunkt durch den sukzessiven Zugriff auf die entsprechenden Einträge erfolgen.

Die Identifikation der einzelnen Cache-Einträge erfolgt über ein Namensschema nach einer „Uniform Ressource Name" (URN)-Kodierung, um die Einträge applikationsseitig dauerhaft und ortsunabhängig zu identifizieren. Vorteil des 3D-Datennetzwerks ist, dass eine Änderung des Ablageortes zur Vorhaltung der Daten ohne Änderung der Clientapplikation durchgeführt werden kann.

Clientseitig besteht die 3D-Komponente aus einer im Webbrowser laufenden JavaScript-Anwendung. Die clientseitige JavaScript-Bibliothek zur Steuerung der 3D-Komponente (webVis) bietet eine schmale API, über die

- Strukturelemente der dargestellten Szene hinzugefügt oder entfernt,
- Eigenschaften gelesen und verändert,
- Messfunktionen durchgeführt und
- Sichtbarkeiten von (Teil-)Komponenten eingestellt werden.

Beim Hinzufügen eines in der Hierarchie höher gestellten Elements wird automatisch die gesamte darunterliegende Hierarchie angezeigt. Eigenschaften, die verändert werden können, sind beispielsweise die Sichtbarkeit (zum Ein- oder Ausblenden von Elementen) oder die Farbe. Es stehen neben der direkten 3D-Ansicht auch

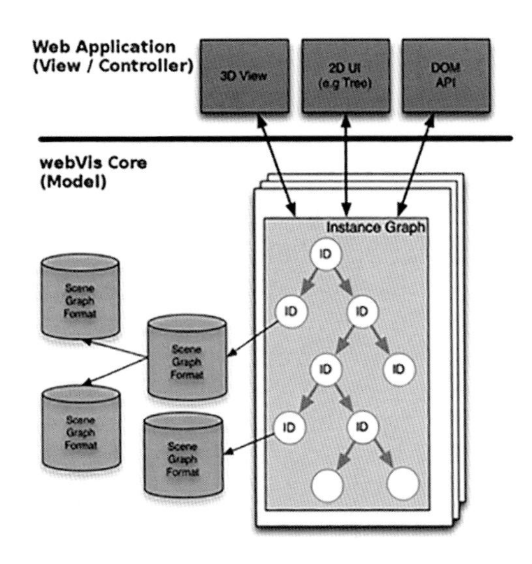

Abb. 3.13 Clientseitige Sicht auf das Datenmodell der 3D-Komponente. Die Webapplikation lädt bzw. modifiziert Einträge des Instance Graph, und reagiert auf User Events. (Fraunhofer IGD)

weitere UI-Komponenten (als Webcomponents) zur Verfügung, z. B. eine Baumansicht zur Datenstruktur oder eine Leiste zum Speichern und Laden von aktuellen Ansichten („Snapshots").

Die 3D-Komponente reagiert auf Benutzereingaben (z. B. Mausklick auf sichtbares Element im 3D-View) über Events, d. h. es wird eine Callback-Methode zur selektierten Komponente registriert. Es ist möglich, auf unterschiedlichste Events bzw. Zustandsänderungen im Graphen entsprechende „listener"-callbacks zu registrieren. Für oft benötigte clientseitige Funktionalitäten steht eine Toolbox zur Verfügung, die es ermöglicht, unterschiedliche Werkzeuge (z. B. Clipping-Planes oder Screenshots) der Applikation hinzuzufügen.

Instant3dHUB bietet einen dienstorientierten Ansatz, um einen einheitlichen „3D als Service"-Layer für Anwendungsentwickler bereitzustellen. Für diese Anwendungen stellt die Infrastruktur eine bidirektionale Client-Schnittstelle zur Verfügung. Diese ist in der Lage, eine Vielzahl unterschiedlicher 3D-Datenformate einschließlich Struktur- und Metadaten direkt innerhalb eines HTML-Elements (z. B. <canvas> oder <iframe>) darzustellen. Zu diesem Zweck wurde eine dienstorientierte Serviceinfrastruktur etabliert, die keine explizite Umwandlung oder Bereitstellung von Ersatzformaten erfordert, sondern die die notwendigen Container für die verschiedenen Endgeräteklassen automatisch erstellt und in entsprechenden serverseitigen Cache-Infrastrukturen bereithält.

3.2.4 Integration von CAD-Daten in AR

Basierend auf der Grundlage von instant3DHub und WebGL-basiertem Rendering wurden spezielle Daten-Container entwickelt, über die 3D-Meshdaten effizient und progressiv via Netzwerk übertragen werden können [8]. Im Kontrast zu klassischen Out-Of-Core-Renderingverfahren [9] benötigen die hier vorgestellten Verfahren keine aufwendigen Vorverarbeitungsprozesse, sondern können ohne jegliche Vorbereitung direkt auf die CAD-Daten angewandt werden [10]. Das Verfahren basiert ebenso wie das von Nvidia vorgeschlagene Rendering-as-a-Service-Verfahren auf Web-Infrastrukturen – es ist dafür ausgelegt, hybride Renderingverfahren umzusetzen, die eine mächtige GPU-Cloud mit Client-Systemen vernetzen. Werden aber bei NVIDIA Bilddaten hocheffizient komprimiert und übertragen [11], sind es in instant3Dhub sichtabhängig zu rendernde Dreiecke (die zu rendernden 3D-Meshdaten). Dazu wurden neben weiteren Diensten neue Kompressions- und Streamingverfahren entwickelt [12], die zu jedem Geometriepunkt, der gestreamt wird, zunächst nur die Vorkommastelle übertragen, um anschließend sukzessive alle Nachkommastellen zu übermitteln. Mit diesem Ansatz wurde ein progressiver Renderingalgorithmus umgesetzt („progressives Rendering"), der die Geometrie zunächst in einer geringeren Genauigkeit visualisiert, die sich mit der fortlaufenden Datenübertragung zur vollständigen Genauigkeit verfeinert. Diese Technologien wurden in die instant3DHub-Infrastruktur integriert, die für industrielle Kunden höchst relevant ist und daher auch Anbindungen an eine PDM-Umgebung ermöglicht.

Die Verfügbarkeit von CAD-Modellen erlaubt aber auch das modellbasierte Tracking: Hierbei werden Referenzmodelle aus den CAD-Daten generiert, die mit den im Kamerabild erkannten Silhouetten abgeglichen werden. Die modellbasierten Trackingverfahren sind robust gegenüber unsteten Lichtverhältnissen in instabilen, industriellen Beleuchtungsumgebungen. Allerdings stellt sich auch hier die Frage, wie CAD-Modelle effizient an die Ausgabeeinheiten für AR-Anwendungen – z. B. Tablets, Smartphones oder HoloLenses – verteilt und Referenzdaten für einzelne Clientanwendungen generiert werden können.

3.2.5 Augmented-Reality-Tracking

Augmented-Reality-Verfahren sind zur Entwicklung intuitiv-perzeptiver Bedienungsschnittstellen relevant und werden zur Erfassung von SOLL-IST-Differenzen eingesetzt. Die elementare Kerntechnologie von Augmented-Reality bildet allerdings die Tracking-Technologie, durch die die Kamerapose in Relation zur betrachteten Umgebung registriert wird. Traditionelle Ansätze (z. B. markerbasiert, sensorbasiert) sind für die industrielle Anwendung nicht relevant, weil der Vorbereitungsaufwand (Vermessung der Marker, Initialisierung über Nutzerinteraktion etc.) unrentabel ist oder die Verfahren einen hohen Drift aufweisen. Auch feature-basierte SLAM-Verfahren sind für die industrielle Anwendungen irrelevant: Sie sind von der Beleuchtungssituation abhängig und können das getrackte Objekt nicht vom Hintergrund differenzieren. Somit ist der Einsatz dieser Verfahren auf komplett statische Umgebungen beschränkt. Das für industrielle Anwendungen einzig relevante Verfahren ist deshalb das modellbasierte Tracking, da es eine Referenz zwischen CAD-Daten und der erfassten Umgebung herstellen kann. Die modellbasierten Verfahren benötigen keine Initialisierung durch Nutzerinteraktion und haben keinen Drift. Die CAD-Geometrie richtet sich permanent auf die erkannte Geometrie aus. Zudem können CAD-Knoten, die z. B. im Strukturbaum voneinander separiert werden können, unabhängig voneinander getrackt werden. Genau diese Eigenschaften sind für Industrie-4.0-Szenarien im Bereich SOLL-IST-Abgleich bzw. Qualitätskontrolle fundamental.

Neben dem kontinuierlichen Tracking der Objekte (Frame-2-Frame) müssen die modellbasierten Trackingverfahren initialisiert werden. In der Initialisierung wer-

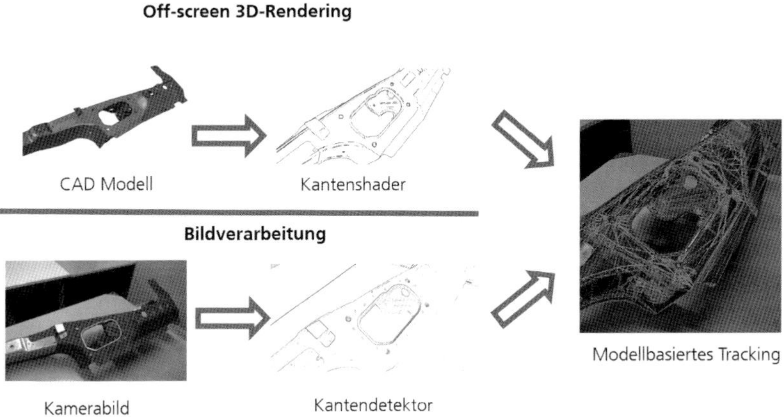

Abb. 3.14 Im modellbasierten Tracking werden aus den CAD-Daten mithilfe von Kantenshadern Hypothesen gerendert, die dann mit den Kamerabildern abgeglichen und auf die Kantendetektoren angewandt werden. (Fraunhofer IGD)

den das reale und das virtuelle 3D-Objekt in ein gemeinsames Koordinatensystem überführt. Hierfür werden initiale Kameraposen festgelegt, aus denen die Initialisierung durchgeführt werden kann. Zur Initialisierung werden sie mithilfe der 3D-Modelle spezifiziert.

3.2.6 Tracking as a Service

Ebenso wie die Visualisierungsfunktionalitäten werden die Tracking-Dienste in die instant3Dhub-Infrastruktur integriert. Zielsetzung ist die Integration von Trackingdiensten in die Instant3Dhub-Architektur. Diese erlaubt, über die gleiche Philosophie der Datenaufbereitung und -auslieferung neue Formen der effizienten Nutzung von Augmented-Reality zu realisieren. Hierzu werden Dienste zur Ableitung und Erstellung von Trackingreferenzmodellen aus CAD-Daten umgesetzt, die über L3D-Daten-Container ausgeliefert werden (siehe Abb. 3.15). Die Einbindung in die instant3Dhub-Infrastruktur wird neue Formen des Load-Balancing von Trackingaufgaben ermöglichen (Verteilung auf clientseitige Verfahren oder serverseitige Verfahren). Der wichtigste Vorteil der Nutzung der instant3Dhub-Infrastruktur ist jedoch der, dass die Referenzmodelle für das modellbasierte Tracking direkt aus den CAD-Daten in voller Auflösung generiert werden. Dadurch entfallen aufwendige

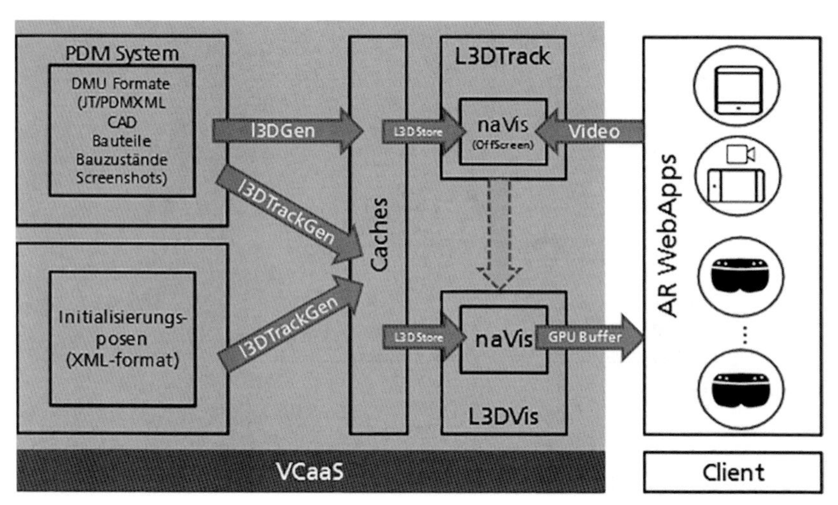

Abb. 3.15 Einbindung Tracking Infrastruktur in die VCaaS (Fraunhofer IGD)

Modellaufbereitungen und -reduktionen vollständig. Das wird durch die effizienten server-basierten Renderingverfahren für große CAD-Modelle ermöglicht, die in der instant3Dhub-Infrastruktur zur Verfügung gestellt werden.

Die modellbasierten Trackingverfahren in der instant3Dhub-Infrastruktur nutzen Offscreen-Rendering-Verfahren, um die zu trackenden Objekte aus der aktuellen Kamerapose zu rendern (Tracking-Hypothesen). Diese Offscreen-Renderings sollen allerdings nicht nur zum Tracking, sondern auch zur Erkennung des Bauzustands genutzt werden. Welche Bauteile sind in der aktuellen Situation schon verbaut, welche fehlen noch? Diese Bauzustände sollen in Screenshots abgebildet und jeweils zum Tracking-Referenzmodell umcodiert werden.

Mithilfe der instant3dhub-Infrastruktur kann der Tracking-Dienst je nach Rahmenbedingungen (Netzwerkqualität, Performanz Clientsystem etc.) in den folgenden Konfigurationen genutzt werden:

- Hybrides Tracking

  In diesem Ansatz findet die Bildverarbeitung auf dem Client statt, während die Tracking-Hypothesen auf dem Server gerendert werden. Der Vorteil dieses Ansatzes ist, dass die aufwendige Bildverarbeitung auf dem Client umgesetzt wird und somit eine minimale Latenz des Trackings realisiert werden kann. In diesem Ansatz muss aber eine native Trackingkomponente auf dem Client installiert werden. Der Vorteil der Nutzung des Servers gegenüber einer rein nativen Ver-

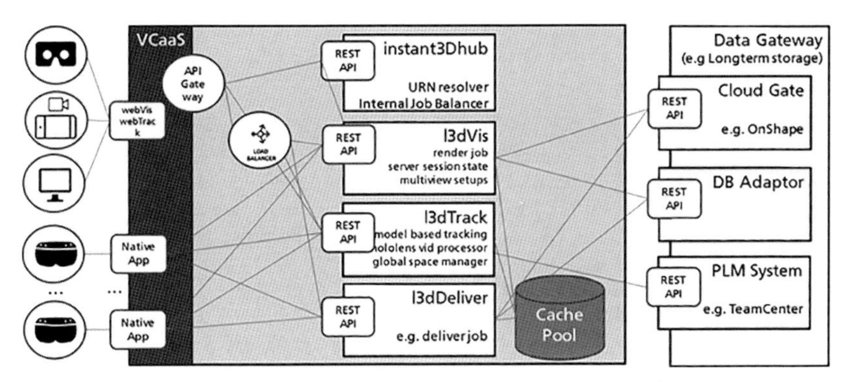

Abb. 3.16 Einbindung Tracking-Infrastruktur in die VCaaS (Fraunhofer IGD)

wendung ist der, dass die Modelldaten nicht auf dem Client gespeichert sowie die Modelle für das modellbasierte Tracking nicht reduziert werden müssen.

- Serverseitiges Tracking
  Für ein serverseitiges Trackingverfahren müssen die Videodaten mit geringer Latenz an die Serverinfrastruktur übermittelt werden. Die Bildverarbeitung findet auf dem Server statt und die berechneten Kameraposen müssen mit hoher Frequenz an den Client zurückübertragen werden. Daher ist eine Videostreaming-Komponente von Nöten, die über einen geeigneten Übertragungskanal (z. B. webSockets) umgesetzt werden muss. Das serverbasierte Tracking erfordert eine sehr gute Netzwerkanbindung und eine Umsetzung in einem asynchronen Prozess, sodass Posen bei Engpässen der Kommunikationsinfrastruktur auch asynchron berechnet werden können.

Eine um modellbasiertes Tracking erweiterte instant3Dhub-Infrastruktur nimmt demnach mit entsprechenden Trackingdiensten und der Ableitung von Referenzmodellen (I3dTrack) die folgende Gestalt an (siehe Abb. 3.16). Somit werden alle Prozesse zum Echtzeitbetrieb des AR-Werkstattsystems in dieser Infrastruktur zusammengeführt.

Quellen und Literatur

[1] European Commission: Commission recommendation of 27 October 2011 on the digitisation and online accessibility of cultural material and digital preservation (2011/711/EU) [online], available from: http://eur-lex.europa.eu/LexUriServ/LexUriServ.do?uri=OJ:L:2011:283:0039:0045:EN:PDF (accessed 5 June 2016).

[2] European Commission: Communication from the Commission to the European Parliament, the Council, the European Economic and Social Committee and the Committee of the Regions. A Digital Agenda for Europe (COM(2010)245 final) [online], available from: http://eur-lex.europa.eu/legal-content/EN/TXT/HTML/?uri=CELEX:52010DC0245&from=en (accessed 5 July 2016).

[3] Article 3.3 of the Treaty of Lisbon, Treaty of Lisbon, Amending the Treaty on European Union and the Treaty Establishing the European Community, 17.12.2007 (2007/C 306/01), in: Official Journal of the European Union, C 306/1 [online], available from: http://eur-lex.europa.eu/legal-content/EN/TXT/?uri=OJ:C:2007:306:TOC (accessed 10 September 2015).

[4] Keene, Suzanne (Ed.) (2008): Collections for People. Museums' stored Collections as a Public Resource, London 2008 [online], available from: discovery.ucl.ac.uk/13886/1/13886.pdf (accessed 29 June 2016).

[5] Santos, P.; Ritz, M.; Tausch, R.; Schmedt, H.; Monroy, R.; De Stefano, A.; Fellner, D.: CultLab3D - On the Verge of 3D Mass Digitization, in: Klein, R. (Ed.) et al.: GCH 2014, Eurographics Workshop on Graphics and Cultural Heritage. Goslar: Eurographics Association, 2014, pp. 65-73.

[6] Kohler J., Noell T., Reis G., Stricker D. (2013): A full-spherical device for simultaneous geometry and reflectance acquisition, in: Applications of Computer Vision (WACV), 2013 IEEE Workshop (Jan 2013), pp. 355-362.

[7] Noell T., Koehler J., Reis R., and Stricker D. (2015): Fully Automatic, Omnidirectional Acquisition of Geometry and Appearance in the Context of Cultural Heritage Preservation. Journal on Computing and Cultural Heritage - Special Issue on Best Papers from Digital Heritage 2013 JOCCH Homepage archive, 8 (1), Article No. 2.

[8] Behr J., Jung Y., Franke T., Sturm T. (2012): Using images and explicit binary container for efficient and incremental delivery of declarative 3D scenes on the web, in ACM SIGGRAPH: Proceedings Web3D 2012: 17th International Conference on 3D Web Technology, pp. 17–25

[9] Brüderlin B., Heyer M., Pfützner S. (2007): Interviews3d: A platform for interactive handling of massive data sets, in IEEE Comput. Graph. Appl. 27, 6 (Nov.), 48–59.

[10] Behr J., Mouton C., Parfouru S., Champeau J., Jeulin C., Thöner M., Stein C., Schmitt M., Limper Max, Sousa M., Franke T., Voss G. (2015): webVis/instant3DHub - Visual Computing as a Service Infrastructure to Deliver Adaptive, Secure and Scalable User Centric Data Visualisation, in: ACM SIGGRAPH: Proceedings Web3D 2015 : 20th International Conference on 3D Web Technology, pp. 39-47

[11] Nvidia grid: Stream applications and games on demand. http://www.nvidia.com/object/nvidia-grid.html

[12] Limper M., Thöner M., Behr J., Fellner D. (2014): SRC – A Streamable Format for Generalized Web-based 3D Data Transmission, in: ACM SIGGRAPH: Proceedings Web3D 2014 19th International Conference on 3D Web Technology, pp. 35-43

Verarbeitung von Videodaten

4

Beste Bilder auf allen Kanälen

Dr.-Ing. Karsten Müller · Dr.-Ing. Heiko Schwarz ·
Prof. Dr.-Ing. Peter Eisert · Prof. Dr.-Ing. Thomas Wiegand
Fraunhofer-Institut für Nachrichtentechnik,
Heinrich-Hertz-Institut, HHI

Zusammenfassung

Videodaten repräsentieren rund drei Viertel aller weltweit übertragenen Bits im Internet und sind damit enorm wichtig für die Digitale Transformation. Die digitale Verarbeitung von Videodaten hat entscheidend dazu beigetragen, erfolgreiche Produkte und Dienste in den verschiedensten Bereichen zu etablieren – etwa in der Kommunikation, der Medizin, der Industrie, in autonomen Fahrzeugen oder der Sicherheitstechnik. Insbesondere haben Videodaten den Massenmarkt in der Unterhaltungsindustrie geprägt, z. B. durch HD- und UHD-TV oder Streamingdienste. Bei vielen dieser Anwendungen wurde erst durch die Videocodierung mit Kompressionsverfahren eine effiziente Übertragung möglich. Weiterhin haben sich Verfahren und Produktionssysteme für hochrealistische dynamische 3D-Videoszenen entwickelt. Das Fraunhofer-Institut für Nachrichtentechnik, Heinrich-Hertz-Institut, HHI, hat sich dabei in den wichtigen Bereichen der Videocodierung und 3D-Videoverarbeitung eine weltweit führende Rolle erarbeitet, z. B. durch die erfolgreiche Standardisierung der Videocodierung.

4.1 Einleitung: Die Bedeutung von Video in der Digitalen Welt

Videodaten haben sich in der digitalen Welt zu einem zentralen Thema entwickelt. Dazu hat das zugehörige Forschungsfeld der Videoverarbeitung in den letzten Jahrzehnten entscheidend beigetragen und eine Vielzahl von erfolgreichen Systemen und Geschäftszweigen sowie Produkten und Diensten etabliert [35]. Beispiele hierfür sind:

- Im Bereich Kommunikation werden Videotelefonie, Videokonferenzsysteme sowie multimediale Messenger-Dienste wie Videochats sowohl im geschäftlichen als auch im privaten Umfeld verwendet.
- In der Medizin finden digitale Bildgebungsverfahren Anwendung, bei denen hochauflösende Computertomographien dargestellt und verarbeitet werden können. So werden aus medizinischen Daten z. B. virtuelle Modelle zur Vorbereitung und Unterstützung von Operationen rekonstruiert und zunehmend auch automatische Analyseverfahren bestimmter Krankheitsbilder zur Diagnoseunterstützung durchgeführt.
- In der Industrie werden bereits seit einiger Zeit Kameras als Sensoren eingesetzt, z. B. zur automatischen Prozessüberwachung, Qualitäts- und Produktionskontrolle. Dazu werden Videoanalyseverfahren aus der Mustererkennung angewendet, um automatisch und schnell zu überprüfen, ob in Fertigungsstraßen Produkte exakt den Vorgaben entsprechen. In letzter Zeit haben digitale Videodaten in der Industrie erneut an Bedeutung gewonnen, da mit dem Konzept Industrie 4.0 eine verstärkte Produktionsautomatisierung und die Modellierung der Produktionsprozesse in der digitalen Welt stattfindet.
- In Fahrzeugen und in der Logistik setzt man Kamerasensoren ein, deren Videodaten zur automatischen Verkehrslenkung verwendet werden. In der Logistik nutzt man dieses Verfahren schon länger, um komplett automatische Transportstraßen mit computergesteuerten Fahrzeugen zu realisieren. Für Fahrzeuge werden seit einigen Jahren selbstfahrende Systeme entwickelt, bei denen die Auswertung aller Sensordaten zur automatischen Fahrzeugsteuerung beiträgt. In allen Bereichen der Sicherheitstechnik werden optische Überwachungssysteme verwendet, sodass auch hier Videodaten eine wesentliche Rolle spielen.
- Schließlich wird der Massenmarkt der Unterhaltungsindustrie durch die überragende Rolle der Videodaten geprägt. Hier haben sich ganze Geschäftsbereiche sehr erfolgreich entwickelt wie Fernsehübertragung in High-Definition (HD) und Ultra-High-Definition (UHD) mit Auflösungen von 3840 x 2160 Bildpunkten und darüber, mobile Videodienste, private Aufnahme- und Speichersysteme wie digitale Camcorder, optische Speichermedien wie DVD und Blu-ray Disc, Videostreamingdienste sowie Internet-Videoportale [57].

Eine wesentliche Rolle für die globale Verbreitung spielen internationale Standards zur Definition der unterschiedlichen Videoformate, zur Bildaufnahme, zur effizienten Videocodierung, zur Übertragung, zur Speicherung und zur Darstellung von Videodaten. Die globale Bedeutung digitaler Videodaten zeigt sich auch in statistischen Analysen der Übertragungsmedien. So wurde 2016 von CISCO ermittelt [5], dass 73 % aller im Internet übertragenen Bits Videobits waren und für 2021 bereits 82 % vorhergesagt sind.

Digitale Videodaten repräsentieren Abbildungen der visuellen Welt in digitaler Form. Damit sind zur Erzeugung dieser Daten zunächst die Abbildung bzw. Aufnahme und dann deren Digitalisierung notwendig. Insbesondere bei Aufnahmen der realen Welt werden ähnliche Prinzipien wie beim menschlichen Auge angewendet. Durch das Objektiv einer Kamera gelangt Licht, das durch eine konvexe Linse gebündelt und auf ein lichtempfindliches Medium – einen Film oder digitalen Fotosensor – geleitet wird. Durch diesen Aufbau wird gewährleistet, dass die physikalisch reale Welt überhaupt in den vertrauten Formen wahrgenommen werden kann, denn durch die Kameralinse gelangen nur Photonen aus Richtung des Kameraobjektivs und kleinen Winkelabweichungen um diese Richtung in die Kamera, und durch die Lichtbündelung wird dann ein sichtbares Abbild der realen Welt erzeugt, wie wir es auch mit unseren Augen wahrnehmen können. Vereinfacht gesagt ergeben sich die unterschiedlichen Helligkeiten in den erzeugten Bildern aus der jeweiligen Anzahl an Photonen, die Farbe aus deren Wellenlängen. Um von einzelnen Bildern auf bewegte Bilder oder Videos zu kommen, muss die Bildaufnahme in bestimmten Zeitabständen erfolgen. Aufgrund der Trägheit des menschlichen Auges wird ab einer genügend hohen Bildwiederholrate (über 50 Bilder pro Sekunde) eine Serie von Einzelbildern als Bewegtbild bzw. Video wahrgenommen.

Um vom aufgenommenen Film zu digitalen Videodaten zu kommen, werden zunächst die einzelnen Bilder diskretisiert bzw. örtlich abgetastet. Bei analogen Filmaufnahmen muss dies explizit durchgeführt werden, bei Aufnahmen mit digitalem Kamerasensor wird bereits durch die begrenzte Anzahl der Lichtsensoren im Sensorarray implizit diskretisiert. So werden z. B. mit einem HD-Sensor Bilder mit 1920 x 1080 Bildpunkten aufgenommen. Im nächsten Schritt werden auch die Farb- bzw. Helligkeitswerte der einzelnen Bildpunkte diskretisiert, um sie digital darstellen zu können. So werden typischerweise die drei Farbwerte Rot, Grün und Blau jedes Bildpunktes jeweils in 256 unterschiedliche Werte diskretisiert bzw. quantisiert. Dadurch kann jeder Farbwert durch 8 Bit in binärer Darstellung ($256 = 2^8$) repräsentiert und schließlich das gesamte digitale Video von Computersystemen verarbeitet, gespeichert und codiert werden.

Damit können nun digitale Videodaten durch Formate spezifiziert werden, welche die beschriebenen Eigenschaften aus den Aufnahme- und Digitalisierungsschritten beschreiben. So spezifiziert das Format „1920 x 1080 @ 50fps, RGB 4:4:4, 8Bit“ ein digitales Video der Bildauflösung 1920 Bildpunkte horizontal, 1080 Bildpunkte vertikal, mit Bildwiederholrate von 50 Bildern pro Sekunde, im Farbraum RGB, mit allen Farbkomponenten in gleicher örtlicher Auflösung (4:4:4) und je mit 8 Bit quantisiert.

Die globale Bedeutung und Verbreitung erfuhren Videodaten durch die Digitalisierung und die Verbreitung des Internets. Die Digitalisierung führte zu Videodaten bisher unerreichter Qualität, da nun Videosignale effizient verarbeitet und ihre Datenmenge in enormem Maß durch Codiermethoden reduziert werden konnten. Auf den unterschiedlichen Verbreitungskanälen wie Fernseh- und Internetübertragung über leitungsgebundene sowie mobile Kanäle sind Videodaten inzwischen zu den am meisten übertragenen und konsumierten Daten geworden. Insgesamt wächst die Menge an übertragenen Videodaten stärker als die Kapazität der Übertragungsnetze, sodass innerhalb der Videoverarbeitungskette von der Produktion bis zum Anzeigen und Abspielen beim Konsumenten die Kompression eine herausragende Rolle spielt. Dazu werden international Videocodierstandards insbesondere von der ITU-VCEG (International Telecommunications Union-Visual Coding Experts Group – offiziell ITU-T SG16 Q.6) sowie der ISO/IEC-MPEG (International Organization for Standardization/International Electrotechnical Commission - Moving Picture Experts Group – offiziell ISO/IEC JTC 1/SC 29/WG 11) oft in gemeinsamen Teams entwickelt, bei denen mit jeder neuen Generation verbesserte Kompressionsmethoden integriert wurden. Dadurch können Videodaten bei gleicher visueller Qualität mit wesentlich geringerer Datenrate übertragen werden [32]. Darüber hinaus wurden einige Anwendungen durch effiziente Videokompression erst ermöglicht. Durch den Videocodierstandard H.264 | MPEG-4 AVC (Advanced Vide Coding) [1][23] wurde z. B. die Verbreitung des hochauflösenden Fernsehens (HDTV) und von Videostreamingdiensten über DSL (Digital Subscriber Line) ermöglicht. Und nur durch den Nachfolgerstandard H.265 | MPEG-H HEVC (High-Efficiency Video Coding) [17] [47] konnte in Deutschland DVB-T2 gestartet werden, um HD-Fernsehen bei gleichbleibender Qualität mit der verfügbaren Datenrate zu übertragen.

Mit der Digitalisierung der Videodaten ergaben sich auch neue Anwendungsfelder, welche die zweidimensionalen Videodaten in die dritte Raumdimension auf verschiedene Arten erweitern. Hier haben sich zum einen Forschungsgebiete zur 3D-Objekt- und Szenenmodellierung aus natürlichen Daten entwickelt, die mit mehreren Kameras aufgenommen werden. Zum anderen wurden durch leistungsstarke Rechner rein synthetische Szenemodellierungen im Bereich Computer Graphics möglich, bei denen ganze Animationsfilme am Rechner modelliert werden. Durch die Zusammenarbeit der beiden Bereiche wurden dann z. B. Mixed-Reality-Szenen geschaffen, die computeranimierte Graphik wie Drahtgittermodelle, aber auch natürliche Videodaten enthalten. Dabei sind wesentliche Aspekte eine gute 3D-Wahrnehmung der Szenen und eine einfache Navigation. Entsprechend wurden VR-Brillen entwickelt, welche die Szenen in 3D (d. h. hier getrennt für das linke und rechte Auge) und in hoher Qualität darstellen sowie einem Betrachter ermöglichen, durch die eigene Bewegung und Kopfdrehung wesentlich natürlicher in der

Szene zu navigieren. Dadurch hat sich in den letzten Jahren das Gebiet der virtuellen Realität auch in Richtung augmentierter Realität (AR) entwickelt und wird wahrscheinlich in unterschiedlichen Bereichen Anwendungen finden. Dazu zählt z. B. die Medizintechnik, wo Videodaten der Computertomographie mit künstlichen 3D-Modellen kombiniert werden, um Diagnosen und Operationstechniken zu verbessern. In der Architektur werden verstärkt Gebäudeplanungen virtuell erstellt – diese lassen sich virtuell begehen, sodass effizientere Planungen des realen Gebäudes möglich werden. Damit wird sich auch dieser Bereich zu einem weltweiten Markt entwickeln und zur Bedeutung digitaler Videodaten beitragen.

4.2 Videoverarbeitung am Fraunhofer Heinrich-Hertz-Institut

Mit der steigenden Bedeutung der digitalen Videodaten ergaben sich neue technologische Herausforderungen und Marktchancen. Daher wurde 1989 am Heinrich-Hertz-Institut (HHI) der Forschungsbereich Videoverarbeitung in der Abteilung Bildsignalverarbeitung gegründet, um frühzeitig Grundlagenforschung, Technologieentwicklung und Videostandardisierung durchzuführen. Insbesondere in den letzten 15 Jahren hat sich der Forschungsbereich Videoverarbeitung, nunmehr innerhalb des Heinrich-Hertz-Instituts als Institut der Fraunhofer-Gesellschaft, eine weltweit herausragende Stellung im Bereich Videocodierung erarbeitet. Im akademischen Bereich äußert sich dies in einer Vielzahl renommierter Veröffentlichungen, eingeladener Vorträge und Editorentätigkeiten für internationale Fachzeitschriften und Konferenzen. Weiterhin wurde eine umfangreiche zweiteilige Monographie zur Quellencodierung [56] und Videocodierung [57] veröffentlicht. Wichtige Technologien für die Videocodierung wurden entwickelt und in die unterschiedlichen Standards eingebracht. Dazu zählen H.264 | MPEG-4 AVC [59] sowie dessen Erweiterungen SVC (Scalable Video Coding) und MVC (Multi-View Video Coding) sowie die Nachfolgestandards H.265 | MPEG-H HEVC [47] und deren Erweiterungen für Skalierbarkeit, Multi-View und 3D, d. h. SVHC [4], MV-HEVC [50] und 3D-HEVC [28][50]. Über die technologische Mitentwicklung der Standards hinaus war und ist das Fraunhofer HHI auch im Management der relevanten Standardisierungsgremien involviert. Die aufgebaute Expertise wurde und wird in einer Vielzahl von Projekten und Industrieaufträgen weiter vermarktet. Parallel zur Entwicklung effizienter Kompressionsverfahren wurden auch effiziente Übertragungsverfahren am Fraunhofer HHI entwickelt [16][39][40].

Darauf aufbauend hat sich das Fraunhofer HHI aufgrund seiner langjährigen Erfahrung eine ebenso herausragende Stellung im Bereich Computer Graphics und

Computer Vision erarbeitet. Hier wurden neuartige Verfahren für die Kino- und Fernsehtechnik entwickelt, um dreidimensionale Videoinhalte zu erstellen und in Mixed-Reality-Szenen zu integrieren und darzustellen. Weiterhin hat das Fraunhofer HHI auch im Bereich der Kompression synthetischer und natürlicher 3D-Video- und Computergraphik wegweisende Arbeiten geleistet sowie Standardisierungsarbeiten für dynamische Drahtgittermodelle für MPEG-4 AFX (Animation Framework Extension) durchgeführt.

Im Forschungsbereich Videoverarbeitung wurden Systeme zur 3D-Produktion entwickelt wie der Stereoscopic Analyser (STAN) zur Unterstützung der Tiefenkontrolle bei der Produktion von 3D-Videoinhalten, sowie Technologien zur Aufnahme von Videopanoramen mit Multikamerasystemen und automatischen Stitching-Systemen in Echtzeit, um sichtbare Übergänge zwischen den aufnehmenden Kameras im Panorama zu vermeiden. Durch kombinierte Verfahren aus den Bereichen Computer Vision, Computergrafik und Visual Computing konnten neue Lösungen für eine große Bandbreite von Anwendungen im Bereich Multimedia, erweiterte Realität, Medizin und Sicherheit entwickelt werden. Ein Beispiel sind videobasierte und damit bewegte 3D-Modelle, die von natürlichen Personen aufgenommen und rekonstruiert werden und virtuell begehbare 3D-Filme ermöglichen. Damit steht das Fraunhofer HHI auch im Bereich der neuen immersiven 360°- und VR-Technologien an der Spitze internationaler Forschungs- und Entwicklungsarbeit.

4.3 Kompressionsverfahren für Videodaten

In Abschnitt 4.1 wurde beschrieben, dass erst durch Codierstandards mit effizienten Videokompressionsmethoden wie H.265 | MPEG-H HEVC Videodienste wie UHD-Fernsehen oder Internet-Streaming ermöglicht werden. Als Beispiel wird dazu zunächst die Rate betrachtet, die ein unkomprimiertes digitales Videosignal für eine UHD-Auflösung von 3840 x 2160 Bildpunkten benötigt. Für eine hochqualitative zeitliche Darstellung werden z. B. 50 Bilder pro Sekunde gesendet, jedes in voller UHD-Auflösung. Damit ergeben sich ca. 414 Mio. Bildpunkte pro Sekunde (50 Bilder/s x 3840 x 2160 Bildpunkte/Bild). Jeder Bildpunkt repräsentiert einen Farbwert, der aus den drei Komponenten Rot, Grün und Blau zusammengesetzt ist. Bei einer moderaten Farbauflösung bzw. Quantisierung von 8 Bit pro Farbwert werden für jedes Pixel 24 Bit benötigt. Und damit wiederum ergibt sich für das unkomprimierte UHD-Videosignal eine Bitrate von ca. 10 Gbit/s. Demgegenüber beträgt die verfügbare Datenrate für einen UHD-Video typischerweise 20 Mbit/s. Somit ist das unkomprimierte UHD-Signal 500 mal größer als der verfügbare Übertragungskanal zulassen würde.

Für das dargestellte Beispiel ergibt sich die Anforderung an das Videokompressionsverfahren, die Originalgröße des Videos auf 1/500 zu komprimieren und dabei eine hohe Videoqualität ohne sichtbare Störungen zu bewahren. Damit ist bereits eine allgemeine Hauptanforderung formuliert: Ein leistungsfähiges Videokompressionsverfahren muss bei möglichst geringer Bitrate eine möglichst hohe Videoqualität erreichen. Diese Anforderung ist in jeder Generation von Videocodierstandards zu finden und wird durch die allgemeine Rate-Distortion-Optimierung (RD-Optimierung) in Gl 4.1 erreicht [48][58]:

$$J_{\min} = \min(D + \lambda\, R). \qquad \text{Gl. 4.1}$$

Dabei wird die benötigte Rate R mit der Störung bzw. Distortion D aufaddiert, wobei ein zusätzlicher Parameter λ eine Gewichtung zwischen den beiden Größen zulässt [8]. D ist dabei die Abweichung eines rekonstruierten Videoausschnitts zum originalen Ausschnitt und verhält sich umgekehrt proportional zur Videoqualität. Das heißt: Je kleiner D, desto höher ist die Videoqualität. Damit gilt für die Optimierungsanforderung eine möglichst geringe Rate R bei möglichst geringer Distortion D zu erreichen, was durch die Minimierung der gewichteten Summe in Gl 4.1 und das resultierende optimale Euler-Lagrange-Funktional J_{min} dargestellt ist. Diese allgemeine Formulierung wird als spezielle Optimierung für die Auswahl optimaler Codiermodi verwendet, wie weiter unten beschrieben wird. Je nach Anwendungsgebiet kann entweder eine maximale Video- oder Übertragungsrate oder eine maximale Distortion bzw. eine Mindestqualität vorgegeben sein. Im ersten Fall würde ein optimales Videokompressionsverfahren bei einer vorgegebenen Rate die bestmögliche Qualität und damit die geringste Distortion erzielen. Im zweiten Fall ergibt sich bei vorgegebener Qualität eine minimale Rate.

Um überhaupt die notwendige Kompression für Videosignale zu erreichen, wurden zunächst grundlegende statistische Analysen von Bildsignalen durchgeführt [57]. Dazu wurde die menschliche Wahrnehmung untersucht [33]. Die dabei ermittelten Eigenschaften wurden für die Videocodierung dahingehend ausgenutzt, dass Bildpunkte nicht mehr im RGB-Farbraum, sondern in einem wahrnehmungsangepassten transformierten Farbraum repräsentiert werden. So wird insbesondere der YCbCr-Farbraum verwendet, bei dem die Y-Komponente die Luminanzinformation und die Cb- und Cr- Komponenten die Chrominanzinformation als Farbdifferenzsignal zwischen B und Y bzw. R und Y enthalten. Entsprechend der unterschiedlichen Empfindlichkeit des menschlichen Auges auf Luminanz und Chrominanz kann eine Datenreduktion durch Unterabtastung der Cb- und Cr-Komponenten erreicht werden. So wird z. B. ein YCbCr 4:2:0-Farbformat für die Videocodierung verwendet, bei der die Y Komponente eines UHD-Signals weiterhin 3840 x 2160 Luminanz-Bildpunkte enthält, während für Cb und Cr die Auflösung auf jeweils

1920 x 1080 Chrominanz-Bildpunkte reduziert wird. Für die Bilddarstellung und Rücktransformation in den RGB-Farbraum wird je ein Chrominanz-Bildpunkt des Cb- und Cr-Signals einem Quadrupel von 2 x 2 Luminanzbildpunkten des Y-Signals zugeordnet. Durch die Unterabtastung der Cb- und Cr-Signale ergibt sich bereits eine Reduzierung der unkomprimierten Datenrate um den Faktor 2, da Cb und Cr nur je ein Viertel der Bildpunkte haben. Zusätzlich hat sich bei der Videocodierung gezeigt, dass sich im Luminanzsignal alle Texturdetails und feinen Strukturen wiederfinden, während die Chrominanzsignale viel detailärmer sind und sich daher stärker komprimieren lassen.

Bei der weiteren statistischen Videoanalyse wurden insbesondere natürliche Videosignale und Bildsequenzen untersucht, also Videos, die durch Kameras aufgenommen wurden. Diese Videos können zunächst sehr unterschiedlich sein, da sie verschiedenste Szenen zeigen und damit auch unterschiedliche Farben und Farbverteilungen sowie unterschiedliche Bewegungen und Bewegungsverteilungen aufweisen. So zeigt eine aufgenommene Szene einer flüchtenden Tiergruppe mit zusätzlichem Kameraschwenk und -zoom ein ganz anderes Farb- und Bewegungsmuster als ein Nachrichtensprecher mit statischer Kamera. Trotz der inhaltlichen Unterschiede natürlicher Videosequenzen gibt es wesentliche Gemeinsamkeiten: Innerhalb der unterschiedlichen Objekte einer Szene existiert eine sehr große lokale Ähnlichkeit zwischen benachbarten Bildpunkten bezüglich der Farbe. Diese Ähnlichkeit zeigt sich zum einen in der örtlichen Nachbarschaft jedes Einzelbildes, zum anderen in der zeitlichen Nachbarschaft zwischen aufeinanderfolgenden Bildern. In letzterem Fall muss die lokale Bewegung eines Objektes berücksichtigt werden, um Bildbereiche zwischen zeitlich benachbarten Bildern mit hoher Ähnlichkeit zu finden [37].

Durch die hohe Ähnlichkeit benachbarter Pixel ist es möglich, bereits durch eine einfache Differenzbildung zwischen benachbarten Bildpunkten oder Blöcken von Bildpunkten eine geringere Datenrate zu erreichen. Dabei werden dann nicht mehr die originalen Farbwerte jedes Bildpunktes, sondern die Differenz zu örtlich oder zeitlich benachbarten Punkten verwendet. Da die Differenzwerte aufgrund der hohen Ähnlichkeit in großen Bereichen eines Videos sehr klein sind, könnten dann weniger als die eingangs gezeigten 8 Bit pro Farbwert verwendet werden. Diese Datenreduktion wird in heutigen Videocodierverfahren als Differenzbildung zwischen einem originalen Bildbereich bzw. Bildblock $\mathbf{s}[x, y, t]$ an örtlicher Position (x, y) und zeitlicher Position t und einem korrespondierend dazu geschätzten Bereich $\hat{\mathbf{s}}[x, y, t]$ realisiert (siehe Abb. 4.1). Da digitale Bilddaten signaltechnisch als PCM-Signale (puls-code-modulierte Signale) betrachtet werden, entsteht bei der Differenzbildung ein differenzielles PCM-Signal und die Codierstruktur mit DPCM-Schleife stellt eine der wesentlichen Basismethoden heutiger hybrider Videoencoder dar, dessen Struktur in Abb. 4.1 dargestellt ist.

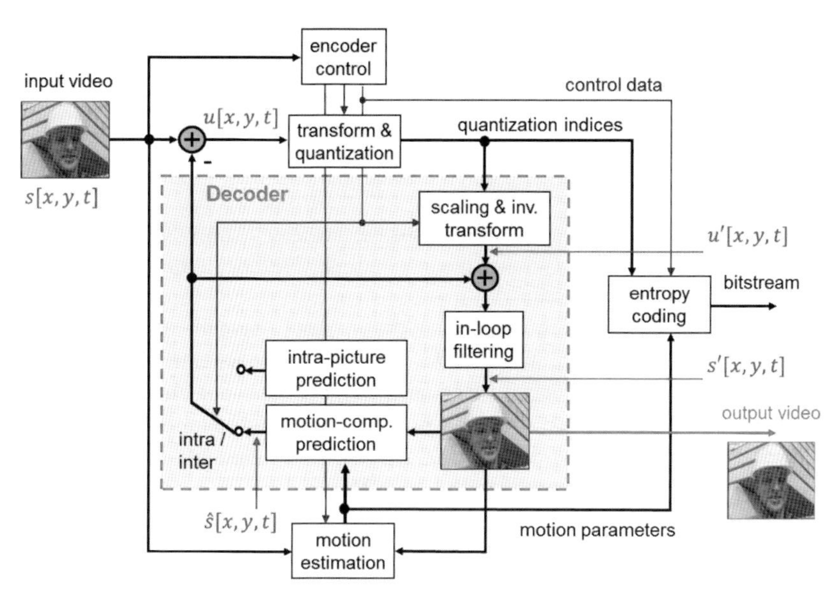

Abb. 4.1 Blockdiagramm eines hybriden Videoencoders (Fraunhofer HHI)

Die zweite wesentliche Kompressionstechnologie ist die Transformationscodierung (siehe Abb. 4.1), bei der ein Bildblock in seine harmonischen Komponenten bzw. 2D-Basisfunktionen unterschiedlicher Frequenz zerlegt wird [1]. Der ursprüngliche Bildblock liegt dann als gewichtete Summe seiner 2D-Basisfunktionen vor. Die Gewichte der Summen werden als Transformationskoeffizienten bezeichnet, deren Anzahl bei den vorliegenden Bildtransformationen gleich der Anzahl der Pixel pro Block entspricht. Hintergrund der Effizienz von Transformationscodierungen ist wiederum die Statistik natürlicher Bilder, die entsprechende statistische Abhängigkeiten zwischen den Bildpunkten aufweisen. Durch die Transformation kann ein Bildblock durch wenige Transformationskoeffizienten repräsentiert werden, welche die Signalenergie bündeln. Im Extremfall lässt sich dann ein gesamter Bildblock mit homogenen Farbwerten durch einen einzigen Koeffizienten darstellen, der den Mittelwert des gesamten Blocks repräsentiert. Durch die nachfolgende Quantisierung werden je nach eingestelltem Quantisierungsparameter nur die wichtigsten – also die betragsmäßig größten –Transformationskoeffizienten beibehalten. Dadurch ist gewährleistet, dass bei einer vorgegebenen Bitrate immer die maximal mögliche Signalenergie im codierten Datenstrom erhalten bleibt und die Videoqualität zu dieser Datenrate nach der Decodierung höchstmöglich ist.

Schließlich wird zur weiteren Datenreduktion eine Entropiecodierung der quantisierten Transformationskoeffizienten durchgeführt. Dabei wird ein Code variabler Länge verwendet, der für sehr häufig vorkommende Werte oder Symbole kurze Codewörter und für selten vorkommende Symbole lange Codewörter verwendet. Dadurch kann je nach Häufigkeitsverteilung eine weitere Bitrateneinsparung erreicht werden.

Damit liegt nun die Grundstruktur eines klassischen hybriden Videoencoders mit DPCM-Schleife, Transformationscodierung und anschließender Entropiecodierung vor, wie in Abb. 4.1 dargestellt. Zur optimalen Ausnutzung der Ähnlichkeit in weiten Bildbereichen werden weitere Videocodiermethoden angewendet, die im Folgenden beschrieben sind. Zunächst wird eine Videosequenz bildweise in Codierreihenfolge verarbeitet. Diese kann sich von der eigentlichen zeitlichen Reihenfolge der Bilder unterscheiden, um für eine gute Signalvorhersage oder Prädiktion auch zeitliche Nachfolgebilder zu verwenden, also Vorwärts- und Rückwärtsprädiktion zu ermöglichen. Jedes Einzelbild wird in Bildblöcke $\mathbf{s}[x, y, t]$ unterteilt, welche in die Codierschleife einlaufen. Für jeden Bildblock $\mathbf{s}[x, y, t]$ wird ein Prädiktionsblock $\hat{\mathbf{s}}[x, y, t]$ ermittelt. Für Intra-prädizierte Bilder (I-Pictures) wird $\hat{\mathbf{s}}[x, y, t]$ ausschließlich aus benachbarten Blöcken desselben Bildes prädiziert. Für Inter-prädizierte Bilder (P- und B-Pictures) kann $\hat{\mathbf{s}}[x, y, t]$ auch aus zeitlichen Vorgänger- oder Nachfolgerbildern stammen und mithilfe der bewegungskompensierten Prädiktion (motion-compensated prediction) generiert werden. Um hier die zeitliche Ähnlichkeit optimal auszunutzen, wird eine Bewegungsschätzung zwischen dem aktuell zu codierenden Block und dem betrachteten Referenzbild durchgeführt. Als Ergebnis ergibt sich ein 2D-Bewegungsvektor mit horizontaler und vertikaler Komponente, der die geschätzte Bewegung des Blocks zwischen aktuellem und Referenzbild wiedergibt. Mit diesem Bewegungsvektor wird eine Bewegungskompensation durchgeführt, um eine gute zeitliche Prädiktion in $\hat{\mathbf{s}}[x, y, t]$ zu erhalten. In jedem Fall wird nun in der Codierschleife der prädizierte Block $\hat{\mathbf{s}}[x, y, t]$ vom Originalblock $\mathbf{s}[x, y, t]$ abgezogen und das Differenz- bzw. Restsignal $\boldsymbol{u}[x, y, t]$ berechnet. Für die Suche nach dem optimalen Prädiktor $\hat{\mathbf{s}}[x, y, t]$ wird die spezielle Rate-Distortion-Optimierung in Gl. 4.2 [55] angewendet.

$$\mathbf{p}_{opt} = \arg\min_{\mathrm{p}} \left(D(\mathbf{p}) + \lambda \cdot R(\mathbf{p})\right). \qquad \text{Gl. 4.2}$$

Dazu werden eine Vielzahl von Codiermodi $\mathbf{p}$ der unterschiedlich prädizierten $\hat{\mathbf{s}}[x, y, t]$ bzgl. zugehöriger Distortion $D(\mathbf{p})$ und Bitrate $R(\mathbf{p})$ getestet, um den optimalen Codiermodus $\mathbf{p}_{\text{opt}}$ für das minimale Rate-Distortion-Funktional zu finden [55]. Dazu zählen unterschiedliche Intra-Codiermodi aus den örtlich benachbarten Blöcken ebenso wie unterschiedliche Inter-Codiermodi zeitlich benachbarter und bewegungskompensierter Blöcke. Zur Bestimmung des optimalen Modus wird

$D(\mathbf{p})$ als mittlerer quadratischer Fehler zwischen $\mathbf{s}[x, y, t]$ und $\hat{\mathbf{s}}[x, y, t]$ ermittelt und damit als Varianz von $\boldsymbol{u}[x,y,t]$. Für die zugehörige Rate $R(\mathbf{p})$ wird die Anzahl an Bits berechnet, die zur Codierung des Blocks mit dem entsprechenden Modus $\mathbf{p}$ notwendig sind, und zwar sowohl für die Codierung des transformierten und quantisierten Restfehlersignals als auch für die Bewegungs- und Signalisierungsinformation [36]. Zuletzt wird die Rate mit dem Lagrange-Parameter λ gewichtet, der von der gewählten Quantisierung abhängt [54] und als Ergebnis den optimalen Codiermodus $\mathbf{p}_{opt}$ bei unterschiedlichen Bitraten gewährleistet.

Innerhalb der Codierschleife wird im nächsten Schritt eine Transformationscodierung des Restsignals $\boldsymbol{u}[x, y, t]$ durchgeführt, z. B. durch Integer-Versionen der diskreten Cosinustransformation (DCT) [2]. Die nachfolgende Quantisierung und Skalierung der Transformationskoeffizienten wird durch einen Quantisierungsparameter (QP) gesteuert, der den gewünschten Ratenpunkt des Videoencoders bestimmt. Abschließend werden die erhaltenen Quantisierungsindizes sowie die Bewegungsvektoren und weitere Steuerinformationen mittels einer Entropiecodierung verlustlos codiert. Als sehr leistungsfähige Entropie- bzw. arithmetische Codierung wurde CABAC (context-adaptive binary arithmetic coding) entwickelt [22][49] und in beide Standardfamilien (AVC und HEVC) integriert.

Wie im unteren Teil der Codierschleife in Abb. 4.1 dargestellt wurde, wird das codierte Signal blockweise als $\mathbf{s}'[x, y, t]$ rekonstruiert, um ein neues Prädiktionssignal für den nächsten Schleifendurchlauf erzeugen zu können. Dazu wird das transformierte Restsignal invers skaliert und rücktransformiert, um die rekonstruierte Version des Restsignals $\boldsymbol{u}'[x, y, t]$ zu erhalten. Anschließend wird das aktuelle Prädiktionssignal $\hat{\mathbf{s}}[x, y, t]$ addiert. Für eine verbesserte Bildqualität wird zusätzlich eine Filterung durchgeführt, z. B. um sichtbare Blockgrenzen im rekonstruierten Bild zu vermeiden (in-loop filtering). Nach dieser Filterung wird das rekonstruierte Bild erhalten. Der Encoder enthält auch gleichzeitig den Decoder (in Abb. 4.1 grau hinterlegt), kennt damit die Qualität des rekonstruierten Videos und kann diese zur Optimierung der Kompression verwenden.

Damit sind die Grundprinzipien und Funktionsweisen heutiger Videocodierverfahren, insbesondere der Standards AVC und HEVC, beschrieben. Für Details und genaue Beschreibungen aller Tools wird auf die Übersichten und Beschreibungen in der Fachliteratur für AVC [23][45][46][52][59] und für HEVC [12][15][20][21][30][31][38][43][47][49][51] verwiesen.

Auch wenn in allen Videocodierstandards seit H.261 [60] die gleichen Grundtechniken verwendet werden, unterscheiden sich die Standards in wesentlichen Details, die letztendlich zu einer kontinuierlichen Erhöhung der erzielbaren Codiereffizienz von einer Standardgeneration zur nächsten geführt haben. Der Großteil der Verbesserungen ist dabei auf eine Erhöhung der unterstützten Möglichkeiten für die Codierung eines Bilds bzw. eines Blocks zurückzuführen. Dies beinhaltet unter anderem die Zahl der unterstützten Transformationsgrößen, die Zahl der Partitionierungsoptionen und Blockgrößen für die Intra-Prädiktion und die bewegungskompensierte Prädiktion, die Zahl der unterstützten Intra-Prädiktionsmodi, die Zahl der verwendbaren Referenzbilder, die Genauigkeit der codierten Bewegungsvektoren etc. Zusätzliche Codiereffizienzgewinne wurden beispielsweise durch eine Verbesserung der Entropiecodierung und durch die Einführung verschiedener In-Loop-Filter erzielt.

Zur Illustration der Entwicklung der Videocodierung ist in Abb. 4.2 ein Vergleich der Codiereffizienz des neusten Videocodierstandards H.265 | MPEG-H HEVC [17] mit der seiner Vorgängerstandards H.264 | MPEG-4 AVC [1], MPEG-4 Visual [6], H.263 [61] und MPEG-2 Video [14] für zwei ausgewählte Testvideos dargestellt. Um einen fairen Vergleich zu ermöglichen, wurde für alle Standards das gleiche Konzept der Encodersteuerung auf der Basis der oben in Gl. 4.2 dargestellten Lagrange-Technik verwendet. Für das erste Testvideo „Kimono" wurden alle Encoder so konfiguriert, dass jede Sekunde ein Einsprungpunkt in dem Bitstrom vorhanden

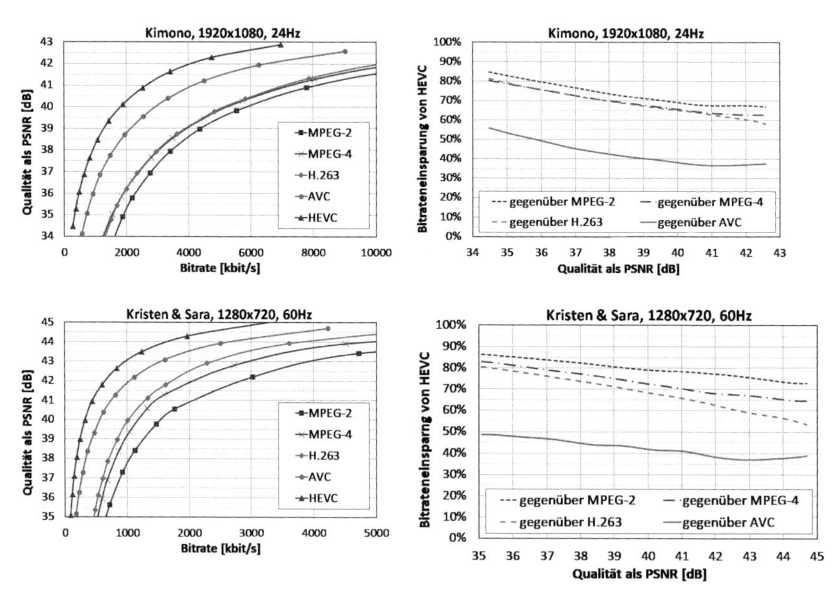

Abb. 4.2 Codiereffizienz internationaler Videocodierstandards für zwei ausgewählte Testsequenzen: Links: Rekonstruktionsqualität als Funktion der Bitrate, Rechts: Bitrateneinsparung des aktuellen Standards HEVC gegenüber den Vorgängerstandards, Quelle [32] (Fraunhofer HHI)

ist, ab dem die Dekodierung erfolgen kann; dies ist für Streaming- und Broadcast-Anwendungen notwendig. Das zweite Video „Kristen & Sara" stellt ein Beispiel für Videokonferenz-Anwendungen dar; alle Bilder wurden in Aufnahmereihenfolge codiert, sodass eine möglichst geringe Verzögerung zwischen Sender und Empfänger auftritt. Für die dargestellten Ergebnisse wurde das PSNR (peak signal-to-noise ratio) als Qualitätsmaß verwendet, welches über den mittleren quadratischen Fehler (mse) zwischen Original und Rekonstruktion definiert ist, $PSNR = 10 \log_{10} (255^2/mse)$. Während die Kurven auf der linken Seite der Abb. 4.2 die Qualitäts-Bitraten-Funktionen vergleichen, zeigen die Diagramme auf der rechten Seite die Bitrateneinsparung, die mit HEVC gegenüber den Vorgängerstandards bei einer gegebenen Videoqualität (PSNR) erzielt wird. Um ein Video mit einer bestimmten Qualität zu repräsentieren, benötigt man mit dem 2014 verabschiedeten HEVC-Standard nur etwa 20 % bis 30 % der Bitrate, die man mit dem Standard MPEG-2 aus dem Jahre 1995 benötigen würde. Die Bitrateneinsparung für die gleiche subjektive, d. h. vom Beobachter wahrgenommene, Qualität ist meist sogar größer [32].

Neben den sehr erfolgreichen Standards zur 2D-Videocodierung wurden auch Erweiterungen für AVC und HEVC spezifiziert, die Skalierbarkeit [4][39][40][42], größere Bittiefen [10], höhere Farb-Dynamikbereiche [11] sowie die effiziente Codierung mehrerer Kameraansichten [26][50][52] und die zusätzliche Verwendung von Tiefendaten ermöglichen [25][28][50][52].

4.4 Dreidimensionale Videoobjekte

Mit der weltweiten Verbreitung digitaler Videodaten haben sich nicht nur neue Märkte für die klassischen zweidimensionalen Videodaten entwickelt, sondern in jüngerer Zeit auch Forschungsschwerpunkte und Technologien zur Erzeugung und Darstellung von 3D-Videoszenen [7][24][27][44]. Im Gegensatz zum klassischen Video, bei dem durch die Projektion auf die 2D-Bildebene in der Kamera eine Dimension der realen Szene verschwindet, wird hierbei die gesamte Geometrie der Umgebung erfasst und durch geeignete 3D-Modelle repräsentiert. Damit ist die Wahl des Betrachtungspunkts der Szene nicht mehr durch den Aufnahmeprozess bestimmt, sondern kann auch nachträglich durch den Nutzer frei gewählt werden. Durch Rendern der 3D-Szene in eine virtuelle Kamera werden beliebige Kamerafahrten sowie eine interaktive Navigation in der Szene möglich, wobei der Betrachter die für ihn interessanten Bereiche auswählen kann. Zusätzlich kann durch Erzeugung getrennter Bilder für das linke und rechte Auge eines Betrachters ein 3D-Eindruck der betrachteten Szene erzeugt und so die Wahrnehmung der Struktur des Raums verbessert werden.

Der Bedarf an der Erzeugung solcher dreidimensionaler Videoszenen wurde jüngst durch die Entwicklung neuer Virtual Reality-(VR)-Brillen vorangetrieben, die eine verbesserte Immersion und natürliche Navigation des Betrachters in der virtuellen Szene sowie 3D-Darstellung in hoher Qualität erzielen. Durch seine eigene Bewegung und Kopfdrehung kann der Nutzer wesentlich natürlicher in der Szene navigieren und mit dieser verschmelzen, was neue Multimediaanwendungen wie immersive Computerspiele, virtuelle Umgebungen (Museen, Sehenswürdigkeiten) oder auch innovative Kinoformate wie den begehbaren Film ermöglicht. Anstatt sich in einer rein virtuellen Welt zu bewegen, ist auch eine Verknüpfung virtueller 3D-Objekte mit der realen Szene in Augmented und Mixed Reality Anwendungen möglich und wird durch den technologischen Fortschritt der AR-Brillen (z. B. Microsoft HoloLens) oder See-Through-Anwendungen mittels Smartphones und Tablets vorangetrieben. Dabei werden neue Inhalte wie Zusatzinformationen und virtuelle 3D-Objekte in das Sichtfeld des Betrachters eingeblendet und mit der realen Szene perspektivisch richtig registriert, was neue Assistenzsysteme und Nutzerunterstützung für die Medizin (Endoskopie, Mikroskopie), Industrie (Fertigung, Wartung) und Mobilität (Fahrerunterstützung) hervorbringen wird.

Eine Herausforderung stellt allerdings noch die hochaufgelöste Erfassung dreidimensionaler, dynamischer Umgebungen dar. Zwar schreitet die Entwicklung von 3D-Sensoren zunehmend voran, allerdings sind diese oft für dynamische Objekte wenig geeignet (z. B. Scanner) oder stellen nur eine geringe örtliche Auflösung (z. B. Time of Flight Sensoren) zur Verfügung. Dagegen sind passive photogrammetrische Ansätze durch steigende Kameraauflösungen, Preisverfall und ubiquitäre Verfügbarkeit zunehmend interessant geworden und können hochqualitative Ergebnisse liefern [3]. Dabei wird die Szene mit zwei (Stereo) oder mehreren (Multi-View) Kameras aus unterschiedlichen Blickwinkeln erfasst. Dann wird für jeden Pixel eines Referenzbilds der korrespondierende Pixel in den anderen Bildern ermittelt, die zu ein und derselben Position auf der Oberfläche des realen Objekts gehören. Die Verschiebung der korrespondierenden Pixel zwischen beiden Bildern wird als Disparität bezeichnet und kann direkt in Tiefeninformation von der Kameraebene zum realen Objektpunkt umgerechnet werden, da sich beide Größen invers proportional zueinander verhalten. Je größer die Verschiebung zwischen zwei Pixeln, desto näher befindet sich der Objektpunkt an der Kamera. Im Ergebnis kann jedem Kamerapixel ein Tiefenwert zugeordnet werden. Es entsteht zunächst eine 3D-Punktwolke, die den Teil der Objektoberfläche repräsentiert, der aus Richtung der Kameras sichtbar ist. Durch Fusion mehrerer Teilobjekte kann die Gesamtszene rekonstruiert werden.

Für die Analyse und Schätzung von 3D-Videoobjekten hat das Fraunhofer HHI zahlreiche Verfahren im Bereich Multimedia/Film [13][44], Telepräsenz [53][18],

Medizin [41] oder Industrie [35] entwickelt. Am Beispiel der 3D-Personenrekonstruktionen, wie in Abb. 4.3 gezeigt, soll die Erzeugung von dynamischen 3D-Videoobjekten mit Multi-Kamerasystemen erläutert werden [7]. Ziel ist die Erzeugung hochqualitativer Inhalte für Virtual-Reality-Anwendungen und interaktive Filmformate.

Für die Erfassung von 3D-Videoobjekten wird zunächst eine Reihe von miteinander synchronisierten, hochauflösenden Kamerapaaren platziert, die die Szene aus mehreren Richtungen erfassen. Indem die kleine Basis der Stereopaare Verdeckungen und blickrichtungsabhängigen Oberflächenreflexionen vermeidet, ermöglicht sie die Schätzung robuster Tiefenkarten. Eine Verteilung mehrerer Paare realisiert dagegen eine globale Objekterfassung durch Fusion der einzelnen aufgenommenen Objektbereiche.

Die Schätzung der Tiefenkarten aus den Stereopaaren erfolgt über einen Patch-basierten Matching-Ansatz. Dabei sind die Abhängigkeiten so aufgelöst, dass die Hypothesen unabhängig voneinander evaluiert werden können, was eine effiziente Parallelisierung auf der GPU und Echtzeiteinsatz ermöglicht [53]. Das Propagieren von Tiefeninformation aus benachbarten und zeitlich vorangegangenen Patches sorgt für örtliche und zeitliche Glattheit und eine verbesserte Robustheit. Eine Beleuchtungs- und Farbkompensation gleicht Bildunterschiede zwischen den einzelnen Kameras aus. Die Genauigkeit der Tiefenschätzung liegt dabei in Abhängigkeit der verwendeten Patch-Freiheitsgrade deutlich unter 1 mm, wie Abb. 4.4 zeigt. Im

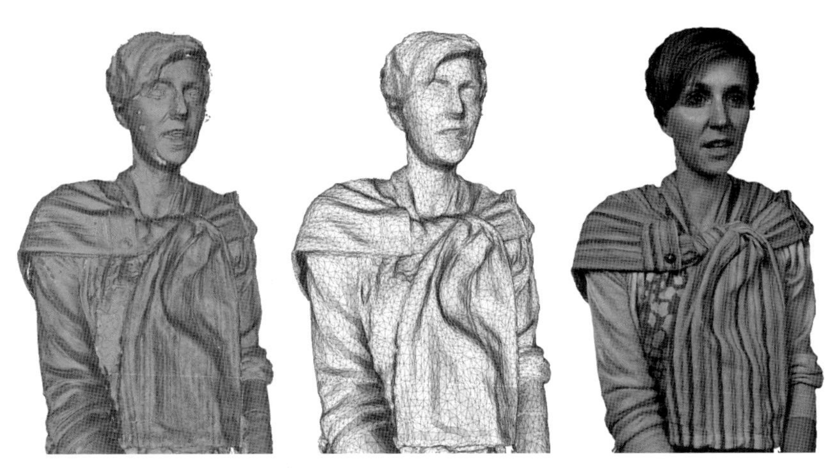

Abb 4.3 3D-Rekonstruktion einer Person; *links:* 3D-Geometrie als original rekonstruierte Punktwolke, *Mitte:* 3D-Geometrie als reduziertes Drahtgittermodell, *rechts:* Texturiertes Modell mit projizierten Videos aus dem Multi-Kamerasystem, Quelle [7] (Fraunhofer HHI)

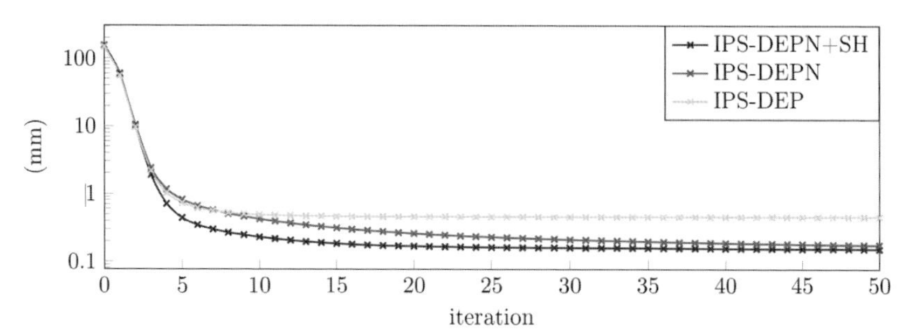

Abb 4.4 Genauigkeit der iterativen Tiefenschätzung, gemessen an bekannten Referenzobjekten (Fraunhofer HHI)

nächsten Schritt werden die Punktwolken aller Stereopaare fusioniert, wobei durch Konsistenztests zwischen den einzelnen Punktwolken auch Punkte mit fehlerhaft geschätzten 3D-Positionen eliminiert werden können. Im Ergebnis ergibt sich eine 3D-Punktwolke des gesamten 3D-Videoobjektes, welche ca. 50 Mio. Punkte enthält (siehe Abb. 4.3 links).

Mit der Farbinformation ergibt sich bereits eine dynamische 3D-Objektdarstellung, allerdings als kolorierte Punktwolke ohne geschlossene Oberfläche. Daher wird in einem weiteren Schritt die Punktwolke trianguliert – alle Punkte werden also durch Dreiecke verbunden. Für eine konsistente Triangulierung wird dabei Poisson Surface Reconstruction [19] genutzt, das eine glatte Oberfläche durch die Punktwolke und Normalen legt. Anschließend kann das triangulierte 3D-Modell vereinfacht werden, z. B. durch sukzessives Eliminieren von Punkten in sehr ebenen Oberflächenbereichen. Ziel dabei ist, die Oberflächendetails zu erhalten und gleichzeitig die Anzahl an 3D-Punkten und Dreiecken zu reduzieren. Im Ergebnis erhält man ein reduziertes Drahtgittermodell wie in Abb. 4.3 mittig dargestellt. Dabei wurden die ursprünglich 50 Mio. Punkte auf ca. 10.000 Punkte [7] reduziert.

Um weiterhin eine hochqualitative Textur und Farbe für das 3D-Modell zu gewährleisten, werden nun die Videodaten aus den originalen Kameras auf die Drahtgittermodelle projiziert. Für maximale Detailinformation wird für jedes Oberflächendreieck des 3D-Modells untersucht, welche Kameraperspektive die höchste Auflösung liefert, um die Farbinformation primär aus dieser Kamera zu projizieren. Durch Interpolation zwischen benachbarten Dreiecken wird vermieden, dass sich sichtbare Texturkanten ergeben. Das Ergebnis des texturierten Objektes ist in Abb. 4.3 rechts dargestellt.

Dieses Verfahren wurde durch das Fraunhofer HHI als vollautomatischer Prozess für die Erzeugung hochrealistischer dynamischer 3D-Videoobjekte und deren

Integration in virtuelle Welten realisiert [7]. Diese Objekte zeichnen sich insbesondere durch ein natürliches Aussehen und realistische Bewegungen aus und stellen damit einen Grundstein für begehbare 3D-Videowelten dar.

Bei der Integration der 3D-Videoobjekte in neue virtuelle Umgebungen werden diese so dargestellt, wie sie im Aufnahmeprozess erfasst wurden. Oft sind allerdings noch Anpassungen der Beleuchtung, der Körperpose oder der Bewegungsfolgen nötig, um sie an die Eigenschaften der Umgebung zu adaptieren oder Interaktionen mit den Videoobjekten zu ermöglichen. Dazu werden semantische Körpermodelle (Avatare) an die individuelle 3D-Geometrie angepasst und die Bewegungsmuster aus den Messdaten gelernt [9]. Über das dem Modell zugeordnete Skelett lassen sich Korrekturen der Körperpose durchführen, die dann auf die individuelle Geometrie übertragen werden, beispielweise um Interaktionen in der virtuellen Welt darzustellen. Außerdem können einzelne Bewegungssequenzen so neu kombiniert und flüssig übergeblendet werden [34], um zeitlich nicht-lineare Darstellungen oder neue interaktive Formen der Medienbetrachtung zu realisieren.

4.5 Ausblick

In diesem Buchkapitel wurde die Entwicklung digitaler Videodaten zu einer global dominanten Datenform gezeigt sowie die erfolgreiche Entwicklung der Videoverarbeitung dargelegt. Zwei der erfolgreichsten Technologien, die auch vom Fraunhofer HHI führend mitentwickelt werden, sind die Videocodierung und die Erzeugung dreidimensionaler dynamischer Videoobjekte. Dazu wurden die grundlegenden Methoden vorgestellt. Beide Bereiche werden sich weiterentwickeln, zu gemeinsamen Forschungsthemen und Produkten führen und viele Bereiche der Digitalisierung beeinflussen.

In der Videocodierung wird in den nächsten Jahren ein Nachfolgestandard entwickelt, der erneut eine verbesserte Kompression für Videodaten liefern wird. Die ist insbesondere notwendig, da nach HD und UHD bzw. 4K-Auflösung auch 8K avisiert sind und sich damit erneut die uncodierte Video-Datenrate vervielfacht. Bei der 3D-Videoobjektrekonstruktion werden durch weitere Verbesserungen der 3D-Darstellungstechnik sowie schnelle und hochqualitative Produktion natürlicher 3D-Videoszenen begehbare 3D-Videowelten geschaffen, in denen dann Realität und Virtualität übergangslos verschmelzen. Zur erfolgreichen Verbreitung von 3D-Videoszenen sind auch standardisierte Formate und Kompressionsverfahren notwendig, die in den nächsten Jahren entwickelt werden. Ansätze wurden bereits mit den Erweiterungen zur tiefenbasierten 3D-Videocodierung sowie den Standardisierungsabsichten für ein omnidirektionales 360°-Video innerhalb des neuen Videocodierstandards geschaffen. Hier ist allerdings noch weitere Forschung notwendig, um zukünftig Verfahren zur effizienten dynamischen 3D-Szenencodierung international zu standardisieren und somit weltweit erfolgreiche Systeme und Dienste für begehbare 3D-Videowelten zu etablieren.

Quellen und Literatur

[1] *Advanced Video Coding,* Rec. ITU-T H.264 and ISO/IEC 14496-10, Oct. 2014.

[2] N. Ahmed, T. Natarajan, and K. R. Rao, "Discrete Cosine Transform", IEEE Transactions on Computers, vol. C-23, issue 1, pp. 90–93, Jan. 1974

[3] D. Blumenthal-Barby, P. Eisert, "High-Resolution Depth For Binocular Image-Based Modelling", Computers & Graphics, vol. 39, pp. 89-100, Apr. 2014.

[4] J. Boyce, Y. Yan, J. Chen, and A. K. Ramasubramonian, "Overview of SHVC: Scalable Extensions of the High Efficiency Video Coding (HEVC) Standard," IEEE Transactions on Circuits and Systems for Video Technology, vol. 26, issue 1, pp. 20-34, Jan. 2016

[5] Cisco Systems, Inc. Cisco visual networking index, "Forecast and methodology, 2016-2021", White paper, June 2017. Retrieved June 8, 2017, from http://www.cisco.com/c/en/us/solutions/collateral/service-provider/visual-networking-index-vni/complete-white-paper-c11-481360.pdf .

[6] *Coding of audio-visual objects – Part 2: Visual,* ISO/IEC 14496-2, 2001

[7] T. Ebner, I. Feldmann, S. Renault, O. Schreer, and P. Eisert, "Multi-view reconstruction of dynamic real-world objects and their integration in augmented and virtual reality applications", Journal of the Society for Information Display, vol. 25, no. 3, pp. 151–157, Mar. 2017, doi:10.1002/jsid.538

[8] H. Everett III, "Generalized Lagrange multiplier method for solving problems of optimum allocation of resources", Operations Research, vol. 11, issue 3, pp. 399–417, June 1963

[9] P. Fechteler, A. Hilsmann, P. Eisert, Example-based Body Model Optimization and Skinning, Proc. Eurographics, Lisbon, Portugal, May 2016

[10] D. Flynn, D. Marpe, M. Naccari, T. Nguyen, C. Rosewarne, K. Sharman, J. Sole, and J. Xu, "Overview of the range extensions for the HEVC standard: Tools, profiles and performance", IEEE Transactions on Circuits and Systems for Video Technology, vol. 26, issue 1, pp. 4–19, Jan. 2016

[11] E. François, C. Fogg, Y. He, X. Li, A. Luthra, and A. Segall, "High dynamic range and wide color gamut video coding in HEVC: Status and potential future enhancements", IEEE Transactions on Circuits and Systems for Video Technology, vol. 26, issue 1, pp. 63–75, Jan. 2016

[12] C.-M. Fu, E. Alshina, A. Alshin, Y.-W. Huang, C.-Y. Chen, C.-Y. Tsai, C.-W. Hsu, S. Lei, J.-H. Park, and W.-J. Han, "Sample adaptive offset in the HEVC standard", IEEE Transactions on Circuits and Systems for Video Technology, vol. 22, issue 12, pp. 755–1764, Dec. 2012

[13] J. Furch, A. Hilsmann, P. Eisert, "Surface Tracking Assessment and Interaction in Texture Space", Computational Visual Media, 2017. Doi: 10.1007/s41095-017-0089-1
[14] *Generic coding of moving pictures and associated audio information – Part 2: Video,* Rec. ITU-T H.262 and ISO/IEC 13818-2, Jul. 1995.
[15] P. Helle, S. Oudin, B. Bross, D. Marpe, M. O. Bici, K. Ugur, J. Jung, G. Clare, and T. Wiegand, "Block Merging for Quadtree-Based Partitioning in HEVC", IEEE Transactions on Circuits and Systems for Video Technology, vol. 22, issue 12, pp. 1720-1731, Dec. 2012.
[16] C. Hellge, E. G. Torre, D. G.-Barquero, T. Schierl, and T. Wiegand, "Efficient HDTV and 3DTV services over DVB-T2 using Multiple PLPs with Layered Media", IEEE Communications Magazine, vol. 51, no. 10, pp. 76-82, Oct. 2013
[17] *High Efficiency Video Coding,* Rec. ITU-T H.265 and ISO/IEC 23008-2, Oct. 2014.
[18] A. Hilsmann, P. Fechteler, P. Eisert, "Pose Space Image-based Rendering", Computer Graphics Forum (Proc. Eurographics 2013), vol. 32, no. 2, pp. 265-274, May 2013
[19] M. Kazhdan, M. Bolitho, H. Hoppe, "Poisson surface reconstruction", Symposium on Geometry Processing, 61-70, 2006.
[20] J. Lainema, F. Bossen, W.-J. Han, J. Min, and K. Ugur, "Intra coding of the HEVC standard", IEEE Transactions on Circuits and Systems for Video Technology, vol. 22, issue 12, pp 1792–1801, Dec. 2012
[21] D. Marpe, H. Schwarz, S. Bosse, B. Bross, P. Helle, T. Hinz, H. Kirchhoffer, H. Lakshman, T. Nguyen, S. Oudin, M. Siekmann, K. Sühring, M. Winken, and T. Wiegand, "Video Compression Using Nested Quadtree Structures, Leaf Merging, and Improved Techniques for Motion Representation and Entropy Coding", IEEE Transactions on Circuits and Systems for Video Technology, vol. 20, issue 12, pp. 1676-1687, Dec. 2010, Invited Paper.
[22] D. Marpe, H. Schwarz, and T. Wiegand, "Context-based adaptive binary arithmetic coding in the H.264/AVC video compression standard", IEEE Transactions on Circuits and Systems for Video Technology, vol. 13, issue 7, pp. 620–636, July 2003
[23] D. Marpe, T. Wiegand and G. J. Sullivan, "The H.264/MPEG4 Advanced Video Coding Standard and its Applications", IEEE Image Communications Magazine, vol. 44, is. 8, pp. 134-143, Aug. 2006.
[24] T. Matsuyama, X. Wu, T. Takai, T. Wada, "Real-Time Dynamic 3-D Object Shape Reconstruction and High-Fidelity Texture Mapping for 3-D Video", Transaction on Circuits and Systems for Video Technology, vol. 14, issue 3, pp. 357-369, March 2004.
[25] P. Merkle, K. Müller, D. Marpe and T. Wiegand, "Depth Intra Coding for 3D Video based on Geometric Primitives", IEEE Transactions on Circuits and Systems for Video Technology, vol. 26, no. 3, pp. 570-582, Mar. 2016.
[26] P. Merkle, A. Smolic, K. Müller, and T. Wiegand, "Efficient Prediction Structures for Multiview Video Coding", invited paper, IEEE Transactions on Circuits and Systems for Video Technology, vol. 17, no. 11, pp. 1461-1473, Nov. 2007.
[27] K. Müller, P. Merkle, and T. Wiegand, "3D Video Representation Using Depth Maps", Proceedings of the IEEE, Special Issue on 3D Media and Displays, vol. 99, no. 4, pp. 643 - 656, April 2011.
[28] K. Müller, H. Schwarz, D. Marpe, C. Bartnik, S. Bosse, H. Brust, T. Hinz, H. Lakshman, P. Merkle, H. Rhee, G. Tech, M. Winken, and T. Wiegand: "3D High Efficiency Video Coding for Multi-View Video and Depth Data", IEEE Transactions on Image Processing,

Special Section on 3D Video Representation, Compression and Rendering, vol. 22, no. 9, pp. 3366-3378, Sept. 2013.
[29] K. Müller, A. Smolic, K. Dix, P. Merkle, P. Kauff, and T. Wiegand, "View Synthesis for Advanced 3D Video Systems", EURASIP Journal on Image and Video Processing, Special Issue on 3D Image and Video Processing, vol. 2008, Article ID 438148, 11 pages, 2008. doi:10.1155/2008/438148.
[30] T. Nguyen, P. Helle, M. Winken, B. Bross, D. Marpe, H. Schwarz, and T. Wiegand, "Transform Coding Techniques in HEVC", IEEE Journal of Selected Topics in Signal Processing, vol. 7, no. 6, pp. 978-989, Dec. 2013.
[31] A. Norkin, G. Bjøntegaard, A. Fuldseth, M. Narroschke, M. Ikeda, K. Andersson, M. Zhou, and G. Van der Auwera, "HEVC deblocking filter", IEEE Transactions on Circuits and Systems for Video Technology, vol. 22, issue 12, pp. 1746–1754, Dec. 2012
[32] J.-R. Ohm, G. J. Sullivan, H. Schwarz, T. K. Tan, and T. Wiegand, "Comparison of the Coding Efficiency of Video Coding Standards – Including High Efficiency Video Coding (HEVC)", IEEE Transactions on Circuits and Systems for Video Technology, Dec. 2012.
[33] G. A. Østerberg, "Topography of the layer of rods and cones in the human retina", Acta Ophthalmologica, vol. 13, Supplement 6, pp. 1–97, 1935
[34] W. Paier, M. Kettern, A. Hilsmann, P. Eisert, "Video-based Facial Re-Animation", Proc. European Conference on Visual Media Production (CVMP), London, UK, Nov. 2015.
[35] J. Posada, C. Toro, I. Barandiaran, D. Oyarzun, D. Stricker, R. de Amicis, E. Pinto, P. Eisert, J. Döllner, and I. Vallarino, "Visual Computing as a Key Enabling Technology for Industrie 4.0 and Industrial Internet", IEEE Computer Graphics and Applications, vol. 35, no. 2, pp. 26-40, April 2015
[36] K. Ramchandran, A. Ortega, and M. Vetterli, "Bit allocation for dependent quantization with applications to multiresolution and MPEG video coders", IEEE Transactions on Image Processing, vol. 3, issue 5, pp. 533–545, Sept. 1994
[37] F. Rocca and S. Zanoletti, "Bandwidth reduction via movement compensation on a model of the random video process", IEEE Transactions on Communications, vol. 20, issue 5, pp. 960–965, Oct. 1972
[38] A. Saxena and F. C. Fernandes, "DCT/DST-based transform coding for intra prediction in image/video coding", IEEE Transactions on Image Processing, vol. 22, issue 10, pp. 3974–3981, Oct. 2013
[39] T. Schierl, K. Grüneberg, and T. Wiegand, "Scalable Video Coding over RTP and MPEG-2 Transport Stream in Broadcast and IPTV Channels", IEEE Wireless Communications Magazine, vol. 16, no. 5, pp. 64-71, Oct. 2009.
[40] T. Schierl, T. Stockhammer, and T. Wiegand, "Mobile Video Transmission Using Scalable Video Coding", IEEE Transactions on Circuits and Systems for Video Technology, Special Issue on Scalable Video Coding, vol. 17, no. 9, pp. 1204-1217, Sept. 2007, Invited Paper
[41] D. Schneider, A. Hilsmann, P. Eisert, "Warp-based Motion Compensation for Endoscopic Kymography", Proc. Eurographics, Llandudno, UK, pp. 48-49, Apr. 2011.
[42] H. Schwarz, D. Marpe, and T. Wiegand, "Overview of the Scalable Video Coding Extension of the H.264/AVC Standard", IEEE Transactions on Circuits and Systems for Video Technology, Special Issue on Scalable Video Coding, vol. 17, no. 9, pp. 1103-1120, Sept. 2007, Invited Paper

[43] R. Sjöberg, Y. Chen, A. Fujibayashi, M. M. Hannuksela, J. Samuelsson, T. K. Tan, Y.-K. Wang, and S. Wenger, "Overview of HEVC High-Level Syntax and Reference Picture Management", IEEE Transactions on Circuits and Systems for Video Technology, vol. 22, no. 12, pp. 1858–1870, Dec. 2012.

[44] A. Smolic, P. Kauff, S. Knorr, A. Hornung, M. Kunter, M. Müller, and M. Lang, "3D Video Post-Production and Processing", Proceedings of the IEEE (PIEEE), Special Issue on 3D Media and Displays, vol. 99, issue 4, pp. 607-625, April 2011

[45] T. Stockhammer, M. M. Hannuksela, and T. Wiegand, "H.264/AVC in wireless environments", IEEE Transactions on Circuits and Systems for Video Technology, vol. 13, no. 7, pp. 657–673, July 2003.

[46] G. J. Sullivan and R. L. Baker, "Efficient quadtree coding of images and video", IEEE Transactions on Image Processing, vol. 3, issue 3, pp. 327–331, May 1994

[47] G. J. Sullivan, J.-R. Ohm, W.-J. Han, and T. Wiegand, "Overview of the High Efficiency Video Coding (HEVC) Standard," IEEE Trans. Circuits Syst. Video Technol., vol. 22, no. 12, pp. 1649–1668, Dec. 2012.

[48] G. J. Sullivan and T. Wiegand, "Rate-distortion optimization for video compression", IEEE Signal Processing Magazine, vol. 15, no. 6, pp. 74–90, June 1998

[49] V. Sze and M. Budagavi, "High throughput CABAC entropy coding in HEVC", IEEE Transactions on Circuits and Systems for Video Technology, vol. 22, issue 12, pp. 1778–1791, Dec. 2012

[50] G. Tech, Y. Chen, K. Müller, J.-R. Ohm, A. Vetro and Y. K. Wang, "Overview of the Multiview and 3D Extensions of High Efficiency Video Coding", IEEE Transactions on Circuits and Systems for Video Technology, Special Issue on HEVC Extensions and Efficient HEVC Implementations, vol. 26, no. 1, pp. 35-49, Jan. 2016.

[51] K. Ugur, A. Alshin, E. Alshina, F. Bossen, W.-J. Han, J.-H. Park, and J. Lainema, "Motion compensated prediction and interpolation filter design in H.265/HEVC", IEEE Journal of Selected Topics in Signal Processing, vol. 7, issue 6, pp. 946–956, Dec. 2013.

[52] A. Vetro, T. Wiegand, and G. J. Sullivan, "Overview of the Stereo and Multiview Video Coding Extensions of the H.264/AVC Standard", Proceedings of the IEEE, Special Issue on "3D Media and Displays", vol. 99, issue 4, pp. 626-642, April 2011, Invited Paper.

[53] W. Waizenegger, I. Feldmann, O. Schreer, P. Kauff, P. Eisert, "Real-Time 3D Body Reconstruction for Immersive TV", Proc. IEEE International Conference on Image Processing (ICIP), Phoenix, USA, Sep. 2016.

[54] T. Wiegand and B. Girod, "Lagrange multiplier selection in hybrid video coder control", In Proc. of International Conference on Image Processing (ICIP), vol. 3, pp. 542–545, 2001.

[55] T. Wiegand, M. Lightstone, D. Mukherjee, T. G. Campbell, and S. K. Mitra, "Rate-distortion optimized mode selection for very low bit rate video coding and the emerging H.263 standard", IEEE Transactions on Circuits and Systems for Video Technology, vol. 6, issue 2, pp.182–190, April 1996

[56] T. Wiegand and H. Schwarz, "Source Coding: Part I of Fundamentals of Source and Video Coding", Foundations and Trends in Signal Processing, vol. 4, no. 1-2, pp. 1-222, Jan. 2011, doi:10.1561/2000000010

[57] T. Wiegand and H. Schwarz, "Video Coding: Part II of Fundamentals of Source and Video Coding", Foundations and Trends in Signal Processing, vol. 10, no. 1-3, pp 1-346, Dec. 2016, doi:10.1561/2000000078

[58] T. Wiegand, H. Schwarz, A. Joch, F. Kossentini, and G. J. Sullivan, "Rate-constrained coder control and comparison of video coding standards", IEEE Transactions on Circuits and Systems for Video Technology, vol. 13, issue 7, pp. 688–703, July 2003
[59] T. Wiegand and G. J. Sullivan, "The H.264/AVC Video Coding Standard {Standards in a nutshell}", IEEE Signal Processing Magazine, vol. 24, no. 2, March 2007.
[60] *Video codec for audiovisual services at p × 64 kbits,* Rec. ITU-T H.261, Nov. 1988.
[61] *Video coding for low bit rate communication.* Rec. ITU-T H.263, Mar. 1996.

Audiocodecs

5

Hörgenuss aus der digitalen Welt

Prof. Dr.-Ing. Dr. rer. nat. h.c. mult. Karlheinz Brandenburg ·
Christoph Sladeczek
Fraunhofer-Institut für Digitale Medientechnologie IDMT

Zusammenfassung

Die Entwicklung der Musikaufzeichnung und -wiedergabe ist seit den ersten Ansätzen von Thomas Alva Edison von dem Streben nach Perfektion geprägt. Das betrifft alle Bereiche der Aufnahme- und Wiedergabetechnik, von Mikrofonen über Tonträger bis hin zur Lautsprechertechnik. Ein reproduziertes Konzerterlebnis, das einem natürlichen völlig gleichwertig ist, bleibt weiterhin das Ziel der Forschung. Es kann aber nur erreicht werden, wenn alle akustischen, psychoakustischen und psychologischen Faktoren berücksichtigt werden, die beim Hören mitspielen. Eine wichtige Rolle spielt dabei die am Fraunhofer IDMT realisierte produktnahe Weiterentwicklung der Wellenfeldsynthese-Technologie, die schon in sehr anspruchsvollen Open-Air- und Opernhaus-Inszenierungen zur Anwendung kommt. Die unkomplizierte synchrone Speicherung und Übertragung von Metadaten bei dem aktuellen Audiocodierverfahren MPEG-H 3D Audio erlaubt dem Zuhörer zu Hause, sein Hörerlebnis interaktiv zu beeinflussen.

5.1 Einleitung: Der Traum von High Fidelity

Schon Thomas Alva Edison träumte von der perfekten Klangwiedergabe. Um für den von ihm entwickelten Phonographen als Consumer-Produkt zu werben, waren Vertreter seines Unternehmens in der ganzen Welt unterwegs und führten die vielleicht frühesten Hörtests durch: Einem staunenden Publikum wurde in einem abgedunkelten Saal Musik vorgespielt – einmal als Live-Darbietung z. B. einer Sängerin oder eines Cellisten, danach dasselbe Stück als Phonographenaufnahme. Die Tonqualität der Aufnahme wurde als so gut empfunden, dass viele Hörer keinen Unterschied feststellen konnten [8]. Daraus lässt sich schließen, dass die Einschätzung von Tonqualität insbesondere mit der Erwartung an ein Medium zu tun hat. Begleittöne wie Rauschen oder Knistern waren ja nicht Teil der Musik und wurden deshalb auch nicht gehört.

Seit dieser Zeit wird an der möglichst perfekten Klangwiedergabe geforscht. Seit vielen Jahren ist dafür der Begriff „High Fidelity" üblich. Beurteilt man den Edison´schen Test nach heutigen Maßstäben, dann haben die Wachszylinder des Phonogaphen nicht viel mit unserem heutigen Verständnis von Hi-Fi zu tun, wobei schon damals eine durchaus beachtliche Tonqualität erreicht wurde. Heute könnte eine gute Wiedergabeanlage den Test für einzelne Musikinstrumente vermutlich bestehen, für größere Klangkörper dagegen, wie z. B. ein Streichquartett oder ein Symphonieorchester, sicher nicht. Klang im Raum so wiederzugeben, dass eine perfekte Illusion entsteht, ist nach wie vor noch nicht vollständig möglich. In den letzten Jahrzehnten sind hier aber sowohl bei der Wiedergabe über Lautsprecher wie auch über Kopfhörer erhebliche Fortschritte zu verzeichnen. Das Ziel der vollständigen Immersion, dem Eintauchen in eine fremde Klangumgebung, rückt damit immer näher. Die Stichworte sind dabei Stereophonie, Surround-Sound, Wellenfeldsynthese und Ambisonics sowie objektorientierte Speicherung von Audiosignalen.

5.2 Hi-Fi Technologien von analog bis digital

In den frühen Jahren der Hi-Fi-Technik lag der Schwerpunkt der Forschung auf den verschiedenen Elementen der Verarbeitungskette: Mikrofone, analoge Aufnahmeverfahren (Tonbänder, Vinyl-Schallplatten), Wiedergabegeräte für Tonband und Schallplatten, Verstärker, Lautsprecher bzw. Kopfhörer. Analoge Aufnahmeverfahren wie Tonbandgeräte haben dabei prinzipbedingte Einschränkungen in der möglichen Tonqualität. In der Optimierung der Komponenten gelangen über die Jahrzehnte immer wieder große Fortschritte: Während Verstärker in Röhrentechnik in der Übertragungsfunktion (Ausgangsspannung zu Eingangsspannung) Nichtlinearitäten aufweisen, die zunächst auch von weniger geübten Ohren hörbar waren, ist die heutige Verstärkertechnik (realisiert in analogen integrierten Schaltkreisen oder als sogenannte Class-D-Verstärker in gemischt analoger/digitaler Schaltungstechnik) weitgehend perfekt. Mikrofone sind ebenfalls für professionelle Anwendungen nahe an den physikalischen Grenzen. Lautsprecher und Kopfhörer sind immer noch das schwächste Glied in dieser Übertragungskette. Wenn sich unser Gehör nicht so gut an Abweichungen vom idealen Frequenzgang gewöhnen könnte, würde viel elektronisch verstärkte Musik falsch und verfremdet klingen.

Wesentliche Meilensteine in der Entwicklung der Hi-Fi-Technik waren die verschiedenen Medien zur Aufzeichnung von Musik – Wachszylinder, Schellack-Platten, Vinyl-Langspielplatten, Spulentonbandgeräte, Compact-Cassetten und Compact Discs. Es fand eine Entwicklung statt, bei der eine höhere mögliche Tonqualität die Nutzbarkeit (z. B. auch für eigene Aufnahmen bei den Bandgeräten) und insbesondere auch der komfortable Umgang mit den Speichermedien die Einführung neuerer Technologien beförderte. Das erste weit verbreitete digitale Speichermedium für Musik war dann die CD. Deren Parameter (16 bit Auflösung, 44100 Hz Abtastfrequenz, zwei Tonkanäle) waren seinerzeit Stand der Technik und sollten, laut ausführlicher Tests, eine „perfekte" Klangwiedergabe ermöglichen.

Das zugrundeliegende optische Speichermedium wurde als CD-ROM für einige Jahre das Speichermedium zur Verbreitung von Software. Die CD-ROM als Speichermedium für audiovisuelle Anwendungen wie z. B. kleine Filme war auch eine der ersten Ideen, die Anlass zur Entwicklung der Verfahren zur Video- und Audiocodierung in der „Moving Pictures Experts Group" (MPEG, offiziell ISO/IEC JTC1 SC29 WG11) gab. Die durch dieses Standardisierungsgremium erarbeiteten Standards stellten zum Zeitpunkt der offiziellen Verabschiedung auch gleichzeitig den Stand der Technik in den jeweiligen Feldern dar. Von MPEG-1 Audio Layer-3 (genannt mp3) über MPEG-2/4 Advanced Audio Coding (AAC) über Weiterentwicklungen wie HE-AAC bis hin zum aktuellen MPEG-H ist diese Familie von Audiocodierverfahren mittlerweile in ca. 10 Mrd. Geräten eingebaut. Jede neuere Generation der Verfahren brachte bessere Codiereffizienz (gleiche Tonqualität bei niedrigeren Bitraten bzw. bessere Tonqualität bei gleichen niedrigen Bitraten) sowie größere Flexibilität (z. B. Unterstützung von Surround-Verfahren). Wesentliche Beiträge zu diesen Verfahren und ihrer Standardisierung leistete über all die Jahre das Fraunhofer IIS.

Während der Standard für das Musikhören in Heimumgebungen lange das Zweikanal-Stereoverfahren blieb, wurden in der Kinotechnik Surroundverfahren eingeführt, die ein immersives Klangerlebnis ermöglichen sollten. Seit MPEG-2 unter-

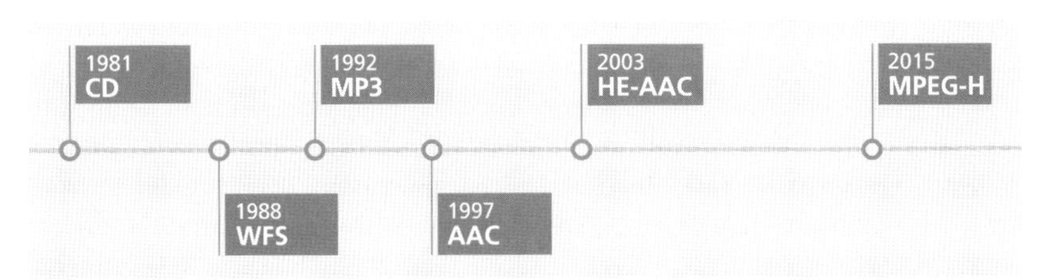

Abb. 5.1 Unvollständige Auflistung wichtiger Entwicklungen in der digitalen Audiotechnologie der letzten Jahrzehnte (Fraunhofer IDMT)

stützen auch die in MPEG standardisierten Audiocodierverfahren zumindest 5.1-Kanal Surround-Sound. Neuere Verfahren, insbesondere für professionelle Anwendungen, werden in späteren Abschnitten beschrieben. Wenn wir das heute erreichbare Klangerlebnis mit den Träumen zur Zeit Edisons vergleichen, muss konstatiert werden, dass die perfekte Klangillusion immer noch nicht erreicht wurde. Dies liegt nicht an den Datenreduktionsverfahren, sondern an der grundlegenden Technik der Tonwiedergabe. Die Wiedergabe von Material in Mono oder Zweikanal-Stereo ist heute auch bei Einsatz von z. B. AAC als Datenreduktionsverfahren so perfekt möglich, dass in Blindtests keine Unterscheidung von einer Referenzaufnahme möglich ist. Kurz gesagt: Der Edison´sche Blindtest gelingt, solange nur ein Instrument oder Musiker auf der Bühne ist. Das Klangerlebnis eines Symphonieorchesters zu reproduzieren, ist weiterhin eine Herausforderung.

5.3 Aktuelle Forschungsschwerpunkte

5.3.1 Gehör und Gehirn

Die Entwicklung der Hi-Fi-Technologien in neuerer Zeit ist eng verknüpft mit der Wissenschaftsdisziplin Psychoakustik. Ziel der Psychoakustik-Forschung ist es, die Zusammenhänge zwischen Stimuli, d. h. Klängen wie Musik, aber auch allen Arten von Tonsignalen, und der Wahrnehmung des Menschen herauszufinden. Für das menschliche Hören spielen zwei Bereiche eine ganz wesentliche Rolle:

- das Gehör (einschließlich Außenohr mit Ohrmuschel, Gehörgang, Trommelfell, Mittelohr, Innenohr mit der Hörschnecke und den Sinneshärchen)
- das Gehirn (mit der Weiterverarbeitung der elektrochemischen Reaktionen, die durch die Bewegung der mit den Neuronen verknüpften Sinneshärchen ausgelöst werden – das so genannte „Feuern" der Neuronen) einschließlich der höheren, für komplexe Wahrnehmung und Identifikation von Schall verantwortlichen Regionen unseres Gehirns.

Vereinfacht kann man sagen, dass die Eigenschaften des Gehörs die groben Parameter unseres Hörvermögens definieren, wie den Frequenzbereich wahrnehmbarer Töne, den Dynamikbereich von den leisesten hörbaren Tönen bis hin zu Schallen, die zur Schädigung des Innenohrs führen. Das alltägliche Phänomen der Maskierung, d. h. die Verdeckung von leiseren Schallen durch lautere, ist ein insbesondere für die Audiocodierung wesentlicher Effekt, der durch die Mechanik des Innenohrs erklärbar ist. Töne einer Frequenz verdecken leisere Töne gleicher und benachbarter Frequenzen. Dieser Effekt wird in der Audiocodierung (mp3, AAC etc.) ausgenutzt, indem Frequenzen mit verringerter Genauigkeit so übertragen werden, dass die Differenzsignale vom eigentlichen Musiksignal maskiert sind und damit kein Unterschied zum Eingangssignal hörbar ist. Da diese Maskierungseffekte mechanisch bedingt sind und schon vom Ohr sozusagen „datenreduzierte" Stimuli an das Gehirn weitergegeben werden, sind sie stabil. Auch mit viel Hörtraining können Menschen im Blindtest die mit genügender Bitrate codierten Musikstücke z. B. bei Verwendung von AAC nicht vom Original unterscheiden.

Für den Höreindruck ist jedoch die Weiterverarbeitung im Gehirn ganz wesentlich. Die Forschung an sogenannten kognitiven Effekten des Hörens wird zwar ebenfalls seit vielen Jahrzehnten betrieben, allerdings muss konstatiert werden, dass unser Verständnis dieser Vorgänge erheblich geringer ist verglichen mit dem Verständnis der Funktion des Gehörs. Kurz gesagt: Hier spielen sowohl Rückkoppelungseffekte aus höheren Schichten des Gehirns und insbesondere Erwartungen an einen Klang eine Rolle. Alles räumliche Hören ist verknüpft mit diesen komplexeren Mechanismen: Die Verknüpfung der Signale beider Ohren (binaurales räumliches Hören) geschieht im Gehirn. Hier werden Zeit- und insbesondere Phasenunterschiede des von beiden Ohren gehörten Klangs ausgewertet.

Ein weiterer wesentlicher Effekt ist die Filterung der Signale an der Ohrmuschel und dem Kopf. Diese Effekte werden üblicherweise mit der sogenannten Außenohrübertragungsfunktion (Fachwort: HRTF, Head Related Transfer Function) beschrieben. An sie (die von Person zu Person unterschiedlich ist) erinnern wir uns. Damit können wir selbst mit einem Ohr grob die Ursprungsrichtung eines Schalls erkennen. Nach heutigem Stand ist das räumliche Hören in der Hi-Fi-Technik davon bestimmt, inwieweit unsere Erwartung an einen Schall aus einer Richtung, insbesondere wenn wir die Schallquelle sehen, das Wiedergabesystem sowie weitere Effekte zu einer „zusammenpassenden" Wahrnehmung des Schalls führen. Je größer die Abweichungen sind, desto häufiger sind auch Fehllokalisationen und, insbesondere bei Kopfhörerwiedergabe, die Verwechslung von vorne und hinten bzw. die Lokalisation von Schallquellen im Kopf (statt außerhalb) festzustellen. All diese Effekte sind hochgradig individuell und zeitvariant. Das Gehirn kann trainiert werden, bestimmte Illusionen häufiger wahrzunehmen.

Aktuell wird genau an diesen Fragestellungen geforscht:

- Wie beeinflusst die Hörumgebung, also der Raum mit den Reflektionen des Schalls an Wänden und Möbeln, die akustische Illusion, die mit Hi-Fi-Technik hergestellt werden soll?
- Wie sehr sind wir von den Erwartungen beeinflusst und nehmen Änderungen im Schall nicht wahr, obwohl sie deutlich messbar sind und hören auf der anderen Seite Unterschiede, die rein auf Erwartungen beruhen?

Diese Fragestellungen sind eng verknüpft mit einem scheinbaren Widerspruch, der insbesondere bei Hörtests an sehr guten Wiedergabeanlagen und sehr guten Speicherverfahren zu finden ist: Je näher ein Wiedergabesystem physikalisch am ursprünglichen Signal ist, desto eher führen psychologische Faktoren (die kognitiven Effekte im Gehirn) dazu, dass wir ganz sicher etwas hören, das im Blindtest in der statistischen Auswertung verschwindet. Dies ist der Grund, warum viele Hi-Fi-Enthusiasten auf Spezialkabel zum Anschluss der Stereoanlage an die Hausstromversorgung setzen, andere nur Anlagen und Formate akzeptieren, die dem Hörbereich von Fledermäusen und Hunden entsprechen (Ultraschall), aber für die menschliche Wahrnehmung keine Rolle spielen. Auch die viel verbreitete Abneigung gegen Audiocodierverfahren kann auf diese psychologischen Effekte zurückgeführt werden.

Die Aufgabe, auch für räumlichen Schall eine perfekte Klangillusion zu ermöglichen, ist aber mit diesen Beobachtungen noch nicht erledigt. Unser Gehirn nimmt den umgebenden Raum und die Verteilung der Schallwellen mit großer Feinheit wahr, insbesondere was die zeitliche Abfolge verschiedener Tonsignale und ihrer Reflexionen im Raum angeht. An dieser Aufgabe wird derzeit an vielen Stellen und insbesondere am Fraunhofer IDMT in Ilmenau geforscht. Perfekter Klang im Raum ist ein alter Traum, der aber mehr und mehr in Erfüllung geht. Dabei helfen Verfahren zur räumlichen Klangwiedergabe über eine größere Zahl an Lautsprechern, wie sie in den nächsten Abschnitten erläutert werden.

5.3.2 Vom Audiokanal zum Audioobjekt

In der klassischen Audioproduktion werden Lautsprechersignale als Resultat der Mischung auf dem Tonträger gespeichert. Die räumliche Verteilung von Instrumenten und Klangquellen erfolgt im Audiosignal durch eine unterschiedliche Lautstärkegewichtung der Lautsprecher. Dieser Vorgang wird als Panning bezeichnet und vom Toningenieur für jede Schallquelle separat eingestellt, sodass für den Konsumenten bei einer Stereowiedergabe z. B. die Stimme in der Mitte und Instrumente wie Gitarre oder Schlagzeug eher links und rechts im Stereopanorama wahrgenommen werden. Damit man die vom Toningenieur beabsichtigte räumliche Mischung korrekt wahrnehmen kann, sind gewisse Vorgaben einzuhalten. So ist es notwendig, dass die Stereolautsprecher an den gleichen Positionen wie im Tonstudio aufgestellt werden müssen und der Abhörort zusammen mit den Lautsprechern ein gleichseitiges „Stereodreieck" bildet. Gleiches gilt für Stereowiedergabeverfahren wie z. B. 5.1 Surround-Sound, die um zusätzliche Lautsprecher erweitert sind. Da die räumliche Tonwiedergabe jeweils nur für einen einzigen Hörort korrekt ist, wird dieser auch „Sweet Spot“ genannt. Betrachtet man reale Wiedergabeorte wie etwa Kino, Theater oder auch das Zuhause, so fällt auf, dass der ideale Wiedergabeort für die meisten Hörer nicht einzuhalten ist.

Schon seit den ersten Anfängen der Entwicklung räumlicher Tonwiedergabeverfahren besteht der Wunsch, dass Schallfeld einer virtuellen Klangquelle so aufzunehmen und wiederzugeben, dass für alle Zuhörer der korrekte räumliche Klangeindruck entsteht. Ein Ansatz bedient sich Lautsprecherarrays, die dazu verwendet werden, ein Schallfeld physikalisch korrekt zu synthetisieren. Um dieses Ziel zu erreichen, publizierten Steinberg und Snow bereits 1934 das Prinzip des „Akustischen Vorhangs“ [11], bei dem über eine fixe Verbindung von Mikrofonen im Aufnahmeraum zu Lautsprechern im Wiedergaberaum das Schallfeld einer Quelle aufgenommen und wiedergegeben wird. Hierbei machten sich Steinberg und Snow das Huygenssche Prinzip zunutze, nach dem eine Elementarwelle durch die Überlagerung vieler einzelner Sekundärschallquellen erzeugt werden kann.

Zur damaligen Zeit war es jedoch technisch noch nicht möglich, diesen komplexen Aufbau praktisch zu realisieren, weshalb Steinberg und Snow ihr Wiedergabesystem auf drei Lautsprecher limitierten. Die Verwendung dieser drei Lautsprecher repräsentiert den Beginn der stereophonen Aufnahme und Wiedergabetechnik, die in den weiteren Jahren um zusätzliche Kanäle erweitert wurde.

In den 80er Jahren des 20. Jahrhunderts erforschte Guus Berkhout akustische Holographieverfahren für die Anwendung in der Seismik. Dabei werden Arrays aus Mikrofonen genutzt, die Reflexionsmuster spezieller Schallsignale von unterschiedlichen Erdschichten aufzeichnen und so eine Erkenntnis über die im Boden vorhandenen Stoffe liefern. Durch sein persönliches Interesse an Akustik im Allgemeinen schlug er vor, die von ihm entwickelte Technologie zeitlich umzukehren und auf Lautsprecherarrays anzuwenden. Dies markiert den Beginn für die Entwicklung der Wellenfeldsynthese-Technologie, bei der Arrays von Lautsprechern verwendet werden, um ein in gewissen Grenzen physikalisch korrektes Schallfeld einer virtuellen Schallquelle zu synthetisieren [1]. Das zugrundeliegende Prinzip zeigt Abb. 5.2.

In den folgenden Jahren erfolgte die Entwicklung dieser Technologie an der TU Delft, bis sie 1997 als funktionsfähiger Labordemonstrator präsentiert werden konnte [12]. Eine wesentliche Eigenschaft der Wellenfeldsynthese-Technologie ist der objektbasierte Ansatz. Im Gegensatz zu klassischen Tonwiedergabeverfahren werden nicht mehr Lautsprechersignale als Resultat der räumlichen Tonmischung gespeichert, sondern Audioobjekte. Ein Audioobjekt ist definiert durch ein (Mono-) Signal, welches die Audioinformationen beinhaltet wie z. B. eine Geige oder eine weibliche Stimme und die zugehörigen Metadaten, in denen Eigenschaften wie Position, Lautstärke oder Typ des Audioobjekts beschrieben sind. Um diese neue

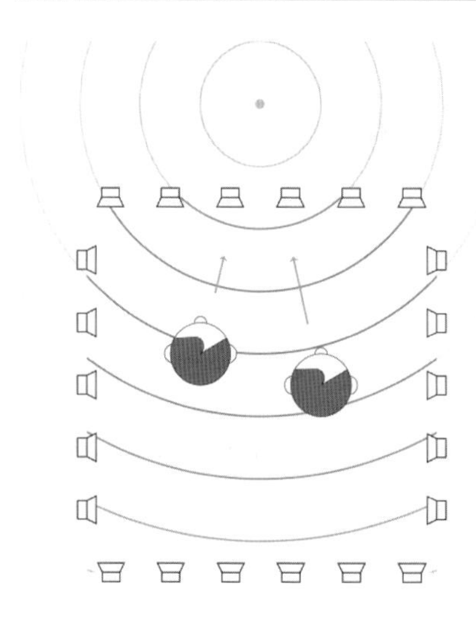

Abb 5.2 Schematische Darstellung der Wellenfeldsynthese. Ein Array von Lautsprechern, welches den Hörraum umschließt, wird so angesteuert, dass durch die Überlagerung der Lautsprechereinzelbeträge das physikalisch korrekte Abbild einer virtuellen Schallquelle entsteht. (Fraunhofer IDMT)

Technologie und die damit neuartigen Anforderungen an Produktion, Speicherung, Übertragung und Interaktion für eine potenzielle Markteinführung zu erforschen, firmierte sich im Jahr 2001 ein Konsortium aus Industrie, Forschung und Entwicklung im EU Projekt CARROUSO [2]. Als ein wesentliches Ergebnis dieses Projektes konnte das Fraunhofer IDMT 2003 einen ersten Produktprototyp als marktreife Installation in einem Ilmenauer Kino vorstellen [4].

5.3.3 Audioobjekte in der praktischen Umsetzung

Im Gegensatz zur kanalbasierten Tonwiedergabe, bei der fertig gemischte Lautsprechersignale nur noch abgespielt werden, müssen diese bei der objektbasierten Tonwiedergabe interaktiv berechnet werden. Das Konzept wird in Abb. 5.3 dargestellt.

Ein objektbasiertes Wiedergabesystem besteht im Kern aus einem Audiorenderer, der die Lautsprechersignale erzeugt [6]. Dafür müssen die Koordinaten der Lautsprecher bekannt sein. Basierend auf diesen Informationen werden nun in Echtzeit die Metadaten der Audioobjekte sowie die zugehörigen Audiosignale in den Renderer gestreamt. Das System ist dabei voll interaktiv, sodass jedes Audioobjekt beliebig positioniert werden kann. Ein weiteres Alleinstellungsmerkmal des objektbasierten Ansatzes ist, dass der Audiorenderer unterschiedliche Wiedergabetechnologien nutzen kann. Anstatt einen Wellenfeldsynthese-basierten Renderer zur Erzeugung von Lautsprechersignalen zu verwenden, kann z. B. ein auf Binauraltech-

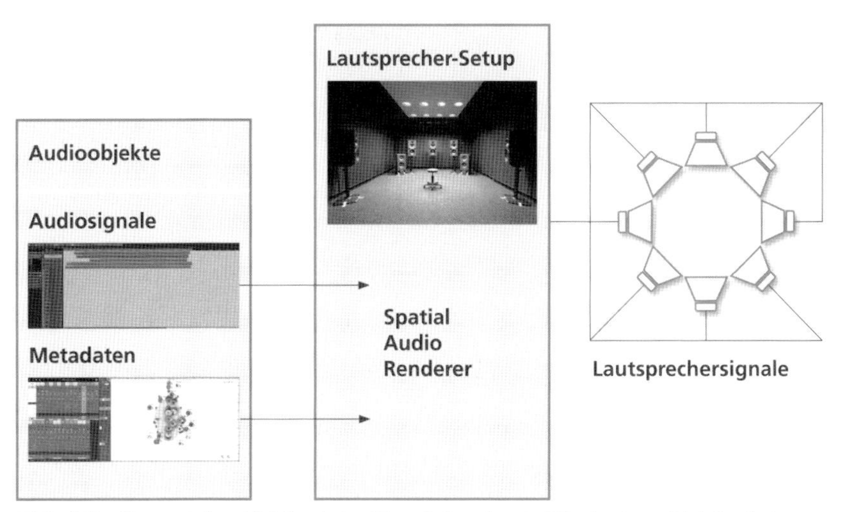

Abb. 5.3 Konzept der objektbasierten Tonwiedergabe. Auf Basis einer objektbasierten Beschreibung der räumlichen Tonszene, zusammen mit den zugehörigen Eingangssignalen, erzeugt der Spatial Audio Renderer unter Kenntnis der Lautsprecherkoordinaten die Ausgangssignale. (Fraunhofer IDMT)

nologie basierendes System eingesetzt werden. Hierbei ist es möglich, dass die räumliche Audiomischung, die z. B. für eine Lautsprecherwiedergabe produziert wurde, auch auf einem Kopfhörer für eine plausible dreidimensionale Tonwahrnehmung sorgt [7]. Beim kanalbasierten Audioansatz ist dies sehr viel schwieriger möglich.

Ein weiteres interessantes, konzeptionelles Alleinstellungsmerkmal für die objektbasierte Tonwiedergabe ist die Abwärtskompatibilität für kanalbasierte Audioinhalte [3]. Hierzu werden die Lautsprechersignale über Audioobjekte wiedergegeben, sodass ein virtuelles Lautsprechersetup entsteht. Damit sind kanalbasierte Audioinhalte nahezu unabhängig von der tatsächlichen Anzahl der Wiedergabelautsprecher. Zusätzlich hat der Konsument die Möglichkeit, das virtuelle Lautsprechersetup zu verändern und kann so auf intuitive Art Parameter wie Stereobreite oder räumliche Einhüllung variieren.

Um Audioojekte in einer praktischen Applikation intuitiv verwenden zu können, muss sich die Technologie nahtlos in eine durch den Toningenieur gewohnte Audioumgebung einbinden lassen [9]. Hierzu ist es notwendig, dass die Technologie die etablierten Schnittstellen und Interaktionsparadigmen abbildet. Abb. 5.4. zeigt eine potenzielle Integrationsmöglichkeit.

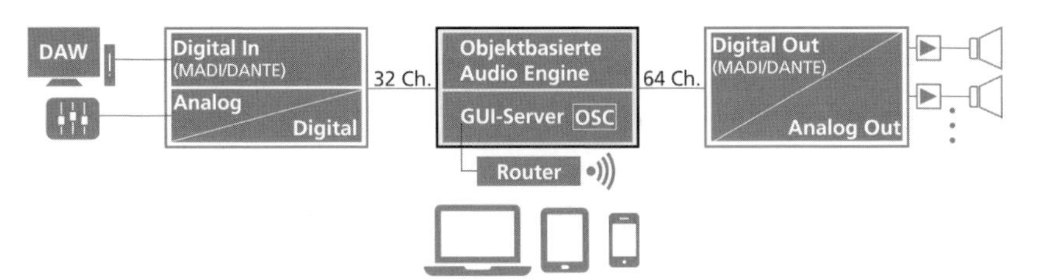

Abb 5.4 Beispielhafte Integration der objektbasierten Tonwiedergabe in bestehende professionelle Audioproduktionsstrukturen (Fraunhofer IDMT)

Die objektbasierte Tonwiedergabetechnologie basiert dabei auf einem Rendering-PC, welcher mit einer professionellen Audiokarte mit gängigen Multikanal-Audioübertragungsformaten ausgestattet ist. Über diese Schnittstelle kann nun ein beliebiger Zuspieler angeschlossen werden. Dies ist in der Abbildung durch eine Digital Audio Workstation (DAW) sowie ein Mischpultsymbol dargestellt. Um die Audioobjekte intuitiv platzieren zu können, wird eine grafische Benutzeroberfläche benötigt, die im vorliegenden Beispiel als webbasierte Applikation ausgeführt ist und über einen Browser geöffnet werden kann. Der Server zur Bereitstellung des Nutzerinterfaces läuft dabei ebenfalls auf dem Rendering-PC. Ein Beispiel für ein solches Nutzerinterface zeigt Abb. 5.5.

Abb. 5.5 Grafische Benutzeroberfläche für die objektbasierte Audioproduktion (Fraunhofer IDMT)

Hierbei ist die Interaktionsfläche in zwei Bereiche geteilt. Auf der rechten Seite befindet sich der Positionierungsbereich, in dem die Audioobjekte platziert werden können. Ein Audioobjekt wird dabei durch ein rundes Icon dargestellt. Um dem Toningenieur ein gewohntes Interface zur Verfügung zu stellen, sind auf der linken Seite der Interaktionsfläche alle Eigenschaften der Audioobjekte in Form von Kanalzügen übersichtlich angeordnet. Genau wie bei einem Mischpult kann der Toningenieur so die Wiedergabe der einzelnen Audioobjekte beeinflussen.

SpatialSound Wave für professionelle Beschallung
Die am Fraunhofer IDMT realisierte produktnahe Weiterentwicklung der Wellenfeldsynthese-Technologie findet seit einigen Jahren in verschiedenen Bereichen Anwendung. Insbesondere bei Live-Darbietungen hat sich in den letzten Jahren der Trend abgezeichnet, das Sounderlebnis durch die Verwendung einer räumlichen Beschallung zu steigern. Ein Beispiel hierfür sind die Bregenzer Festspiele, die bereits seit 2005 die Wellenfeldsynthese-Technologie nutzen, um für das große Auditorium aus ca. 7000 Sitzplätzen eine künstliche Konzertsaalakustik zu schaffen, die sonst bei Open Air-Aufführungen fehlt. Hierzu wurde der komplette Zuschauerbereich von drei Seiten mit einem Lautsprecherband, bestehend aus knapp 800 Lautsprechern, umrandet. Diese Installation zeigt Abb. 5.6.

Abb. 5.6 Objektbasierte Tonwiedergabe zur Live-Beschallung der Bregenzer Festspiele (Fraunhofer IDMT)

Da eine „echte“ Wellenfeldsynthese-Installation eine sehr große Anzahl an Lautsprechern und Verstärkerkanälen bedeutet, ist ihr Einsatz durch den hohen Hardwareaufwand begrenzt. Hinzu kommt, dass für einige Installationen ein derartiges System zwar wünschenswert, jedoch aus baubedingten Limitierungen nicht möglich ist. Einen solchen Anwendungsfall stellen Theater und Opernhäuser dar, die oftmals dem Denkmalschutz unterliegen und bei denen das optische Erscheinungsbild im Aufführungssaal nicht geändert werden darf. Gleichzeitig besteht hier aber oft der Bedarf, besonders bei innovativen Inszenierungen, den Zuhörer akustisch stärker ins Geschehen einzubeziehen. Da unser Gehör das einzige Sinnesorgan ist, das als Sensor für alle Raumrichtungen aktiv ist, gelingt dies nur, wenn das Wiedergabesystem aus allen Raumrichtungen eine Beschallung zulässt. Oftmals findet man in Opern und Theatern bereits Lautsprecherinstallationen mit 80 Lautsprechern und mehr, die aber lose und dreidimensional im Raum verteilt sind. Um genau solche Installationen akustisch unterstützen zu können, wurde der Algorithmus der Wellenfeldsynthese unter der Einbeziehung der menschlichen Wahrnehmung so verändert, dass Audioobjekte noch immer stabil über eine große Hörerfläche lokalisiert werden können, die Lautsprecher aber größere Abstände aufweisen dürfen und dreidimensional verteilt werden können. Diese „SpatialSound Wave“ genannte Technologie findet Anwendung in mehreren renommierten Spielorten, wie etwa der Oper Zürich, die in Abb. 5.7 zu sehen ist.

Neben der Live-Beschallung liegt ein weiterer Anwendungsbereich in der akustischen Unterstützung von Großbildwiedergabesystemen. Planetarien stehen hier stellvertretend für Kuppelprojekteinrichtungen, die sich in den letzten Jahren weg

Abb. 5.7 Objektbasierte Tonwiedergabe im Opernhaus Zürich (Dominic Büttner/ Opernhaus Zürich)

Abb. 5.8 Objektbasierte Tonwiedergabe zur räumlichen Beschallung von Großprojektionssystemen (Fraunhofer IDMT)

von klassischen Visualisierungen des Sternenhimmels hin zu Entertainment-Erlebnisorten wandelten. Obwohl die Kuppelprojektion ein beindruckend einhüllendes Bild für unterschiedliche Sitzpositionen bietet, wurden in der Vergangenheit oftmals nur wenige Lautsprecher basierend auf kanalbasieren Wiedergabeformaten genutzt. In der Realität war das Bild dann zwar räumlich über die Kuppel verteilt, der Ton aber kam aus einzelnen Lautsprechern unterhalb der Projektionsfläche. Um eine plausible Wiedergabe zu erzielen, ist es jedoch notwendig, dass Bild und Tonobjekt räumlich übereinstimmen, so wie es die SpatialSound-Wave-Technologie bei einer Positionierung von Lautsprechern hinter der Projektionsfläche ermöglicht. Abb. 5.8 zeigt eine typische Anwendung der SpatialSound-Wave-Technologie im weltweit dienstältesten Planetarium, dem ZEISS-Planetarium in Jena.

MPEG-H 3D Audio

Für die Speicherung und Übertragung objektbasierter Audioproduktionen sind neue Dateiformate notwendig, da neben den reinen Audiosignalen zusätzlich die Metadaten synchron abgebildet werden müssen. Zwar unterstützte bereits der MPEG-4-Standard die Speicherung von Audioobjekten durch eine Erweiterung von sogenannten BIFS (Binary Format for Scenes - Szenenbeschreibungen), jedoch wurden diese durch die große Komplexität des MPEG-4-Standards praktisch nicht genutzt [5].

Ein neuer Standard, der sowohl die Übertragung und Speicherung von hochqualitativem Video und Audio ermöglicht, ist MPEG-H. Durch den für Audiodaten relevanten Teil – genannt MPEG-H 3D Audio – ist es nun möglich, unterschiedlichste Audioformate in einer standardisierten Struktur zu speichern. Neben der Möglichkeit, kanalbasiertes Audio auch mit einer großen Anzahl an Lautsprecherkanälen nun eindeutig speichern zu können, besteht die Innovation in der Speicherung von Audioobjekten und Higher-Order-Ambisonics-Signalen. Durch die Unterstützung verschiedener Audioformate zeichnet sich ab, dass der Standard sich in den nächsten Jahren als Containerformat für alle neuen immersiven Audiowiedergabeverfahren durchsetzen wird.

Die Einführung des Standards erfolgt aktuell im Broadcasting-Bereich. Hier bieten Audioobjekte, neben den vorgestellten Vorteilen bei der Skalierung zwischen verschiedenen Lautsprechersystemen, neue Möglichkeiten für Interaktion. Ein Beispiel ist die Übertragung von Sportveranstaltungen, bei denen heute ein Toningenieur im Ü-Wagen die Tonmischung der Anteile von Reporter und Stadionatmosphäre vornimmt und diese dann im Stereo- oder Surroundformat an die Endnutzer versendet werden. Je nachdem, welches Endgerät der Konsument zur Verfügung hat, können hier u. a. Probleme bei der Sprachverständlichkeit entstehen, wenn der Reporter beispielsweise durch die Atmosphäre im Stadion maskiert wird. Da es in einem Stereosignal nachträglich nicht mehr (oder nur sehr begrenzt) möglich ist, einzelne Signalanteile zu verändern, besteht eine Lösungsmöglichkeit in der Übertragung als Audioobjekte. Damit erhält der Konsument zu Hause die Möglichkeit, beispielsweise die Lautstärke des Reporters zu verändern und so Sprachverständlicheit wiederherzustellen oder sich ganz auf die Stadionatmosphäre zu konzentrieren [10].

5.4 Ausblick

Von den Edison´schen „tone tests" bis zur heutigen Schallwiedergabe mithilfe von komplexen Algorithmen der digitalen Signalverarbeitung war es ein langer Weg. Mittels aktueller Technologien können wir Musik zu Hause wie unterwegs komfortabel und in fast perfekter Klangqualität hören. Einige Fragestellungen, wie z. B. nach der Erreichbarkeit der perfekten Illusion, sind aber immer noch erst teilweise beantwortet. Ergebnisse aktueller Grundlagenforschung zusammen mit der Anwendung in neuesten Standards der Speicherung und Wiedergabe von Tonsignalen werden uns auch über die nächsten Jahrzehnte ermöglichen, Musik, ob live oder aus der Konserve, mit noch größerem Genuss zu hören.

Quellen und Literatur

[1] Berkhout A.W,: „A Holographic Approach to Acoustic Control", JAES, Volume 36, Issue 12, pp. 977-995, December 1988.
[2] Brix S., Sporer T., Plogsties J., „CARROUSO – An European Approach to 3D Audio", 110th Convention of the AES, Amsterdam, The Netherlands, May 2001.
[3] Brix S., Sladeczek C., Franck A., Zhykhar A., Clausen C., Gleim P.; „Wave Field Synthesis Based Concept Car for High-Quality Automotive Sound", 48th AES Conference: Automotive Audio, Hohenkammern, Germany, September 2012.
[4] Brandenburg K., Brix S., Sporer T.: „Wave Field Synthesis – From Research to Applications", European Signal Processing Conference (EUSIPCO) 2004, September, Vienna, Austria.
[5] Herre J., Hilpert J., Kuntz A., Plogsties J.: „MPEG-H 3D Audio – The New Standard for Coding of Immersive Spatial Audio", IEEE Journal of Selected Topics in Signal Processing, Volume 9, No. 5, pp. 770-779, August 2015.
[6] Lembke S., Sladeczek C., Richter F., Heinl, T., Fischer C., Degardin P.; „Experimenting with an Object-Based Sound Reproduction System for Professional Popular Music Production", 28th VDT International Convention, Cologne, Germany, November 2014.
[7] Lindau A.; „Binaural Resynthesis of Acoustical Environments", Dissertation, Technische Universität Berlin, 2014.
[8] McKee, J.: „Is it Live or is it Edison?", Library of Congress, https://blogs.loc.gov/now-see-hear/2015/05/is-it-live-or-is-it-edison/, Stand 10.7.2017.
[9] Rodigast R., Seideneck M., Frutos-Bonilla J., Gehlhaar T., Sladeczek C.; „Objektbasierte Interaktive 3D Audioanwendungen", Fachzeitschrift für Fernsehen, Film und Elektronische Medien FKT, Ausgabe 11, November 2016.
[10] Scuda U., Stenzel H., Baxter D.; „Using Audio Objects and Spatial Audio in Sports Broadcasting", 57th AES Conference: On the Future of Audio Entertainment Technology, Hollywood, USA, March 2015.
[11] Snow, W.B.; „Basic Principles of Stereophonic Sound",IRE Transcaction on Audio, 3(2):42-53.
[12] Verheijen, E.; „Sound Reproduction by Wave Field Synthesis", Dissertation, Delft University of Technology. 1997.

Digitaler Rundfunk

6

Weltweit erstklassige Rundfunkqualität

Prof. Dr. Albert Heuberger
Fraunhofer-Institut für Integrierte Schaltungen IIS

Zusammenfassung

Die Digitalisierung ist in vollem Gange: Für die meisten Menschen ist das Smartphone ein ständiger Begleiter, produzierende Unternehmen treiben die Digitalisierung im Zuge von Industrie 4.0 in ihren Werkshallen ebenfalls kräftig voran. Auch vor dem Radio macht dieser Trend nicht Halt: Digitalradio löst das altbekannte UKW-Radio Schritt für Schritt ab. So ist es bereits in vielen europäischen Staaten Usus, und auch viele Schwellenländer planen derzeit den Umstieg. Denn Digitalradio bietet zahlreiche Vorteile: höhere Programmvielfalt, besseren Empfang, zahlreiche Zusatzdienste. Auf Dauer wird das Digitalradio mit dem Mobilfunk zusammenwachsen. Während das Radio Informationen sendet, die für alle Menschen interessant sind, übernimmt der Mobilfunk „individuelle" Informationen. Auf diese Weise können sich die beiden Technologien optimal ergänzen.

6.1 Einleitung

Knarzende und rauschende Geräusche beim Radiohören? Von wegen! Digitalradio verbannt solche Störungen ins Reich der Vergangenheit. Es bietet Hörern wie Rundfunkanstalten zahlreiche Vorteile: Die Hörer erhalten mehr Programmvielfalt und per Datendiensten zusätzliche Informationen. Zudem ist die Empfangsqualität besser. Die Rundfunkanstalten wiederum sparen durch die leistungseffizientere Übertragung Energie und können gleichzeitig durch spektrumseffiziente Übertragung eine größere Anzahl von Programmen aussenden. Beides ergibt wirtschaftliche Vorteile. Wie das altbekannte UKW-Radio funktioniert auch das Digitalradio terrestrisch per Funk – es ist entgegen der weit verbreiteten Meinung gänzlich ohne Internetverbindung und damit kostenfrei zu empfangen.

In den meisten europäischen Staaten gehört das Digitalradio DAB+ bereits zum Alltag. Norwegen setzt gar gänzlich auf die neue Art des Rundfunks: Das Land schaltet bis Ende 2017 das UKW-Radio ab. Auch die Schweiz und Großbritannien denken konkret über den Beginn des Ausstiegs aus UKW noch vor 2020 nach. Etliche Schwellenländer planen derzeit die Umstellung vom analogen Kurz- und Mittelwellenradio auf das Digitalradio DRM, und auch die Digitalisierung der lokalen UKW-Versorgung ist im Gange. Indien gehört dabei zu den Vorreitern und ist auf dem Weg, zum größten Digitalradio-Markt der Welt zu werden. All die nötigen Technologien – seien es die nötigen Basistechnologien sowie Sende- und Empfangssysteme für Digitalradio-Anwendungen – wurden maßgeblich vom Fraunhofer-Institut für Integrierte Schaltungen IIS mitentwickelt. So ist Fraunhofer beispielsweise mit seinen Software-Modulen in jedem einzelnen DRM-Gerät in Indien vertreten.

6.2 Frequenzökonomie ermöglicht mehr Sender

Einer der großen Vorteile des Digitalradios liegt in seiner Frequenzökonomie. Um zu verdeutlichen, was sich dahinter verbirgt, werfen wir zunächst einen Blick auf das althergebrachte UKW-Radio. Dieses läuft auf Frequenzen von 87,5 bis 108 Megahertz, es hat also eine Bandbreite von gut 20 Megahertz. Das heißt: Die verfügbaren Frequenzen sind stark begrenzt. Viele Radiosender, die gerne in den Markt eintreten wollen, werden ausgebremst, da keine freien Frequenzen mehr zur Verfügung stehen.

Das Digitalradio schafft Abhilfe: Zwar ist auch hier die Ressource der Frequenzen limitiert. Allerdings finden beim Digitalradio im nutzbaren Spektrum von 20 Megahertz bis zu viermal mehr Sender Platz. Die genaue Zahl hängt von der gewünschten Audioqualität und der Robustheit der Übertragung ab: Wird ein Programm in höherer Qualität gesendet, braucht es mehr Bitrate. Die höhere Effizienz geht vor allem auf die Komprimierung zurück, genauer gesagt auf die standardisierten Audiocodecs xHE-AAC und HE-AAC, die maßgeblich von Wissenschaftlern des Fraunhofer IIS mit entwickelt wurden. Sie geben Audio und Sprache bei niedrigen Datenraten mit hoher Qualität wieder und bilden somit die Grundlage für die gute Klangqualität des Digitalradios. Der zweite Parameter für die Übertragungsqualität ist die Robustheit der übertragenen Signale. Je nachdem, wie viel fehlersichernde Zusatzinformation für die Übertragung vorhanden ist, wird das Signal besser oder schlechter empfangen, was z. B. direkten Einfluss auf die Reichweite eines Senders hat.

Ein weiterer wichtiger Grund für die höhere Sendekapazität ist das sogenannte Gleichwellennetz. Beim Digitalradio können alle Sender, die die gleichen Inhalte senden, dies auf der gleichen Frequenz tun; im Übergangsbereich, in dem die Signale von zwei Sendern gleichzeitig empfangen werden, entstehen keine Störungen. Beim UKW-Radio ist dies nicht der Fall. Hier müssen benachbarte Sender auf unterschiedlichen Frequenzen arbeiten. Man denke an eine Autofahrt quer durch Deutschland: Die Frequenzen, auf denen man einen bestimmten Sender hören kann, wechseln beim Übergang von einem Gebiet in das andere. Ein einziges Programm braucht auf diese Weise gleich mehrere Frequenzen. Beim digitalen Radio reicht eine einzige Frequenz aus, um das gesamte Bundesgebiet abzudecken. Daher lassen sich in einem festgelegten Frequenzspektrum wesentlich mehr Sender unterbringen als bisher.

6.3 Programmvielfalt

Beim UKW-Radio braucht jedes Programm seine eigene Frequenz. Das heißt: Sendet Bayern 3 auf einer bestimmten Frequenz mit der Bandbreite von 200 kHz, so ist diese belegt und steht anderen Sendeanstalten erst weit entfernt wieder zur Verfügung. Das Digitalradio ist dagegen vielfältiger – bei DAB+ können auf einer einzigen Frequenz mit einer Bandbreite von 1,536 MHz typischerweise 15 verschiedene Programme gesendet werden. Man könnte also Bayern 1 und Bayern 3 samt verschiedenen regionalen Programmen im gesamten Verbreitungsgebiet auf der gleichen Frequenz senden. Dabei spricht man von Multiplex oder Ensemble. Den Hörern eröffnet dies eine größere Programmvielfalt. Das Schwarzwaldradio beispielsweise war über UKW namensgemäß nur im Schwarzwald zu empfangen. Über den bundesweiten Multiplex des Digitalradios ist es nun im gesamten Bundesgebiet hörbar. Menschen aus Hamburg beispielsweise, die ihren Urlaub gerne im Schwarzwald verbringen, können daher nun auch zu Hause den „Urlaubssender" hören. Auch Klassik Radio ist bereits im bundesweiten Multiplex vertreten – der Sender setzt verstärkt auf digitales Radio und hat die ersten UKW-Übertragungen bereits abgeschaltet. Diese Beispiele zeigen, wie Digitalradio die Möglichkeit eröffnet, dem Hörer Spartenradios anzubieten.

Momentan liegt die Nutzung von Digitalradio in Deutschland bei 12 % bis 18 %, die Werbeeinnahmen sind daher noch gering. Dennoch setzen schon zahlreiche Sendeanstalten auf Digitalradio, vor allem um sich für die Zukunft rechtzeitig einen Sendeplatz zu sichern.

6.4 Neuartige Dienste: Von Stauwarnungen bis Katastrophenschutz

Das Digitalradio sendet nicht nur Radioinhalte mit hoher Qualität, sondern bietet auch darüber hinaus vielfältige neue Dienste. Ein Beispiel ist der Verkehrsinformationsdienst. Aktuelle Navigationssysteme erhalten im analogen Radio über den Traffic Message Channel, kurz TMC – eine schmalbandige Ergänzung im UKW-Signal – Stauinformationen, die dann in die Navigation eingerechnet werden. Die Krux an der Sache: Die Menge an Information, die über TMC geschickt werden kann, ist stark begrenzt. Schwierigkeiten macht das etwa bei der Lokalisierung eines Staus. Um die Inhalte möglichst kurz zu halten, werden über TMC keine konkreten Ortsangaben, sondern sogenannte Location-Codes verschickt, die vom Empfängergerät über eine hinterlegte Liste zurückübersetzt werden. Neu gebaute Autobahnausfahrten sind allerdings in dieser Liste nicht enthalten und können daher nicht als Ortsangaben verwendet werden. Auch lassen sich nicht beliebig viele neue Location-Codes zu der Liste hinzufügen. Zwar liegen auf Sendeseite wesentlich genauere Informationen vor, allerdings lassen sie sich mit der begrenzten Datenrate nicht verschicken. Kurzum: TMC ist ein begrenzter und meist überladener Kanal, der den Anforderungen moderner Navigationsgeräte nicht mehr gerecht wird. Hochwertigere Navigationssysteme bekommen die Informationen per Mobilfunk, doch auch dies funktioniert nicht immer reibungslos. Denn diese Informationsübertragung ist zum einen teurer, zum anderen muss jedes Auto einzeln informiert werden. Rufen viele Fahrer gleichzeitig Informationen ab, ist das Netz schnell überlastet.

Über das Digitalradio lassen sich solche Verkehrsinformationsdienste wesentlich effizienter abwickeln. Die zugehörige Technologie dafür nennt sich TPEG, kurz für Transport Protocol Experts Group. Während die Datenrate bei TMC 1 kbit/s beträgt, liegt sie bei TPEG üblicherweise bei 32 bis 64 kbit/s. Bei Bedarf wären auch noch höhere Datenraten kein Problem. Zudem kommen die Informationen auch bei schlechter Empfangssituation gut an. Dies eröffnet neue Anwendungen, z. B. die Warnung vor einem Stauende. Anhand von Sensordaten von den Autobahnen oder durch Floating Data von den Smartphones der Fahrer lässt sich sehr genau berechnen, wo das Ende eines Staus liegt. Eine Warnung an den Autofahrer muss im passenden Korridor gesendet werden: Erhält er die Warnung zu früh, hat er sie bis zum Stauende schon wieder vergessen, erfolgt sie zu spät, kann er nicht mehr reagieren. Die Warnung sollte daher 800 m bis 1500 m vor dem Stauende erfolgen. Das heißt: Sie muss extrem zeitnah und zuverlässig übertragen werden. Zudem wandert das Stauende, die Daten müssen minütlich aktualisiert werden. Über TPEG und Digitalradio ist all dies realisierbar – und dabei ist es vollkommen unerheblich, wie viele Menschen diese Information gleichzeitig benötigen.

Stauprognosen lassen sich ebenfalls per Digitalradio an die Navigationssysteme schicken. Macht man sich etwa auf den Weg von München nach Hamburg, interessiert es wenig, ob momentan in Kassel ein Stau ist. Was man wissen will: Wie wird die Verkehrslage dort in drei bis vier Stunden aussehen? Erhält das Navigationssystem direkt in München Stauprognosen für den veranschlagten Weg, kann es Staus von vorneherein großflächig umfahren. Denkbar sind auch Parkraum-Informationen: Per Digitalradio kann das Navigationssystem angeben, wo die meisten Parkplätze zur Verfügung stehen. TPEG bietet all diese Möglichkeiten; es ist hinsichtlich Verkehrsinformationen ein erheblich leistungsfähigeres Tool als das bisherige TMC oder der Mobilfunk.

Die neuen Dienste des Digitalradios beschränken sich keineswegs auf den Verkehr. Auch jenseits davon eröffnet das Digitalradio zahlreiche Anwendungen. Über den Textdienst für Digitalradio „Journaline“ (auch an dessen Entwicklung waren Forscher des Fraunhofer IIS beteiligt) erhalten Radiohörer umfangreiche Informationen, die sie auf dem Radiodisplay lesen können. Das können Hintergrundinformationen zum Radioprogramm oder der gespielten Musik sein, aber auch beispielsweise die Abflugzeiten am Flughafen oder Fußballergebnisse. Journaline ist quasi eine Art Videotext fürs Radio – selbstverständlich angepasst an die heutigen Gegebenheiten. Dafür wurden neben einem intuitiven Bedienkonzept auch erweiterte Funktionalitäten realisiert wie Links ins Internet, Bilder und Ortsinformationen.

Auch im Bereich der Bevölkerungswarnung hat das Digitalradio viel Potenzial. Über die Emergency Warning Functionality EWF, die maßgeblich vom Fraunhofer IIS mitentwickelt wurde, lässt sich die Bevölkerung erstmals in Echtzeit warnen. Über UKW ist dies nicht möglich, hier kommt es immer wieder zu Verzögerungen. Denn die Informationen landen zunächst einmal auf dem Schreibtisch des Moderators und müssen von diesem weitergeleitet werden. Das kann mitunter bis zu 45 Minuten dauern. Und einige Programme laufen gar automatisiert, hier bleiben die Warnungen gänzlich unbeachtet. Über die neue Technologie EWF dagegen sendet die Rettungsleitstelle die Warnung direkt und ohne nennenswerte Zeitverzögerung aus. Selbst Geräte, die wie Radiowecker auf Stand-by laufen, können dabei genutzt werden: Sie schalten sich im Falle einer Warnmeldung automatisch ein. Die Warnungen sind dabei kurz und prägnant, etwa „Halten Sie Fenster und Türen geschlossen“. Weiterführende Informationen können parallel und zeitgleich über Dienste wie Journaline via Radiodisplay abgerufen werden – und zwar ohne Internet-Zugang, der im Katastrophenfall oft nicht mehr funktioniert. Zudem werden die Informationen in verschiedenen Sprachen zur Verfügung gestellt. Dadurch ist der Warndienst sowohl für Menschen mit Hörbehinderung als auch für Fremdsprachler nutzbar.

6.5 Diskriminierungsfreier Zugang

Ein weiterer Vorteil des Digitalradios liegt im diskriminierungsfreien Zugang zu den Informationen. Dies umfasst zwei Aspekte: Während die Übertragung von Inhalten per Mobilfunk nur dann kostenfrei ist, wenn man einen entsprechenden Vertrag hat – er ist also nicht diskriminierungsfrei – lässt sich Digitalradio kostenfrei empfangen. Zum anderen können über das digitale Radio auch textuelle und visuelle Informationen verbreitet werden, beispielsweise für Hörgeschädigte.

6.6 Hybride Anwendungen

Nun stellt sich natürlich keineswegs die Frage: Mobilfunk oder digitales Radio? Vielmehr werden die beiden Technologien auf Dauer zusammenwachsen und sich sinnvoll ergänzen. Während das Digitalradio die Informationen übernimmt, die für alle interessant sind, sorgt der Mobilfunk für „individuelle" Informationen. Wie das funktionieren kann, zeigt der bereits angesprochene Dienst Journaline. Die aktuellen Nachrichten beispielsweise können per Digitalradio übertragen werden. Per Internet-Link kann der Nutzer bei Bedarf auf weitere Informationen zu den Geschehnissen, die etwa in der unmittelbaren Umgebung passieren, zugreifen, was dann über Mobilfunk erfolgt. Der Nutzer bekommt davon nichts mit – ihm erscheint all das als homogener Dienst.

Die Vorteile von Mobilfunk und Digitalradio lassen sich optimal kombinieren. Der Mobilfunk ist stark, wenn es sich um Informationen dreht, die speziell den einzelnen Nutzer interessieren. Was jedoch das Radiohören angeht, ist der Mobilfunk keine gute Alternative. Schließlich hat die Mobilfunkzelle nur eine begrenzte Gesamtkapazität. Hört ein Nutzer Radio und bewegt sich von Zelle A in Zelle B, muss Zelle B umgehend die dafür nötige Kapazität zur Verfügung stellen. Die Mobilfunkanbieter müssen quasi „auf Verdacht" Kapazität freihalten. Für „one-to-many" ist der Mobilfunk daher nur mäßig geeignet – solche Informationen gehören auf rundfunkartige Netze, die genau auf diese Aufgabe zugeschnitten sind.

6.7 Ausblick

In Deutschland wird 2018 das Angebot bundesweit verfügbarer DAB+ Programme durch die Aufschaltung des zweiten nationalen Multiplexes verdoppelt. Darüber hinaus werden in verschiedenen Regionen neue Regional- und Lokalmultiplexe an den Start gehen.

Die Anzahl der DAB+ Programme mit Zusatzdiensten wie dem Journaline Text-Informationsdienst und Slideshow-Bildern steigt europaweit an. Im Digital Radio Report stellt die Europäische Rundfunkunion EBU fest: Aktuell senden in Europa über 1200 Radiostationen via DAB oder DAB+, über 350 davon sind ausschließlich digital zu empfangen. Dadurch bietet Digitalradio für den Hörer immer mehr Nutzen und Mehrwert, zusätzlich zu den bereits bekannten Vorteilen wie dem größeren Programmangebot, besserer Klangqualität, stabileren Netzen, sowie Kosten- und Energieeinsparungen durch effizientere Frequenznutzung und geringere Sendeleistung. Insbesondere in Ländern mit schlechter bis keiner Internetversorgung ermöglichen die neuen Systeme den kostenfreien und breitflächigen Zugang zu Information, Unterhaltung und Bildung.

Kontaktdaten:
Prof. Dr. Albert Heuberger
+49 9131 776-1000
albert.heuberger@iis.fraunhofer.de

7 5G-Datentransport mit Höchstgeschwindigkeit

Mehr Daten, mehr Tempo, mehr Sicherheit

Dr.-Ing. Ronald Freund · Dr.-Ing. Thomas Haustein ·
Dr.-Ing. Martin Kasparick · Dr.-Ing. Kim Mahler ·
Dr.-Ing. Julius Schulz-Zander · Dr.-Ing. Lars Thiele ·
Prof. Dr.-Ing. Thomas Wiegand ·
Dr.-Ing. Richard Weiler
Fraunhofer-Institut für Nachrichtentechnik,
Heinrich-Hertz-Institut, HHI

Zusammenfassung

Die Mobilkommunikation hat seit der weltweiten Verfügbarkeit von mobilen Sprachdiensten und als Grundlage für das mobile Internet unsere Gesellschaft und unsere Art zu kommunizieren nachhaltig verändert. Sie hat eine neue Dimension von Produktivitätssteigerung und Vernetzung von Produktions- und Dienstleistungsprozessen seit der Nutzung des Internets ermöglicht. Die technische Grundlage basiert auf einem tiefgreifenden Verständnis der Zusammenhänge der Funk- und Nachrichtentechnik, angefangen von Radiowellenausbreitung und deren Modellierung über Verfahren der digitalen Signalverarbeitung und eines skalierbaren Systementwurfs für ein zellulares Funksystem mit Mobilitätsunterstützung bis hin zu Methoden der Systembewertung und Systemoptimierung. Das Fraunhofer-Institut für Nachrichtentechnik, Heinrich-Hertz-Institut (HHI) arbeitet seit 20 Jahren im Bereich der Mobilfunkkommunikation und hat eine Vielzahl von wichtigen Beiträgen zur dritten, vierten und fünften Generation geleistet. Neben wissenschaftlichen Beiträgen und zahlreichen erstmaligen Demonstrationen zu Schlüsseltechnologie-Komponenten trägt das Institut auch aktiv zur 3GPP-Standardisierung bei.

7.1 Einleitung: Generationen der Mobilkommunikation – von 2G zu 5G

Die rasante Entwicklung der Digitalisierung der Gesellschaft erfordert eine Unterstützung durch flexible und skalierbare Mobilfunklösungen, um Anforderungen neuer Anwendungen und Geschäftsmodelle zu bedienen. Die erwartete sozio-ökonomische Transformation fußt auf der Verfügbarkeit mobiler Verbindung zum Datennetz überall, jederzeit und mit konsistenter Dienstgüte für die Kommunikationen zwischen Menschen, Menschen und Maschinen und zwischen Maschinen. Dazu bedarf es eines grundsätzlich neuen Selbstverständnisses von mobiler Kommunikation. Während die erste Generation Mobilfunk auf analoger Funktechnik basierte, startete 2G (GSM) bereits als rein digitales Kommunikationssystem, das es ermöglichte, Sprache und erste Datendienste (SMS) global als Dienst zur Verfügung zu stellen. UMTS als dritte Generation (3G) ermöglichte die technische Basis für das mobile Internet durch breitbandige Mobilfunkverbindungen. 4G erweiterte die Dimension der breitbandigen Datenkommunikation signifikant und reduzierte die Komplexität durch einen sogenannten all-IP-Ansatz, in welchem auch Sprache als IP-basierter Datendienst behandelt wird. Dies bereitete zugleich die Grundlage für eine Konvergenz der Kommunikationsnetze für das Festnetz und den Mobilfunk.

Die fünfte Generation soll mobile Datenkommunikation in neuen Bereichen ermöglichen, als eine Plattform für die Kommunikation von allem mit jedem, um neuartige Optionen für Produktion, Transport und Gesundheit zu erschließen und andere für die moderne Gesellschaft relevante Aspekte wie Nachhaltigkeit, Sicherheit und Wohlbefinden zu adressieren. Die Vision einer voll mobilen und verbundenen Gesellschaft erfordert Randbedingungen für ein enormes Wachstum an Konnektivität und Dichte des Verkehrsvolumens, um eine möglichst breite Palette von Anwendungsfällen und Geschäftsmodellen zu unterstützen. Eine organische Einbettung von mobiler Kommunikationsfähigkeit in alle Bereiche der Gesellschaft wird die bereits seit vielen Jahren diskutierte Vision des Internets der Dinge erst realisierbar machen. Eine umfassende Motivation und Zielstellung für 5G wurde erstmalig übersichtlich im NGMN White Paper [1] dargestellt, eine aktuelle Analyse zu Herausforderungen, Trends und ersten Feldversuchen in [18]. Angetrieben von technologischen Entwicklungen und sozio-ökonomischen Transformationen zeichnet sich der 5G-Geschäftskontext durch Veränderungen in Kunden-, Technologie- und Betreiberkontexten aus [2].

Die Verbrauchersicht: Die Bedeutung von Smartphones und Tablets wird seit ihrer Einführung weiter steigen. Es wird erwartet, dass Smartphones auch in Zukunft wichtigste persönliche Geräte bleiben werden, sich hinsichtlich Leistung und Fähigkeiten weiterentwickeln und sich die Anzahl der persönlichen Geräte deutlich erhöht durch neuartige Geräte wie Wearables oder Sensoren. Unterstützt von Cloud-Technologie werden die Fähigkeiten persönlicher Geräte nahtlos erweitert werden auf verschiedene Anwendungen wie qualitativ hochwertige (Video-) Content-Produktion und -Sharing, Zahlung, Identitätsnachweis, Cloud-Gaming, mobiles Fernsehen und Unterstützung von intelligentem Leben im Allgemeinen. Sie werden eine bedeutende Rolle in den Bereichen Gesundheit, Sicherheit und soziales Leben spielen sowie bei der Bedienung und Überwachung von Haushaltsgeräten, Autos und anderen Maschinen.

Die Mobilfunkindustrie erwartet erste Geräte mit begrenztem 5G-Funktionsumfang in den Jahren 2018 und 2020 während der olympischen Spiele in Südkorea und Japan und einen großflächigen kommerziellen Roll-out ab 2022.

Unternehmenskontext: Analoge Trends des Consumer-Bereiches werden auch in den Alltag der Unternehmen einfließen, z. B. werden die Grenzen zwischen privater und dienstlicher Nutzung von Geräten verschwimmen. Unternehmen brauchen deshalb flexible und skalierbare Lösungen, um Sicherheits- und Datenschutzprobleme zu handhaben, die in diesem Nutzungskontext entstehen. Für Unternehmen sind mobile Kommunikationslösungen einer der Haupttreiber für mehr Produktivität. In den nächsten Jahrzehnten werden Unternehmen ihre spezifischen Anwendungen zunehmend auf mobilen Geräten zur Verfügung stellen. Die Verbreitung von Cloud-basierten Diensten ermöglicht die Portabilität von Anwendungen über mehrere Geräte und Domains hinweg und bietet völlig neue Chancen, einhergehend mit neuen Herausforderungen bzgl. Sicherheit, Privatsphäre oder Leistung.

Geschäftspartnerschaften: In vielen Märkten zeigt sich ein Trend, dass Netzbetreiber Partnerschaften mit sogenannten Over-the-Top-Playern (OTT) eingehen, um ihren jeweiligen Endkunden besser integrierte Dienste zu liefern. Für OTT-Player werden Dienstgütemerkmale des Kommunikationsnetzwerks zunehmend wichtiger, um neuartige Dienste im privaten und vor allem im Unternehmensbereich bereitzustellen, sodass eine inhärente Synergie zwischen Konnektivität mit garantierten Dienstgütemerkmalen und hochqualitativen Diensten diese Partnerschaften zur Grundlage für einen gemeinsamen Erfolg werden lässt.

5G adressiert neben klassischem Breitbandzugang auch neue Märkte besonders im Bereich der vertikalen Industrien. Allein die derzeitigen Verkäufe von mehr als 300 Mio. Smartphones pro Quartal und insgesamt mehr als 10 Mrd. vorhandenen Smartphones weltweit in Kombination mit zukünftig erwarteten 50 Mrd. bis 100 Mrd. über Funk verbundenen Geräten (Maschine-zu-Maschine-Kommunikation) lassen eine Steigerung des gesamten Datenaufkommens um den Faktor 1000 bis zum Jahr 2020 erwarten. Neben reinen Spitzendatenraten wird das Umfeld mit weiteren Anforderungen konfrontiert, z. B. extremen Reichweiten, extremer Energieeffizienz, ultrakurzen Latenzen, extrem hoher Verfügbarkeit oder Zuverlässigkeit bis hin zu Skalierungsaspekten mit massivem Nutzerzugang, massiven Antennensystemen, heterogenen Funkzugängen und Konvergenzanforderungen für die Netze.

Die zu bedienende Breite an Anwendungsszenarien erfordert eine Vielzahl von Kommunikationslösungen im Funkzugang und auf der Netzwerkschicht, welche trotz ihrer Heterogenität über standardisierte Schnittstellen in das 5G-Rahmenwerk eingebunden werden sollen.

Dieses hochdynamische Umfeld eröffnet Fraunhofer Chancen, aktiv zum Innovationsprozess beizutragen, neue technische Lösungen zu entwickeln und somit einen signifikanten Beitrag zum Ökosystem zu leisten. Aufgrund der Verschiebung der Anwenderschwerpunkte von Personen als Endkunden (Telefonie, mobiles Internet) werden in Zukunft Business-to-Business-Kommunikationslösungen (B2B) als Enabler automatisierter Prozesse zunehmend im Fokus stehen. Die Anforderungen sind vielfältig und nicht mit einer One-fits-all-Lösung zu erfüllen. Neue Marktteilnehmer aus dem Internetumfeld drängen massiv in diesen Bereich und es ist zu erwarten, dass sich das bestehende Mobilfunk-Ökosystem signifikanten Wandlungen unterziehen wird. Das Verständnis von branchenspezifischen Anforderungen bietet Fraunhofer Möglichkeiten, hier gezielt Lösungskomponenten mit und für Kunden und Partner zu entwickeln.

Das Fraunhofer-Institut für Nachrichtentechnik, Heinrich-Hertz-Institut (HHI) hat bereits im Rahmen der Forschung zu 4G-LTE und den Weiterentwicklungen LTE-Advanced und LTE-Advanced-Pro sowie in der frühen Phase der 5G-Forschung signifikante Beiträge von Theorie bis hin zu ersten Feldversuchen (Proof-of-Concept) geleistet. Dazu gehörten umfangreichen Arbeiten zu *Wellenformen* [32], [38], [42], [41], [28], *MIMO* [37], [24], [19], CoMP [34], [35], [31], [36], *Relaying* [33], [40], *kognitivem Spektrum-Management* [Comora], [29], [30], *energieeffizientem Netzwerk-Management* [43] und andere Schlüsseltechnologien [39], [27], [20], die heute die Ausgangsbasis für neuartige Ansätze für 5G bilden.

7.2 5G-Vision und neue technische Herausforderungen

Im Rahmen der 5G-Forschung gilt es besonders, die Anwendungsfelder zu adressieren, die bisher nur begrenzt von den bisherigen Möglichkeiten des Mobilfunks profitieren konnten und in der Zukunft besondere Wachstumsmärkte für 5G darstellen können.

5G wird damit zum Türöffner für neue Möglichkeiten und Anwendungsfälle, von denen viele bis heute noch unbekannt sind. Bisherige Mobilfunkstandards ermöglichen die Konnektivität von Smartphones, welche durch 5G eine noch höhere Datenrate erreichen werden. Neben der Vernetzung von Menschen wird 5G zudem die Vernetzung von intelligenten Objekten ermöglichen, wie z. B. Autos, Hausgeräten, Uhren oder Industrierobotern. Dabei ergeben sich für viele Anwendungsfälle spezielle Anforderungen an das Kommunikationsnetz bzgl. Datenrate, Zuverlässigkeit, Energieverbrauch, Latenz etc. Diese Diversität an Anwendungen und die entsprechenden Anforderungen erfordern ein skalierbares und flexibles Kommunikationsnetz, sowie die Integration diverser z. T. auch sehr heterogener Kommunikationslösungen.

Vertikale Märkte: Die fünfte Welle der Mobilkommunikation soll Industrien und Industrieprozesse mobiler machen und automatisieren. Dies wird oft auch als Machine Type Communication (MTC) oder als Internet of Things (IoT) bezeichnet. 10 Mrd. bis 100 Mrd. intelligente Geräte mit eingebetteten Kommunikationsfähigkeiten und integrierten Sensoren werden befähigt, auf ihre lokale Umgebung zu reagieren, über Entfernungen zu kommunizieren und in Regelschleifen zu interagieren, als Basis für komplexe Multi-Sensor-Multi-Aktor-Systeme, wie diese bisher nur verkabelt realisiert werden können. Diese Geräte haben ein heterogenes Anforderungsspektrum bzgl. Leistungsfähigkeit, Leistungsaufnahme, Lebensdauer und Kosten. Das Internet der Dinge hat für verschiedene Anwendungen ein fragmentier-

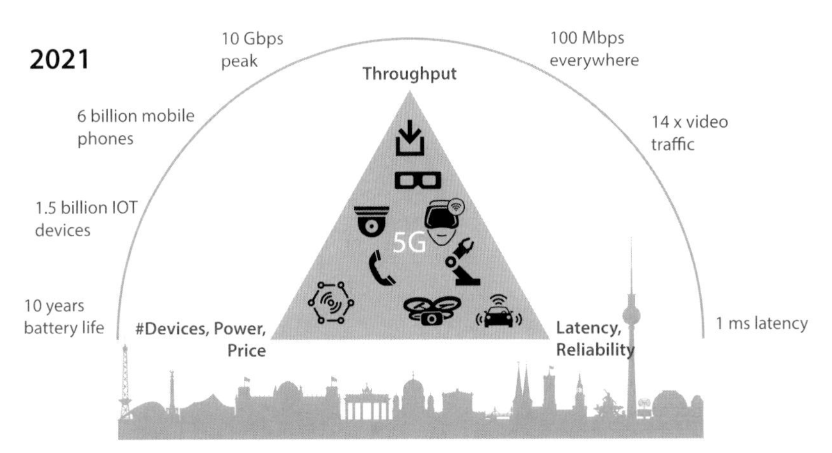

Abb 7.1 Kategorisierung der wichtigsten Anwendungsfelder für 5G (Bildquelle: ITU-R IMT2020, Fraunhofer HHI)

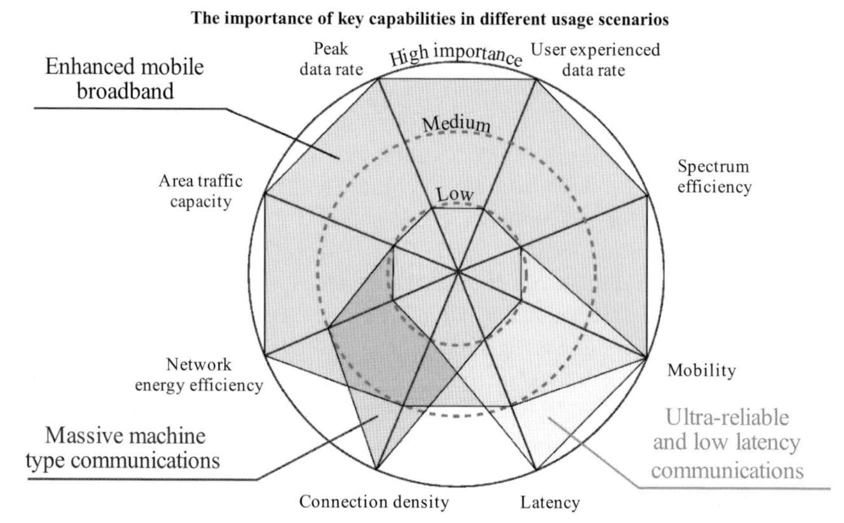

Abb 7.2 KPI zu den Anwendungskategorien; eine Markierung außen am Rand bedeutet sehr wichtig, weiter innen weniger wichtig (ITU-R IMT2020, Fraunhofer HHI)

tes Spektrum an die Kommunikationsanforderungen hinsichtlich Zuverlässigkeit, Sicherheit, Latenz, Durchsatz etc. Neue Dienstleistungen für vertikale Industrien (z. B. Gesundheit, Automobil, Haus, Energie) zu schaffen, bedarf häufig mehr als reiner Konnektivität, sondern erfordert Kombinationen mit z. B. Cloud Computing, Big Data, Sicherheit, Logistik und/oder weiteren Fähigkeiten des Netzwerks.

Die Vielzahl der derzeit für 5G als relevant diskutierten Anwendungsfelder und Szenarien lassen sich aus Sicht der Kommunikationsanforderungen in 3 Hauptgruppen kategorisieren, welche in 7.1 abgebildet sind. Abb. 7.2 zeigt die dazugehörigen Performanz-Indikatoren (KPI), welche für jede der 3 Kategorien die Wichtigkeit darstellt.

Breitband-Mobilfunk-Szenarien mit höchsten Datenraten

Das Enhanced Mobile Broadband (eMBB) hat das Ziel, eine 1000-mal höhere Datenrate pro Fläche bzw. eine allerorts verfügbare Datenrate von 100 Mbps zu schaffen. Dadurch werden hochaufgelöste Videodaten sowie Anwendungen wie Virtual oder Augmented Reality überhaupt erst mobil möglich.

Die tausendfache Steigerung der verfügbaren Kommunikationsdatenrate pro Gebiet erfordert neue Ansätze im Design der Kommunikationsinfrastruktur und der verwendeten Übertragungs-mechanismen. Aspekte wie eine verbesserte Energieeffizienz pro Bit oder die Reduktion der Systemselbstinterferenz müssen mit neuen Lösungsansätzen gemeistert werden.

Funklösungen mit kurzer Latenz und hoher Zuverlässigkeit

Missionskritische Regelmechanismen bedürfen einer zuverlässigen und niedriglatenten Kommunikation. Dies ist notwendig, um sicherheitskritische Anwendungen zu ermöglichen, wie in Industrie-4.0-Szenarien oder beim automatisierten Fahren. Für Letzteres ist beispielsweise eine hohe Zuverlässigkeit der Funkverbindung notwendig, um nicht aufgrund von „Funklöchern" oder verlorenen Paketen in einen kritischen Systemzustand zu fallen und in der Folge z. B. einen Unfall zu verursachen. Zudem sind geringe Verzögerungszeiten notwendig, damit bewegte Objekte wie Fahrzeuge schnell auf Gefahrensituationen reagieren können. Derartige Anwendungen werden häufig auch als „Taktiles Internet" [22], [26] bezeichnet, und umfassen i. d. R. Regelschleifen mit niedrigen Latenzen und funkbasierten Kommunikationspfaden.

Bisherige Kommunikationslösungen waren konzeptionell für Weitverkehrsnetze ausgelegt und Latenzen auf die Bedürfnisse der Anwender (Menschen) auf einige 10 ms bis 100 ms zugeschnitten. Die Vernetzung von Maschinen ermöglicht es, komplexe rückgekoppelte Regelmechanismen über Funkverbindungen zu betreiben, welche Latenzanforderungen seitens der Zeitkonstanten des Regelkreises von 1 ms oder weniger erfüllen müssen. Dies erfordert ein völlig neues Design für viele Komponenten der Kommunikationsstrecke [25], [23] und eine weitere Tendenz zu verteilter und lokaler Signalverarbeitung.

Massive Konnektivität – das Internet der Dinge

Massive Machine Type Communication (mMTC) hat den Anspruch, Milliarden von Objekten zu vernetzen, um das Internet der Dinge zu schaffen und vielfältige neuartige Anwendungen zu ermöglichen. Durch den Einsatz einer schmalbandigen und energiesparenden Kommunikation können beispielsweise Sensordaten in einer Smart City vielfältigen Nutzen schaffen.

Bisherige Kommunikationszugangsnetze waren und sind für heute typische Nutzerzahlen (Menschen und Computer) pro Fläche ausgelegt. Die Anbindung von Sensornetzen und der Aufbau eines Internets der Dinge erfordert zum einen völlig neue Skalierungsoptionen in der Anzahl der Endgeräte pro Funkzelle/Gebiet als auch beim gleichzeitigen Zugriff auf das geteilte Medium Mobilfunkspektrum.

Aufgrund der Vielzahl der erwarteten neuen Möglichkeiten durch 5G soll im Rahmen des Buchkapitels nur auf einige ausgewählte Anwendungsfelder im Detail eingegangen werden, insbesondere auf automatisiertes Fahren und Industrie 4.0.

Intelligenter Verkehr und Logistik

Neuartige Lösungen für Verkehr und Logistik seien hier beispielhaft als eine wichtige 5G-Anwendung aufgeführt. Klassische mobile Kommunikation findet zwischen Endgeräten (z. B. Smartphones) und einer Mobilfunkinfrastruktur statt. Im Falle von z. B. hohen Fahrzeugdichten und Geschwindigkeiten und dem lokalen Kommunikationsbedürfnis zwischen Fahrzeugen in unmittelbarer Umgebung sind weder klassische Mobilfunklösungen noch WLAN-Systeme geeignet, eine zuverlässige Interfahrzeugkommunikation zu ermöglichen. Neuartige Ansätze zur vermaschten Adhoc-Vernetzung mit der erforderlichen Skalierbarkeit sind zu entwickeln und in die bestehenden Funksysteme zu integrieren. Die hohe Mobilität der Funkteilnehmer und die daraus resultierende Dynamik der Funkressourcenbelegung erfordern völlig neue Systemansätze bezüglich Skalierbarkeit, Kognition und Robustheit in der Selbstkonfiguration und Optimierung.

Funkkommunikation ist fürs automatisierte Fahren keine notwendige Voraussetzung, wird in besonders komplexen Umgebungen jedoch eine entscheidende Rolle spielen. Das Teilen von bordeigenen Sensordaten mit benachbarten Fahrzeugen kann die Wahrnehmung eines Fahrzeuges extrem erweitern und das automatisierte Fahren in städtischer Umgebung erst ermöglichen. Diese Anwendung von 5G bedarf hoher Datenraten bis zu 1 Gbps (eMBB) und gleichzeitig einer hohen Zuverlässigkeit bzw. geringen Latenz (URLLC).

Die Diversität der 5G-Anwendungen lässt erwarten, dass sich verschiedene Player branchenübergreifend bzgl. ihrer Kommunikationsanforderungen koordinieren, deren Industrien bisher wenige Berührungspunkte hatten. Mit der 5GAA (5G Automotive Assoziation) [44] ist eine Organisation entstanden, die sich aus Automobilindustrie und Telekommunikationsindustrie zusammensetzt. Aufgrund der zu erwartenden technologischen Annäherung von mobilen Kommunikationsgeräten und kommunizierenden Automobilen ist die Gründung der 5GAA ein konsequenter Schritt und lässt eine zukünftig befruchtende Synergie dieser beiden Branchen erwarten.

5G versteht sich somit als ein Ende-zu-Ende-Ökosystem, um eine voll mobile und verbundene Gesellschaft zu ermöglichen. 5G bedeutet die Integration von unterschiedlichen Netzwerken für verschiedene Sektoren, Domains und Anwendungen. Es ermöglicht die Wertschöpfung für Kunden und Partner durch neue, nachhaltige Geschäftsmodelle.

7.3 Technische Kernkonzepte: Spektrum, Technologie und Architektur

Jede Generation von Mobilfunk braucht dedizierte Schlüsseltechnologien, um die geforderten Anforderungen bzgl. Datenrate, Zuverlässigkeit, Energieeffizienz etc. zu erfüllen. Beispielhaft sollen hier Mehrantennen- und Millimeterwellen-Technologie, Interferenz-Management, kognitiver und flexibler Spektrum-Zugang und das entsprechende Management genannt sein. Das Fraunhofer HHI arbeitet seit 20 Jahren mit Partnern aus Industrie und Forschung an geeigneten Mobilfunklösungen und ist aktiv an Entwicklung, Test und Standardisierung neuer 5G-Lösungskomponenten beteiligt.

Mehrantennen-Technologien: Evolution von 4G: Massive MIMO

Seit 3GPP LTE Release-10 finden in Mobilfunksystemen der vierten Generation eine große Anzahl von Antennen ihre Anwendung. Diese Techniken werden in Expertenkreisen unter dem Stichwort „Full-Dimension MIMO" geführt und sollen den Bedarf nach stetig steigenden Spitzendatenraten in den Funkzellen lösen. Dies wird über Mechanismen des Mehrnutzer-Multiplexing, d. h. der gleichzeitigen Versorgung von einer Vielzahl an Nutzern auf denselben Zeit- und Frequenzressourcen über die Ausnutzung der räumlichen Dimension, ermöglicht.

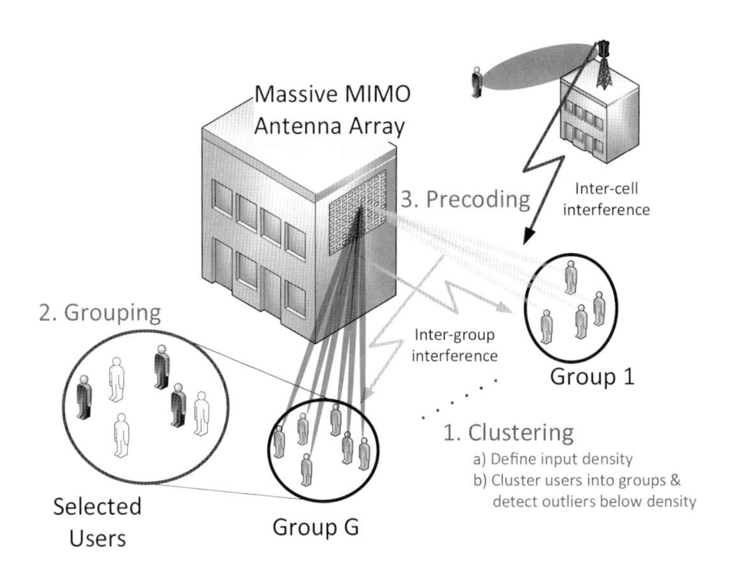

Abb 7.3 Prinzip der mehrstufigen Precodingverfahren (Fraunhofer HHI)

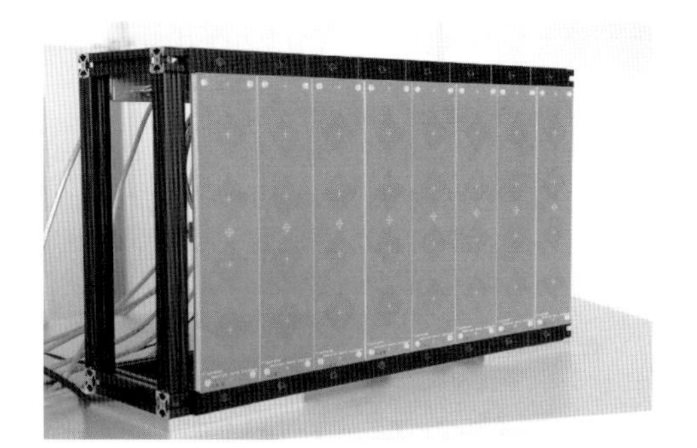

Abb 7.4 Beispiel für ein 64-elementiges planares (links) und ein 128-elementiges zirkulares Antennenarray (rechts) für Massive-MIMO-Antennen für neue Funkbänder bei 3,5 GHz (Fraunhofer HHI)

In der fünften Generation des Mobilfunkstandards soll die Anzahl aktiver Antennenelemente noch einmal deutlich gesteigert werden, man spricht hier von sogenanntem „Massive MIMO", sodass die Datenraten deutlich über 1 GBit/s liegen werden. Dies erfordert wesentliche Änderungen gegenüber dem bisherigen Standard, um einen kosteneffizienten Betrieb zu gewährleisten. So müssen mehrstufige räumliche Strahlformungsverfahren derart erweitert werden, dass die große Anzahl von Antennenelementen in sogenannte Sub-Antennenarrays aufgeteilt werden kann. Innerhalb eines solchen Sub-Antennenarrays werden dann Strahlformungsgewichte phasenkohärent adaptiert, wohingegen eine Phasensteuerung verschiedener Sub-Antennenarrays lediglich auf langsamer Zeitbasis nachgesteuert bzw. koordiniert werden muss [6]. Neuartige Antennengeometrien spielen eine wichtige Rolle, um die heterogenen Anforderungen im zellularen System zu erfüllen. So können beispielsweise sogenannte planare Antennenarrays eingesetzt werden, um in einem festdefinierten Raumwinkel eine Vielzahl an unterscheidbaren Strahlformern auszuformen [3]. Im Gegensatz dazu können (teil-)zirkulare Antennenarrays idealerweise eingesetzt werden, um einen weiten Winkelbereich gleichmäßig auszuleuchten und gleichzeitige eine variable Sektorisierung zu erzielen [4].

Massive MIMO ermöglicht eine präzise räumliche Unterscheidbarkeit von Funksignalen im Winkelbereich, sodass die Positionen von Endgeräten, die im 5G-Standard nicht mehr zwingend durch Menschen repräsentiert werden, hochpräzise geschätzt werden können, um die Daten idealerweise nur zum angesprochenen Endgerät zu senden und die Umgebung nicht unnötig mit Störleistung zu belegen. Eine präzise Positionsdatenerfassung ist z. B. für alle autonomen Flug- und Fahrzeuge unabdingbar. In typischen zellularen Systemen lässt sich somit die

Positionsbestimmung über den Mobilfunk von heutzutage ca. 50 m auf unter 1 m Genauigkeit verbessern – ohne Verwendung von sogenannte GNS Systemen (Global Navigation Satellite System). Eine neue Anwendung dieses Potenzials wird im Projekt MIDRAS [5] zur räumlichen Detektion und zur gezielten Störung von nicht genehmigten, zivilen Mikro-Drohnen mittels verteilter Massive MIMO Antennensysteme untersucht.

5G New Radio: Millimeterwellen-Kommunikation

Verfügbares Spektrum ist eine begrenzte Ressource und setzt somit Grenzen in der Skalierbarkeit bisheriger Mobilfunksysteme bzgl. Bandbreite und darin bereitgestellter Datenraten. Um 1000-fache Kapazitäten der Fläche zu ermöglichen, bedarf es neben Erhöhung der spektralen Effizienz und einer erhöhten Wiederbenutzung

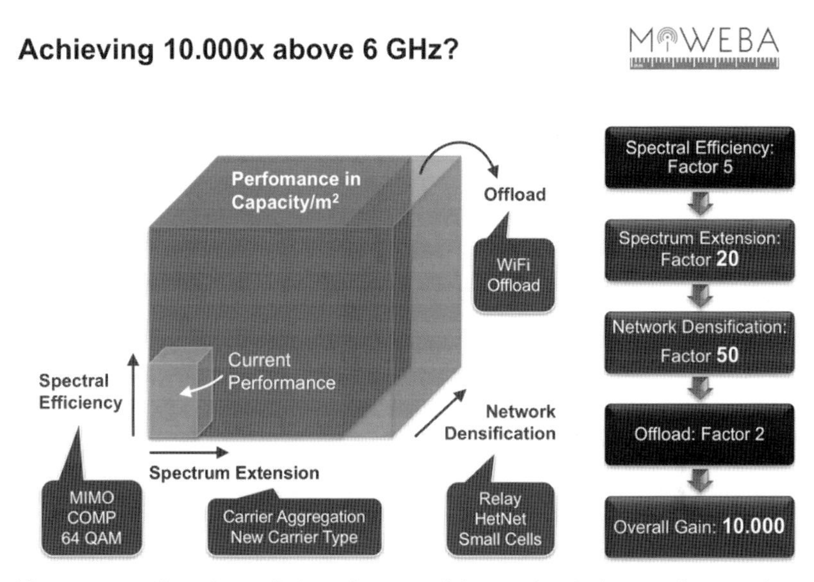

Abb 7.5 Darstellung der Freiheitsgrade zur Realisierung einer Steigerung der Kapazität um den Faktor 10.000 im Vergleich zu existierenden 4G-Lösungen. Eine Kombination von Netzverdichtung (Ultra-Dense-Networks) und die Verwendung eines Spektralbereichs oberhalb von 6 GHz zeigt das notwendige Potenzial (Quelle: MiWEBA, gemeinsames Forschungsprojekt EU-Japan im Rahmen von FP7). Im Rahmen der 5G-Standardisierung wird z. Z. zwischen Lösungen unterhalb und oberhalb von 6 GHz unterschieden, wobei im Bereich von 6-100 GHz zu Beginn die Bereiche um 28 GHz, 60 GHz und 70 GHz aus Verfügbarkeitsgründen von Spektralbereich und ausgereifter Technologie adressiert werden [21]. (Fraunhofer HHI)

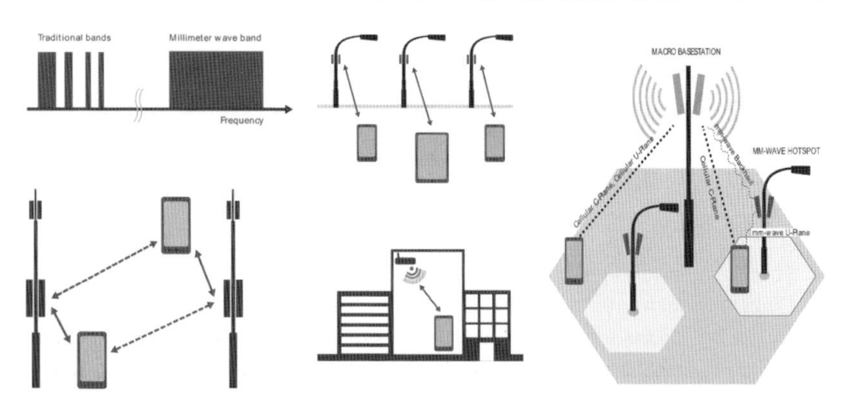

Abb 7.6 5G-Schlüssellösungen für Funkkommunikation im Millimeterwellen-Spektrum; links oben: Nutzung des Spektrums oberhalb von 6 GHz; links unten: Interferenz-Management zwischen Basisstationen und Endgeräten innerhalb der Funkreichweiten; Mitte oben: Verdichtung von Netzen mit Small Cells – von Mitte unten: Small Cells im Indoor-Bereich; rechts: Einbindung von Millimeterwellen-Small Cells in die makrozellulare Infrastruktur - Control-Plane/User-Plane Splitting (Fraunhofer HHI)

desselben Spektrums an verschiedenen Orten (Spectral Reuse) durch die Einführung von kleinen Funkzellen unbedingt der Nutzung von mehr Spektrum. Hier wurde besonders der Frequenzbereich oberhalb von 6 GHz bis 100 GHz identifiziert, um eine Erweiterung des verfügbaren Spektrums um den Faktor 20 zu ermöglichen [7], [8].

Die Verwendung von Spektralbereichen oberhalb von 6 GHz erfordert neuartige Technologien und Lösungen für Transceiver-Chips, Antennen-Design und Signalverarbeitung, um Komponenten energie- und kosteneffizient und massenmarkttauglich zu entwickeln. Neben den Herausforderungen im Bereich der Technologieentwicklung ist das tiefe Verständnis des Ausbreitungsverhaltens der Funkwellen bei hohen Frequenzen wesentlich für ein nachhaltiges Systemdesign. Fraunhofer trägt mit einer Vielzahl von Funkfeldmessungen zum tieferen Verständnis der Wellenausbreitung für relevante Indoor- und Outdoor-Szenarien bei und liefert Kanalmodellierungsbeiträge in der 3GPP Standardisierung [9].

Kommunikation im Millimeterwellenbereich erfordert aufgrund des hohen Pfadverlusts und der damit einhergehenden Einschränkungen in der Funkreichweite eine hohe Strahlbündelung in Richtung der Kommunikation zwischen dem Endgerät und einer Basisstation. Neuartige kompakte Antennenarrays sollen hier unter Verwendung von hybriden Beamforming-Ansätzen die notwendigen Gewinne bzgl. Reichweite, Signalgüte und Interferenzbegrenzung ermöglichen. Die hohen Frequenzen erlauben eine kompakte Integration auf begrenztem Raum, fordern aber auch neuartige Ansätze zum Verbindungsaufbau, der Link-Optimierung und des Link-Trackings besonders in mobilen Szenarien.

Optische 5G-Drahtloskommunikation

Die aktuelle 5G-Diskussion fokussiert gegenwärtig auf Trägerfrequenzen im unteren Gigahertz-Bereich, insbesondere für die flächige Versorgung von mobilen Endgeräten mit schnellen Netzzugängen in Städten und in ländlichen Regionen. Darüber hinaus werden mithilfe der Millimeterwellentechnologie, die ein Schlüsselelement für die Datenübertragung in kleinen Funkzellen und zur Netzverdichtung darstellt, Frequenzbereiche bis 100 GHz für die Multi-Gbps-Übertragung erschlossen.

Eine logische Erweiterung für 5G stellt die Nutzung von Trägerfrequenzen im Terahertz-Bereich dar, in dem sich die elektromagnetischen Wellen sichtbar in Form von Licht oder im infraroten Wellenlängenbereich ausbreiten. Für die Erweiterung der 5G-Infrastruktur ist die Nutzung von LED-Beleuchtungselementen im Indoor- (Deckenlampen, Stehlampen, etc.) und Outdoor-Bereich (Fahrzeugscheinwerfer, Straßenlaternen, Ampeln, etc.) für die Informationsübertragung und Navigation [Grobe] sehr attraktiv. Die Kommunikation mit Licht kann als sicher betrachtet werden, da sich die Information nur innerhalb von räumlich sehr begrenzten Lichtspots empfangen lässt. Der Durchmesser dieser Lichtspots kann durch die Wahl geeigneter Optiken (preiswerte Plastiklinsen) in der Größe variiert werden, was die Anpassung an unterschiedliche Anwendungsszenarien ermöglicht. Durch die Realisierung von geeigneten Handover-Mechanismen zwischen mehreren optischen Spots und auch zu benachbarten Funkzellen kann eine mobile Kommunikation in der Fläche erreicht werden. Darüber hinaus bietet Licht eine hohe Robustheit gegenüber elektromagnetischer Störstrahlung und kann mit den gegenwärtigen 5G-Frequenzbereichen interferenzfrei genutzt werden.

Die Nutzung von herkömmlichen LEDs, die zur Beleuchtung eingesetzt werden, für die optische Drahtloskommunikation wurde vom Fraunhofer HHI bereits für Datenraten von mehr als 1 Gbit/s in bidirektionalen Anwendungsszenarien demonstriert. Auf der Luftschnittstelle wird dabei reell-wertiges OFDM als Übertragungsverfahren eingesetzt [11]. Aktuelle Chipsätze ermöglichen in einer Bandbreite von 200 MHz die Übertragung von 2,5 Gbit/s pro Lichtfarbe, wobei sich die Datenrate dynamisch an die Qualität des Übertragungskanals anpasst und damit auch Nicht-Sichtverbindungsszenarien, d. h. nur unter Nutzung von reflektiertem Licht, unterstützt werden können. LEDs sind mit Modulationsbandbreiten von bis zu 300 MHz sehr preiswerte Komponenten für die im Zusammenhang mit 5G diskutierten Anwendungsszenarien (siehe Abb. 7.7), z. B. für die Vernetzung von Robotern in der

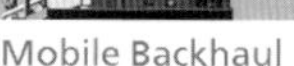

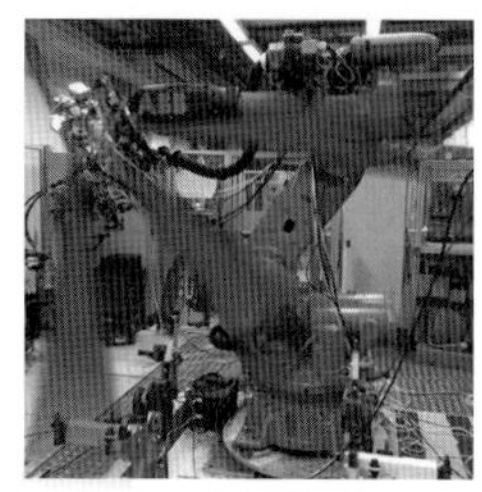

Abb. 7.7 Anwendungsszenarien für die LED-basierte 5G-Drahtloskommunikation (Fraunhofer HHI)

industriellen Fertigung, bei der Ausrüstung von Konferenz- und Schulräumen mit schnellem optischen WLAN oder für 5G-BackhaulSysteme mit Reichweiten von bis zu 200 m [Schulz].

Network Slicing und Konvergenz der Netze

Neben den Neuerungen der physikalischen Schnittstellen wird 5G auch Einfluss auf den Betrieb der Netze und die Verwaltung der physikalischen Ressourcen haben. Die beschriebenen Anwendungsfälle zeichnen sich durch hohe Unterschiede in den Ausprägungen der Ende-zu-Ende-Anforderungen aus. Network Slicing ist ein Konzept, bei dem die physikalischen Ressourcen abstrahiert werden und bedarfsgerecht als logische Ressourcen zusammengestellt werden. Im Access-Bereich wird es zu einem Verschmelzen der bisher getrennten Infrastrukturen für den festen und mobilen Netzzugang hin zu einer universellen, per Software gesteuerten Hardwareinfrastruktur kommen, auf der verschiedene Anwendungen (z.B. autonomes Fahren, Industrie 4.0, Telemedizin etc.) mit ihren jeweiligen Nutzergruppen konfiguriert und betrieben werden können. Die Netzanbieter können damit für jede spezifische Applikation ein Slice anlegen, das auf die jeweiligen Anforderungen zugeschnitten ist, es entsteht ein Network-as-a-Service. Beispielsweise kann für die Vernetzung automatisierter Fahrzeuge ein Slice mit sehr hoher Zuverlässigkeit und garantierter Latenz gebildet werden und für mobiles Videostreaming ein Slice mit ausreichend hoher Datenrate und geringeren Anforderungen an die Latenz, Robustheit und Verfügbarkeit.

Kriterien, nach denen die Network Slices parametriert werden können, sind im Wesentlichen die geographische Abdeckung, die Dauer der Verbindung, die Kapazität, die Geschwindigkeit, die Latenz, die Robustheit, die Sicherheit und die geforderte Verfügbarkeit der Kommunikation. Zur Realisierung von Network Slicing kommen die Techniken des Software-Defined Networking (SDN), Network Function Virtualization (NFV) und Network Orchestration zum Einsatz.

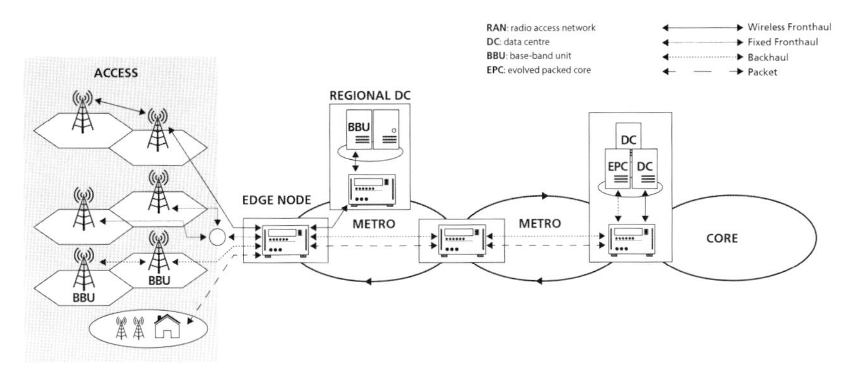

Abb. 7.8 Im Rahmen des 5G-PPP-Projektes Metro-Haul untersuchte 5G-Netzinfrastrukur (Fraunhofer HHI)

5G ist aus Ende-zu-Ende-Sicht ein glasfaserbasiertes Festnetz mit hochbitratigen mobilen Schnittstellen [13]. Die geringen Latenzanforderungen von < 1 ms für die im Rahmen von 5G diskutierten Anwendungsszenarien erfordern gänzlich neue Access- und Metro-Netzwerke (siehe Abb. 7.8). Aufgrund der bei 5G unterstützten Vielzahl von auch kleineren Funkzellen wird eine leistungsfähige Back- und Fronthaul-Systemtechnik benötigt, die auch eine drastische Reduzierung von CAPEX und OPEX beim Aufbau und Betrieb der 5G-Netzinfrastruktur ermöglicht.

Die Umsetzung der 5G-Key-Performance-Indikatoren hat auch große Implikation auf das optische Metro-Netzwerk, da (i) höhere Kapazitäten über dieselbe Glasfaser-Infrastruktur übertragen werden müssen und (ii) ein latenzbewusstes Metro-Netzwerk erforderlich ist, bei dem z. B. latenzempfindliche Slices an der Metro-Netzwerk-Grenze (Edge Node) so gehandhabt werden müssen, dass eine Ende-zu-Ende-Latenz garantiert werden kann. Die Übertragungstechnik zur breitbandigen Anbindung von Datenzentren wird von 100 Gbit/s auf 400 Gbit/s pro Wellenlänge erweitert [14]. Ein SDN-basiertes Netzwerk-Management wird darüber hinaus eine schnelle Konfiguration von 5G-Diensten ermöglichen: Angestrebt werden derzeit 1 min. für die einfache Netzwerkpfad-Einrichtung, 10 min. für die vollständige Installation einer neuen virtuellen Netzwerk-Funktion (VNF) und 1 h für die Einrichtung eines neuen virtuellen Netzwerk-Slice. Abb. 7.8 gibt einen Überblick über die in Rahmen von Forschungsprojekten adressierte Netzinfrastruktur zur Bereitstellung von zukünftigen 5G-Diensten.

7.4 5G-Forschung am Fraunhofer HHI

Das breite Spektrum an offenen Forschungsfragen, die es im 5G-Kontext zu beantworten gilt, hat in Deutschland, Europa und weltweit dazu geführt, dass eine Vielzahl von Forschungsprogrammen initiiert wurde, um das Thema frühzeitig, zielgerichtet und im Verbund von Industrie und Forschung anzugehen. Das Fraunhofer HHI ist in zahlreichen Verbund- und Forschungsprojekten zu 5G aktiv, vorrangig im Rahmen von H2020 5GPP sowie in den verschiedenen Programmen der deutschen Ministerien, insbesondere des BMBF, BMWi und des BMVI. Die folgenden Abschnitte sollen einen kurzen Einblick geben, welche technischen Fragestellungen das Heinrich-Hertz-Institut in einigen ausgewählten 5G-Projekten adressiert und mit Partnern an Lösungen arbeitet, die dann über die Standardisierung einen nachhaltigen Beitrag zur 5. Generation Mobilfunk liefern werden.

Transferzentrum 5G-Testbed im Leistungszentrum Digitale Vernetzung

Am Fraunhofer HHI in Berlin wurde im Rahmen des Leistungszentrums Digitale Vernetzung das Transferzentrum 5G-Testbed gegründet. Im 5G-Testbed werden laufende Forschungs- und Entwicklungsarbeiten zur Weiterentwicklung der 5. Mobilfunkgeneration in frühzeitige Testversuche mit Partnern der Mobilfunkindustrie eingebunden.

Das Leistungszentrum wurde durch die vier Berliner Fraunhofer Institute FOKUS, HHI, IPK und IZM begründet und umfasst neben dem 5G-Testbed noch drei weitere Transferzentren: Hardware for Cyber Physical Systems, Internet of Things und ein Industrie-4.0-Lab. In Kooperation mit den Berliner und Brandenburger Universitäten entsteht daraus ein Standort mit strategisch wichtigen Kernkompetenzen im Bereich der digitalen Vernetzung. Anwendungsfelder im Leistungszentrum sind „Vernetzte Industrie & Produktion", „Vernetzte Mobilität & Zukunftsstadt", „Vernetzte Gesundheit & Medizin" und „Vernetzte kritische Infrastrukturen & Energie".

Bereits heute sind das HHI und das 5G-Transferzentrum ein fester Bestandteil in internationalen Projekten im Rahmen der Forschungsinitiative Horizon2020 der Europäischen Kommission und der 5G Infrastructure Public Private Partnership (5GPPP), unter anderem in mmMAGIC, Fantastic 5G, 5G-Crosshaul, Carisma, One5G, in den EU-Asien-Projekten MiWEBA, STRAUSS, 5G-MiEdge, 5G!PAGODA und 5GCHAMPION, sowie nationaler Forschungsinitiativen, unter anderem in Industrial Communication for Factories (IC4F), 5G NetMobil, AMMCOA oder SEKOM.

IC4F – Industrial Communications for Factories

Für viele Anwendungen im Rahmen von Industrie 4.0 sind hohe Zuverlässigkeit und geringe Latenzzeiten bei der Funkübertragung unabdingbar. Der Mobilfunkstandard LTE (4G) sowie die vorherigen Generationen erfüllen die geforderten Anforderungen nicht. Dementsprechend ist der kommende Mobilfunkstandard in der fünften Generation von überaus großer Bedeutung für die vierte industrielle Revolution, bei der es unter anderem um die sichere, latenzarme und zuverlässige Vernetzung von Maschinen geht. Im Gegensatz zu den Vorgängern wird die 5G-Technologie unter Berücksichtigung der Anforderungen der vertikalen Industrie – etwa der Automatisierungsindustrie – entwickelt, was dazu führt, dass unter anderem hohe Zuverlässigkeit und geringe Latenzzeiten Forschungsgegenstand im Rahmen des 3GPP „Ultra Reliable Low Latency Communication" URLLC Anwendungsfalls [26] sind.

In Laborversuchen [presse_1] konnte bereits gezeigt werden, dass ein Durchsatz von 10 Gbit/s bei einer Latenz von einer Millisekunde und einer hohen Zuverlässigkeit möglich ist. Um diese Werte auch unter Realbedingungen erreichen zu können, muss die Datenübertragung allerdings noch stabiler gegenüber Interferenzen werden, welche beispielsweise durch eine Vielzahl von Mobilgeräten sowie durch sich schnell bewegende Mobilgeräte entstehen können. Ein Beispiel einer Anwendung der Industrie 4.0, welche mit 4G nicht realisierbar ist, sind Regelkreise. Diese können beispielsweise zur Steuerung eines Roboters notwendig sein. Ist die Latenz zu hoch oder die Zuverlässigkeit zu gering, so kann der Roboter nicht schnell genug bzw. sicher genug gesteuert werden. Werden diese Anforderungen allerdings erfüllt, so ist eine sichere in Echtzeit stattfindende Steuerung möglich, als stünde der Mensch direkt am Roboter und steuerte diesen per Joystick.

Ferner müssen zukünftige Kommunikationsnetze auch die Isolierung von unterschiedlichem Datenverkehr gewährleisten, um kritische Anwendungen nicht zu gefährden. Dies benötigt eine ganzheitliche Betrachtung der unterschiedlichen drahtlosen Netzzugangstechnologien, Backbone Infrastruktur und Ressourcen in der Cloud. Insbesondere müssen Netzfunktionen, entsprechend den benötigten Anforderungen, dynamisch im Netz platziert werden können. Insofern spielen Technologien wie Software-Defined Networking, bei der Netzkomponenten durch Software gesteuert werden, und Network Function Virtualization, bei der Netzfunktionen in Software realisiert werden und dynamisch platziert werden können, eine bedeutende Rolle. Das Zusammenwirken der genannten Technologien wird im Rahmen des durch das BMWi geförderten Leuchtturmprojekts Industrial Communication for Factories (IC4F) [16] untersucht. Das Projekt hat die Entwicklung eines Technologiebaukastens zum Ziel, der auf sicheren, robusten und echtzeitfähigen Kommunikationslösungen für die verarbeitende Industrie basiert.

5GNetMobil – Kommunikationsmechanismen für eine effiziente Fahrzeugkommunikation

Niedriglatente und hochzuverlässige Datenübertragung ist eine Hauptvoraussetzung, um viele der für 5G avisierten User Cases und Anwendungen zu ermöglichen – neben der industriellen Fabrikautomation, virtueller Präsenz besonders auch das autonome Fahren.

Im Forschungsprojekt 5GNetMobil wird unter Mitwirkung des Fraunhofer HHI eine allumfassende Kommunikationsinfrastruktur für das taktil vernetzte Fahren entwickelt. Das taktil vernetzte Fahren soll dabei eine Vielzahl an Verbesserungen in Bezug auf Verkehrssicherheit, Verkehrseffizienz und Umweltbelastung gegenüber dem ausschließlich auf lokalen Sensordaten basierenden Fahren ermöglichen.

Die Umsetzung dieser und anderer Visionen des Taktilen Internets setzt sichere und robuste Kommunikation zum Steuern und Regeln in Echtzeit voraus. Dafür wird eine Reihe von neuartigen Lösungsansätzen benötigt, sowohl hinsichtlich einer drastisch verringerten Latenz als auch hinsichtlich der Priorisierung von Mission-Critical-Kommunikation gegenüber klassischen Breitbandanwendungen.

Insbesondere bedarf es neuer, vorausschauender Mechanismen, um die kooperierende Koexistenz unterschiedlicher Mobilfunkteilnehmer zu gewährleisten, auch durch eine zeitgerechte Bereitstellung benötigter Netzressourcen. Das Fraunhofer HHI forscht an einer Umsetzung einer solchen „proaktiven" Ressourcenallokation durch die Einbeziehung unterschiedlichster Kontextinformationen („Context Awa-

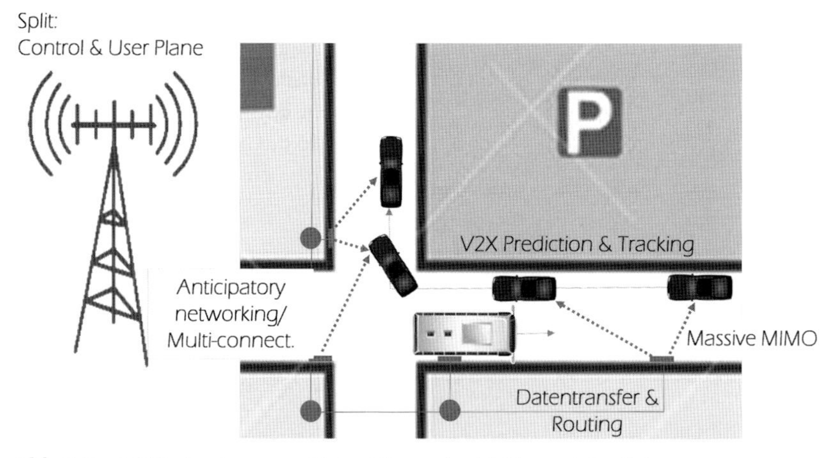

Abb. 7.9 5G Mechanismen zur Unterstützung des taktil vernetzten Fahrens (Fraunhofer HHI)

reness“), nicht zuletzt um Bedarfsvorhersagen und auch Vorhersagen zur Verfügbarkeit von Funkressourcen zu ermöglichen. Damit wird eine dynamische Netzkonfiguration und -optimierung von 5G-Netzen ermöglicht, und es werden Grundlagen für flexible Entscheidungsfindungen geschaffen. Um die hohen Mobilitätsanforderungen des taktil vernetzten Fahrens zu unterstützen, müssen neuartige, effiziente und skalierbare kognitive Netzmanagementkonzepte entwickelt werden. Dazu werden Lernalgorithmen eingesetzt, die alle verfügbaren Informationen und Messdaten mit gegebenenfalls verfügbaren Kontextinformationen fusionieren und verarbeiten können. Eine wesentliche Herausforderung dabei ist, die Robustheit und Skalierbarkeit der skizzierten Mechanismen auch bei einer großen Nutzerzahl und entsprechend großen Mengen an Sensordaten und Kontextinformationen zu gewährleisten.

Die hohen Zuverlässigkeitsanforderungen des taktil vernetzten Fahrens machen den Einsatz neuartiger Diversitätskonzepte, wie zum Beispiel Multikonnektivität, erforderlich. Ein weiterer Schwerpunkt der Arbeiten am Fraunhofer HHI im 5GNet-Mobil-Projekt besteht daher in der Entwicklung und Untersuchung neuartiger Diversitäts- und Netzmanagementansätze. So werden, um das Netzmanagement in die Lage zu versetzen, die Bildung von beweglichen virtuellen Zellen für unterbrechungsfreie Übergaben („Handovers“) bei hoher Mobilität zu unterstützen, neuartige Mechanismen zur Netzwerkkodierung, In-Netzdatenverarbeitung und verteilten Entscheidungsfindung eingesetzt.

AMMCOA – 5G Inseln für die Fahrzeugkommunikation jenseits von Straßen

Der Betrieb von Bau- und Landmaschinen unterliegt besonders hohen Anforderungen an Effizienz, Präzision und Sicherheit. Besonderheiten dieses Anwendungsfeldes sind unter anderem die Nichtverfügbarkeit digitalisierter Karten, die Notwendigkeit, eine sehr genaue relative und absolute Lokalisierung zur Verfügung zu stellen, die sehr hohe Bedeutung von koordiniertem Einsatz von Fahrzeugflotten und die Notwendigkeit, auch bei unzureichender Funknetzabdeckung durch Netz-

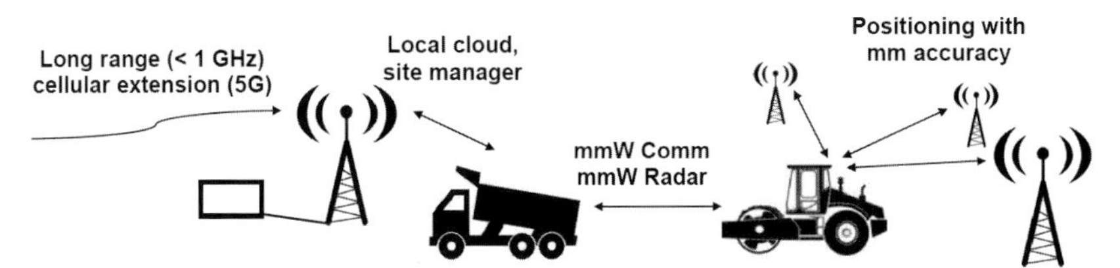

Abb. 7.10 Grundprinzip und Funktionalitäten des BMBF-Projekts AMMCOA für die hochzuverlässige und echtzeitfähige Vernetzung von Land- und Baumaschinen, basierend auf Millimeterwellenfunk zur Kommunikation und Lokalisierung (Fraunhofer HHI)

werkbetreiber eine lokale 5G-Kommunikationsinfrastruktur (5G-Insel) zur Verfügung zu stellen, die autark, aber auch eingebunden in Weitverkehrsnetze arbeiten kann. Das Fraunhofer HHI erarbeitet im BMBF-Projekt AMMCOA gemeinsam mit Partnern Lösungen für diesen Anwendungskomplex. Basierend auf der langjährigen Erfahrung mit Übertragungs- und Vermessungstechnik von Millimeterwellen entwickelt das HHI eine integrierte Kommunikations- und Lokalisierungslösung mit sehr hohen Datenraten und einer Lokalisierungsgenauigkeit von wenigen Zentimetern. Diese Lösung wird mit weiteren Technologiekomponenten in einer On-Board-Unit für Bau- und Landmaschinen integriert und von den Anwendungspartnern des Konsortiums in realer Umgebung demonstriert.

7.5 Ausblick

In diesem Buchkapitel wurde ein kurzer Einblick in die aktuellen Forschungsschwerpunkte für die fünfte Generation des Mobilfunks gegeben. Begleitend zur aktuellen 5G-Standardisierung in 3GPP sind sowohl fundamentale als auch sehr implementierungs- und praxisgetriebene Fragestellungen zu beantworten. Das Fraunhofer-Institut für Nachrichtentechnik, Heinrich-Hertz-Institut (HHI) arbeitet hier im Verbund mit anderen Fraunhofer-Instituten gezielt an technologischen Lösungen, die als Schlüsselkomponenten in den Gesamtsystementwurf für 5G oder als Use Case oder szenarienbezogene Lösungsmodule branchenspezifisch eingehen können. Aufgrund der engen Zusammenarbeit mit Kunden aus den verschiedensten Branchen kann Fraunhofer hier interdisziplinär und branchenübergreifend agieren und einen signifikanten Beitrag zum 5G-Ökosystem leisten.

Quellen und Literatur

[1] NGMN 5G White Paper, https://www.ngmn.org/uploads/media/NGMN_5G_White_Paper_V1_0.pdf

[2] https://www.ericsson.com/research-blog/lte/release-14-the-start-of-5gstandardization

[3] G. Fodor et al., „An Overview of Massive MIMO Technology Components in METIS," in IEEE Communications Magazine, vol. 55, no. 6, pp. 155-161, 2017.

[4] One5G, https://5g-ppp.eu/one5g/

[5] MIDRAS: Mikro-Drohnen-Abwehr-System, https://www.hhi.fraunhofer.de/abteilungen/wn/projekte/midras.html

[6] M. Kurras, L. Thiele and G. Caire, „Interference Mitigation and Multiuser Multiplexing with Beam-Steering Antennas“, WSA 2015; 19th International ITG Workshop on Smart Antennas; Proceedings of, pp. 1-5, March. 2015
[7] Millimeter-wave evolution for 5G cellular networks, K Sakaguchi, GK Tran, H Shimodaira, S Nanba, T Sakurai, K Takinami, IEICE Transactions on Communications 98 (3), 388-402
[8] Enabling 5G backhaul and access with millimeter-waves, RJ Weiler, M Peter, W Keusgen, E Calvanese-Strinati, A De Domenico, Networks and Communications (EuCNC), 2014 European Conference on, 1-5
[9] Weiler, Richard J., et al. „Quasi-deterministic millimeter-wave channel models in MiWEBA.“ EURASIP Journal on Wireless Communications and Networking 2016.1 (2016): 84.
[10] L. Grobe et al., „High-speed visible light communication systems,“ IEEE Comm. Magazine, pp. 60-66, Dec. 2013.
[11] V. Vucic et al., „513 Mbit/s Visible Light Communications Link Based on DMT-Modulation of a White LED,“ Journal of Lightwave Technology, pp. 3512-3518, December 2010.
[12] D. Schulz et al., „Robust Optical Wireless Link for the Backhaul and Fronthaul of Small Radio Cells,“ IEEE Journal of Lightwave Technology, March 2016.
[13] V. Jungnickel et al., „Software-defined Open Access for flexible and service-oriented 5G deployment,“ IEEE International Conference on Communications Workshops (ICC), pp. 360 - 366, 2016.
[14] J. Fabrega et al., „Demonstration of Adaptive SDN Orchestration: A Real-Time Congestion-Aware Services Provisioning Over OFDM-Based 400G OPS and Flexi-WDM OCS,“ Journal of Lightwave Technology, Volume 35, Issue 3, 2017.
[15] https://www.hhi.fraunhofer.de/presse-medien/nachrichten/2017/hannover-messe-2017-ultraschneller-mobilfunkstandard-5g.html
[16] IC4F Projekt: https://www.ic4f.de
[17] Cognitive Mobile Radio, BMBF Projekt 2012-2015, http://www.comora.de
[18] M. Shafi et. al. „5G: A Tutorial Overview of Standards, Trials, Challenges, Deployment and Practice,“ in IEEE Journal on Selected Areas in Communications, April 2017, DOI:10.1109/JSAC.2017.2692307.
[19] M. Kurras, L. Thiele, T. Haustein, W. Lei, and C. Yan, „Full dimension mimo for frequency division duplex under signaling and feedback constraints,“ in Signal Processing Conference (EUSIPCO), 2016 24th European. IEEE, 2016, pp. 1985–1989.
[20] R. Askar, T. Kaiser, B. Schubert, T. Haustein, and W. Keusgen, „Active self-interference cancellation mechanism for full-duplex wireless transceivers,“ in International Conference on Cognitive Radio Oriented Wireless Networks and Communications (CrownCom), June 2014.
[21] K. Sakaguchi et.al., Where, When, and How mmWave is Used in 5G and Beyond, arXiv preprint arXiv:1704.08131, 2017
[22] ITU-T Technology Watch Report, „The Tactile Internet,“ Aug. 2014.
[23] J. Pilz, M. Mehlhose, T. Wirth, D. Wieruch, B. Holfeld, and T. Haustein, „A Tactile Internet Demonstration: 1ms Ultra Low Delay for Wireless Communications towards 5G,“ in IEEE INFOCOM Live/Video Demonstration, April 2016.

[24] T. Haustein, C. von Helmolt, E. Jorswieck, V. Jungnickel, and V. Pohl, „Performance of MIMO systems with channel inversion," in Proc. 55th IEEE Veh. Technol. Conf., vol. 1, Birmingham, AL, May 2002, pp. 35–39.
[25] T. Wirth, M. Mehlhose, J. Pilz, R. Lindstedt, D. Wieruch, B. Holfeld, and T. Haustein, „An Advanced Hardware Platform to Verify 5G Wireless Communication Concepts," in Proc. of IEEE VTC-Spring, May 2015.
[26] 3GPP TR 36.881, „Study on Latency Reduction Techniques for LTE," June 2016.
[27] R. Askar, B. Schubert, W. Keusgen, and T. Haustein, „Full-Duplex wireless transceiver in presence of I/Q mismatches: Experimentation and estimation algorithm," in IEEE GC 2015 Workshop on Emerging Technologies for 5G Wireless Cellular Networks - 4th International (GC'15 - Workshop - ET5G), San Diego, USA, Dec. 2015.
[28] Dommel, J., et al. 5G in space: PHY-layer design for satellite communications using non-orthogonal multi-carrier transmission[C]. Advanced Satellite Multimedia Systems Conference and the 13th Signal Processing for Space Communications Workshop (ASMS/SPSC), 2014 7th. 2014: Livorno. p. 190-196.
[29] M. D. Mueck, I. Karls, R. Arefi, T. Haustein, and W. Keusgen, „Licensed shared access for wave cellular broadband communications," in Proc. Int. Workshop Cognit. Cellular Syst. (CCS), Sep. 2014, pp. 1–5.
[30] M. Mueck et al., „ETSI Reconfigurable Radio Systems: Status and Future Directions on Software Defined Radio and Cognitive Radio Standards," IEEE Commun. Mag., vol. 48, Sept. 2010, pp. 78–86.
[31] J. Dommel, P.-P. Knust, L. Thiele, and T. Haustein, „Massive MIMO for interference management in heterogeneous networks," in Sensor Array and Multichannel Signal Processing Workshop (SAM), 2014 IEEE 8th, June 2014, pp. 289–292.
[32] T. Frank, A. Klein, and T. Haustein, „A survey on the envelope fluctuations of DFT precoded OFDMA signals," in Proc. IEEE ICC, May 2008, pp. 3495–3500.
[33] V. Venkatkumar, T. Wirth, T. Haustein, and E. Schulz, „Relaying in long term evolution: indoor full frequency reuse", in European Wireless, Aarlborg, Denmark, May 2009.
[34] V. Jungnickel, T. Wirth, M. Schellmann, T. Haustein, and W. Zirwas, „Synchronization of cooperative base stations," Proc. IEEE ISWCS '08, pp. 329 – 334, oct 2008.
[35] V. Jungnickel, L. Thiele, M. Schellmann, T. Wirth, W. Zirwas, T. Haustein, and E. Schulz, „Implementation concepts for distributed cooperative transmission," Proc. AC-SSC '08, oct 2008.
[36] L. Thiele, T. Wirth, T. Haustein, V. Jungnickel, E. Schulz, , and W. Zirwas, „A unified feedback scheme for distributed interference management in cellular systems: Benefits and challenges for real-time implementation," Proc. EUSIPCO'09, 2009.
[37] M. Schellmann, L. Thiele, T. Haustein, and V. Jungnickel, „Spatial transmission mode switching in multi-user MIMO-OFDM systems with user fairness," IEEE Trans. Veh. Technol., vol. 59, no. 1, pp. 235–247, Jan. 2010.
[38] V. Jungnickel, T. Hindelang, T. Haustein, and W. Zirwas. SC-FDMA waveform design, performance, power dynamics and evoluation to MIMO. In IEEE International Conference on Portable Information Devices. Orlando, Florida, March 2007.
[39] V. Jungnickel, V. Krueger, G. Istoc, T. Haustein, and C. von Helmolt, „A MIMO system with reciprocal transceivers for the time-division duplex mode," in Proc. IEEE Antennas and Propagation Society Symposium, June 2004, vol. 2, pp. 1267–1270.
[40] T. Wirth, V. Venkatkumar, T. Haustein, E. Schulz, and R. Halfmann, „LTE-Advanced relaying for outdoor range extension," in VTC2009-Fall, Anchorage, USA, Sep. 2009.

[41] FP7 European Project 318555 5G NOW (5th Generation Non-Orthogonal Waveforms for Asynchronous Signalling) 2012. [Online]. Available: http://www.5gnow.eu/
[42] G. Wunder et al., "5GNOW: Non-orthogonal, asynchronous waveforms for future mobile applications," IEEE Commun. Mag., vol. 52, no. 2, pp. 97_105, Feb. 2014.
[43] R. L. Cavalcante, S. Stanczak, M. Schubert, A. Eisenblaetter, and U. Tuerke, „Toward energy-efficient 5G wireless communications technologies: Tools for decoupling the scaling of networks from the growth of operating power," IEEE Signal Process. Mag., vol. 31, no. 6, pp. 24– 34, Nov. 2014.
[44] 5G Automotive Association http://5gaa.org/

Industrial Data Space

8

Referenzarchitektur für die Digitalisierung der Wirtschaft

Prof. Dr.-Ing. Boris Otto
Fraunhofer-Institut für Software- und Systemtechnik ISST
Prof. Dr. Michael ten Hompel
Fraunhofer-Institut für Materialfluss und Logistik IML
Prof. Dr. Stefan Wrobel, Fraunhofer-Institut für Intelligente Analyse- und Informationssysteme IAIS

Zusammenfassung und weiterer Forschungsbedarf

Der Industrial Data Space bietet eine informationstechnische Architektur zur Wahrung der Datensouveränität in Geschäftsökosystemen. Er stellt einen virtuellen Datenraum dar, bei denen die Daten beim Daten-Owner verbleiben, bis sie von einem vertrauenswürdigen Geschäftspartner benötigt werden. Beim Datenaustausch können Nutzungsbedingungen mit den Daten selbst verknüpft werden.

Die Analyse von sechs Anwendungsfällen der ersten Phase der prototypischen Umsetzung der Industrial-Data-Space-Architektur zeigt, dass der Fokus auf der standardisierten Schnittstelle, dem Informationsmodell zur Beschreibung von Datengütern sowie der Connector-Komponente liegt. Weiterführende Anwendungsfälle, die auf der Broker-Funktionalität basieren und den Einsatz von Vokabularen zur einfachen Integration von Daten bedingen, sind für die nächste Welle der Umsetzung geplant.

Außerdem haben Unternehmen Bedarf, die Regeln zu standardisieren, die in Nutzungsbedingungen überführt werden. Diese Regeln müssen einfach modelliert, beschrieben, dokumentiert und implementiert werden. Zudem müssen sie von verschiedenen Akteuren im Geschäftsökosystem gleich verstanden werden, was Bedarfe zur semantischen Standardisierung zeigt.

Darüber hinaus muss das Referenzarchitekturmodell des Industrial Data Space in Kontext zu verwandten Modellen gesetzt werden. In Anwendungsfall F3 wird ein Adapter zu OPC UA eingesetzt. Weitere Anwendungsfälle zur Integration mit der Verwaltungsschale der Plattform Industrie 4.0 und der Industrial Internet Reference Architecture stehen an.

Zudem wird die Industrial-Data-Space-Architektur verstärkt in so genannten Vertikalisierungsinitiativen eingesetzt, etwa im Gesundheitswesen und in der Energiewirtschaft. Solche Initiativen – wie bereits auch der Materials Data Space – zeigen die domänenübergreifende Anwendbarkeit der Architekturkomponenten und geben Aufschluss auf weitere Entwicklungsbedarfe.

Schließlich muss in Vorausschau der weiteren Entwicklung der Anwendungsfälle und Nutzung des Industrial-Data-Space die Arbeit zur ökonomischen Bewertung der Daten sowie zur Abrechnung und Preisbildung von Datentransaktionen forciert werden.

8.1 Einleitung: Digitalisierung der Industrie und die Rolle der Daten

Die Digitalisierung der Gesellschaft und Wirtschaft ist der Leittrend unserer Zeit. Der Einzug von Konsumententechnologien in Unternehmen, der Wandel zu digitalen Services betrieblicher Leistungsangebote sowie die Vernetzung von Dingen, Menschen und Daten eröffnen in fast allen Wirtschaftssektoren neue Geschäftschancen. Viele von ihnen hat der Arbeitskreis Smart Service Welt unter dem Dach der Plattform Industrie 4.0 analysiert. Fünf Merkmale sind für die Smart Service-Welt charakteristisch [1].

- Ende-zu-Ende-Kundenprozess: Smarte Services adressieren nicht partikulare Kundenbedürfnisse, sondern unterstützen einen gesamten Kundenprozess. So bietet der Sensorhersteller Endress+Hauser nicht allein Messsysteme an, sondern unterstützt seine Kunden in allen Fragen von der Planung einer Produktionsanlage über die Beratung bei der Produktauswahl, die Installation und Inbetriebnahme, die Konfiguration während des Betriebs bis zur Beratung bei der Ersatzinvestition und Erneuerung der Anlage [4]. Hybride Leistungsbündel: Nicht mehr das Produkt allein ist zentral für das Leistungsangebot, sondern ein Bündel aus physischen Produkten und digitalen Services. Beispielsweise bietet der Sportartikelhersteller adidas neben Laufschuhen auch den digitalen Dienst „runtastic" an, um das Lauferlebnis seiner Kunden vollumfänglich – kurz: den Kundenprozess – zu unterstützen.
- Daten im Zentrum: Hybride Leistungsbündel zur Unterstützung des Ende-zu-Ende-Kundenprozesses sind nur möglich, wenn Unternehmen eigene Daten effizient, effektiv – und vor allem unter Wahrung der Datensouveränität – mit Daten von Geschäftspartnern sowie Kontextdaten verknüpfen. Letztere stammen häufig aus öffentlichen Datenquellen und sind als Open Data verfügbar. Beispiele sind Lokationsdaten, Verkehrsinformation etc.

- Geschäftsökosysteme: Die Notwendigkeit, Daten verschiedener Quellen zur Unterstützung des Ende-zu-Ende-Kundenprozesses zu verknüpfen, führt zum Entstehen von Geschäftsökosystemen. Dabei handelt es sich um Netzwerke unterschiedlicher Akteure, die sich dynamisch um einen Ende-zu-Ende-Kundenprozess formieren [5]. Bekannte Beispiele sind der Apple App Store oder Uber.
- Digitale Plattformen: Die Interaktion im Ökosystem sowie der Austausch verschiedenster Daten im Sinne des Ende-zu-Ende-Kundenprozesses erfordern neue Informationssysteme. Digitale Plattformen bilden eine Funktionalität nach dem „As-a-Service"-Prinzip.

Die Gesamtheit der Merkmale der Smart Service Welt ermöglicht neue Geschäftsmodelle – sowohl für neue als auch bestehende Unternehmen. Für letztere ist in der Digitalisierung entscheidend, nicht allein neue digitale Geschäftsmodelle zu kopieren, sondern vielmehr bestehende Stärken – häufig in der Produktentwicklung, der Produktion oder im Vertrieb zu finden – mit den Möglichkeiten der Smart Service Welt zu ergänzen. Ein Beispiel sind präventive Wartungsdienste von Anlagenherstellern, die auf Basis der Nutzungsdaten vieler Anlagenbetreiber Wartungsbedarfe frühzeitig erkennen und so die „Overall Equipment Efficiency (OEE)" der Anlage beim Nutzer verbessern.

Insbesondere für die produzierende Industrie verändert die Digitalisierung sowohl die Leistungsangebots- als auch die Leistungserstellungsseite. Denn die Konsequenz der hybriden Leistungsbündel auf Angebotsseite ist eine Zunahme der Produkt- und vor allem Prozesskomplexität auf der Leistungserstellungsseite. Industrie 4.0 bietet zur Bewirtschaftung dieser Komplexität einen Lösungsansatz, der

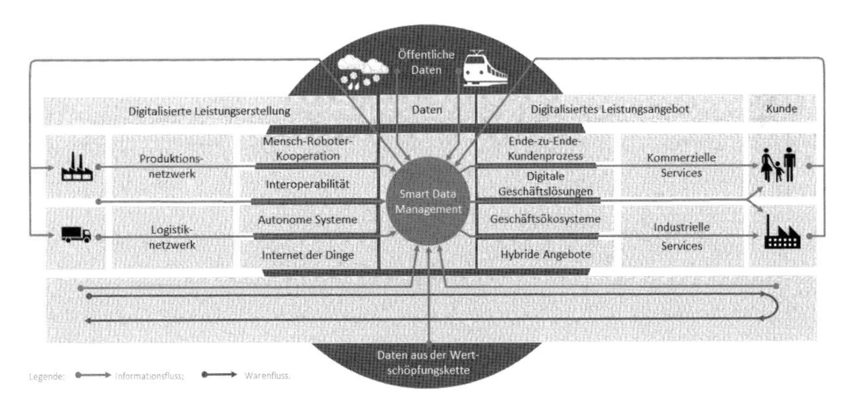

Abb. 8.1 Smart Data Management aus Sicht des fokalen Unternehmens (Fraunhofer-Gesellschaft/Industrial Data Space)

auf den Organisationsprinzipien „Autonomie“, „Vernetzung“, „Informationstransparenz“ und „Assistenzfähigkeit“ von Leistungserstellungssystemen fußt [3][2]. Beide Seiten, also die Leistungserstellungs- und die Leistungsangebotsseite, sind durch ein modernes Datenmanagement verknüpft (siehe Abb. 8.1).

Für die Gestaltung dieses „Smart Data Managements“ gelten folgende Grundannahmen:

- Daten sind eine strategische Ressource mit ökonomischem Wert.
- Unternehmen müssen Daten intensiver austauschen als in der Vergangenheit. Das betrifft die Effizienz, Effektivität und insbesondere die Flexibilität des herkömmlichen Datenaustauschs als auch den Umfang auszutauschender Daten. Unternehmen sind zunehmend gefordert, auch Daten in Geschäftsökosysteme einzubringen, die in der Vergangenheit als zu sensibel eingestuft wurden, um Dritten zugänglich gemacht zu werden.
- In diesen Datenaustausch treten Unternehmen nur dann ein, wenn ihre Datensouveränität gewahrt ist, wenn sie also auch dann bestimmen können, wer ihre Daten unter welchen Bedingungen zu welchem Zweck nutzen darf, wenn die Daten das Unternehmen verlassen.

Datensouveränität ist also die Fähigkeit einer natürlichen oder juristischen Person zur ausschließlichen Selbstbestimmung hinsichtlich des Wirtschaftsguts Daten [7]. Datensouveränität äußert sich in der Balance zwischen dem Schutzbedürfnis an Daten und ihrer gemeinsamen Nutzung in Geschäftsökosystemen. Sie ist eine Schlüsselfähigkeit für den Erfolg in der Datenökonomie.

Zur Ausübung der Datensouveränität sind – neben ökonomischen und juristischen Rahmenbedingungen – vor allem die informationstechnischen Voraussetzungen zu schaffen. Hierfür wurde die Industrial-Data-Space-Initiative ins Leben gerufen.

8.2 Industrial Data Space

8.2.1 Anforderungen und Ziele

Die Industrial-Data-Space-Initiative verfolgt das Ziel der digitalen Souveränität in Geschäftsökosystemen. Teilnehmer des Industrial Data Space sollen Daten interoperabel mit Geschäftspartnern austauschen können und dabei immer das Selbstbestimmungsrecht über diese Datengüter behalten.

Dieses Ziel soll durch den Entwurf einer informationstechnischen Architektur erreicht werden, deren Anwendbarkeit und Nützlichkeit in Use-Case-Projekten de-

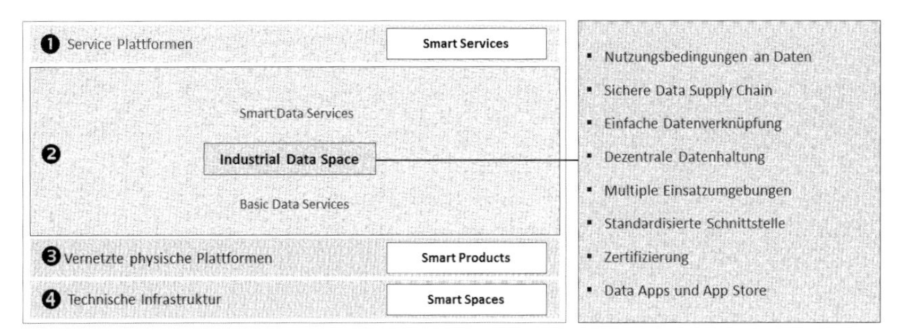

Abb. 8.2 Anforderungen an den Industrial Data Space aus der Smart Service Welt (Arbeitskreis Smart Service Welt)

monstriert wird. Die Initiative fußt auf zwei Säulen, namentlich einem Fraunhofer-Forschungsprojekt sowie dem Industrial-Data-Space-Verein. Das Forschungsprojekt wird von Fraunhofer auf Basis einer Zuwendung des Bundesministeriums für Bildung und Forschung durchgeführt. Projekt und Verein sind vorwettbewerblich bzw. gemeinnützig orientiert. Die Initiative fördert die breitestmögliche Verbreitung und begrüßt daher auch kommerzielle Verwertungspfade. Letztere stehen sämtlichen Marktteilnehmern offen.

Aus dem übergeordneten Ziel, den souveränen Austausch von Daten in Geschäftsökosystemen („Smart Service Welt") zu ermöglichen, lassen sich zentrale Anforderungen an die Architektur des Industrial Data Space ableiten (siehe Abb. 8.2) [8]:

A1 Nutzungsbedingungen an Daten: Der Daten-Owner kann beim Datenaustausch Nutzungsbedingungen, d. h. Regeln, durchsetzbar mit den Daten verknüpfen, die festlegen, unter welchen Bedingungen die Daten zu welchem Zweck von wem genutzt werden dürfen.

A2 Sichere Data Supply Chains: Die gesamte Datenwertschöpfungskette, also von der Erzeugung bzw. Entstehung der Daten (z. B. über Sensoren) bis zu ihrer Verwendung (z. B. in Smart Services) muss gesichert werden können.

A3 Einfache Datenverknüpfung: Eigene Daten müssen leicht mit denjenigen von Geschäftspartnern, aber auch mit (öffentlichen) Kontextdaten verknüpft werden können.

A4 Dezentrale Datenhaltung: Die Architektur darf nicht zwingend eine zentrale Datenhaltung erfordern[1]. Vielmehr muss es möglich sein, die Daten

[1] Zwei Drittel der Unternehmen misstrauen z. B. zentralen „Data Lake"-Architekturen, weil befürchtet wird, Dritte würden unerwünschten Zugang zu den Daten haben vgl. [10].

nur dann mit vertrauenswürdigen Partnern auszutauschen, wenn sie von einem eindeutig identifizierbaren Partner unter Einhaltung der Nutzungsbedingungen benötigt werden.

A5 Multiple Einsatzumgebungen: Die Software-Komponenten der Industrial-Data-Space-Architektur, welche die Teilnahme an diesem virtuellen Datenraum ermöglichen, müssen in herkömmlichen Unternehmens-IT-Umgebungen ausführbar sein, aber auch beispielsweise auf IoT-Cloud-Plattformen sowie auf mobilen Geräten oder Sensor-PCs.

A6 Standardisierte Schnittstelle: Der Austausch der Daten im Industrial Data Space muss gemäß einem definierten, zugänglichen Informationsmodell erfolgen.

A7 Zertifizierung: Sowohl Software-Komponenten als auch Teilnehmer müssen bzgl. der Einhaltungen der Anforderungen an Industrial-Data-Space-Software bzw. deren Betrieb zertifiziert sein. Die Zertifizierungskriterien liegen in der Verantwortung des Industrial Data Space e.V.

A8 Data Apps und App Store: Datendienste (Data Apps) stellen auf Basis der Referenzarchitektur grundlegende Funktionen für den Umgang mit Daten im Industrial Data Space bereit. Beispiele sind Transformationen von Datenformaten und das Zuordnen von Nutzungsbedingungen zu den Daten. Diese Datendienste müssen über eine App-Store-Funktionalität verfügbar gemacht werden.

Diese Anforderungen leiten den Entwurf des Referenzarchitekturmodells im Industrial Data Space.

8.2.2 Referenzarchitekturmodell

Das Referenzarchitekturmodell definiert in terminologisch und konzeptuell konsistenter Form die einzelnen Komponenten des Industrial Data Space und ihr Zusammenwirken [9]. Es unterscheidet fünf Ebenen und drei Perspektiven.

Die Ebenen sind:

- Die Geschäftsebene beschreibt die Rollen im Industrial Data Space.
- Die Funktionsebene beschreibt in technologie- und applikationsagnostischer Form die fachlich-funktionalen Anforderungen an den Industrial Data Space.
- Die Prozessebene beschreibt die Interaktionen zwischen den Rollen sowie die dabei verwendeten Fachfunktionen.

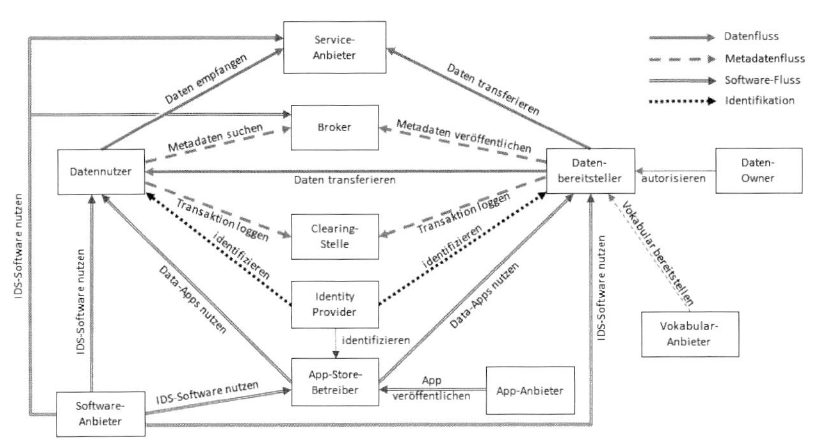

Abb. 8.3 Rollenmodell des Industrial Data Space (Fraunhofer-Gesellschaft/Industrial Data Space e.V.)

- Die Informationsebene beschreibt in domänenunabhängiger Form die Entitäten im Industrial Data Space sowie ihre Beziehungen untereinander.
- Die Systemebene beschreibt die Softwarekomponenten des Industrial Data Space.

Die drei Perspektiven sind „Sicherheit", „Zertifizierung" und „Data Governance". Sie stehen orthogonal zu den Ebenen.

Abb. 8.3 zeigt das Rollenmodell des Industrial Data Space als Teil der Geschäftsebene.

Daten-Owner, Datenbereitsteller und Datennutzer sind die Kernrollen im Industrial Data Space. Der Datenaustausch zwischen diesen Kernrollen wird unterstützt durch intermediäre Rollen, namentlich:

- Broker: Ermöglicht das Publizieren und Finden von Datenquellen.
- Clearing-Stelle: Protokolliert Datenaustauschvorgänge und löst Konflikte auf.
- Identity Provider: Stellt digitale Identitäten/Zertifikate aus.
- Bereitsteller von Vokabularen: Bietet semantische Informationsmodelle an, z. B. für bestimmte Domänen[2].

[2] Der Industrial Data Space greift auf die VoCol-Technologien zurück, eine Software, die das gemeinschaftliche Erstellen und Verwalten von Vokabularen unterstützt [9].

Software- und Service-Anbieter stellen die für die Ausübung der Rollen benötigte Software bzw. Dienste zur Verfügung.

Schließlich stellen die Zertifizierungsstelle sowie eine oder mehrere Prüfstellen die Einhaltung der Industrial-Data-Space-Anforderungen in Bezug auf Software und Teilnehmer sicher.

8.2.3 Stand der Entwicklungen

Die Arbeiten sind als konsortiales Forschungsvorhaben[3] organisiert, bei dem Forscher von insgesamt zwölf Fraunhofer-Instituten mit den Vertretern der Unternehmen im Industrial Data Space e.V. zusammenarbeiten. Das Projekt folgt einem gestaltungsorientierten Forschungsansatz, bei dem das Referenzarchitekturmodell in agilen Entwicklungssprints in Software-Prototypen implementiert wird. Die Unternehmen setzen die Prototypen in ihren Anwendungsfällen ein, um die Machbarkeit und Anwendbarkeit der Architektur sowie den damit verbundenen Nutzen zu demonstrieren und um weitere Entwicklungsbedarfe zu identifizieren. Die Auswahl der Anwendungsfälle folgt dabei zwei Kriterien. Zum einen müssen die im Forschungsprojekt vereinbarten Zielbranchen adressiert sein, namentlich Logistik und Produktion. Und zum anderen sollen möglichst die verschiedenen Rollen im Industrial Data Space abgedeckt sein.

Nach 20 Monaten Projektlaufzeit sind sechs Software-Komponenten als Prototypen verfügbar:

K1 Connector: Zentrale Komponente ist der Industrial Data Space Connector, der von den Kernrollen genutzt wird. Er liegt als Basisvariante (ohne Funktionalität zum Ausüben von Nutzungskontrolle), als so genannter Trusted Connector (mit Nutzungskontrolle), als Sensor Connector sowie als Embedded-Variante (auch für mobile Endgeräte) prototypisch vor.

K2 Usage Control: Eine Variante des INDUCE Framework [11] sowie Verfahren des Data Labelling stehen als Technologiepakete zur Verfügung und sind zudem im Trusted Connector integriert.

K3 Informationsmodell: Das Modell liegt nicht nur konzeptuell, sondern auch als Softwarebibliothek vor und kann so von Software-Entwicklern im Industrial Data Space e. V. genutzt werden.

K4 App Store: Ein erster Prototyp ist verfügbar.

K5 Base Broker: Ein erster Prototyp des Brokers mit grundlegender Verzeichnisfunktionalität ist verfügbar.

---

[3] Zu Details zur Konsortialforschung vgl. [6].

K6 Identity Provider: Eine erste prototypische Fassung eines Identity-Provider-Dienste ist verfügbar.

Tabelle 8.1 zeigt, in welchem Umfang die Anforderungen an den Industrial Data Space von sechs Software-Komponenten erfüllt werden.

Tabelle 8.1 Qualitätsfunktionendarstellung zum Industrial Data Space

		K1				K2	K3	K4	K5	K6
		Connecto								
		Base Connector	Trusted Connector	Sensor Connector	Embedded Connector	Usage Control	Informationsmodell	App Store	Base Broker	Identity Provder
A1	Nutzungsbedingungen an Daten		X	(X)	(X)	X	X			
A2	Sichere „Data Supply Chain"			X			X			X
A3	Einfache Datenverknüpfung						X		X	
A4	Dezentrale Datenhaltung	X	X	X	X		X		X	
A5	Multiple Einsatzumgebungen	X	X	X	X					
A6	Standardisierte Schnittstelle	X	X	X	X		X	(X)	X	
A7	Zertifizierung						X			
A8	Data Apps und App Store							X		

Legende: X – Anforderung erfüllt; (X) – Anforderung in Teilen erfüllt

Alle Anforderungen werden von mindestens einer Komponente erfüllt. So ist die Anforderung der Nutzungsbedingungen sowohl konzeptuell im Informationsmodell adressiert, aber auch in ersten Fassungen implementiert, insbesondere als Trusted Connector. Die Forderung nach verschiedenen Einsatzumgebungen ist durch vier Varianten der Connector-Architektur umfangreich umgesetzt. Hingegen sind die Anforderungen A7 (Zertifizierung) sowie A8 (Data Apps und App Store) lediglich erst in ersten grundlegenden Komponenten adressiert.

8.3 Fallstudien zum Industrial Data Space

8.3.1 Kollaboratives Supply Chain Management in der Automobilindustrie

Eine wachsende Zahl an Modellen, Derivaten, Funktionen im Auto sowie kürzere Produktlebenszyklen führen zu steigender Komplexität der Lieferketten (Supply Chains) in der Automobilindustrie. Moderne Mittelklassefahrzeuge bieten so viele Ausstattungsmerkmale und Varianten, dass theoretisch mehr als 10^{30} Konfigurationsvarianten möglich sind. Ca. drei Viertel der dafür benötigten Teile stammen nicht vom Hersteller (Original Equipment Manufacturer, OEM), sondern von Zulieferern. Diese Produktkomplexität kann nur dann effizient und effektiv in Produktions- und Logistikprozessen abgebildet werden, wenn Zulieferer und OEM sowohl in der Planung (von Bedarfen, Kapazitäten, Auftragsreihenfolgen), als auch während der Ausführung der Prozesse (beim Transport, bei der Fertigung, bei der Montage) eng zusammenarbeiten. Zusätzlich zu Daten, die bereits seit Jahrzehnten über Electronic Data Interchange (EDI)-Lösungen ausgetauscht werden (wie Abrufe, Lieferavise, Gutschriften etc.) müssen heutzutage zunehmend auch Daten ausgetauscht werden, die in der Vergangenheit als zu sensibel für den Datenaustausch erachtet wurden. Hierzu gehören u. a.

- Reichweiten bestimmter kritischer Komponenten
- Detailangaben zu Fertigungsschritten für kritische Komponenten im Zuliefernetzwerk

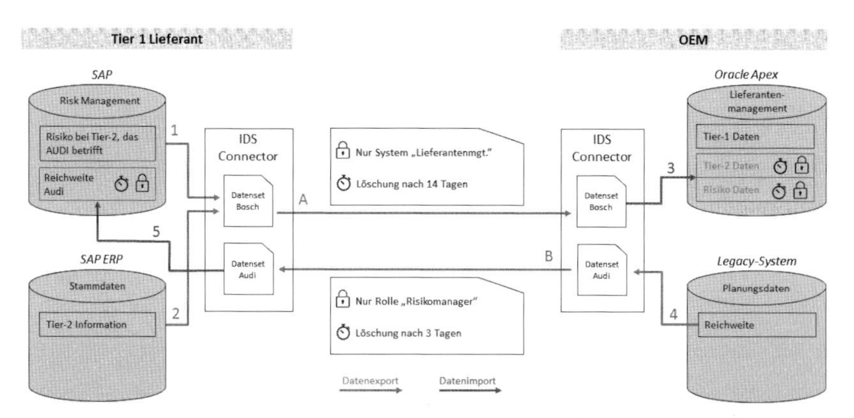

Abb. 8.4 Systemkomponenten beim kollaborativen Supply Chain Management (Audi-Stiftungslehrstuhls Supply Net Order Management Technische Universität Dortmund)

- Struktur des Zuliefernetzwerks
- Mehrwertangaben beim Transport von Komponenten (Hitze, Erschütterung etc.)

Diese Daten werden nur ausgetauscht, wenn der Daten-Owner die Nutzungsbedingungen festlegen kann. Hier kommt der Industrial Data Space ins Spiel.

Abb. 8.4 zeigt die Softwaresysteme sowie die Datenflüsse im Anwendungsfall des kollaborativen Supply Chain Managements in der Automobilindustrie. Im ersten Schritt umfasst der Anwendungsfall einen Tier-1-Zulieferer und einen OEM. Beide nutzen im ersten Projektschritt den Base Connector zur Unterstützung folgender Datenaustauschoperationen:

Im ersten Schritt informiert der Tier-1-Zulieferer den OEM über ein Versorgungsrisiko bei einem seiner Zulieferer (Tier 2) für eine Subkomponente, die der OEM benötigt. Dazu kombiniert der Tier-1-Zulieferer Daten aus seinem Risiko-Management-System mit Stammdaten aus dem Lieferantensystem und übermittelt diese Daten per Industrial Data Space Connector an den OEM – inkl. der Nutzungsbedingungen, diese Daten nur für einen bestimmten Zweck im Lieferantenmanagement und für den Zeitraum von 14 Tagen zu verwenden.

Der OEM importiert diese Daten in sein Lieferantenmanagement und errechnet auf dieser Basis eine aktualisierte Reichweite bestimmter Komponenten, die er vom Tier-1-Zulieferer bezieht. Diese Reichweitedaten wiederum sendet der OEM per Industrial Data Space Connector an den Tier-1-Zulieferer, wiederum inkl. der Nutzungsbedingungen, namentlich der Angabe des Verwendungszwecks (Risiko-Management) und der maximalen Nutzungsdauer (3 Tage).

Der Nutzen dieses Anwendungsfalls liegt für den OEM auf der Hand. Risiken der Versorgung der Produktion, d. h. ein so genannter „Abriss der Lieferkette", werden früher erkannt und damit Produktionsausfälle vermieden. Für den Tier-1-Lieferanten liegt der Nutzen vornehmlich in einer besseren Planbarkeit seiner eigenen Produktion, weil ihm Reichweitenangaben vom OEM zur Verfügung gestellt werden.

Derzeit befindet sich dieser Anwendungsfall in der Implementierungsphase der Software-Prototypen.

8.3.2 Transparenz in Lieferketten der Stahlindustrie

Die Produktion von Stahl ist ein transportintensives Geschäft, bei denen die einzelnen LKW-Transporte Störungen unterworfen sind, die vornehmlich aufgrund von Verzögerungen auf dem Transportweg (Staus im Hauptlauf auf der Fernstraße, Status vor dem Werkstor etc.) auftreten.

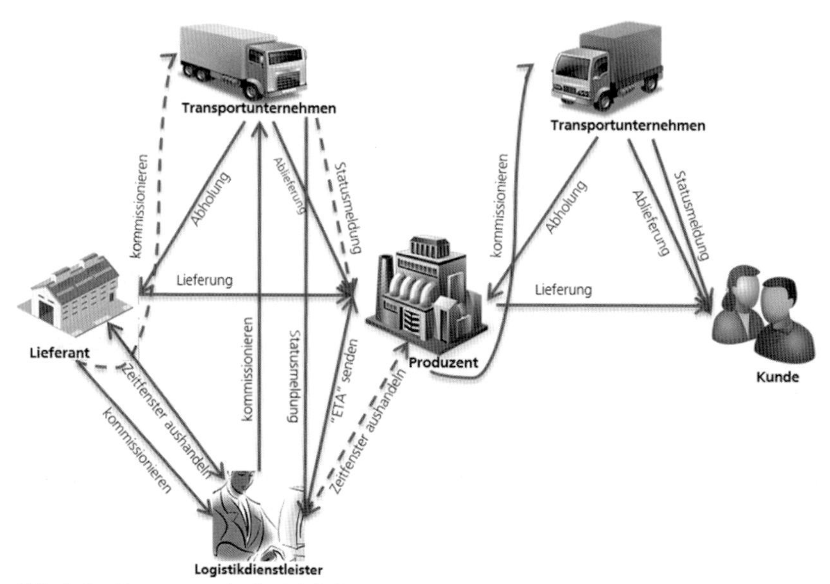

Abb. 8.5 Transparenz in der Lieferkette der Stahlindustrie (Fraunhofer ISST)

Alle Beteiligten im Liefernetzwerk, also insbesondere der Zulieferer, der Logistikdienstleister sowie das einzelne Transportunternehmen, das produzierende Unternehmen, weitere Logistikdienstleister für die Distribution der fertigen Produkte sowie der Endkunde selbst sind daran interessiert, echtzeitnah über Ereignisse in der Lieferkette informiert zu werden, die zu Planabweichungen führen.

Der Anwendungsfall adressiert die Benachrichtigung einer verzögerten Ankunft auf der Inbound-Seite des produzierenden Unternehmens. Der Transportunternehmer informiert dabei über eine mobile Variante des Industrial Data Space Connectors den Logistikdienstleister, dass ein bestimmter Transportauftrag verzögert ist und gibt den Grund für diese Verzögerung an. Der Logistikdienstleister errechnet eine aktualisierte erwartete Ankunftszeit und übermittelt diese an das produzierende Unternehmen, das den Auftrag erwartet. Das produzierende Unternehmen bestätigt seinerseits die neue Ankunftszeit und übermittelt aktualisierte Angaben zur Abladestelle.

Der Austausch der Daten folgt dem Informationsmodell des Industrial Data Space. Für die Nutzdaten selbst, die in der IDS-Nachricht „verpackt" sind, wird auf die GS1 EDI XML zurückgegriffen.

Der Nutzen liegt für das produzierende Unternehmen in der Verbesserung der Planbarkeit der Prozesse in der Inbound-Logistik bzw. im Yard-Management (u. a.

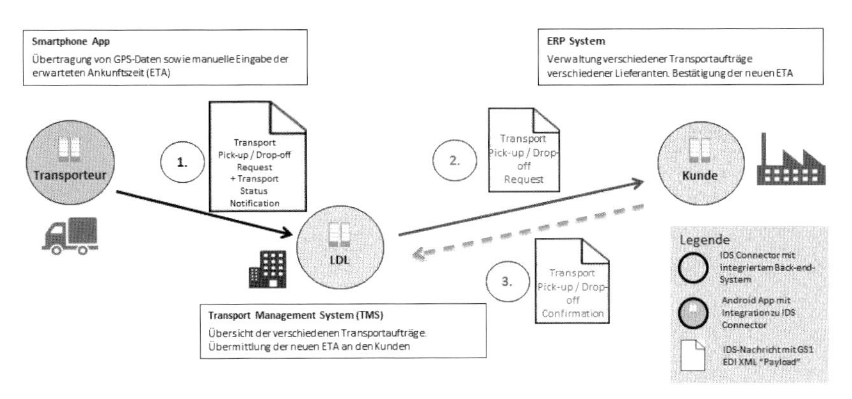

Abb. 8.6 Systemkette für Transparenz in der Lieferkette (Fraunhofer ISST)

Personaleinsatzplanung im Wareneingang) sowie der Produktion (inkl. Auftragssteuerung). Für den Logistikdienstleister bietet der Anwendungsfall Mehrwertdienstleistungen für den Kunden. Dem Transportunternehmen wird der Check-in-Prozess bei produzierenden Unternehmen erleichtert, weil Zeitfenster- und Abladestellenangaben immer aktuell vorliegen.

Dieser Anwendungsfall befindet sich derzeit im Pilotbetrieb bei dem Unternehmen thyssenkrupp und bildet bereits über 500 Transporte pro Monat ab.

8.3.3 Datentreuhänderschaft für Industriedaten

Das Rollenmodell des Industrial Data Space sieht grundsätzlich die Möglichkeit vor, den Daten-Owner vom Datenbereitsteller zu trennen. Damit werden neuartige Geschäftsmodelle ermöglicht, namentlich die Datentreuhänderschaft.

Die Verarbeitung von Daten über verschiedene Dienst- und Prozessschritte hinweg stellt hohe Anforderungen an Datenschutz und Datensouveränität, die nicht alle Unternehmen selbst erbringen werden, sondern als Dienstleistung beziehen. Es muss dann vom Datentreuhänder sichergestellt werden, dass Daten nicht an Konkurrenzunternehmen abfließen, personenbezogene Daten ausreichend anonymisiert sind und Dienste angewiesen werden, Daten nur regelkonform zu nutzen und nach der Nutzung ggf. zu löschen.

Neutrale Wirtschaftsprüfungsgesellschaften und technische Prüforganisationen sind geeignete Akteure, um in Geschäftsökosystemen Datensouveränitätsleistungen zu erbringen. Hierzu gehören u. a. folgende Services:

- Prüfung von Regeln zu Nutzungsbedingungen auf Konfliktfreiheit

- Überwachung der Einhaltung von Nutzungsbedingungen
- Überwachung von Datentransaktionen als Clearing-Stelle
- Verarbeitung und Veredelung von Daten im Auftrag Dritter sowie ihre Bereitstellung
- Prüf- und Zertifizierungsleistungen im Industrial Data Space

Die Zertifizierungsanforderungen und -kriterien, die Rollen und Zertifizierungsstufen sowie Prüfmethoden sind im Industrial Data Space in einem Zertifizierungsschema definiert. Jede Organisation, die am Industrial Data Space teilnimmt, und jede zentrale Softwarekomponente des Industrial Data Space werden anhand dieses Schemas geprüft und zertifiziert.

Zudem ermöglicht die Zertifizierungsstelle u. a. ein Zertifikat-basiertes Identitätsmanagement innerhalb des Industrial Data Space, das die technische Grundlage für alle Connector-Implementierungen bildet.

Dieser Anwendungsfall befindet sich derzeit in der Konzeptionsphase.

8.3.4 Digitale Vernetzung von Fertigungslinien

Industrie 4.0 ist ein Organisationsprinzip für den Industriebetrieb der Zukunft, das u. a. auf Vernetzung sämtlicher Ressourcen in der Leistungserstellung beruht. Maschinen, Anlagen und Mitarbeiter in der Fertigung sind in der Lage, echtzeitnah Informationen auszutauschen, also Zustandsdaten aus der Fertigung zu übermitteln sowie Auftragsdaten, aber auch Kontextinformationen zu einzelnen Arbeitsschritten zu empfangen. Da die Fertigung in vielen Branchen heute in verteilten Produktionsnetzwerken erfolgt, müssen Unternehmen zwei Herausforderungen überwinden:

- Gemeinsame semantische Beschreibungen der Fertigungsressourcen im Produktionsnetzwerk
- Souveräner Datenaustausch zwischen den einzelnen Ressourcen (z. B. Maschinen)

Beide Herausforderungen adressiert der Anwendungsfall im Industrial Data Space.

Grundlage für die semantische Beschreibung bilden Linked-Data-Prinzipien sowie RDF als „Lingua Franca" der Datenintegration und dazugehörige W3C-Standards. Auf diese Weise lassen sich evolutionär gewachsene Informationsarchitekturen in wissensbasierte Informationsnetze transformieren, die dann die gemeinsame Informationsbasis für digitale Leistungserstellungsprozesse und innovative Smart Services bilden. Die Daten werden dabei so strukturiert und semantisch an-

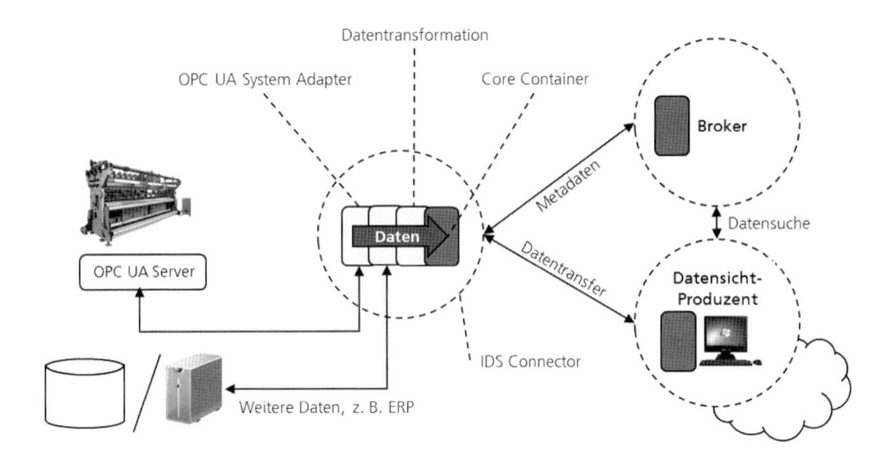

Abb. 8.7 Digitale Vernetzung von Fertigungslinien (Fraunhofer IOSB)

gereichert, dass existierende Datensilos überwunden und funktions- und prozessübergreifende Datenwertschöpfungsketten etabliert werden können. Ein Anwendungsfall hierfür im Industrial Data Space ist die Entwicklung eines Wissensgraphs für die Produktion bei der Firma Schaeffler. Hier kommen neben dem Informationsmodell des Industrial Data Space auch Konzepte des Verwaltungsschalenmodells des Referenzarchitekturmodells Industrie 4.0 zum Einsatz. Für die Vernetzung werden die Daten aus den Quellsystemen (z.B. Manufacturing-Execution-Systeme, Sensordaten von Maschinen und Produktion) in RDF-Vokabulare transformiert.

Ist im Produktionsnetzwerk ein gemeinsames semantisches Modell, ein Vokabular, etabliert, können Daten souverän ausgetauscht und auch ihre Bedeutung gleich verstanden werden. Der Anwendungsfall zur Digitalisierung von Fertigungslinien sieht zudem auch einen OPC-UA-Adapter vor, der als Datendienst im Industrial Data Space Connector ausgeführt werden kann und den Import von OPC-UA-konformen Daten sowie ihre Verknüpfung mit Daten aus anderen Quellen (z.B. ERP-Systemen) ermöglicht (siehe Abb. 8.7) So werden die Daten für vielfältige Nutzungsszenarien im Produktionsnetzwerk verfügbar gemacht.

8.3.5 Produktlebenszyklusmanagement im Geschäftsökosystem

Mehr als zwei Drittel aller neuen Erzeugnisse basieren auf neuen Werkstoffen. Für die Sicherung der Innovationskraft, ebenso für den Erhalt der technologischen

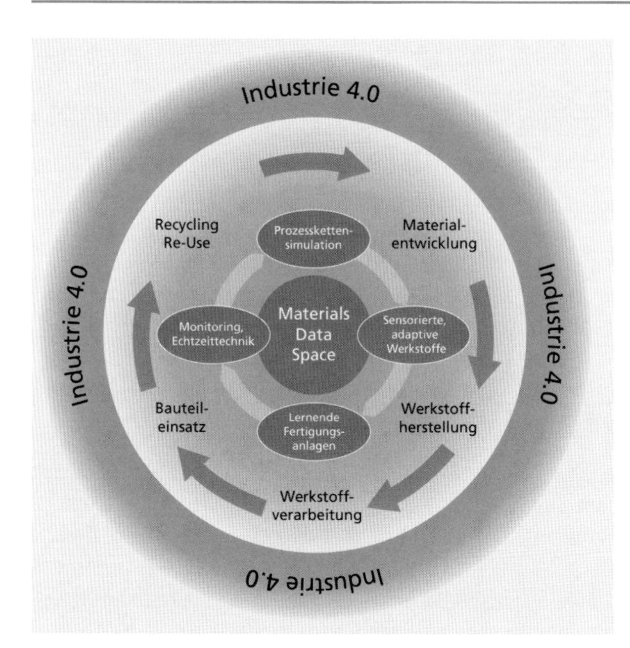

Abb. 8.8 Materials Data Space (Fraunhofer-Gesellschaft)

Souveränität und geschlossener Wertschöpfungsketten in Deutschland, ist die durchgängige Digitalisierung der Werkstoff- und Produkteigenschaften über ihren gesamten Lebenszyklus („vom Erz bis zum Kühlschrank") von strategischer Bedeutung.

Der Materials Data Space stellt digitalisierte Informationen zu Materialien und Werkstoffeigenschaften und Bauteilen sowie zu deren Veränderungen in Fertigung und Einsatz über die gesamte Wertschöpfungskette zur Verfügung und betrachtet dabei den gesamten Lebenszyklus, vom Einsatz bis hin zum strategischen Recycling. Der Materials Data Space ist als Vertikalisierung der Industrial-Data-Space-Architektur eine strategische Initiative des Fraunhofer-Verbunds MATERIALS, die auf ein vollständiges digitales Abbild im gesamten Geschäftsökosystem abzielt (siehe Abb. 8.8).

Zum Beispiel verkauft die Stahlindustrie nicht nur die Stahlbänder selbst, sondern auch das digitale Abbild des Stahlbands (Mikrostruktur, Zusammensetzung, Einschlüsse, Werkstoffhistorie etc.). Die Kombination von physischem Produkt und digitalem Abbild ist ein Erfolgsfaktor für die zukünftige Wettbewerbsfähigkeit von Unternehmen wie der Salzgitter AG als Umsetzungspartner in diesem Anwendungsfall. Zudem ergeben sich durch die Vernetzung der Daten über den gesamten Lebenszyklus kürzere Entwicklungszeiten und lernende Fertigungsverfahren. Grundsätzlich ergeben sich darüber hinaus Nutzenpotenziale im Hinblick auf die Material- und Produktionseffizienz und das Recycling, die dem gesamten Geschäftsökosystem zugutekommen.

Der Anwendungsfall flankiert durch ein Fraunhofer-Vorlaufforschungsprojekt zur Identifikation der domänenspezifischen Anforderungen an die Industrial-Data-Space-Komponenten sowie der Nutzungsbedingungen, die von den verschiedenen Akteuren im Geschäftsökosystem des Materials Data Space mit den Daten verknüpft werden.

8.3.6 Agile Vernetzung in Wertschöpfungsketten

Vernetzung in Wertschöpfungsketten bezieht sich nicht allein auf Unternehmen oder Personen, sondern im Zuge der Verbreitung des Internet of Things zunehmend auf die Dinge. Ladungsträger, Container, LKW etc. sind eindeutig identifizierbar, kommunizieren mit ihrer Umwelt und treffen selbstständig Entscheidungen (etwa im Hinblick auf Transportrouten). Dabei erzeugen die Dinge Daten, namentlich Zustandsdaten der Wertschöpfungskette. Sie liefern z. B. Informationen über den Aufenthaltsort (inkl. Zeitstempel), über klimatische Bedingungen (Temperatur, Feuchtigkeit) oder über Erschütterungen.

Für eine agile Vernetzung von Wertschöpfungsketten ist einerseits ein souveräner Austausch solcher Zustandsdaten durch die Dinge selbst erforderlich, andererseits aber auch das Finden von relevanten Datenquellen. Denn Stammdaten und Zustandsdaten von Kleinladungsträgern werden in Wertschöpfungsnetzwerken unternehmensübergreifend mit wechselnden Geschäftspartnern ausgetauscht.

Beim Anwendungsfall STRIKE (Standardized RTI tracking communication across industrial enterprises) werden Zustandsdaten über den Industrial Data Space Connector verschickt und beim Empfänger nutzbar gemacht. Diese Zustandsdaten werden mit dem EPCIS-Standard erzeugt und verwaltet. Am Beispiel neuer, mit RFID ausgestatteter Ladungsträger wird außerdem demonstriert, wie im Rahmen der GS1-Community die Zustandsdaten dem Daten-Owner zugeordnet werden können. Der Daten-Owner bleibt dabei der Souverän seiner Daten.

Das bestehende GS1-Partnerverzeichnis GEPIR (Global Electronic Party Information Registry) wird zudem zum Industrial Data Space Broker ausgebaut, um Anbieter von Zustandsdaten im Wertschöpfungsnetz finden zu können. Darüber hinaus wird beispielhaft gezeigt, wie sich mithilfe von Apps aus diesen Daten Mehrwertdienste ableiten lassen.

Abb. 8.9 zeigt die Gesamtarchitektur des STRIKE-Anwendungsfalls.

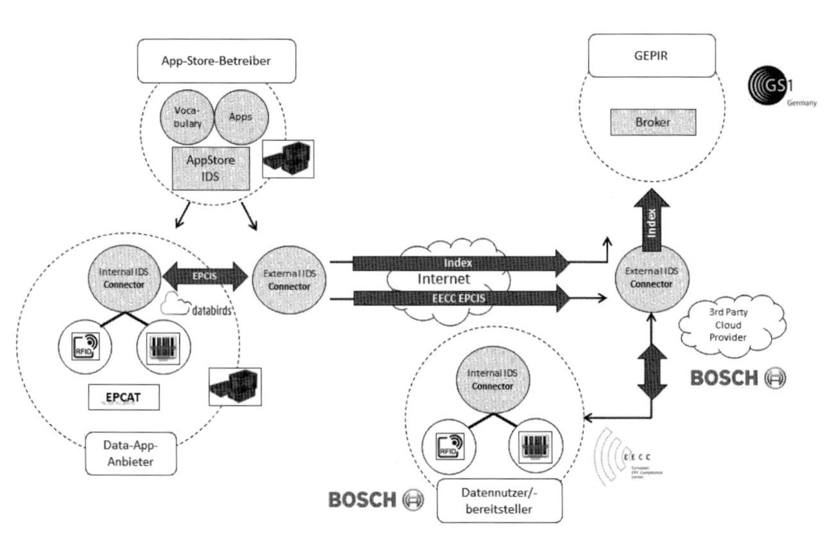

Abb. 8.9 Gesamtarchitektur des STRIKE-Anwendungsfalls (Fraunhofer-Gesellschaft/Industrial Data Space)

8.4 Fallstudienanalyse

Die Analyse der Anwendungsfälle spiegelt die Strategie der prototypischen Umsetzung des Referenzarchitekturmodells wider (siehe Tabelle 8.2). Denn der Industrial Data Space Connector als zentrale Komponente der Architektur ist – in unterschiedlichen Implementierungen – in allen Anwendungsfällen im prototypischen Einsatz bzw. sein Einsatz ist geplant. Zudem bestätigen die Anwendungsfälle die Koexistenz verschiedener Connector-Implementierungen mit unterschiedlichen funktionalen Ausprägungen, die jedoch alle den Prinzipien des Referenzarchitekturmodells folgen.

Tabelle 8.2 Einsatz der Software-Prototypen in den Anwendungsfällen

		K1				**K2**	**K3**	**K4**	**K5**	**K6**
		Connecto								
		Base Connector	**Trusted Connector**	**Sensor Connector**	**Embedded Connector**	**Usage Control**	**Informationsmodell**	**App Store**	**Base Broker**	**Identity Provder**
F1	Kollaboratives SCM	X	(X)			X	X			
F2	Transparenz in Lieferketten	X		X	X		X		(X)	
F3	Datentreuhänderschaft für Industriedaten		X			X	(X)		(X)	X
F4	Digitale Vernetzung von Fertigungslinien			X		(X)	X		X	
F5	Produktlebenszyklusmanagement im Geschäftsökosystem	X				(X)	X		(X)	
F6	Agile Vernetzung in Wertschöpfungsketten	X				(X)	X	(X)	(X)	(X)

Legende: X – im prototypischen Einsatz; (X) – Einsatz geplant.

Voraussetzung dafür ist Konformität zum Informationsmodell des Industrial Data Space, was in allen Fällen gegeben ist.

Die Analyse zeigt zudem die schrittweise Entwicklung bzw. Implementierung wichtiger Funktionalitäten, denn der Einsatz von Usage-Control-Technologien ist weder in allen Fällen bereits erfolgt noch geplant.

Zudem wird Handlungsbedarf sichtbar in Bezug auf die Implementierung und den Einsatz von App-Store- und Broker-Komponenten.

Tabelle 8.3 Erfüllung der Anforderungen in den Anwendungsfällen

		K1	K2	K3	K4	K5	K6
		Kollaboratives SCM	Transparenz in Lieferketten	Datetreuhänderschaft für Industriedaten	Digitale Vernetzung von Fertigungslinien	Produktlebenszyklusmanagement im Geschäftsökosystem	Agile Vernetzung in Wertschöpfungskette
A1	Nutzungsbedingungen an Daten	X		(X)		(X)	(X)
A2	Sichere „Data Supply Chain"		X				X
A3	Einfache Datenverknüpfung	(X)	(X)		X	X	(X)
A4	Dezentrale Datenhaltung	X	X	X		X	X
A5	Multiple Einsatzumgebungen		X		X		(X)
A6	Standardisierte Schnittstelle	X	X	X	X	X	X
A7	Zertifizierung			X			
A8	Data Apps und App Store	(X)			X		(X)

Legende: X – im prototypischen Einsatz; (X) – Einsatz geplant.

Tabelle 8.3 zeigt darüber hinaus, inwieweit die strategischen Anforderungen an die Industrial-Data-Space-Architektur Gegenstand der sechs Anwendungsfälle sind.

Diese Analyse zeigt, dass in den Anwendungsfällen der ersten Phase der Initiative der Fokus auf der standardisierten Schnittstelle liegt, die in allen Fällen eingesetzt wird. Auch die Anforderung der dezentralen Datenhaltung wird in fast allen Anwendungsfällen erfüllt.

Spezifische Anforderungen wie die sichere Daten-Supply-Chain und multiple Einsatzumgebungen kommen in denjenigen Anwendungsfällen vor, bei denen diese Anforderungen relevant sind.

In der ersten Phase des Projekts relativ wenig adressiert sind die Nutzungsbedingungen (lediglich bei F1 schon im Einsatz) sowie die Möglichkeit, Data Apps bereitzustellen. Letzteres nimmt nicht wunder, da ein App-Ökosystem sich erst mit zunehmender Verbreitung der Initiative entwickeln kann. Ähnlich verhält es sich mit der einfachen Verknüpfung von Daten: Diese Anforderung wird stärker in den

Vordergrund der Umsetzungen rücken, wenn komplexere Use-Case-Szenarien anstehen.

Die Anforderung, Nutzungsbedingungen an die Daten knüpfen zu können, wird in anstehenden Umsetzungsphasen der Anwendungsfälle an Bedeutung gewinnen, wenn die grundlegende Kommunikation über den Industrial Data Space abgewickelt werden kann und zunehmend sensiblere Datenelemente ausgetauscht werden.

Quellen und Literatur

[1] Arbeitskreis Smart Service Welt. (2015). Smart Service Welt: Umsetzungsempfehlungen für das Zukunftsprojekt Internetbasierte Dienste für die Wirtschaft. Berlin.

[2] Bauernhansl, T., ten Hompel, M., & Vogel-Heuser, B. (2014). Industrie 4.0 in Produktion, Automatisierung und Logistik. Anwendung · Technologien · Migration. Berlin: Springer.

[3] Hermann, M., Pentek, T., & Otto, B. (2016). Design Principles for Industrie 4.0 Scenarios. 49th Hawaii International Conference on System Sciences (HICSS 2016) (S. 3928-3927). Koloa, HI, USA: IEEE.

[4] Kagermann, H., & Österle, H. (2007). Geschäftsmodelle 2010: Wie CEOs Unternehmen transformieren. Frankfurt: Frankfurter Allgemeine Buch.

[5] Moore, J. F. (2006). Business ecosystems and the view from the firm. Antitrust Bulletin, 51(1), S. 31-75.

[6] Österle, H., & Otto, B. (Oktober 2010). Konsortialforschung: Eine Methode für die Zusammenarbeit von Forschung und Praxis in der gestaltungsorientierten Wirtschaftsinformatikforschung. WIRTSCHAFTSINFORMATIK, 52(5), S. 273-285.

[7] Otto, B. (2016). Digitale Souveränität: Beitrag des Industrial Data Space. München: Fraunhofer.

[8] Otto, B., Auer, S., Cirullies, J., Jürjens, J., Menz, N., Schon, J., & Wenzel, S. (2016). Industrial Data Space: Digitale Souveränität über Daten. München, Berlin: Fraunhofer-Gesellschaft; Industrial Data Space e.V.

[9] Otto, B., Lohmann, S. et al. (2017). Reference Architecture Model for the Industrial Data Space. München, Berlin: Fraunhofer-Gesellschaft, Industrial Data Space e.V.

[10] PricewaterhouseCoopers GmbH. (2017). Datenaustausch als wesentlicher Bestandteil der Digitalisierung. Düsseldorf.

[11] Steinebach, B., Krempel, E., Jung, C., Hoffmann, M. (2016). Datenschutz und Datenanalyse: Herausforderungen und Lösungsansätze, DuD – Datenschutz und Datensicherheit 7/2016

Forschungsprojekt EMOIO 9

Schnittstelle zur Welt der Computer

Prof. Dr.-Ing. Prof. e. h. Wilhelm Bauer ·
Dr. rer. nat. Mathias Vukelić
Fraunhofer-Institut für Arbeitswirtschaft und Organisation IAO

Zusammenfassung

Adaptive Assistenzsysteme können den Nutzer in den unterschiedlichsten Situationen unterstützen. Diese Systeme greifen auf externe Informationen zu und versuchen, die Nutzerintention aus dem Nutzungskontext zu erschließen – ohne dem Nutzer ein direktes Feedback abzuverlangen bzw. zu ermöglichen. Dadurch bleibt unklar, ob das Systemverhalten im Sinne des Nutzers war – was zu Problemen in der Interaktion zwischen Mensch und adaptiver Technik führt. Das Ziel im Projekt EMOIO ist es, mögliche Nutzungsbarrieren mithilfe neurowissenschaftlicher Methoden zu überwinden. Durch die Fusionierung der Arbeitswissenschaft mit den Neurowissenschaften zum neuen Forschungsfeld Neuroarbeitswissenschaft ergibt sich ein großes Innovationspotenzial, um die Symbiose zwischen Mensch und Technik intuitiver zu gestalten. Eine neue Generation von Mensch-Technik-Schnittstellen bietet hierzu das Brain-Computer-Interface (BCI). Mittels BCIs können mentale Zustände, beispielsweise Aufmerksamkeit und Affekte beim Menschen, erfasst und diese Informationen direkt an ein technisches System übermittelt werden. In sogenannten neuroadaptiven Systemen werden diese Informationen als Grundlage genutzt, um die Inhalte und Funktionen oder die Benutzungsschnittstelle eines Systems während der Interaktion entsprechend anzupassen. In einem Konsortium mit Partnern aus Forschung und Industrie wird im Projekt EMOIO ein neuroadaptives System entwickelt. Dieses soll anhand der Gehirnaktivität des Nutzers erkennen, ob er systeminitiierten Verhaltensweisen zustimmt oder diese ablehnt. Das System kann die Informationen nutzen, um den Menschen eine optimale Unterstützung zu geben und sich somit den individuellen und situativen Bedürfnissen des Nutzers anzupassen. Dazu werden neurowissenschaftliche Methoden – etwa die Elektroenzephalographie (EEG) oder die funktionale Nahinfrarotspektroskopie (fNIRS) – bezüglich ihrer Einsatzpotenziale zur

Emotionsmessung (Zustimmung/Ablehnung) evaluiert. Weiterhin wird ein entsprechender Algorithmus zur Echtzeit-Emotionserkennung entwickelt. Die Miniaturisierung und Robustheit der EEG- und fNIRS-Sensorik werden ebenfalls vorangetrieben. Schließlich wird das entwickelte System in drei verschiedenen Anwendungsfeldern erprobt: webbasierte adaptive Benutzungsschnittstellen, Fahrzeuginteraktion und Mensch-Roboter-Interaktion.

Rahmendaten des Projekts

Ziel des Projekts

Ziel des Projekts ist es, mögliche Barrieren bei der Nutzung von Assistenzsystemen mithilfe neurowissenschaftlicher Methoden abzubauen. Hierzu entwickelt das Fraunhofer IAO im Projekt EMOIO mit Forschungs- und Industriepartnern ein neuroadaptives System. Dieses soll anhand der Gehirnaktivität des Nutzers erkennen, ob er dem Verhalten des Systems zustimmt oder dieses ablehnt und es darauf basierend anpassen.

Kooperationspartner

Universität Tübingen – Institut für Medizinische Psychologie und Verhaltensneurobiologie der Medizinischen Fakultät und Institut für Psychologie, NIRx Medizintechnik GmbH, Brain Products GmbH, Universität Stuttgart – Institut für Arbeitswissenschaft und Technologiemanagement (IAT)

Forschungsplan

Zeitplan des Projekts:

1. Phase: 01/2015 bis 12/2016
2. Phase: 01/2017 bis 12/2017

Wichtigste Ergebnisse

- Repräsentative neuronale Korrelate affektiver Reaktionen während der Interaktion mit Technik
- Echtzeit-Klassifikation der neuronalen Korrelate von affektiven Effekten
- Miniaturisierung der EEG-fNIRS-Messsensorik und optimierte simultane EEG/NIRS Messung
- Erprobung der Echtzeit-Klassifikation in drei Anwendungsgebieten: Smart Home, Mensch-Roboter-Kollaboration, Fahrzeug

Ansprechpartner

Dr. rer. nat. Mathias Vukelić,
mathias.vukelic@iao.fraunhofer.de

9.1 Einleitung: Gestaltung von Technik der Zukunft

Die Digitalisierung beeinflusst die Lebenswelt und den Alltag der Menschen maßgeblich – der Umgang mit digitaler Technik wird immer selbstverständlicher und wichtiger. Stetig intelligenter werdende technische Produkte finden Einzug in den Arbeitsalltag. Die Digitalisierung fördert die Vernetzung verschiedener technischer Systeme und erlaubt es dem Menschen, die Kommunikation und Kooperation mit anderen durch den Einsatz dieser Technologien im Alltag und in der Berufswelt zu erleichtern. Autonome Roboter erleichtern die industrielle Fertigung, Architekten und Designer planen und entwickeln ihre Lösungen in virtuellen Realitäten. Durch solche Lösungen lässt sich die Produktivität und Effizienz steigern, was zusätzlich auch Zeitersparnisse mit sich bringt. Jedoch birgt die verstärkte technische Integration in die bestehende Arbeitswelt auch neue Herausforderungen und Konfliktpotenziale. Oftmals findet der Mensch mit seinen individuellen Präferenzen und Bedürfnissen bei der Entwicklung technischer Systeme wenig Berücksichtigung. Daraus können Lösungen resultieren, die technisch zwar fortschrittlich sind, jedoch kaum nennenswerte positive Effekte auf Produktivität, Kreativität und Gesundheit der beteiligten Nutzer erzielen können. Die Herausforderung dieser stärker werdenden Technologisierung ist es, geeignete Arbeitsumgebungen zu schaffen, die den Menschen bei der Erledigung seiner Tätigkeiten in verschiedensten Situationen bestmöglich unterstützen.

Mensch-Technik-Interaktion und Neuroarbeitswissenschaft

Durch die zunehmend digitalisierte Arbeitswelt sind wissenschaftliche Erkenntnisse, die zum Verständnis und zur Verbesserung der Interaktion zwischen Mensch und Technik beitragen und damit eine effiziente Nutzung technischer Produkte durch den Menschen ermöglichen, von zentraler Bedeutung. In diesem Zuge gewinnt das Forschungsfeld der Mensch-Technik-Interaktion (MTI) immer mehr an Bedeutung. Neben einer guten Gebrauchstauglichkeit spielen hierbei gerade am Arbeitsplatz auch zunehmend kognitive und emotionale Nutzerfaktoren eine wichtige Rolle. Dabei stellen sich folgende Fragen: Wie hoch ist die kognitive Belastung während der Arbeitstätigkeit? Wie ist das emotionale Wohlbefinden des Menschen während des Umgangs mit Technik? Diese Fragen lassen sich mit klassischen psychologischen und ingenieurwissenschaftlichen Methoden, wie sie in der Arbeitswissenschaft verwendet werden, nur unzureichend beantworten. Es besteht daher Bedarf, existierende Verfahren um eine Komponente zu ergänzen, die den Zugriff auf die implizit mentalen Zustände des Nutzers ermöglicht. Dadurch können kognitive und emotionale Verarbeitungsprozesse, die dem Bewusstsein nicht unmittelbar ersichtlich sind, der Interaktionsgestaltung zugänglich gemacht werden.

Unter dem Titel „Neuroarbeitswissenschaft" wird seit 2012 am Fraunhofer IAO untersucht, inwieweit neurowissenschaftliche Methoden eingesetzt werden können, um kognitive und emotionale Nutzerzustände bei der Techniknutzung zu erfassen und der Arbeitswissenschaft neue Perspektiven und neue technische Möglichkeiten zu eröffnen. Das Institut verfolgt hierzu einen interdisziplinären Forschungsansatz und bündelt Kompetenzen aus der Psychologie, der Informatik, der Ingenieurwissenschaft und der Neurowissenschaft. Die Neuroarbeitswissenschaft gilt als Zukunftsfeld mit großem Potenzial für Wissenschaft und wirtschaftliche Praxis – von der Arbeitsplatzgestaltung über Virtual Engineering und Fahrzeugergonomie bis hin zu nutzerfreundlichen IT-Systemen. Geeignete Messverfahren zur Erfassung der Gehirnaktivität, die nicht-invasiv, kostengünstig und sicher sind, sind einerseits die Elektroenzephalographie (EEG) und andererseits die funktionelle Nahinfrarotspektroskopie (fNIRS). Die EEG erfasst direkt die summierte elektrische Aktivität von Nervenzellen im Gehirn, indem sie Spannungsschwankungen durch Elektroden an der Kopfoberfläche aufzeichnet [1]. Die fNIRS misst die metabolischen Prozesse, die im Zusammenhang mit den Nervenzellenaktivitäten stehen – genauer gesagt den Sauerstoffgehalt in den Blutgefäßen im Gehirn und damit die Veränderung der Durchblutungen [1]. Im „NeuroLab" des Instituts werden zur Messung der Gehirnaktivität primär diese beiden Messverfahren eingesetzt, die sich auch für mobile Messanwendungen eignen. Anhand der Aktivierungsmuster im Gehirn können somit verschiedene kognitive und emotionale Zustände des Nutzers erfasst werden, die im Arbeitskontext relevant sind. Vor dem Hintergrund der zunehmenden Bedeutung emotionaler Aspekte in der Mensch-Technik-Interaktion wurde bereits in einem ersten Pilotprojekt gezeigt, dass zugrundeliegende Gehirnvorgänge des Nutzungserlebens – sprich der „User Experience" [2] – mit neurowissenschaftlichen Verfahren während der Techniknutzung möglichst objektiv gemessen werden können [3].

9.2 Adaptive Systeme und Assistenzsysteme

Einer der Themenschwerpunkte, mit denen sich das Fraunhofer IAO im Rahmen der neuroarbeitswissenschaftlichen Forschung intensiv beschäftigt, sind adaptive Systeme und Assistenzsysteme. Heutzutage begegnen wir immer häufiger interaktiven Assistenzsystemen, die in gewissen Situationen im Alltag selbstständig agieren oder im Arbeitsumfeld autonom Arbeiten verrichten. Selbstständig agierende Assistenzsysteme können den Nutzer in unterschiedlichsten Situationen unterstützen. Sie können nahtlos in den Alltag integriert werden und dazu beitragen, den weniger technikaffinen Nutzern die Angst vor dem Umgang mit immer komplexer werdenden digitalen Systemen zu nehmen. Doch diese Systeme bieten nicht nur Vorteile – gerade in der Interaktion zwischen Mensch und adaptiver Technik können Konfliktfelder entstehen. Um den Menschen zu unterstützen, müssen solche Systeme auf externe Informationen zugreifen und versuchen, Absichten und Intentionen des Menschen anhand des Nutzungskontextes zu erschließen. Die gegenwärtigen technischen Systeme sind unzureichend in der Lage, ihre Nutzer störungs- und verzögerungsfrei zu beobachten und daraus in Echtzeit Schlüsse zu ziehen. Dadurch bleibt unklar, ob das Verhalten des Systems im Sinne des Benutzers war. Anstelle der beabsichtigten Unterstützung durch das adaptive Verhalten des Systems kann es zu einem Gefühl des Kontrollverlusts und zu Ablehnung beim Nutzer führen. Hier stellt sich die Frage, wie man adaptive und autonome Assistenzsysteme in Zukunft gestalten muss, um dieses Konfliktpotenzial zu reduzieren und ihre Nutzerakzeptanz zu erhöhen. Während intelligente Systeme bereits auf verschiedene Kontextinformationen wie genutzte Geräte, Umgebungsbedingungen oder Abstand zum Display zurückgreifen [4–6], um eine optimale Anpassung zu bieten, bleiben die Potenziale einer Emotionserfassung als Eingangsgröße in ein adaptives System noch weitgehend ungenutzt.

Im Projekt EMOIO, das durch das Bundesministerium für Bildung und Forschung (BMBF) gefördert wird, hat sich das Fraunhofer IAO gemeinsam mit fünf weiteren Partnern das Ziel gesetzt, eine Gehirn-Computer-Schnittstelle zu entwickeln, die die subjektiv empfundene Angemessenheit (Zustimmung/Ablehnung) systeminitiierter Verhaltensweisen erfasst, bewertet und an ein adaptives System übergibt, um seine Assistenzfunktionen optimal an den Nutzer anzupassen. Der nächste Abschnitt informiert über die ersten Ergebnisse des Projekts, das in den Forschungsfeldern Mensch-Technik-Interaktion und Neuroarbeitswissenschaft verortet ist.

9.3 Brain-Computer-Interface und neuroadaptive Technologie

Die Zeiten, in denen wir ausschließlich mit Computern über Eingabemedien wie Maus und Tastatur kommuniziert haben, sind vorbei. Mit manchen technischen Produkten können wir reden, wohingegen andere auf Gesten reagieren. Immer intelligenter werdende technische Produkte werden in den Arbeitsalltag integriert. Das Brain-Computer-Interface (BCI) ist derzeit die direkteste Form einer Schnittstelle zur Interaktion und Kommunikation zwischen Mensch und technischem System. Die Nutzung von BCIs konzentrierte sich bislang vor allem auf den Einsatz im klinischen Umfeld. Diese Schnittstelle erlaubt Menschen mit körperlichen oder perzeptuellen Einschränkungen – z. B. Schlaganfall- oder Locked-in Patienten – mit der Umwelt zu kommunizieren, im Internet zu surfen oder gar zu malen [7–11]. Weiterhin werden BCIs im Rahmen von Neurofeedback-Training zur Therapie psychiatrischer Erkrankungen wie Depression und Schizophrenie eingesetzt [12–14].Doch auch im Alltag oder auf der Arbeit können Menschen ohne körperliche Beeinträchtigungen zukünftig von einer derartigen Schnittstelle profitieren. Neben dem Einsatz von BCIs als vom Nutzer aktiv und willentlich angesteuerter Schnittstelle haben sich hierfür in den letzten Jahren sogenannte „passive BCIs" etabliert [15]. Passive BCIs benötigen keine willentliche Ansteuerung durch den Menschen. Sie erfassen kognitive und emotionale Zustände, beispielsweise Affekte, mentale Beanspruchung oder Überraschungseffekte, und übermitteln diese direkt an ein

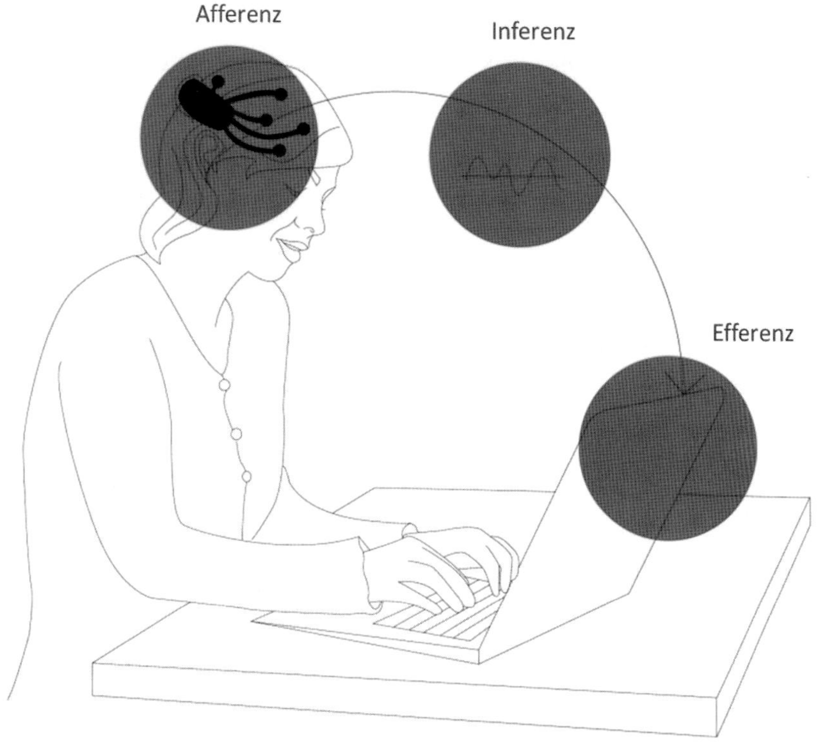

Abb. 9.1 Schematische Darstellung einer neuro-adaptiven Technologie (Fraunhofer IAO)

technisches System [16][17]. Werden diese Informationen als Grundlage genutzt, um die Inhalte und Funktionen oder die Benutzungsschnittstelle des Systems während der Interaktion entsprechend anzupassen, sprechen wir von einer neuro-adaptiven Technologie [19]. Eine solche Technologie besteht im Wesentlichen aus drei Teilen (siehe Abb. 9.1).

Der erste Teil (Afferenz) besteht aus der Sammlung von verfügbaren und beobachtbaren Daten über den Nutzer und den Nutzungskontext anhand neurotechnologischer Messmethoden (z. B. EEG oder fNIRS). In einem zweiten Schritt (Inferenz) werden diese Daten mithilfe von maschinellen Lernalgorithmen klassifiziert, damit relevante kognitive oder emotionale Informationen des Nutzers interpretiert werden können. In einem letzten Schritt (Efferenz) wird die Entscheidung über das Adaptationsverhalten des Systems und die Ausführung der Anpassung aufgrund der kognitiven und emotionalen Zustände des Nutzers und somit transparentes Feedback über das Systemverhalten an den Nutzer gegeben.

Vorteile der Emotionserfassung für adaptive Systeme und Assistenzsysteme

Im alltäglichen Leben helfen uns Emotionen, erlebte Situationen zu bewerten und auf diese Weise adäquat zu handeln. Ebenso wie Wahrnehmung und Bewegung werden Emotionen durch neuronale Erregungsmuster im Gehirn repräsentiert. Diese können durch entsprechende Sensoren und Computeralgorithmen erfasst werden [20]. Im Vordergrund steht hierbei die Verbesserung der Interaktion zwischen Mensch und Technik. Die Neurowissenschaft zeigt, wie eng das emotionale System des Menschen mit dessen Gehirn verknüpft ist. Weiterhin wirken kognitive Prozesse und Gedächtnisprozesse auf menschliche emotionale Zustände wie Wut, Freude oder Affekt ein.

In der Psychologie spricht man von der emotionalen Intelligenz des Menschen, die wesentlich für menschliche Entscheidungen ist. Es wird postuliert, dass soziale Interaktion und Kommunikation mit anderen Menschen funktioniert, weil wir ein mentales Modell bilden, das den aktuellen Zustand der anderen Person nachbildet (siehe „Theory of Mind“, in [21]). Dies ermöglicht uns, Handlungsintentionen unseres Gegenübers zu erkennen und unsere Handlungen entsprechend anzupassen. Diese Fähigkeit – sprich die Erfassung des emotionalen Zustands der menschlichen Interaktionspartner – fehlt technischen Systemen bislang gänzlich [22]. Die Schlussfolgerung liegt nahe, dass die Interaktion entscheidend verbessert werden kann, wenn dem technischen System Informationen über den aktuellen emotionalen Zustand des menschlichen Interaktionspartners mittels eines BCIs zur Verfügung gestellt werden. Durch das BCI soll es so möglich werden, das Verhalten von Assistenzsystemen optimal an den Nutzer anzupassen. Dadurch wird die aktive Rückmeldung durch den Nutzer überflüssig und die Interaktion nicht gestört.

Die Vision ist, die zunehmende Intelligenz und Autonomie von Technik konsequent auf die individuellen Bedürfnisse und Präferenzen des Menschen auszurichten, um den Menschen durch eine neuro-adaptive Technologie zielführend zu unterstützen und zu entlasten. Trotz diverser Vorteile besteht derzeit noch eine Lücke zwischen dem potenziellen Nutzen und dem wirklichen Mehrwert, den diese Technologie auch für Anwendungen außerhalb des medizinischen Bereiches – sprich für anwendungsorientierte Mensch-Technik-Interaktionsszenarien – bietet. Im Projekt EMOIO werden hierfür die Grundlagen gelegt, um die Lücke zwischen der grundlagenorientierten Forschung der BCIs und der praxisorientierten Anwendung der Mensch-Technik-Interaktion zu schließen.

9.4 EMOIO – Von der Grundlagenforschung zur angewandten Gehirnforschung

9.4.1 Entwicklung eines interaktiven Experimentalparadigmas zur Erforschung der affektiven Effekte von Assistenzfunktionen

Bislang befindet sich die Erfassung emotionaler bzw. affektiver Zustände mit mobilen neurophysiologischen Methoden, wie der EEG und fNIRS, noch weitgehend im Stadium der neurowissenschaftlichen Grundlagenforschung. Die Versuchsdurchführungen finden unter stark kontrollierten Versuchsbedingungen statt, in denen zumeist rein rezeptives Bild-, Ton- oder Videomaterial verwendet wird, um beim Teilnehmer entsprechende emotionale Reaktionen hervorzurufen.

In der Mensch-Technik-Interaktions-Forschung liegen weiterhin wenig Arbeiten vor, in denen Affektreaktionen mittels neurophysiologischer Methoden erforscht wurden [23][24]. Studien mit einem plausiblen Interaktionsszenario zwischen einem Nutzer und einem adaptiven Assistenzsystem wurden bislang noch kaum durchgeführt. Daher war das vordergründige Ziel in der ersten Phase von EMOIO, die Aktivierungsmuster des Gehirns zu erforschen und zu identifizieren – also die emotionalen Zustände der Bedürfnisbefriedigung (positiver Affekt) bzw. Ablehnung (negativer Affekt), die bei der Interaktion mit Assistenzsystemen zugrunde liegen. Im Projekt wurde ein neues interaktives Experimentalparadigma „AFFINDU“ [23] entwickelt, um affektive Reaktionen von Assistenzfunktionen unter realitätsnahen Settings zu ermitteln. Zur Erforschung der Grundlagen der Affekterfassung wurde eine empirische Studie durchgeführt. In dieser Studie kamen sowohl EEG als auch fNIRS sowie verschiedene peripher physiologische Messverfahren (wie die Messung der Muskelaktivität im Gesicht und die Erfassung der Herzratenvariabilität) gleichzeitig zum Einsatz. Insgesamt wurden in einem Wiederholungsmessdesign die Affektreaktionen auf statische Bildreize (standardisiertes Reizmaterial aus der neurowissenschaftlichen Grundlagenforschung, das zu Vergleichszwecken dienlich ist) und während der Interaktion mit AFFINDU für 60 Versuchsteilnehmer (Altersspektrum 18-71 Jahren) erfasst. Abb. 9.2 gibt einen Einblick in die Arbeiten am NeuroLab des Fraunhofer IAO während der Versuchsvorbereitung (Anbringung der Messsensorik am Menschen) und der Durchführung der Experimente.

Abb. 9.2 C zeigt die Versuchsdurchführung einer Teilnehmerin mit AFFINDU. AFFINDU ist ein prototypischer Entwurf eines Assistenzsystems, bestehend aus einer grafischen Menüoberfläche mit 16 verschiedenen Menüpunkten. Das System ist in der Lage, entsprechende affektive Reaktionen während der Interaktion beim Nutzer auszulösen. Eine detaillierte Beschreibung der Funktionalität und des Ablaufs des Experiments ist in [23] gegeben. Zusammenfassend stellt die Interaktion mit AFFINDU ein plausibles Nutzungsszenario dar, in dem zwei wesentliche sys-

Abb. 9.2 Arbeiten am Fraunhofer IAO NeuroLab: Testvorbereitungen zur Durchführung des Experiments (A, Anbringung der Messsensorik); Messsensorik (B, Ganzkopfabdeckung von EEG- und fNIRS Sensoren); Versuchsdurchführung (C, Teilnehmerin (links im Bild) interagiert mit AFFINDU) (Fraunhofer IAO)

teminitiierte Verhaltensweisen eines adaptiven Assistenzsystems simuliert wurden. Die Versuchsteilnehmer wurden gebeten, mittels einer Tastatur durch das Menü zu navigieren und dabei verschiedene Zielmenüpunkte auszuwählen. Diese Navigationsaufgabe stellt ein sehr einfaches Nutzerziel dar, wobei AFFINDU den Nutzer zielführend unterstützen kann (positives Szenario). Beim positiven Szenario wird das Nutzerziel – sprich: der gewünschte Menüpunkt – durch AFFINDU als richtig erkannt und die Navigationsdauer entsprechend bis zum Zielmenüpunkt verkürzt. Die Erkennung des Nutzerziels durch AFFINDU kann auch missinterpretiert werden und den Nutzer hierdurch in seiner Zielerreichung behindern (negatives Szenario). Die emotionale Bewertung des Systemverhaltens durch den Nutzer kann auf den zwei unabhängigen Dimensionen „Valenz" (positiv – negativ) und „Erregung" (ruhig – erregt) erfolgen. Somit wird das Verhalten des Systems positiv bewertet, wenn dies dem Ziel des Nutzers entsprechend förderlich ist (Nutzer erreicht schneller den gewünschten Menüpunkt), wohingegen das Systemverhalten negativ bewertet wird, wenn das Verhalten von AFFINDU nicht mit dem Ziel des Nutzers übereinstimmt (Nutzer benötigt länger, um den gewünschten Menüpunkt zu erreichen). Die Ergebnisse der Untersuchungen zeigen, dass Induktion und Qualität der Affektreaktionen (positiv und negativ) einzelner Assistenzfunktionen während der Interaktion erfolgreich und somit mittels neurophysiologischer Messmethoden, wie der EEG und fNIRS, messbar sind [23].

9.4.2 Untersuchung der Detektions- und Diskriminationsfähigkeit von Affekten mit EEG und fNIRS

Damit die Erregungsmuster im Gehirn, welche mit den affektiven Reaktionen des Menschen im Zusammenhang mit systeminitiierten Assistenzfunktionen stehen, gezielt erforscht werden können, wurde die Interaktion mit AFFINDU in einem ereigniskorrelierten Experimentalablauf umgesetzt [23]. Somit lassen sich die Antworten im Gehirn in einen festen zeitlichen Abstand zum gegebenen Assistenzereignis setzen und interpretieren. Die objektive Quantifizierung der ereigniskorrelierten Aktivität kann weiterhin signalanalytisch durch Amplituden- und Latenzmaße der zeitlichen Verläufe der EEG- und fNIRS-Daten durchgeführt werden. Dies liefert die Voraussetzung zur gezielten Untersuchung und Diskriminationsfähigkeit von neuronalen Korrelaten emotional-affektiver Reaktionen mittels EEG und fNIRS. Im Forschungsfokus von EMOIO steht hierbei die Identifikation sowie Lokalisierung (u. a. Auswahl repräsentativer Positionen im EEG und fNIRS) zuverlässiger Muster aus den einzelnen Messmodalitäten. Diese neuronalen Korrelate dienen als Grundlage für die Entwicklung eines Algorithmus zur echtzeitfähigen

Auswertung der EEG-/fNIRS-Daten. Mithilfe des Algorithmus können affektive Reaktionen beim Menschen klassifiziert werden.

Die Ergebnisse der Auswertungen der zeitlichen Dynamik der EEG-Signale zeigen, dass bereits nach 200 Millisekunden in bestimmten EEG-Positionen neuronale Korrelate gemessen werden können, die eine zuverlässige Unterscheidung von unterstützendem (positive affektive Reaktion) und hinderndem (negative affektive Reaktion) Assistenzverhalten erlauben. Weitere repräsentative EEG-Zeitbereiche zur Diskriminierung von Affektreaktionen sind ab ca. 300 Millisekunden sowie 550 Millisekunden nach erfolgter systeminitiierter Assistenzfunktion zu beobachten.

Durch die hohe zeitliche Auflösung kann die durch die EEG gemessene elektrische Aktivität weiterhin in einzelne Frequenzbänder eingeteilt werden – in sogenannte EEG-Bänder, die bestimmte rhythmische Oszillationen aufweisen. Hierbei zeigen sich oszillatorische Aktivitäten von niedrigen Frequenzen im Bereich von 0,1 bis über vier Hertz (Delta-Wellen), vier bis acht Hertz (Theta-Wellen), acht bis 13 Hertz (Alpha-Wellen) bis hin zu schnelleren Oszillationen in den Bereichen von 13 bis 30 Hz (Beta-Wellen) und über 30 Hertz (Gamma-Wellen). Durch die Analyse der Amplitudenstärke der unterschiedlichen Frequenzkomponenten der EEG können weitere Rückschlüsse auf kognitive und emotionale Prozesse des Menschen gezogen werden. Im Hinblick auf die Bewertung positiver und negativer systeminitiierter Assistenzfunktionen haben sich weiterhin das Alpha-, Beta- und Gamma-Frequenzband im EEG als zuverlässige neuronale Korrelate emotional-affektiver Reaktionen des Menschen während der Interaktion mit AFFINDU gezeigt.

Der Vorteil der EEG-Messung liegt im hohen zeitlichen Auflösungsvermögen, welches eine exakte chronometrische Zuordnung von kognitiven und emotionalen Prozessen gestattet. Die Ortsauflösung der EEG ist jedoch sehr gering und liegt üblicherweise im Bereich von einigen Zentimetern.

Zur Erforschung der Zusammenhänge zwischen emotionalen Zuständen des Menschen und Gehirnmustern bedarf es Methoden, die neben einer sehr guten Zeitauflösung auch eine gute räumliche Auflösung der Aktivität von Hirnregionen bieten. Die Anforderung einer guten räumlichen Auflösung erfüllt die Methode der fNIRS. Mittels der fNIRS kann die Durchblutungsveränderung von Nervenzellen der bis zu 3 cm unterhalb der Schädeldecke liegenden Hirnregionen gegeben werden. Die fNIRS-Methode ist hervorragend geeignet, um die Aktivität in bestimmten Regionen der Großhirnrinde, die mit der Emotionsverarbeitung in Zusammenhang stehen, lokal zu erfassen. Die Ergebnisse der Auswertung der fNIRS-Daten aus dem Experiment mit AFFINDU zeigen, dass sowohl vordere als auch hintere Bereiche der Großhirnrinde sensitiv auf unterschiedliches Adaptionsverhalten reagieren. Bekanntlich stehen diese Bereiche mit motivationalen Aspekten und mit der semantischen Bedeutung der Emotionsverarbeitung beim Menschen in Zusammenhang. Im

Speziellen zeigt sich, dass die Aktivität in diesen Bereichen bei einer positiven Unterstützung von AFFINDU ansteigt, wohingegen die Aktivität bei negativen Ereignissen abfällt. Diese neuronalen Korrelate liefern weitere repräsentative neuronale Muster emotional-affektiver Reaktionen des Menschen während der Interaktion mit Technik, die mit den Mustern aus den EEG-Daten kombiniert werden können.

Weiterhin wurde im Projekt untersucht, welche Unterschiede in der Hirnaktivität in unterschiedlichen Altersklassen bestehen. Aus der neurobiologischen und psychologischen Grundlagenforschung ist bekannt, dass es im Alter zu einer entwicklungsbedingten Veränderung (Differenzierung-/Dedifferenzierung) von kognitiven und sensorischen Funktionen kommt. In der Emotionsforschung gibt es weiterhin Befunde, dass sich das Ausmaß positiver und negativer Affektivität im Seniorenalter verändert, wobei der Bereich der subjektiven Bewertungen von negativen Emotionen zurückzugehen scheint [25]. Daher kann davon ausgegangen werden, dass besonders ältere Menschen Unterschiede in den neuronalen Korrelaten emotional-affektiver Effekte aufweisen. Dass dem so ist, konnte im Projekt bereits durch weitere Ergebnisse aus dem Experiment mit AFFINDU erfolgreich gezeigt werden [26]. Hierzu wurden die Teilnehmer der Studie in zwei Altersgruppen unterteilt: „jung" im Alter zwischen 22 und 44 Jahren und „älter" im Alter zwischen 48 und 71 Jahren. Es konnte nachgewiesen werden, dass die älteren Teilnehmer die unterstützende Assistenzfunktion von AFFINDU im Vergleich zur jüngeren Teilnehmergruppe als mehr positiv und die hindernde als weniger negativ empfunden haben. Weiterhin zeigt sich, dass die ereigniskorrelierten Amplitudenantworten im EEG mit dem Alter korrelieren, wobei gerade im Zeitbereich ab 300 Millisekunden nach erfolgtem Assistenzereignis Unterschiede zwischen den beiden Gruppen bestehen. Dies deutet auf eine unterschiedliche kognitive Bewertung von emotional-affektiven Reaktionen im Alter hin. Diese Ergebnisse zeigen, dass altersbedingte Unterschiede in den neuronalen Korrelaten berücksichtigt werden müssen, wenn es darum geht, adaptive Technologien an den individuellen Präferenzen des Menschen auszurichten.

Diese im Projekt gefundenen neuronalen Korrelate emotional-affektiver Effekte stimmen weitestgehend mit den aus der neurowissenschaftlichen Literatur bekannten Ergebnissen der zeitlichen und örtlichen (EEG- und fNIRS-Positionen) EEG- und fNIRS-Antworten überein. Die Ergebnisse aus dem ersten Teil des Projekts leisten somit einen wichtigen Beitrag zur Grundlagenforschung der Affekterfassung in der Mensch-Technik-Interaktion mit neurophysiologischen Methoden.

9.5 Fazit und Ausblick

9.5.1 Fazit und Ausblick aus den Arbeiten im Projekt EMOIO

Die vorgestellten Ergebnisse zu den neuronalen Korrelaten liefern die Grundlage zur Entwicklung eines Algorithmus, der EEG- und fNIRS-Daten in Echtzeit zusammenführt und auswertet. Diese Daten können genutzt werden, um Affektreaktionen des Menschen während der Techniknutzung zu klassifizieren. Hierzu waren weitere Arbeiten im Bereich der Datenverarbeitung und Maschinen-Lern-Verfahren zur Klassifikation der neuronalen Korrelate durch die Partner des EMOIO-Projekts notwendig. Der Vorteil des multimodalen Methodenansatzes liegt vor allem darin, dass individuelle Stärken des einen Verfahrens genutzt werden können, um die Schwächen des anderen Verfahrens zu kompensieren. So kann die ungünstige räumliche Auflösung der EEG- durch die fNIRS-Methode ergänzt werden, was die Lokalisierung der Gehirnaktivität erleichtert. Umgekehrt kann die EEG mit ihrer hohen zeitlichen Auflösung die Defizite der fNIRS in diesem Bereich ausgleichen. Im Gegensatz zu einem unimodalen Ansatz lässt sich somit durch die Kombination von metabolischen und neuroelektrischen Daten eine verbesserte inhaltliche Interpretation zur Abschätzung des emotional-affektiven Zustands des Menschen erreichen. Weiterhin verringert der multimodale Ansatz die Fehleranfälligkeit einer unimodalen Klassifikation, wie sie durch Artefakte entstehen – beispielsweise durch kurzzeitiges Ausfallen einer Aufnahmemodalität oder die Erfassung falscher Werte, etwa Muskelartefakte im EEG. Dadurch kann die Klassifikation nur über die störungsfreie Modalität erfolgen. Eine Kombination der beiden Verfahren bietet für die angewandte Forschung neben einer generell zuverlässigeren Erfassung der Gehirnaktivität zudem den Vorteil einer kostengünstigen mobilen Messmethode ohne Einsatzeinschränkungen. Aufbauend auf den erzielten Ergebnissen aus den grundlagenorientierten empirischen Studien wurde weiterhin die am Kopf getragene Sensortechnologie miniaturisiert und damit die simultane Erfassung der EEG- und fNIRS-Signale durch die Entwicklungspartner aus dem Projekt optimiert.

In der zweiten Phase des Projekts untersucht das Fraunhofer IAO die Machbarkeit und den Mehrwert der echtzeitfähigen Erfassung von Affekten in drei Anwendungsgebieten: webbasierte adaptive Benutzungsschnittstellen, Fahrzeuginteraktion und Mensch-Roboter-Interaktion. Auf dieser Basis leistet das Fraunhofer IAO gemeinsam mit den am Projekt beteiligten Partnern einen wichtigen Beitrag zur Anwendung neurowissenschaftlicher Verfahren zur echtzeitfähigen Erfassung von emotional-affektiven Nutzerreaktionen und legt dadurch die Grundlagen zur Anwendung einer neuroadaptiven Technologie als zusätzlicher Informationsquelle für selbstständig agierende adaptive Systeme.

9.5.2 Ausblick und Anwendungen von Brain-Computer-Interfaces

Ein kürzlich veröffentlichter Bericht aus dem EU-geförderten Projekt „BNCI Horizon 2020[1]„ [26] zeigt, dass sich derzeit 148 BCI-verwandte industrielle Stakeholder am Markt befinden, die sich im Bereich der Automotive-, der Luft- und Raumfahrt-Branche, der Medizintechnik-, Rehabilitations- und Robotik-Branche sowie der Unterhaltungs- und Marketing-Branche orientieren. Vor allem die Informations- und Kommunikationsbranche bietet große Potenziale zur langfristigen Ausbaufähigkeit und Integration von BCIs in den Bereichen multimodaler Bedienkonzepte und Ambient Intelligence. In dieser Branche beschäftigen sich Unternehmen wie Microsoft[2] und Philips[3] bereits seit mehreren Jahren mit der Frage, wie neurowissenschaftliche Technologien in die Mensch-Technik-Interaktion integriert werden können. Aber auch technologiegetriebene Unternehmen aus dem Silicon Valley wie Facebook[4] und das von Elon Musk kürzlich gegründete Start-up-Unternehmen „NeuraLink[5]„ investieren derzeit enorme Forschungsgelder in die Entwicklung zukünftiger BCI-Anwendungen. Ein weiteres Feld für die angewandte Forschung könnte sich auch in der Fabrik von morgen ergeben. Hierzu zeigen Forschungsprojekte wie „Cognigame[6]„ und „ExoHand[7]„ des Unternehmens FESTO, dass bereits an Interaktionskonzepten mittels BCI im industriellen Kontext geforscht wird. Auch die Automobilbranche kann zukünftig von BCIs profitieren. Ein BCI kann hier z. B. zur Fahrerzustandsmodellierung für situationsadaptive Fahrerassistenz eingesetzt werden. Ein intelligentes System könnte z. B. den Fahrer warnen, wenn er übermüdet, gestresst oder abgelenkt ist. Forschungsprojekte von Unternehmen wie Jaguar Land Rover[8], Nissan[9] und Daimler [28] zeigen, dass dies bereits erprobt wird. Auch für den Bereich der digitalen Wissensmedien und Lernsoftware bietet die Erfassung der Hirnzustände durch ein BCI interessante Anwendungsmöglichkeiten. Hier könnte sich z. B. eine Lernsoftware an die momentane Aufnahmefähigkeit und

[1] http://bnci-horizon-2020.eu/

[2] http://research.microsoft.com/en-us/um/redmond/groups/cue/bci/

[3] http://www.design.philips.com/about/design/designnews/pressreleases/rationalizer.page

[4] https://www.scientificamerican.com/article/facebook-launches-moon-shot-effort-to-decode-speech-direct-from-the-brain/

[5] https://www.wsj.com/articles/elon-musk-launches-neuralink-to-connect-brains-with-computers-1490642652

[6] https://www.festo.com/cms/de_corp/12740.htm

[7] https://www.festo.com/cms/de_corp/12713.htm

[8] http://newsroom.jaguarlandrover.com/en-in/jlr-corp/news/2015/06/jlr_road_safety_research_brain_wave_monitoring_170615/

[9] http://cnbi.epfl.ch/page-81043-en.html

Konzentrationsfähigkeit des Nutzers anpassen und immer nur so viel Lernstoff anbieten, dass der Nutzer nicht überfordert ist und Spaß am Lernen hat.

Insgesamt lässt sich sagen, dass die Neuroarbeitswissenschaft ein noch relativ junges Forschungsgebiet ist, weshalb der Einsatz von neuroadaptiven Technologien zukunfts- und möglichkeitsorientiert ist. Ob letztendlich eine solche Technologie tatsächlich das Potenzial hat, ein Erfolg zu werden, hängt vor allem von der Nutzerakzeptanz und der technischen Umsetzbarkeit ab. Gerade die Nutzerakzeptanz ist aufgrund der aktuellen Sensortechnologie der kopfgetragenen Einheit noch steigerungsfähig. Hierzu liefern relevante Verbesserungen im Bereich der Miniaturisierung und Mobilität der Sensortechnologie aus der neurowissenschaftlichen Forschung bereits erste vielversprechende Ergebnisse [29]. Weiterhin wird dieser Bereich sehr stark von der Unterhaltungsindustrie[10] vorangetrieben, wobei hier in naher Zukunft neue Design-Konzepte gerade für die kopfgetragene Sensortechnologie für die breite Anwendung auf den Markt kommen werden. Neuroadaptive Technologien bieten enorme Möglichkeiten, um für arbeitstechnische Zwecke eingesetzt zu werden. Doch gerade in diesem Zusammenhang werden auch diverse Fragen aufgeworfen, die von der Autonomie des Menschen bis hin zu datenschutzrechtlichen Fragestellungen reichen. Dies macht neuroadaptive Technologien auch zum Gegenstand ethischer Überlegungen. Diese müssen zukünftig durch die Einbindung sogenannter ELSI-Fragen – ethischen, rechtlichen und sozialen Implikationen – wissenschaftlich erörtert werden. Im Rahmen des EMOIO-Projekts werden ELSI-Fragen durch eine entsprechende Begleitforschung näher beleuchtet.

Quellen und Literatur

[1] R. Parasuraman and M. Rizzo, Eds., Neuroergonomics: the brain at work. New York: Oxford University Press, 2008.

[2] M. Hassenzahl, „User experience (UX): towards an experiential perspective on product quality," 2008, p. 11.

[3] K. Pollmann, M. Vukelić, N. Birbaumer, M. Peissner, W. Bauer, and S. Kim, „fNIRS as a Method to Capture the Emotional User Experience: A Feasibility Study," in Human-Computer Interaction. Novel User Experiences, vol. 9733, M. Kurosu, Ed. Cham: Springer International Publishing, 2016, pp. 37–47.

[4] S. K. Kane, J. O. Wobbrock, and I. E. Smith, „Getting off the treadmill: evaluating walking user interfaces for mobile devices in public spaces," 2008, p. 109.

[5] G. Lehmann, M. Blumendorf, and S. Albayrak, „Development of context-adaptive applications on the basis of runtime user interface models," 2010, p. 309.

[10] https://www.emotiv.com/

[6] J. Nichols and B. A. Myers, „Creating a lightweight user interface description language: An overview and analysis of the personal universal controller project," ACM Trans. Comput.-Hum. Interact., vol. 16, no. 4, pp. 1–37, Nov. 2009.
[7] N. Birbaumer et al., „A spelling device for the paralysed," Nature, vol. 398, no. 6725, pp. 297–298, Mar. 1999.
[8] A. Ramos-Murguialday et al., „Brain-machine interface in chronic stroke rehabilitation: A controlled study: BMI in Chronic Stroke," Ann. Neurol., vol. 74, no. 1, pp. 100–108, Jul. 2013.
[9] A. Kübler et al., „Patients with ALS can use sensorimotor rhythms to operate a brain-computer interface," Neurology, vol. 64, no. 10, pp. 1775–1777, May 2005.
[10] J. I. Münßinger et al., „Brain Painting: First Evaluation of a New Brain–Computer Interface Application with ALS-Patients and Healthy Volunteers," Front. Neurosci., vol. 4, 2010.
[11] M. Bensch et al., „Nessi: An EEG-Controlled Web Browser for Severely Paralyzed Patients," Comput. Intell. Neurosci., vol. 2007, pp. 1–5, 2007.
[12] N. Birbaumer, S. Ruiz, and R. Sitaram, „Learned regulation of brain metabolism," Trends Cogn. Sci., vol. 17, no. 6, pp. 295–302, Jun. 2013.
[13] S. Ruiz et al., „Acquired self-control of insula cortex modulates emotion recognition and brain network connectivity in schizophrenia," Hum. Brain Mapp., vol. 34, no. 1, pp. 200–212, Jan. 2013.
[14] S. W. Choi, S. E. Chi, S. Y. Chung, J. W. Kim, C. Y. Ahn, and H. T. Kim, „Is alpha wave neurofeedback effective with randomized clinical trials in depression? A pilot study," Neuropsychobiology, vol. 63, no. 1, pp. 43–51, 2011.
[15] T. O. Zander and C. Kothe, „Towards passive brain-computer interfaces: applying brain-computer interface technology to human-machine systems in general," J. Neural Eng., vol. 8, no. 2, p. 025005, Apr. 2011.
[16] C. Dijksterhuis, D. de Waard, K. A. Brookhuis, B. L. J. M. Mulder, and R. de Jong, „Classifying visuomotor workload in a driving simulator using subject specific spatial brain patterns," Front. Neurosci., vol. 7, 2013.
[17] C. Berka et al., „EEG correlates of task engagement and mental workload in vigilance, learning, and memory tasks," Aviat. Space Environ. Med., vol. 78, no. 5 Suppl, pp. B231-244, May 2007.
[18] S. Haufe et al., „Electrophysiology-based detection of emergency braking intention in real-world driving," J. Neural Eng., vol. 11, no. 5, p. 056011, Oct. 2014.
[19] T. O. Zander, L. R. Krol, N. P. Birbaumer, and K. Gramann, „Neuroadaptive technology enables implicit cursor control based on medial prefrontal cortex activity," Proc. Natl. Acad. Sci., p. 201605155, Dec. 2016.
[20] R. W. Picard, E. Vyzas, and J. Healey, „Toward machine emotional intelligence: analysis of affective physiological state," IEEE Trans. Pattern Anal. Mach. Intell., vol. 23, no. 10, pp. 1175–1191, Oct. 2001.
[21] H. Förstl, Ed., Theory of mind: Neurobiologie und Psychologie sozialen Verhaltens, 2., Überarb. und aktualisierte Aufl. Berlin: Springer, 2012.
[22] T. O. Zander, J. Brönstrup, R. Lorenz, and L. R. Krol, „Towards BCI-Based Implicit Control in Human–Computer Interaction," in Advances in Physiological Computing, S. H. Fairclough and K. Gilleade, Eds. London: Springer London, 2014, pp. 67–90.
[23] K. Pollmann, D. Ziegler, M. Peissner, and M. Vukelić, „A New Experimental Paradigm for Affective Research in Neuro-adaptive Technologies," 2017, pp. 1–8.

[24] K. Pollmann, M. Vukelic, and M. Peissner, „Towards affect detection during human-technology interaction: An empirical study using a combined EEG and fNIRS approach," 2015, pp. 726–732.

[25] M. Mather and L. L. Carstensen, „Aging and motivated cognition: the positivity effect in attention and memory," Trends Cogn. Sci., vol. 9, no. 10, pp. 496–502, Oct. 2005.

[26] M. Vukelić, K. Pollmann, M. Peissner, „Towards brain-based interaction between humans and technology: does age matter?," 1st International Neuroergonomics Conference, Oct. 2016.

[27] C. Brunner et al., „BNCI Horizon 2020: towards a roadmap for the BCI community," Brain-Comput. Interfaces, vol. 2, no. 1, pp. 1–10, Jan. 2015.

[28] A. Sonnleitner, et al., „EEG alpha spindles and prolonged brake reaction times during auditory distraction in an on-road driving study". Accid. Anal. Prev. 62, 110–118, 2014

[29] S. Debener, R. Emkes, M. De Vos, and M. Bleichner, „Unobtrusive ambulatory EEG using a smartphone and flexible printed electrodes around the ear," Sci. Rep., vol. 5, no. 1, Dec. 2015

Fraunhofer-Allianz Generative Fertigung 10

Von Daten direkt zu hochkomplexen Produkten

Dr. Bernhard Müller
Fraunhofer-Institut für Werkzeugmaschinen und Umformtechnik IWU
Sprecher der Fraunhofer-Allianz Generative Fertigung

Zusammenfassung

Die Generative Fertigung bzw. Additive Fertigung wird populärwissenschaftlich häufig als 3D-Drucken bezeichnet. Sie ist eine vergleichsweise junge Gruppe von Fertigungsverfahren mit einzigartigen Eigenschaften und Möglichkeiten gegenüber konventionellen Fertigungstechnologien. Die Fraunhofer-Allianz Generative Fertigung koordiniert aktuell 17 Fraunhofer-Institute, die sich mit der Generativen Fertigung befassen. Sie bildet die gesamte Prozesskette ab: Entwicklung, Anwendung und Umsetzung generativer Fertigungsverfahren und Prozesse sowie die dazugehörigen Materialien. Der Bericht bietet einen Überblick über die Technologien, Anwendungsfälle, besonderen Möglichkeiten und weiteren Ziele der angewandten Forschung im Bereich der Generativen Fertigung unter dem Dach der Fraunhofer-Gesellschaft. Speziell erwähnt werden der mesoskopische Leichtbau, biomimetische Strukturen, Hochleistungswerkzeuge für die Blechwarmumformung, keramische Bauteile, druckbare Biomaterialien, großformatige Bauteile aus Kunststoffen, die Integration sensorisch-diagnostischer und aktorisch-therapeutischer Funktionen in Implantate und dreidimensionale Multimaterialbauteile.

10.1 Einleitung: Entwicklung der Generativen Fertigung

Generative bzw. Additive Fertigung (engl. Additive Manufacturing, AM), populärwissenschaftlich häufig auch als 3D-Drucken bezeichnet, ist eine vergleichsweise junge Gruppe von Fertigungsverfahren mit einzigartigen Eigenschaften und Möglichkeiten gegenüber heute bekannten, konventionellen Fertigungstechnologien. In den Anfängen der Generativen Fertigung in den 1980er Jahren wurden vor allem

Polymere verarbeitet. Heute werden aber auch Metalle und Keramik prozessiert. Technologisch basieren bis heute sämtliche generative Fertigungsverfahren auf dem *schichtweisen Aufbau von Bauteilen*. Ursprünglich wurden generative Fertigungsverfahren für schnelle Prototypenfertigung benutzt und auch so bezeichnet (**Rapid Prototyping**). Durch Weiterentwicklungen ist heute aber auch die direkte Fertigung von Serienbauteilen und Endprodukten (**Direct Digital Manufacturing**) möglich.

Eingesetzt werden generative Fertigungsverfahren vor allem aus drei Gründen:

- Einzelstücke und Kleinserien können durch den Verzicht auf Formen und Werkzeuge häufig wirtschaftlich attraktiver hergestellt werden.
- Geringere fertigungstechnische Restriktionen (Zugänglichkeit für Werkzeuge, Entformbarkeit etc.) erlauben es, filigrane und hochstrukturierte Bauteile herzustellen, z. B. mit anisotropen, lokal variierenden bzw. funktionsintegrierenden Eigenschaften sowie beweglichen Komponenten.
- Individualisierte Lösungen (Customization) lassen sich umsetzen, bei denen Produkte an die nutzer- oder anwendungsspezifischen Bedürfnisse angepasst sind (z. B. Prothesen, Schuhe).

Die beiden letzten Punkte sind heute die wesentlichen Treiber, die zur weiteren Verbreitung der Generativen Fertigung als alternatives Produktionsverfahren beitragen. Zentrale Herausforderung ist dabei, den wirtschaftlichen und qualitativen Wettbewerb zu etablierten Serienfertigungsverfahren wie z. B. Zerspanung und Spritzgießen zu meistern und die Prozesseffizienz (Energieverbrauch, Abfallaufkommen, Robustheit) deutlich zu steigern. Dies gilt insbesondere bei hohen anwendungsseitigen Anforderungen in Bezug auf Oberflächenqualität und Bauteilversagen, etwa im Flugzeug- oder Maschinenbau, sowie bei großen Stückzahlen individualisierter Massenprodukte (Mass Customization, z. B. von Brillen oder Schuhen).

Seit 2005 wird das Entwicklungs- und seit 2009 auch das Marktgeschehen von zwei Trends stark beeinflusst: Die zunehmenden Aktivitäten von Open-Source-Communities (insbesondere das RepRap-Projekt) und der Idee des Fab@Home (Desktop-Printing, z. B. Makerbot). Die Faszination für generative Fertigungsverfahren, der Wunsch nach Teilhabe an Produktionstechniken, die Möglichkeit, Ersatzteile bei Bedarf herzustellen, und auch die Re-Integration der Konsumproduktfertigung in lokale Ökonomien sind wichtige Treiber dieser Entwicklung. Während sie vor allem generative Fertigungsverfahren für Polymere adressiert, bleiben die Metallverfahren bislang noch der industriellen Anwendung vorbehalten. Hier sind aber eine besondere Innovationsdynamik und außergewöhnliche Wachstumsraten zu verzeichnen, getrieben durch industrielle Anwenderbranchen wie Luft- und Raumfahrt, Energietechnik, Medizintechnik sowie Werkzeug- und Formenbau. Grundsätz-

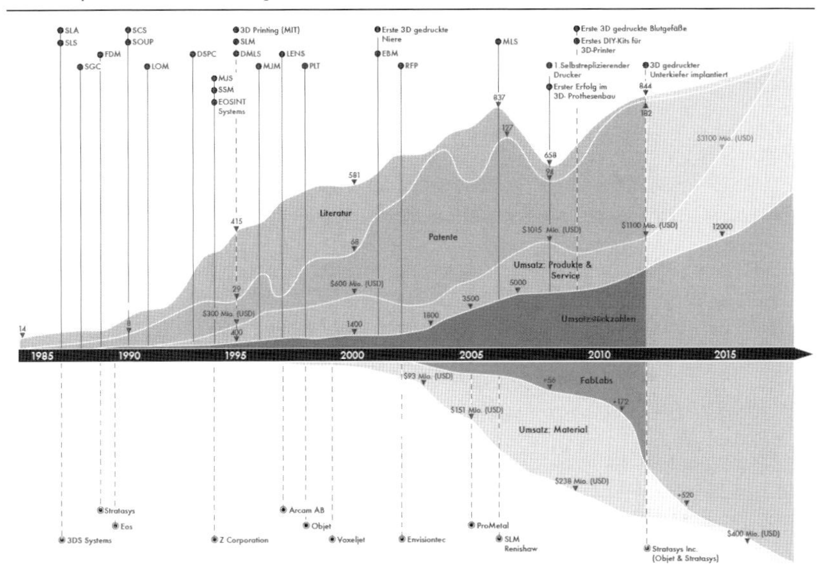

Abb. 10.1 Grafische Roadmap der Generativen Fertigung bis heute (Fraunhofer UMSICHT, Fraunhofer-Allianz GENERATIV 2012)

lich hat die Generative Fertigung in den letzten drei Jahrzehnten an Attraktivität gewonnen. Dies lässt sich anhand zahlreicher Indikatoren belegen; dazu gehören Patent- und Publikationshäufigkeit, Umsatz mit Maschinen und Materialien, Gründungen von Unternehmen und neuen informellen Communities (siehe Abb. 10.1).

Der aktuelle Fokus der industriellen Anwendungen beschränkt sich allerdings nach wie vor stark auf Metall- und Kunststoffwerkstoffe.

10.2 Generative Fertigung bei Fraunhofer

Die Wurzeln der Fraunhofer-Allianz Generative Fertigung reichen zurück bis ins Jahr 1998, als die Allianz Rapid Prototyping aus der Taufe gehoben wurde. Im Jahr 2008 mit neun Mitgliederinstituten formal neu gegründet als Fraunhofer-Allianz Generative Fertigung, besteht sie aktuell aus 17 Mitgliedsinstituten (vgl. Abb. 10.2) und spiegelt damit die weltweit dynamische Entwicklung dieser Fertigungsverfahren wider.

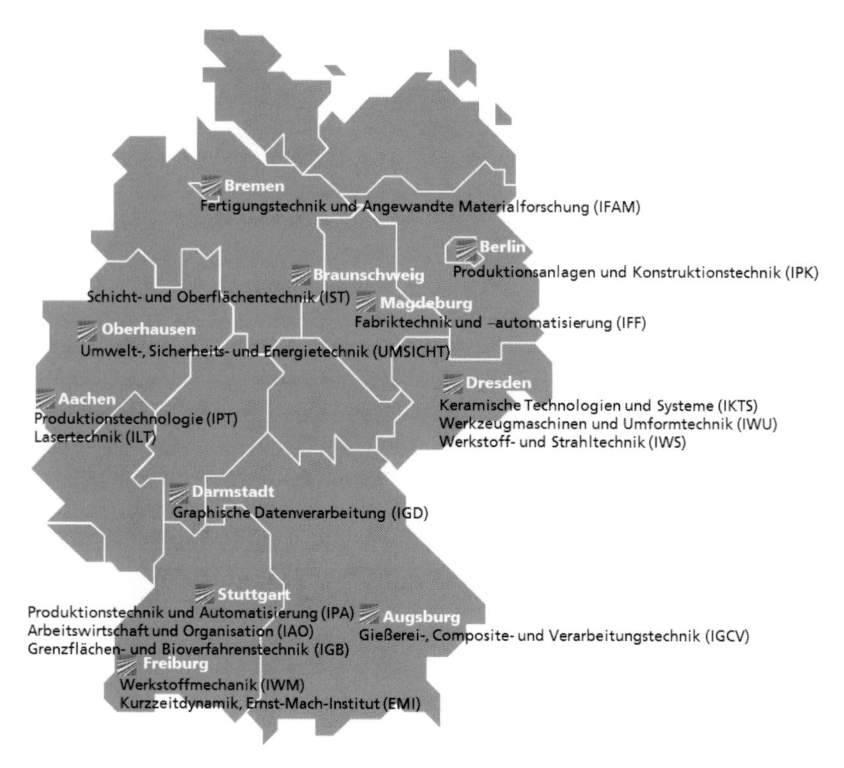

Abb. 10.2 Mitglieder der Fraunhofer-Allianz GENERATIV (Fraunhofer-Allianz GENERATIV 2017)

Die Position der Fraunhofer-Allianz Generative Fertigung im globalen Vergleich misst sich an verschiedenen Kriterien und wurde unter anderem im Rahmen einer von den Fraunhofer-Instituten ISI, INT, IAO und IMW im Auftrag der Fraunhofer-Zentrale durchgeführten Wettbewerbsanalyse ermittelt [1].Die Forschenden untersuchten dabei die Attraktivität des Forschungsfelds und die relative Position von Fraunhofer im Vergleich zu anderen Forschungsakteuren überwiegend anhand bestimmter Indikatoren. Dazu leiteten sie die langfristigen Anwendungs- und Forschungspotenziale aus Zukunftsstudien und Publikationen ab und schätzten zukünftige Marktpotenziale sowie die Dynamik des Forschungsmarkts anhand von Patent- und Publikationsanalysen ein. Die aktuelle Position von Fraunhofer im Vergleich zu anderen Forschungsakteuren ermittelten sie u. a. anhand von Patent- und Publikationsaktivitäten von Fraunhofer im Vergleich zu anderen Forschungseinrichtungen.

Zusätzlich führten sie eine Kurzbefragung unter den Fraunhofer-Instituten durch, die Mitglied in der Allianz Generative Fertigung sind oder bei denen Publikationsaktivitäten in diesem Feld beobachtet wurden. Die Breite der hierbei erforschten generativen Fertigungstechnologien und verarbeiteten Werkstoffe sind Tabelle 10.1 und Tabelle 10.2 zu entnehmen.

Tabelle 10.1 Bei Fraunhofer eingesetzte generative Fertigungsverfahren [1]

	Verfahren/ Institut	**VP**	**MJ**	**PBF**	**SL**	**ME**	**BJ**	**DED**	**Sonst.**
Fraunhofer-Allianz GENERATIV	IFAM	x		x		x	x		x
	IKTS	x	x	x		x	x		
	IFF					x	x		x
	IPT							x	x
	IPA	x	x	x		x	x		x
	ILT	x		x				x	
	IWM	(x)[1]	(x)[1]	(x)[1]	(x)[1]	(x)[1]	(x)[1]		(x)[1]
	IWU			x		x			
	UMSICHT			x		x			
	IGD	(x)[2]	(x)[2]	(x)[2]	(x)[2]	(x)[2]	(x)[2]		(x)[2]
	IGB	x	x			x			x
	EMI			x		x			
	IST								
	IGCV			x		x	x		
	IAO								
	IWS	x		x	x	x		x	x
	IPK			x				x	
Publizier(t)en im Bereich GF, aber nicht in der Allianz	ISC	x					x		x
	ICT					x			
	IOF								
	IAP								

(x) ausschließlich FuE-Leistungen
(x)[1] Beschäftigung mit der mechanischen und tribologischen Charakterisierung generativ gefertigter Bauteile, der Auslegung von Bauteilen für die Generative Fertigung und der Simulation von Prozessschritten.
(x)[2] Entwicklung von Algorithmen und Software zur Ansteuerung von 3D-Druckern (keine Materialentwicklung – aber durch Anpassung der Prozessparameter Optimierung von Werkstoff- bzw. Bauteileigenschaften)

Legende:

VP – Vat Photopolymerization: selektive Lichtaushärtung eines flüssigen Photopolymers in einer Wanne, z. B. Stereolithographie (SLA/SL)

MJ – Material Jetting: tropfenweises Aufbringen von flüssigem Material, z. B. Multi Jet Modeling, Poly Jet Modeling

PBF – Powder Bed Fusion: selektives Verschmelzen von Bereichen in einem Pulverbett, z. B. Laser-Sintern (LS), Strahlschmelzen (LBM, EBM), Masken-Sintern

SL – Sheet Lamination: sukzessives Auflagern und Verbindung dünner Materialfolien, z. B. Schicht-Laminat-Verfahren, Layer-Laminated Manufacturing (LLM), Laminated Object Manufacturing (LOM) auch: Stereolithographie (SLA)

ME – Material Extrusion: gezielte Abgabe von Material durch eine Düse, z. B. Fused Layer Modeling (FLM), Fused Deposition Modeling (FDM)

BJ – Binder Jetting: selektive Verklebung von pulvrigem Material durch ein flüssiges Bindemittel, z. B. 3D Printing (3DP)

DED – Directed Energy Deposition: gezielte Verschweißung des Materials während der Auflagerung, z. B. Laser-Pulver-Auftragschweißen (LPA), Direct Metal Deposition (DMD), Laser Cladding

Tabelle 10.2 Bei Fraunhofer eingesetzte generative Werkstoffe [1]

	Werkstoffe/ Institut	**Kunststoffe**	**Metalle/ Legierungen**	**Keramiken**	**Komposite**	**Biol. Mat.**	**Sonst.**
Fraunhofer-Allianz GENERATIV	IFAM		E/A	E	E		
	IKTS		E/A	E/A	E/A		
	IFF	A				A	
	IPT		E/A		A		
	IPA	E/A		E/A	E/A	E/A	E/A
	ILT	E	A	E			
	IWM						
	IWU	E/A	E/A		E	E	
	UMSICHT	E/A			E		
	IGD	E/A[2]	E/A[2]		E/A[2]		
	IGB	E/A			E/A	E/A	E/A Funktionelle Nanopartikel (Metalloxide)
	EMI	A	E/A		A		
	IST	E/A	E/A		E/A	E/A	Kombinationsverfahren (Drucken von Kunststoffen und Plasmabehandlung)
	IGCV	E/A	E/A	E/A	E/A		
	IAO						
	IWS	E/A	E/A	E/A	E/A		
	IPK		E/A	E/A			
Publizier(t)en im Bereich GF, aber nicht in der Allianz	ISC		A	E/A			
	ICT	E/A		E/A			
	IOF						
	IAP						

Legende
E = Entwicklung; A = Anwendung
[2] Entwicklung von Algorithmen und Software zur Ansteuerung von 3D-Druckern (keine Materialentwicklung – aber durch Anpassung der Prozessparameter Optimierung von Werkstoff- bzw. Bauteileigenschaften)

Die integrierte Betrachtung und Bewertung berücksichtigt sowohl die Attraktivität des Technologiefelds Generative Fertigung bzw. der einzelnen Technologie-Unterthemen als auch die Positionierung von Fraunhofer auf diesem Gebiet. Folgende Kriterien dienten dazu, die Position von Fraunhofer – in überwiegendem Maß bestimmt durch die Mitgliedsinstitute der Allianz – zu ermitteln:

- Öffentlich geförderte Projekte (Bund: mit großem Abstand Platz 1 nach Projektzahl und Summe; EU: Platz 2 nach Summe, Platz 1 nach Projektzahl)
- Patentaktivitäten (Rang 21 über alle Fertigungstechnologien im Bereich der Generativen Fertigung nach Analyse der Anmeldung von Patentfamilien zwischen 2009 und 2014; damit weltweit auf Rang 1 der Forschungseinrichtungen; bei allen Technologien unter den Top 10 der Forschungseinrichtungen)
- Publikationsaktivitäten (Rang 1 in Deutschland und Rang 4 bei den weltweiten wissenschaftlichen Publikationen in peer-reviewed Journals; zwischen Rang 1 und 6 bei Konferenzbeiträgen, nicht Peer-reviewed-Veröffentlichungen und Pressemitteilungen)
- Vernetzung in der wissenschaftlichen Community (enge Vernetzung zu Akteuren mit institutioneller Verbindung, z. B. Professuren von Institutsleitern; vielfältiges Netzwerk insbesondere zu europäischen, aber auch amerikanischen und ausgewählte chinesischen Akteuren; aber keine sehr stark ausgeprägte Vernetzung mit mehreren Akteuren)

Anhand der Auswertungen wird geschlussfolgert, dass Fraunhofer im Bereich der generativen Fertigung der weltweit am breitesten aufgestellte Forschungsakteur ist. Die Vernetzung konzentriert sich dabei auf Unternehmen.

Neben der Besonderheit, dass Fraunhofer bei allen Technologiefeldern aktiv ist, findet sich Fraunhofer auch bei ausgewählten Technologien (Powder Bed Fusion, Material Jetting und Binder Jetting) unter den führenden Akteuren [1].

Die wissenschaftliche Exzellenz der Allianz Generative Fertigung spiegelt sich neben den o. g. Aspekten außerdem in der von der Allianz organisierten, internationalen Fachkonferenz „Fraunhofer Direct Digital Manufacturing Conference DDMC“ wieder, die seit 2012 alle zwei Jahre im März in Berlin stattfindet. Sowohl die in diesem Rahmen präsentierten Ergebnisse der Forschung der Allianz-Institute als auch der renommierten Keynote-Redner und Fachvortragenden aus aller Welt und die große Zahl von Konferenzteilnehmern verdeutlichen, welches Ansehen Fraunhofer im globalen Maßstab im Bereich der Generativen Fertigung genießt.

Die Allianz ist bestrebt, eine weltweit führende Rolle in der angewandten Forschung zur generativen Fertigung einzunehmen. Dabei gilt es, die Stärken der Allianzmitglieder zu bündeln und hohe komplementäre Ergänzung in ein für Industriekunden attraktives Angebot für umfassende Auftragsforschung zu gestalten. Das

Forschungsspektrum der Allianz erstreckt sich dabei in sehr umfassender Weise über das gesamte Feld der generativen Fertigung und lässt sich im Wesentlichen in vier Leitthemen bzw. Forschungsschwerpunkte untergliedern:

- Engineering (Anwendungsentwicklung)
- Werkstoffe (Kunststoffe, Metalle, Keramiken)
- Technologien (pulverbettbasiert, extrusionsbasiert, druckbasiert)
- Qualität (Reproduzierbarkeit, Zuverlässigkeit, Qualitätsmanagement)

Ausgewählte Projektbeispiele geben nachfolgend einen Einblick in die Vielfalt der angewandten Forschung bei Fraunhofer zum Thema Generative Fertigung (3D-Druck).

10.3 Additive Manufacturing – die Revolution der Produktherstellung im Digitalzeitalter

Prof. Dr. Christoph Leyens · Prof. Dr. Frank Brückner · Dr. Elena López · Anne Gärtner
Fraunhofer-Institut für Werkstoff- und Strahltechnik IWS

Das vom Fraunhofer-Institut für Werkstoff- und Strahltechnik koordinierte Verbundvorhaben „AGENT-3D" zielt darauf ab, gemeinsam mit seinen Projektpartnern Lösungen für bestehende wissenschaftlich-technische, politisch-rechtliche und sozio-ökonomische Herausforderungen der Generativen Fertigung zu erarbeiten.[1]

Nach Abschluss der Strategiephase und dem Aufbau eines Mess- und Prüfzentrums mit modernen Geräten zur u. a. optischen und röntgenbasierten Prüfung sowie Vermessung von generativ hergestellten Bauteilen (z. B. mittels Scanner oder Computertomograph) arbeitet das Konsortium an der Umsetzung der erstellten Roadmaps in Form von Basisvorhaben und mehr als 15 Technologievorhaben. Diese thematisieren u. a. die Integration von Funktionalitäten in Bauteile, die Verbindung konventioneller mit Generativer Fertigung, die Multimaterialbearbeitung mittels generativer Verfahren und das Qualitätsmanagement.

Die Generative Fertigung ermöglicht den schichtweisen Aufbau von komplexen Bauteilen direkt auf der Basis von digitalen Daten (vgl. Abb. 10.3). Das Prinzip des Reverse Engineering ermöglicht wiederum eine Reproduktion mit veränderter Di-

[1] AGENT-3D, BMBF, Programm „Zwanzig20 – Partnerschaft für Innovation" (BMBF-FKZ 03ZZ0204A)

Abb. 10.3 Mittels Laserstrahlschmelzen gefertigter Demonstrator aus dem Teilprojekt AGENT-3D_Basis zur Abbildung herausfordernder Geometrien (Fraunhofer IWS)

Abb. 10.4 Reproduktion eines Vogelschädels in Original- und zehnfacher Größe nach dem Scan (Fraunhofer IWS)

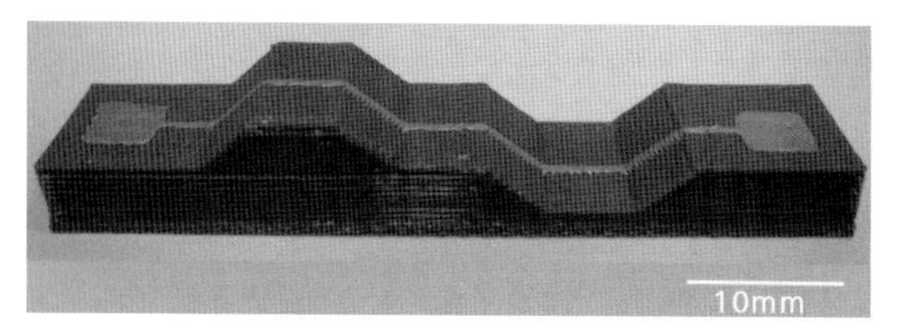

Abb. 10.5 Gedruckte Leiterbahn aus dem Technologievorhaben AGENT-3D_elF (Fraunhofer IWS)

mension und Güte. Mittels Scan werden digitale Daten erzeugt, aus denen identische, veränderte oder optimierte Teile gedruckt werden können (vgl. Abb. 10.4). Darüber hinaus können elektronische Funktionalitäten wie z. B. Leiterbahnen (vgl. Abb. 10.5) oder Sensoren direkt in die dreidimensionalen Bauteile gedruckt werden. Auf diese Weise entstehen mithilfe der Digitalisierung völlig neue Möglichkeiten für Design und Herstellung von Produkten.

Ansprechpartner:
Dr. Elena López, elena.lopez@iws.fraunhofer.de, +49 351 83391-3296
www.agent3D.de

10.4 Mesoskopischer Leichtbau durch generativ gefertigte Sechseckwaben

Matthias Schmitt · Dr. Christian Seidel
Fraunhofer-Einrichtung für Gießerei-, Composite- und Verarbeitungstechnik IGCV

Leichtbau spielt in der Luftfahrt- und Automobilindustrie eine wichtige Rolle, um den Energiebedarf im Betrieb zu senken oder die Performance des Gesamtsystems zu erhöhen. Darüber hinaus werden Leichtbauprinzipien in allen Industriesektoren eingesetzt, damit ein ökologischer und ökonomischer Umgang mit Rohstoffen erreicht werden kann. Allerdings können optimale Leichtbaukonstruktionen oft nicht umgesetzt werden, weil entsprechende Fertigungstechnologien zur Materialisierung nicht zur Verfügung stehen. Abhilfe können hier generative Fertigungsverfahren wie das Laserstrahlschmelzen (LBM) schaffen. Der Prozessablauf ermöglicht dabei die Fertigung geometrisch komplexer Bauteile in kleinen Stückzahlen bei hoher Wirtschaftlichkeit.

Das Fraunhofer IGCV befasst sich mit der Optimierung von Gitter- und Wabenstrukturen für Sandwichbauteile. Bei Sandwichbauteilen wird ein leichter Kern mit festen, steifen Deckschichten versehen, wodurch sich ein Materialverbund ergibt, der deutlich bessere mechanische Eigenschaften aufweist als die Summe der Einzellagen. Dabei eignen sich Wabenstrukturen besonders gut als Kernmaterial für hochfeste Leichtbaukonstruktionen, da durch die hexagonale Geometrie höchste Kompressionsbelastungen bei minimalem Kerngewicht aufgenommen werden können. Bei der Herstellung von Wabenstrukturen mittels konventionellen Verfahren bestehen jedoch deutliche Einschränkungen in Bezug auf die Ausnutzung des Leichtbaupotenzials. Grund hierfür ist zum einen der sich durch den Einsatz konventioneller, z. B. umformender, Fertigungsverfahren ergebende regelmäßige Materialfüllgrad, der keine belastungsgerechte Optimierung der Struktur ermöglicht. So besteht bei konventionell gefertigten Wabenstrukturen kaum die Möglichkeit, an Stellen hoher Belastung mehr Material zu platzieren und an Stellen niedriger Belastung die Materialdicke der Wabenwände zu reduzieren. Außerdem sind konventionelle Verfahren nur eingeschränkt dazu geeignet, die Wabenstrukturen an die Freiformflächen anzupassen. Unter Verwendung der Generativen Fertigung können Wabenstrukturen hingegen an komplexe Geometrien angepasst werden (vgl. Abb. 10.6).

Dazu wurde am Fraunhofer IGCV ein Softwaretool für das CAD-Programm Siemens NX entwickelt, das die Ausrichtung der Waben an eine gegebene Freiformfläche vornimmt und die einzelnen Segmente der Wabe belastungsgerecht dimen-

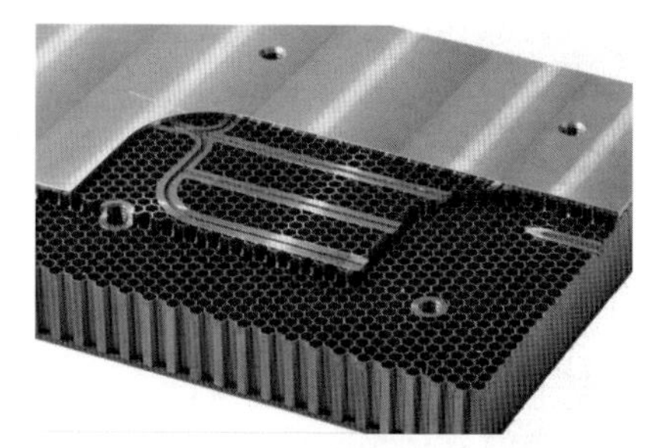

Abb. 10.6 An Freiformfläche angepasste Wabenstruktur und Wabe mit Lasteinleitungselemente (Fraunhofer IGCV)

sioniert. Darüber hinaus können Inserts vorgesehen werden, um z. B. auch Gewinde in den Sandwichverbund einzubringen (vgl. Abb. 10.6). Durch pulverbettbasierte generative Fertigungsverfahren wurden die so erzeugten Wabenstrukturen sowohl in Kunststoff als auch in Metall generiert. Weiteres Potenzial zur Reduzierung des Gewichts und Erhöhung der Steifigkeit liegt in der Kombination der generativ gefertigten Wabenstrukturen mit einer Deckschicht aus kohlenstofffaserverstärktem Kunststoff.

Ansprechpartner:
Dr. Christian Seidel, christian.seidel@igcv.fraunhofer.de, +49 821 90678-127

10.5 Ästhetische Gebrauchsgüter mittels biomimetischer Strukturen

Dr. Tobias Ziegler
Fraunhofer-Institut für Werkstoffmechanik IWM

Für Leichtgewicht-Konstruktionen wurde am Fraunhofer IWM gemeinsam mit den Projektpartnern Industrial Design, Folkwang Universität Essen, Fraunhofer UMSICHT, Sintermask GmbH, rapid.product manufacturing GmbH und der Authentics GmbH ein numerisches Werkzeug zur Auslegung, Bewertung und Optimierung entwickelt. [2] Dieses füllt vorgegebene äußere Formen mit einer Zellstruktur aus, die

[2] Bionic Manufacturing, DLR, Biona-Programm des BMBF (BMBF-FKZ 01RB0906)

Abb. 10.7 Der designte, mechanisch ausgelegte und gefertigte Freischwinger „Cellular Loop“. Bild von Natalie Richter (Folkwang Hochschule der Künste)

auf einer Trabekelzelle basiert ist, ähnlich der Spongiosa in Knochen. Wichtig für kosteneffiziente Generative Fertigung ist eine Bewertung der mechanischen Eigenschaften von Produkten, ohne zusätzliche Exemplare für mechanische Tests herstellen zu müssen. Wegen der Regelmäßigkeit der Zellenstruktur erlaubt der Ansatz die vorherige Berechnung von mechanischen Eigenschaften wie Tragfähigkeit oder Steifigkeit. Als Eingangsparameter für Finite-Elemente-Modelle werden lediglich von einigen repräsentativen Proben Experimentaldaten benötigt, um das Material und den Prozess zu charakterisieren. Dabei können jeder Prozess der Generativen Fertigung und beliebige Materialien benutzt werden.

Um die mechanischen Eigenschaften des Bauteils zu optimieren, kann die Mikrostruktur der Trabekelzellen an eine vorgegebene Belastung angepasst werden. Diese Anpassung erfolgt durch eine lokale, anisotrope Erhöhung des Durchmessers der Trabekelarme. So kann durch einen minimalen Einsatz an Material und Produktionszeit die Tragfähigkeit des Bauteils deutlich gesteigert werden.

Das vorgestellte Werkzeug kann auf eine große Zahl von Bauteilen angewendet werden und ermöglicht es, die mechanischen Eigenschaften zu berechnen und zu verbessern. Die biomimetische Zellstruktur führt aufgrund ihrer visuellen Eigenschaften darüber hinaus zu ästhetisch ansprechenden Produkten, wie auch im Folgenden beschriebenen Produkt veranschaulicht wird.

Als Demonstrator wurde ein bionischer Freischwinger von der Gruppe um Anke Bernotat an der Folkwang Hochschule der Künste entwickelt. Die Belastungen, die dabei durch eine sitzende Person auftreten, wurden am Fraunhofer IWM berechnet. Anschließend wurde die Mikrostruktur an diese Belastung angepasst. Die Geometrie wurde in darstellbare Segmente geteilt und der Stuhl anschließend im Lasersintern von unseren Partnern bei rpm-factories gefertigt. Der Stuhl erfüllte die erwartete Tragfähigkeit und wird auch ästhetisch höchsten Ansprüchen gerecht.

Ansprechpartner:
Dr. Tobias Ziegler, tobias.ziegler@iwm.fraunhofer.de, +49 761 5142-367

10.6 Hochleistungswerkzeuge für die Blechwarmumformung mittels Laserstrahlschmelzen

Mathias Gebauer
Fraunhofer-Institut für Werkzeugmaschinen und Umformtechnik IWU

Die Fertigung von komplexen Blechbauteilen aus höherfestem Stahl stellt sehr hohe Anforderungen an die Kaltumformung. Hohe Presskräfte und die relativ große Rückfederung stellen dabei enorme Herausforderungen dar. Es sind sehr steife Werkzeuge aus teurem Werkstoff notwendig, die dennoch einem erhöhten Verschleiß unterliegen. Eine Alternative zur Kaltumformung ist die Blechwarmumformung bzw. das Presshärten. Dabei wird der Blechrohling auf oberhalb der Austeni-

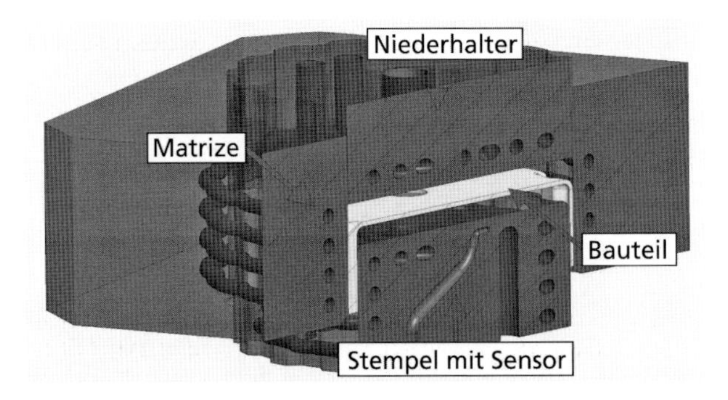

Abb. 10.8 3D-CAD-Modell des Presshärtwerkzeugs mit konturnahen Kühlkanälen (Fraunhofer IWU)

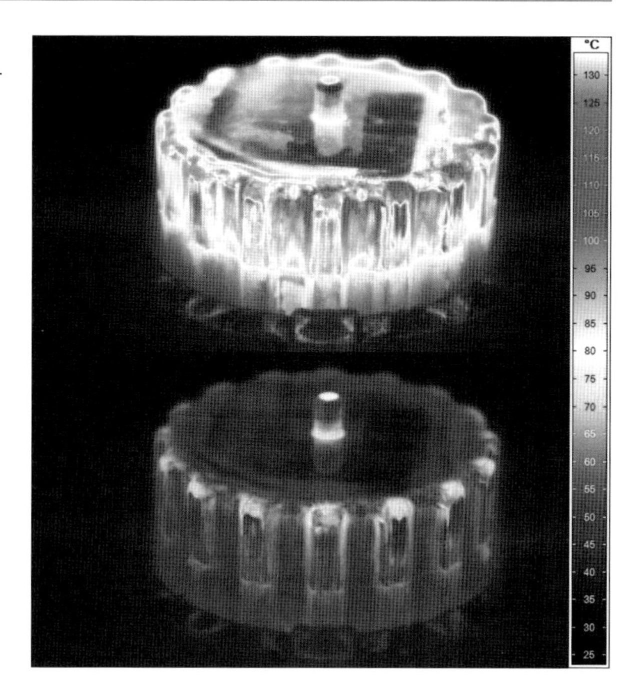

Abb. 10.9 Thermografieaufnahme Werkzeugstempel (Fraunhofer IWU)

tisierungstemperatur (über 950 °C) erwärmt und während des Umformens rapide auf unter 200 °C abgekühlt, wodurch ein martensitisches Gefüge entsteht.

Der Aufbau eines Warmumformwerkzeuges ist komplexer als der eines konventionellen. Dies begründet sich darin, dass in Stempel und Matrize Kühlkanäle integriert werden müssen. Die meist durch Tieflochbohren hergestellten Kanäle sind in den minimal abbildbaren Durchmessern beschränkt, was sich direkt auf den realisierbaren Konturabstand auswirkt. Daher ist für Warmumformwerkzeuge eine gezielte Temperierung einzelner Bereiche, konform zur Werkzeugkontur, nur sehr aufwändig und mit großen Einschränkungen realisierbar. Das Resultat daraus ist oft mangelhafte Solltemperaturerreichung und zu geringe Wärmeabfuhr in den kritischen Bereichen des Werkzeugs.

Im Rahmen des Projektes generativ gefertigte „HiperFormTool“ [3] wurde untersucht, wie die Blechwarmumformung mittels Laserstrahlschmelze Werkzeugaktiv-

[3] HiperFormTool, Hochleistungswerkzeuge für die Blechumformung mittels Laserstrahlschmelzen, ERANET-Verbundprojekt, MANUNET-HiperFormTool (BMBF-FKZ 02PN2000)

komponenten effizienter gestaltet werden kann. Dazu wurden mittels Simulation das thermische Verhalten der Werkzeuge und der Umformprozess genauestens analysiert und verschiedene Kühlkanalgeometrien miteinander verglichen. Auf Basis der Simulationsergebnisse und unter Nutzung der geometrischen Freiheiten des generativen Laserstrahlschmelzens wurde ein innovatives, konturnahes Kühlsystem abgeleitet. Hauptziel der Forschungsarbeiten war die signifikante Verkürzung der Zykluszeit. Zusätzlich wurde ein Konzept zur Sensorintegration noch während der Generativen Fertigung entwickelt und umgesetzt.

Die entwickelte innovative Werkzeugtemperierung erlaubte eine signifikante Reduzierung der Haltezeit im Presshärtprozess um 70%, von 10 s auf 3 s, bei gleicher Genauigkeit und Härte der warmgeformten Bauteile. Insgesamt wurden mehr als 1500 Bauteile umgeformt und dabei ca. 3 h Fertigungszeit eingespart. Die Funktion der stoffschlüssig integrierten Thermosensorik konnte durch die genaue Dokumentation des Temperaturverlaufs während des Laserstrahlschmelzprozesses selbst, der nachgelagerten Wärmebehandlung und der eigentlichen Umformversuche nachgewiesen werden.

Ansprechpartner:
Mathias Gebauer, mathias.gebauer@iwu.fraunhofer.de, +49 351 4772-2151

10.7 Generative Fertigung keramischer Bauteile

Uwe Scheithauer · Dr. Hans-Jürgen Richter
Fraunhofer-Institut für Fraunhofer-Institut für Keramische Technologien und Systeme IKTS

Im Unterschied zur Generativen Fertigung polymerer oder metallischer Bauteile schließen sich bei keramischen Bauteilen die typischen Wärmebehandlungsprozesse wie Entbinderung und Sinterung an den eigentlichen, generativen Fertigungsprozess (Formgebung) an. Dabei werden zunächst die organischen Hilfsmittel aus dem generativ gefertigten Grünkörper entfernt, bevor die keramischen Partikel, meist unter einer signifikanten Volumenabnahme bei Temperaturen oberhalb 1000 °C, versintert werden. Erst der Sinterschritt verleiht dem Bauteil die finalen Eigenschaften.

Zur generativen Fertigung keramischer Bauteile werden unterschiedliche Verfahren genutzt, die generell in pulverbett- und suspensionsbasierte oder in indirekte (flächiger Auftrag des Materials und selektive Verfestigung) und direkte Verfahren (selektiver Auftrag des Materials) untergliedert werden können.

Bei suspensionsbasierten Verfahren liegen die Ausgangsmaterialien in Form von Suspensionen, Pasten, Tinten oder Halbzeugen wie thermoplastischen Feedstocks, Grünfolien oder Filamenten vor. Im Vergleich zu pulverbettbasierten Verfahren werden mit suspensionsbasierten generativen Fertigungsverfahren höhere Gründichten erreicht, die dann im gesinterten Bauteil zu einem dichten Werkstoffgefüge und einer geringen Rauigkeit der Oberfläche führen. Neuartige, komplexe keramische Strukturen verdeutlichen das Potenzial der generativen Fertigung für die Keramik (vgl. Abb. 10.10).

Ein aktueller Schwerpunkt ist die Entwicklung von Verfahren zur Fertigung von Multimaterialverbunden (z. B. Keramik/Metall) und von Bauteilen mit Eigenschaftsgradienten (z. B. dicht/porös). Gerade die direkten Verfahren bieten dafür ein sehr großes Potenzial durch den selektiven Auftrag unterschiedlicher Materialien. Damit sollen zukünftig Bauteile mit hochkomplexen inneren und äußeren Geometrien hergestellt werden, die zudem noch Eigenschaften verschiedener Werkstoffe in sich vereinen (z. B. elektrisch leitfähig / nichtleitfähig, magnetisch / nicht magnetisch).

Themen aus den Bereichen Werkstoff-, Anlagen-, Prozess- und Bauteilentwicklung werden gemeinsam mit nationalen und internationalen Partnern in mehreren BMBF-Projekten (AGENT-3D: IMProve + MultiBeAM + FunGeoS; AddiZwerk) und in dem EU-Projekt cerAMfacturing bearbeitet. Außerdem steht die Entwicklung von hybriden Verfahren im Fokus, bei denen generative und konventionelle Fertigungsverfahren kombiniert werden. Somit ist es möglich Bauteile, die in Groß-

Abb. 10.10 Generativ gefertigte Aluminiumoxidbauteile für Anwendungen als Wärmetauscher oder Mischer für zwei Fluide (Fraunhofer IKTS)

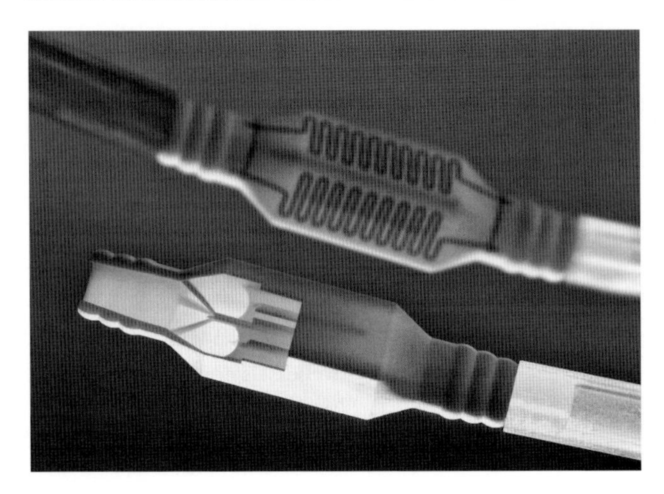

Abb. 10.11 Keramische Heizerstruktur, generativ hergestellt und funktionalisiert mittels Aerosoldruck (Fraunhofer IKTS)

serie produziert werden noch zu individualisieren oder generativ hergestellte Bauteile noch zu funktionalisieren (vgl. Abb. 10.11). Neben der Verfahrensentwicklung und -anpassung versteht sich von selbst, dass auch die stetige Erweiterung des nutzbaren Materialportfolios eine unabdingbare Entwicklungsaufgabe ist.

Ansprechpartner:
Dr. Hans-Jürgen Richter, Hans-Juergen.Richter@ikts.fraunhofer.de,
+49 351 2553-7557

10.8 Druckbare Biomaterialien

Dr. Kirsten Borchers · Dr. Achim Weber
Fraunhofer-Institut für Grenzflächen- und Bioverfahrenstechnik IGB

Das Drucken von biologischen und biofunktionellen Materialien – auch bekannt unter dem Namen Bioprinting – ist eine relativ neue und vielversprechende Möglichkeit, Oberflächen eine Funktion zu verleihen oder ganze 3D-Objekte herzustellen, vgl. Abb. 10.12) Aktuelle Forschungs- und Entwicklungsarbeiten, an denen auch das Fraunhofer IGB beteiligt ist, befeuern die Vision, in Zukunft personalisierte biologische Implantate einzusetzen.

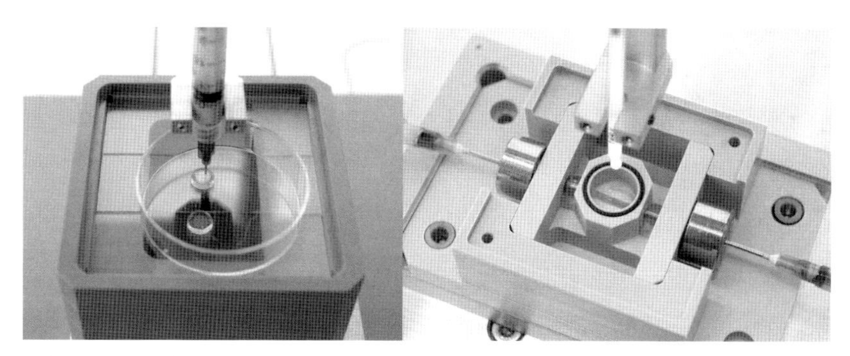

Abb. 10.12 Biotinten aus Biomolekülen können als viskose Gele oder dünnflüssige Lösungen für unterschiedliche Druckverfahren entwickelt werden, links: Robotic Dispensing, rechts: Drop-on-demand Inkjet (Fraunhofer IGB)

Verschiedene Drucktechniken wie Inkjet- oder Dispensierverfahren erfordern unterschiedliche rheologische Materialeigenschaften. Gleichzeitig müssen die sogenannten Biotinten nach dem Druck so verfestigt werden, dass die gewünschten biologischen Funktionen zur Verfügung stehen.

Biopolymere sind durch die Natur optimiert und erfüllen komplexe Aufgaben: Als Gewebematrix beherbergen sie beispielsweise lebende Zellen, sie speichern Wasser und wasserlösliche Stoffe und setzen sie bei Bedarf wieder frei, und sie sind an der biologischen Signalübertragung beteiligt. Diese umfassenden Funktionen sind zwar nicht einfach durch chemische Synthese nachzubauen, man kann aber

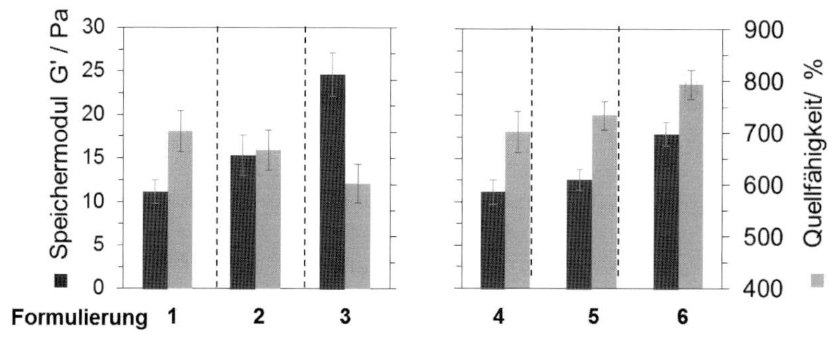

Abb. 10.13 Durch Formulierung unterschiedlich modifizierter Biomoleküle können bei gleicher Biopolymerkonzentration und –zusammensetzung Hydrogele mit unterschiedlichen Eigenschaftskombinationen erzeugt werden. (Fraunhofer IGB).

geeignete Biomoleküle chemisch modifizieren und diese so für digitale Druckprozesse einsetzbar machen.

Das Fraunhofer IGB nutzt Biopolymere aus der extrazellularen Matrix natürlicher Gewebe, beispielsweise Gelatine als Abbauprodukt des Kollagens, Heparin, Hyaluronsäure und Chondroitinsulfat und versieht sie mit zusätzlichen Funktionen. Durch „Maskierung" bestimmter funktioneller Gruppen können beispielsweise intermolekulare Wechselwirkungen reduziert und dadurch die Viskosität und das Gelierverhalten der Biopolymerlösungen beeinflusst werden. Außerdem lassen sich reaktive Gruppen einfügen, um Biomoleküle an Oberflächen zu fixieren und Hydrogele mit einstellbaren Festigkeiten und Quellbarkeiten zu erzeugen, vgl. Abb. 10.13 [2][3][4][5]. Schließlich entstehen durch die Formulierung, das heißt durch Mischung und Zugabe von Signalstoffen oder biofunktionalen Partikeln, druckbare Biomaterialien mit maßgeschneiderten Eigenschaften [6][7].

Auf der Grundlage chemisch modifizierter Biopolymere erarbeitet das Fraunhofer IGB unter anderem druckbare Biomolekül-Lösungen, biobasierte Freisetzungssysteme und zellspezifische Matrices für die Geweberegeneration. [8][9][10]

Ansprechpartner:
Dr. Achim Weber, achim.weber@igb.fraunhofer.de, +49 711 970-4022

10.9 Entwicklung und Bau einer hochproduktiven Fertigungsanlage zur generativen Herstellung großformatiger Bauteile aus wahlfreien Kunststoffen

Dr. Uwe Klaeger
Fraunhofer-Institut für Fabrikbetrieb und -automatisierung IFF

Die Herstellung von großen Bauteilen ist in vielen Bereichen mit hohen Produktionskosten verbunden. Um derartige Elemente wirtschaftlich fertigen zu können, sind hohe Aufbauraten (Baugeschwindigkeiten) bei gleichzeitig niedrigen Materialkosten erforderlich.

Ein vielversprechender Ansatz zur Lösung dieser Problematik ist die Entwicklung eines neuartigen und kostengünstigen Anlagenkonzepts, welches im Verbundvorhaben[4] „High Performance 3D“ von sechs Industrieunternehmen und drei Forschungseinrichtungen verfolgt wird. Die Technologie kombiniert generative Fertigungsverfahren mit moderner Industrierobotik und ermöglicht so die wirtschaftliche Herstellung individueller Bauteile mit beliebigen Größen und Gewichten.

Die grundlegende Idee der Verfahrenslösung basiert auf der Kombination eines speziellen Granulatextruders mit einem flexiblen Knickarm-Roboter. Die hochproduktive Anlage nutzt drei Extruder, mit denen unterschiedliche Materialien schichtweise aufgetragen werden können. Die Werkstoffpalette umfasst sowohl Hart-Weich-Kombinationen und unterschiedliche Farben als auch Glas- bzw. kohlefasergefüllte Materialien. Die Extrudereinheit wurde für eine maximale Bauteil-Aufbaurate von 2 kg/Std. für standardisierte Granulate, typische Kunststoffmaterialien wie ABS, PMMA, PP, PC, PC/ABS, PLA konzipiert. Zur Gewährleistung eines kontinuierlichen Materialflusses wurde eine modifizierte Nadelverschlussdüse verbaut, mit der eine unkontrollierte Fadenbildung während des Bauprozesses verhindert wird. Durch eine permanente Online-Temperaturmessung im Bauraum wird ein stabiles Viskositätsverhalten der Kunststoffe erzielt.

Der Bauteilaufbau erfolgt auf einer beheizten Arbeitsplattform, die am Roboter montiert ist. Um ein dreidimensionales Teil ohne Anisotropie zu erzeugen, erfolgt die Bewegung der Bauplattform sechsachsig, sodass sich der Materialauftragspunkt stets senkrecht zur Extruderdüse befindet. Ein zweiter Roboter platziert weitere (auch metallische) Komponenten in das Bauteil, wodurch die automatische Integration zusätzlicher Funktionselemente möglich wird. Der Anlagenprototyp ist zunächst für Bauteilvolumina von 1000 x 1000 x 1000 mm^3 und maximalen Bauteilgewichten von 25 kg konzipiert.

Ein wesentliches Element des technologischen Gesamtkonzeptes ist die entwicklungsbegleitende Simulation der komplexen Produktionsabläufe. Hierfür wird das vom Fraunhofer IFF entwickelte durchgängige Simulationswerkzeug „VINCENT„ eingesetzt (vgl. Abb. 10.14). Die Ergebnisse der Simulation fließen direkt in die konstruktive Entwicklung der Fertigungsanlage ein. Das Programm erlaubt die Prozessvisualisierung und Erreichbarkeitsprüfung aller Bahnen für den schichtweisen Bauteilaufbau sowie eine Kollisionserkennung im Arbeitsraum. Hierdurch ist ein geometrischer und funktionaler Test der Anlage schon vor Beginn der Fertigung ihrer Komponenten möglich, sodass eine deutliche Verkürzung der Anlagenentwicklungs- und Inbetriebnahmezeiten erreicht wird.

[4] HP3D: Konzeptionelle Entwicklung und Bau einer hochproduktiven Fertigungsanlage zur generativen Herstellung großvolumiger Bauteile aus wahlfreien Kunststoffen-High Performance 3D (BMBF-FKZ 02P14A027)

Abb.10.14 Generative Herstellung großer Bauteile mit universeller Industrierobotik unter Nutzung entwicklungsbegleitender Simulationswerkzeuge (Fraunhofer IFF)

Das neuartige 3D-Druckverfahren mit der Kombination von Extrudern und Robotern eröffnet der Herstellung von komplexen Kunststoffgroßteilen neue Möglichkeiten. Da keine aufwändigen Formen oder Werkzeuge erforderlich sind, unterliegt die Bauteilherstellung nahezu keiner Bauraumbeschränkung. Mit der wesentlich kürzeren Prozesskette können Großbauteile zukünftig wirtschaftlich und flexibel hergestellt werden und zu einer Vielzahl neuer oder verbesserter Produkte in den verschiedensten Marktsegmenten führen.

Ansprechpartner:
Dr. Uwe Klaeger, uwe.klaeger@iff.fraunhofer.de, +49 391 40 90-809

10.10 Integration sensorisch-diagnostischer und aktorisch-therapeutischer Funktionen in Implantate

Dr. Holger Lausch
Fraunhofer-Institut für Keramische Technologien und Systeme IKTS
Thomas Töppel
Fraunhofer-Institut für Werkzeugmaschinen und Umformtechnik IWU

Von Theranostischen Implantaten werden diagnostische wie therapeutische Funktionen erwartet. In die Ingenieurssprache übersetzt sind also sensorische und aktorische Komponenten in ein Implantat zu integrieren. Der Vorteil eines solchen strategischen Ansatzes liegt darin, die für eine Therapie relevanten Informationen dort zu gewinnen, wo sie anfallen, um dann genau dort lokal therapeutisch biologische Wirkungen zu erzielen. Diese Strategie wurde im Fraunhofer-Leitprojekt „Theranostische Implantate" in Gestalt einer form-, kraft- und materialschlüssigen Einbettung von Aktoren und Sensoren in ein kompaktes, generativ gefertigtes Hüftimplantat umgesetzt. Aufgrund der vollständigen Integration im Implantat kann somit wiederum die Messung von Kräften oder Spannungen direkt im Bereich des Kraftflusses des Implantats erfolgen.

Für therapeutische Funktionen kann die entsprechende Aktorik hermetisch gekapselt im Inneren des Implantates wirkstellennah eine Teil- oder Gesamtanregung

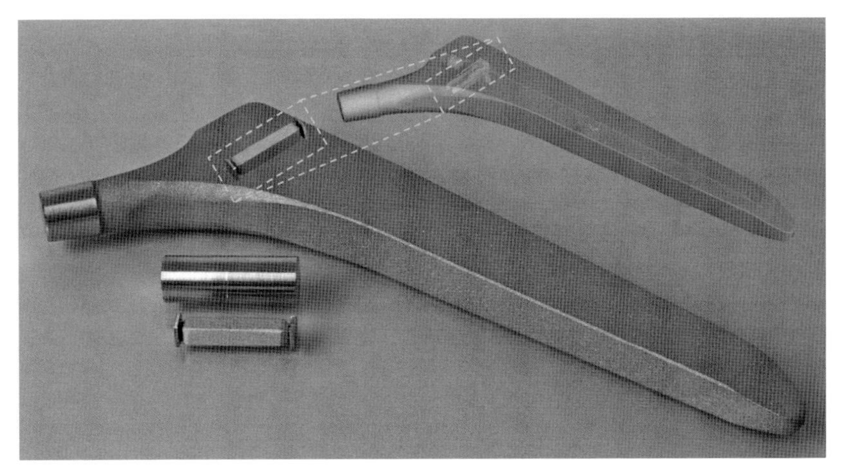

Abb. 10.15 Hüftschaft-Implantat mit integrierter Sensor-Aktor-Einheit, oben rechts: CT-Darstellung (Fraunhofer IWU)

des Implantats zur biomechanischen, elektrischen oder chemischen Stimulation der Grenzfläche zwischen Implantat und Gewebe gewährleisten. Im Ergebnis dieses Projekts ist es gelungen, thermisch sensitive Funktionskomponenten in ein generativ mittels Laser-Strahlschmelzen aus Titan hergestelltes Hüftschaft-Implantat zu integrieren. Dafür wurden sowohl der Sensor bzw. Aktor sowie der Induktor der drahtlosen Energie- und Datenübertragung in eine generativ gefertigte Trägerstruktur eingebracht, welche in der späteren Prozessfolge form-, kraft- und stoffschlüssig mit dem Implantatgrundkörper verschmolzen wird. Damit verbunden wurden die verfahrensinhärenten Eigenschaften der generativen Fertigung genutzt, örtlich und zeitlich sehr begrenzt und gezielt steuerbar thermische Energie mit dem Laserstrahl in das Material einzutragen. Gepaart mit einer geeigneten Prozessführung des Laserstrahls und einem speziell entwickelten, generativ gefertigten keramisch-metallischen Multi-Layer-Schutzschichtsystem (Ceramic Metallic Covering – CMC) der Sensorik/Aktorik konnte trotz hoher Schmelztemperaturen der Titanlegierung TiAl6V4 von nahezu 1700 °C der Funktionserhalt der Sensorik/Aktorik gewährleistet werden. Die entwickelte Prozesskette zur form-, kraft- und stoffschlüssigen Integration von Sensorik/Aktorik kann auf weitere Anwendungen transferiert und beispielsweise für die bauteilintegrierte Zustandsüberwachung oder aktorischen Funktionalisierung genutzt werden.

Ansprechpartner:
Dr. Holger Lausch, holger.lausch@ikts.fraunhofer.de, +49 341 35536-3401
Thomas Töppel, thomas.toeppel@iwu.fraunhofer.de, +49 351 4772-2152

10.11 Generierung dreidimensionaler Multimaterialbauteile

M.Sc. Matthias Schmitt · M.Sc. Christine Anstätt · Dr.-Ing. Christian Seidel
Fraunhofer-Einrichtung für Gießerei-, Composite- und Verarbeitungstechnik IGCV

Die Gruppe „Additive Fertigung" des Fraunhofer IGCV befasst sich derzeit überwiegend mit pulverbettbasierten Verfahren zur Herstellung von metallischen Hochleistungsbauteilen wie dem Laserstrahlschmelzen (LBM). Hier werden mithilfe eines Laserstrahls dünne Schichten aus Metallpulver selektiv aufgeschmolzen und verfestigt. Derzeit können mit diesem Verfahren Bauteile aus einem Werkstoff hergestellt werden. Multimaterialbauteile zeichnen sich durch mindestens zwei unter-

Abb.10.16 Multimaterialstrukturen mit Werkzeugstahl 1.2709 (Fraunhofer IGCV)

schiedliche Werkstoffe aus, die fest miteinander verbunden sind. Die Fertigung von 2D-Multimaterialbauteilen, bei welchen ein Materialwechsel zwischen aufeinanderfolgenden Schichten erfolgt, kann bereits durch einen zeitaufwendigen manuellen Materialwechsel erfolgen. Dies ist bei einem 3D-Multimaterialbauteil heute typischerweise nicht möglich, da hier innerhalb einer Schicht beide Werkstoffe vorliegen müssen. Zur Fertigung dieser Bauteile ist es notwendig, den Pulverauftragsmechanismus anzupassen, um die Ablage eines zweiten Werkstoffs in der Pulverschicht zu ermöglichen. Daher wurde am Fraunhofer IGCV ein neuartiger Auftragsmechanismus in eine LBM-Anlage soft- und hardwaretechnisch integriert, sodass nun der Aufbau von 3D-Multimaterialbauteilen in einer Laserstrahlschmelzanlage möglich ist.

Eine erste Anwendung der modifizierten Laserstrahlschmelzanlage fokussierte die Herstellung von Strukturen aus dem Werkzeugstahl 1.2709 und einer Kupferlegierung (vgl. Abb. 10.16) im Rahmen des Forschungsverbunds ForNextGen. Die Bayerische Forschungsstiftung unterstützt diesen Verbund aus sechs akademischen Partnern und 26 Industrieunternehmen, der zum Ziel hat, produktionswissenschaftliche Grundlagen für den Einsatz generativer Fertigungsverfahren im Werkzeug- und Formenbau zu schaffen. Die Qualifizierung und anschließende Einführung dieser Verfahren soll dazu führen, Werkzeuge der Ur- und Umformtechnik im Hinblick auf Formkomplexität, Beanspruchbarkeit sowie Herstellungsdauer und -kosten signifikant zu verbessern. Die vom Fraunhofer IGCV erforschte Multimaterialverarbeitung bietet dabei große Potenziale für Werkzeugformen und -einsätze. Am Beispiel eines Angussstutzens wird ein Grundkörper aus 1.2709-Werkzeugstahl aufgebaut und dabei mit CCZ (Kupferlegierung) in zwei unterschiedlichen Bauteilbereichen zur Verbesserung der Wärmeabfuhr versehen. Durch diese innenliegenden Kühlstrukturen aus hoch wärmeleitfähigem Material kann der Wärmehaushalt verbessert und dadurch die Zykluszeit reduziert werden.

Über die Arbeiten im Projekt ForNextGen hinaus konnte am Fraunhofer IGCV bereits gezeigt werden, dass sich auch Multimaterialbauteile aus einer Metalllegierung und einer technischen Keramik (AlSi12 und Al_2O_3) mittels der vorliegenden Laserstrahlschmelzanlage generieren lassen.

Ansprechpartner:
Christine Anstätt, christine.anstaett@igcv.fraunhofer.de, +49 821 90678-150

Quellen und Literatur

[1] Schirrmeister, E. eta al: Wettbewerbsanalyse für ausgewählte Technologie- und Geschäftsfelder von Fraunhofer – WETTA, Teilbericht: Generative Fertigung. Fraunhofer-Gesellschaft (intern), Januar 2015

[2] EP2621713 B1Vorrichtung und Verfahren zur schichtweisen Herstellung von 3D-Strukturen, sowie deren Verwendung, 2011, Fraunhofer Gesellschaft.

[3] DE1020112219691B4: Modifizierte Gelatine, Verfahren zu ihrer Herstellung und Verwendung, 2014, Fraunhofer Gesellschaft.

[4] Hoch, E., et al., Chemical tailoring of gelatin to adjust its chemical and physical properties for functional bioprinting. Journal of Materials Chemistry B, 2013. 1(41): p. 5675-5685.

[5] Engelhardt S. et al., Fabrication of 2D protein microstructures and 3D polymer–protein hybrid microstructures by two-photon polymerization, Biofabrication, 2011. 3: p.025003

[6] Borchers, K., et al., Ink Formulation for Inkjet Printing of Streptavidin and Streptavidin Functionalized Nanoparticles. Journal of Dispersion Science and Technology, 2011. 32(12): p. 1759-1764.

[7] Knaupp, M., et al., Ink-jet printing of proteins and functional nanoparticles for automated functionalization of surfaces. 2009.

[8] Wenz, A., et al., Hydroxyapatite-modified gelatin bioinks for bone bioprinting, in BioNanoMaterials. 2016. p. 179.

[9] Huber, B., et al., Methacrylated gelatin and mature adipocytes are promising components for adipose tissue engineering. Journal of Biomaterials Applications, 2016. 30(6): p. 699-710.

[10] Hoch, E., Biopolymer-based hydrogels for cartilage tissue engineering. Bioinspired, Biomimetic and Nanobiomaterials, 2016. 5(2): p. 51-66.

Future Work Lab

11

Arbeitswelt der Zukunft

Prof. Dr. Wilhelm Bauer · Dr. Moritz Hämmerle
Fraunhofer-Institut für Arbeitswirtschaft und Organisation IAO
Prof. Dr. Thomas Bauernhansl · Thilo Zimmermann
Fraunhofer-Institut für Produktionstechnik und
Automatisierung IPA

Zusammenfassung

Das Future Work Lab macht als Innovationslabor für Arbeit, Mensch und Technik die Gestaltung zukunftsorientierter Arbeitskonzepte für Unternehmen, Verbände sowie Mitarbeitende und Gewerkschaften durchgängig erfahrbar. Das Labor verbindet die Demonstration konkreter Industrie-4.0-Anwendungen mit Angeboten zur Kompetenzentwicklung und integriert den aktuellen Stand der Arbeitsforschung. So ermöglicht es ganzheitliche Entwicklungsschritte im Umfeld von Arbeit, Mensch und Technik. Insgesamt trägt das Future Work Lab maßgeblich dazu bei, die Wettbewerbsfähigkeit der Unternehmen durch die partizipative Gestaltung zukunftsfähiger Arbeitsumgebungen nachhaltig zu steigern.

Rahmendaten des Projekts

Kooperationspartner

Fraunhofer-Institut für Arbeitswirtschaft und Organisation IAO
Fraunhofer-Institut für Produktionstechnik und Automatisierung IPA
Institut für Arbeitswissenschaft und Technologiemanagement (IAT) der Universität Stuttgart
Institut für industrielle Fertigung und Fabrikbetrieb (IFF) der Universität Stuttgart

Forschungsplan, Fördervolumen

Laufzeit 05/2016-04/2019
Fördervolumen 5,64 Mio. Euro
Fördergeber: BMBF
Projektträger: PTKA Karlsruhe

Ansprechpartner

Dr.-Ing. Moritz Hämmerle
Fraunhofer IAO
Telefon +49 711 970 -2284
moritz.haemmerle@iao.fraunhofer.de
www.futureworklab.de

11.1 Einleitung: Megatrend Digitalisierung und Industrie 4.0

Unsere Gesellschaft – und mit ihr auch viele andere auf der Welt – steht aufgrund des demografischen Wandels, des Fachkräftemangels und der fortschreitenden Digitalisierung vor neuen tiefgreifenden Herausforderungen. Das Internet und digitale Technologien, allen voran auch die mobile Nutzung von Daten und Künstlicher Intelligenz, gestalten nicht nur unseren Alltag neu, sondern führen auch zu umfassenden Veränderungen in Wirtschaft und Arbeitswelt.

Nach der Erfindung der Dampfmaschine, der Industrialisierung und dem Start des Computerzeitalters sind wir jetzt mit dem „Internet der Dinge und Dienste" schon mitten in der vierten industriellen Revolution. Die fortschreitende Entwicklung der Informations- und Kommunikationstechnik (IKT) hat dafür gesorgt, dass mittlerweile in weiten Teilen der Industrie leistungsstarke und preisgünstige eingebettete Systeme, Sensoren und Aktoren zur Verfügung stehen. Unter dem Schlagwort „Industrie 4.0" werden aktuell Entwicklungen hin zu einem Produktionsumfeld diskutiert, das aus intelligenten, sich selbst steuernden Objekten besteht, die sich zur Erfüllung von Aufgaben zielgerichtet temporär vernetzen. In diesem Zusammenhang wird auch von cyberphysischen Systemen (CPS) und cyberphysischen Produktionssystemen (CPPS) gesprochen [11][15]. CPS sind Systeme, welche die reale mit der virtuellen Welt in einem Internet der Dinge, Daten und Diens-

Abb. 11.1 Arbeit der Zukunft – zwischen Mensch, Technologie und Business (Fraunhofer IAO/Shutterstock)

te verknüpfen. Ein breites Feld an Anwendungen zeichnet sich ab, beispielsweise in den Bereichen Automatisierung, Produktion, Robotik wie auch in der medizinischen Versorgung und Energieverteilung [1][9][5].

Für die Wettbewerbsfähigkeit Deutschlands ist die erfolgreiche Entwicklung und Integration digitaler Technologien in den Prozessen der industriellen Anwenderbranchen entscheidend [7]. Dazu gilt es, erfolgreiche Antworten auf neue Herausforderungen zu finden: Wie können wir die Chancen der Digitalisierung für Wirtschaft, Verwaltung und Gesellschaft partizipativ nutzen und die Herausforderungen gemeinsam meistern? Wie wollen wir in einer digitalen Welt leben, lernen und arbeiten? Wie lassen sich die Möglichkeiten neuer Technologien mit den Anforderungen des demografischen Wandels, der Vereinbarkeit von Privat- und Arbeitsleben in Einklang bringen? Wie lassen sich sowohl die Wettbewerbsfähigkeit der Unternehmen als auch die Qualität der Arbeit positiv beeinflussen und weiter steigern?

11.2 Future Work Frame – Rahmenbedingungen für eine zukunftsfähige Arbeitsgestaltung

Durch den zunehmenden Einsatz digitaler Technologien in der Produktion und in angrenzenden Arbeitsfeldern bilden sich neue Formen sozio-technischer Arbeitssysteme, die zu massiven Veränderungen der Arbeitsorganisation und -gestaltung führen. Volatile Märkte als Steuerungsinstrumente für Arbeit führen zu einem steigenden Maß zeitlicher und räumlicher Flexibilität. Die Mobilitätsanforderungen an die Beschäftigten steigen weiter, neue Beschäftigungsformen halten neben dem Normalarbeitsverhältnis vermehrt Einzug. Weiterhin wird der qualifizierte Umgang mit Digitalisierung, IT und intelligenten technischen Systemen zunehmend zur „Eintrittskarte" der Beschäftigten für zahlreiche Arbeitstätigkeiten [3][15]. Mensch-Technik-Interaktion, die Flexibilisierung der Arbeit sowie notwendige Kompetenz- und Qualifizierungsbedarfe sind zukünftig aktiv in der Arbeitsgestaltung zu berücksichtigen.

11.2.1 Mensch-Technik-Interaktion

Die zunehmende Autonomie und Intelligenz technischer Systeme verändern die Anforderungen an die Mensch-Technik-Interaktion. Es besteht heute weitgehend Einigkeit darüber, dass die Potenziale einer Industrie 4.0 erst durch eine partnerschaftliche Kooperation zwischen Mensch und Technik voll ausgeschöpft werden können. Mensch-Technik-Schnittstellen sind zukünftig von zentraler Bedeutung.

Diese müssen eine enge Kooperation zwischen Mensch und Technik ermöglichen, damit sich die Stärken der Technik – beispielsweise Wiederholbarkeit, Genauigkeit und Ausdauer – und die besonderen menschlichen Fähigkeiten wie Kreativität und Flexibilität optimal ergänzen.

Insbesondere für autonome und selbstlernende bzw. selbstoptimierende Systeme existieren heute kaum gesicherte Erkenntnisse darüber, wie die Mensch-Technik-Interaktion gestaltet werden kann, um einerseits die technischen und wirtschaftlichen Ziele zu erreichen und andererseits menschengerechte Arbeitsbedingungen zu schaffen, die Zufriedenheit und persönliches Wachstum fördern [1].

11.2.2 Flexibilität, Entgrenzung und Work-Life-Balance

Trotz aller Veränderungen durch Digitalisierung und weitere Automatisierung bleiben zukünftige Arbeitssysteme in Fabrik und Büro auch weiterhin sozio-technische Systeme. Die darin tätigen Mitarbeiter übernehmen in diesem flexiblen und vernetzten Umfeld unterschiedliche Rollen. Mit ihren kognitiven Fähigkeiten schließen sie sensorische Lücken der Technik und erfassen komplexe Situationen schnell und umfassend. Als Entscheider lösen sie Konflikte vernetzter Objekte und greifen – mit digitalen Hilfsmitteln ausgestattet – in zeitkritische Abläufe ein. Als Akteure bearbeiten Mitarbeiter hoch komplexe und unregelmäßig aufkommende Arbeitsaufgaben. In der Rolle von Innovatoren und Prozessoptimierern sind sie auch in Zukunft an der Weiterentwicklung der industriellen Wertschöpfung aktiv beteiligt [15].Ausgestattet mit mobilen Geräten arbeiten die Mitarbeiter so mit einer hohen zeitlichen, räumlichen und inhaltlichen Flexibilität an unterschiedlichen Aufgaben. Zukünftige Arbeitsumfänge verschieben sich im Tätigkeitsfeld zwischen ausführenden und überwachenden bzw. steuernden Tätigkeiten. Mobile Arbeitsformen und -inhalte ergänzen die bestehende Arbeitsorganisation. Auch im produzierenden Bereich erhöht sich der Flexibilitätskorridor, sodass neben flexiblen Arbeitsorten auch Gleitzeit in der Produktion in Zukunft ein relevantes Thema wird.

Neben massiv zunehmenden marktseitigen Anforderungen an einen flexiblen Personaleinsatz sind in den letzten Jahren auch seitens der Mitarbeiter verstärkt neue Ansprüche an flexibles Arbeiten erwachsen. Dabei stehen der Bedarf an eine kurzfristige und selbstbestimmte Anpassung der eigenen Arbeitszeiten an private Belange im Sinne ausgewogener Work-Life-Balance, von Empowerment und der Trend zur Selbstorganisation besonders im Vordergrund [13][4][12].

11.2.3 Kompetenzentwicklung und Qualifizierung

Eine zukunftsfähige Digitalisierung von Produktion und produktionsnahen Bereichen erfordert schon heute fachlich-technische Kompetenzen in den Bereichen Mechanik, Elektrotechnik, Mikrotechnologie, IT sowie deren Kopplung. Hinzu muss ein vertieftes Prozessverständnis sowohl der physischen als auch der digitalen Prozesse und deren echtzeitnaher Synchronisierung kommen [16]. Kompetenzen zur disziplin- und prozessübergreifenden Kommunikation, Kooperation und Organisation für die Arbeit in interdisziplinären Teams und Netzwerken werden unabdingbar.

Im Kontext der Erweiterung von Produktionssystemen um Methoden der Industrie 4.0 wird der permanente Umgang mit ständigen Neuerungen und Veränderungen zum Normalfall – aufgrund der Anforderungen einer flexiblen Produktion sowie stetiger technischer und anhaltender technisch-organisatorischer Anpassungen. Um diese Veränderungen erfolgreich zu bewältigen, muss Qualifizierung für Industrie 4.0 durch Kompetenzentwicklung in der Breite erfolgen. Dies bedeutet, die Befähigung eines jeden Mitarbeiters zur Weiterentwicklung seines Könnens und Wissens zu erschließen und zu entwickeln [6][14].

Kompetenz als Verbindung von Wissen und Können wird am besten dadurch entwickelt, dass Mitarbeiter am und im konkreten betrieblichen Arbeitsprozess lernen, Aufgaben zu erfüllen, die sie zuvor nicht beherrscht haben[8]. Dementsprechend sollte Qualifizierung für Industrie 4.0 im Kern ein kompetenzförderliches „Lernen im Prozess der Arbeit" bzw. arbeitsprozessorientiertes Lernen sein. Dabei werden unter anderem Arbeitsaufgaben durch Lernaufgaben erweitert. Das Lernen wird mit Beratungs- und Begleitkonzepten unterstützt und kann – mit neuen digitalen Elementen ergänzt – sowohl selbstgesteuert als auch in Gruppen erfolgen.

11.3 Future Work Trends – Arbeitsgestaltung in der Industrie 4.0

Durch die erweiterten Eigenschaften von CPS lässt sich die Industriearbeit der Zukunft neu gestalten. In Bezug auf die Gestaltung von Arbeitsplätzen sind vor allem die Vernetzung, Kontextsensitivität, Assistenz und Intuitivität zu nennen, die nutzenseitig aufeinander aufbauen. Ergänzt wird die Ebene der intelligenten Arbeitsplätze und Arbeitssysteme durch eine digitalisierte Arbeitsorganisation. Im Folgenden wird nur auf die Arbeitsplatzebene näher eingegangen.

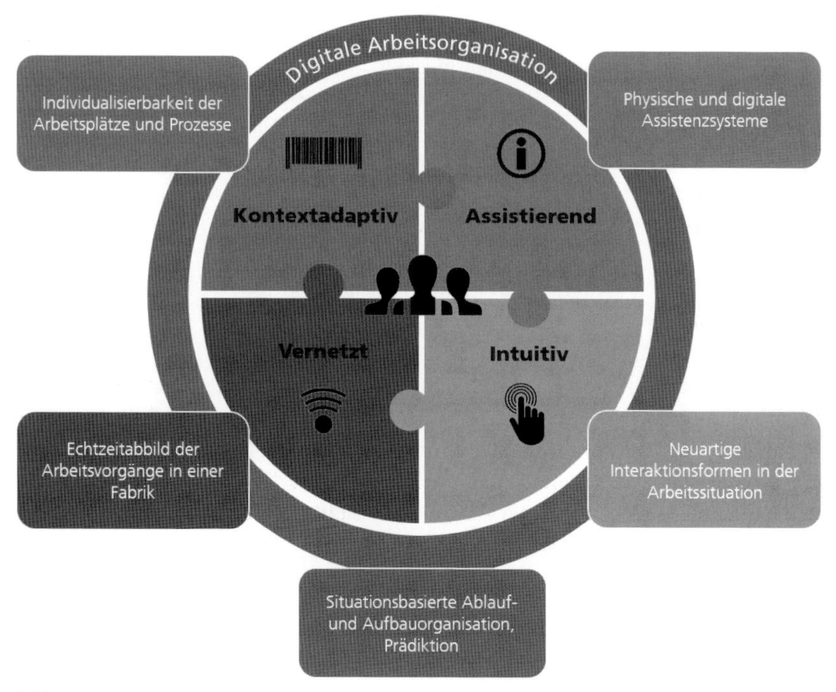

Abb. 11.2 Future Work Trends verändern die Arbeitsgestaltung. (Fraunhofer IAO/Fotolia)

11.3.1 Vernetzte Arbeitssysteme

Das Ziel vernetzter Arbeitsplätze besteht darin, Systeme sowie Prozess- und Produktdaten durchgängig zu vernetzen, anstatt bestehende Silo-IT-Systeme zu nutzen. Dafür sind Arbeitsplätze mit einer Sensorik auszustatten, die anfallende Daten erfasst. Weiterhin gilt es, die Weitergabe, Verarbeitung und den Austausch von Daten zwischen Objekten in der Produktion zu ermöglichen. Ein vernetzter Datenaustausch sollte dabei sowohl horizontal entlang der Prozesskette als auch vertikal im Unternehmen sowie bidirektional – zwischen System und Nutzer und Nutzer und System – erfolgen. Nur auf diese Weise können die aus Daten gewonnenen Informationen für die Systeme und Mitarbeiter bereitgestellt und von ihnen verwertet werden.

Zur Anwendung kommen vernetzte Objekte und die Echtzeit-Nutzung relevanter Produktionsparameter in einer Industrie-4.0-Umgebung beispielsweise, wenn

Produktionsereignisse in die Produktionssteuerung zurückgeführt werden (z. B. beim Störungsmanagement). Gestaltungsaufgaben im Themenfeld der Vernetzung sind die Entwicklung von neuen Produktionskonzepten 4.0 – die über Lean hinausgehen – und die Unterstützung der Mitarbeiterakzeptanz bei der Arbeit in Transparenz erzeugenden Arbeitssystemen. Ferner müssen die Mitarbeiter für die Arbeit in hochvernetzten Systemen qualifiziert werden und anfallende Daten interpretieren können, um ihre Arbeitsprozesse zu optimieren.

11.3.2 Kontextsensitive Arbeitssysteme

Traditionelle Produktionsstrukturen berücksichtigen die Unterschiedlichkeit von Mitarbeitern und Arbeitsschritten sowie deren Anforderungen im Arbeitsprozess nur ungenügend. Die hohe Variantenzahl in der Produktion macht dies aber notwendig. Kontextsensitive Arbeitssysteme ermöglichen es, dieser Anforderung gerecht zu werden und stellen die Basis für die Vision einer Losgröße-1-Produktion dar. Voraussetzung für die systematische Einbindung des Produktionskontextes ist, das System bzw. die bereitzustellenden Informationen an spezifische, sich verändernde Umweltzustände anzupassen. Das System erfasst die Arbeitssituation laufend und kennt darüber hinaus seinen Nutzer. Es identifiziert die aktuelle Prozessfolge durch Abgleich mit (de)zentral hinterlegten Daten und stellt dem Nutzer die prozessschrittbezogenen Informationen in personalisierter Form zur Verfügung.

In einer Industrie-4.0-Umgebung kann der Produktionskontext zur Personalisierung des Arbeitsbereichs genutzt werden, beispielsweise bei der Adaption von Arbeitshöhen, der Beleuchtungssituation und der arbeitsschrittspezifischen Informationsbereitstellung für die Mitarbeiter. Aktuelle Gestaltungselemente sind die Definition von Regeln, um personenbezogene Daten zu nutzen, und die Identifikation von nutzbaren Individualisierungsräumen, innerhalb derer die Arbeit mitarbeiter- bzw. prozessspezifisch gestaltet werden kann.

11.3.3 Assistierende Arbeitssysteme

Die nächste Ausbaustufe stellen assistierte Arbeitssysteme dar. Diese unterstützen vor allem dabei, den Variantenreichtum durch die wachsende Produkt- und Prozessindividualisierung zu beherrschen. Als Anforderungen an Assistenzsysteme können nachfolgende genannt werden [17]:

- Der Zugriff auf die Daten intelligenter Objekte beispielsweise durch RFID oder andere Erfassungstechnologien muss gewährleistet sein.

- Die effiziente und aufwandsneutrale Integration von Assistenzsystemen in das Arbeitsumfeld und eine kontextsensitive Informationsbereitstellung unterstützen das produktive Arbeiten.
- Die Vernetzung der Systemkomponenten zum Austausch mit zentral oder anderen dezentral gehaltenen Daten bzw. zum Anstoßen von Aktorsubsystemen des Assistenzsystems (z. B. Anforderung eines mobilen Roboters aufgrund des Arbeitsfortschritts).
- Autonome Assistenz, um möglichst eigenständig definierte Entscheidungen zu treffen und den Werker in seinem Arbeitsablauf nicht zu bremsen.

Bereits heute ist ein breites Einsatzspektrum für assistierte Arbeitssysteme absehbar. Dabei ist zwischen digitalen (z. B. Augmented Reality/Virtual Reality) und physischen Assistenzsystemen (z. B. Leichtbauroboter, Exoskelette) zu unterscheiden. Diese Systeme können Mitarbeiter im Prozess feedbackbasiert, lernförderlich und adaptiv unterstützen. Für eine erfolgreiche Einführung ist hier vor allem die Kontrollverteilung zwischen Mensch und Technik zu gestalten.

11.3.4 Intuitive Arbeitssysteme

Immer mehr Produktionsaufgaben werden durch IT-Systeme unterstützt oder gänzlich durchgeführt. Damit entsteht für die Mitarbeiter eine zunehmende Komplexität in der Anwendung dieser prozessbegleitenden IT-Systeme. Die intuitive Gestaltung und Nutzbarmachung von digitalisierten Arbeitssystemen stellt somit einen großen Hebel dar, um die Effizienz zu steigern. Hierbei ist die ergonomische Gestaltung der Mensch-Technik-Interaktion im physischen Sinne wie auch in Bezug auf die Informationsergonomie eine zentrale Voraussetzung. Ferner sind Steuerungssysteme für den Werker auf prozessrelevante Parameter und Eingriffsgrößen zu reduzieren. Intuitive Interaktionskonzepte über Gestik, Sprache, Berührung und zukünftig auch über Hirnfunktionen in Verbindung mit Mobilgeräten und Wearables können so den Arbeitsprozess produktiv unterstützen. Um diese Enabler richtig einzusetzen, sind die notwendigen Kompetenzen im Umgang mit neuen Hilfsmitteln und Interaktionskonzepten zu identifizieren und auszugestalten – verbunden mit neuen Nutzungskonzepten von Mobilgeräten wie „bring your own device“ (BYOD).

11.4 Future Work Lab – Die Industriearbeit der Zukunft erleben

Die Vielzahl an Möglichkeiten, Enablern und neuen Anforderungen zur erfolgreichen Gestaltung von Industriearbeit müssen für die Umsetzung praxisnah aufbereitet und für alle Beteiligten erlebbar gemacht werden. Mit dem Future Work Lab entsteht am Standort Stuttgart ein neues Innovationslabor für Arbeit, Mensch und Technik, welches sich dieser Aufgabe widmet. Das Future Work Lab fungiert als interaktives Schaufenster und Ideenzentrum für die zukunftsfähige und menschzentrierte Arbeitsgestaltung in Produktion und produktionsnahen Bereichen. Im Future Work Lab wird die Gestaltung der zukünftigen Industriearbeit am Standort Deutschland im engen Austausch mit den beteiligten Akteuren diskutiert, partizipativ vorangetrieben und erlebbar gemacht. Die Grundlage dafür bilden heute bereits pilothaft umgesetzte und umsetzungsnahe Digitalisierungs- und Automatisierungslösungen.

Um dies zu erreichen, ist das Future Work Lab in drei Laborbereiche unterteilt [10]:

- Eine zentrale Demowelt mit „Arbeitswelt-4.0-Parcours", die – durch erlebbare Exponate unterschiedlicher Ausprägungen der Digitalisierung und Automatisierung – für die Arbeitswelt der Zukunft sensibilisiert,

Abb. 11.3 Aufbau des Future Work Labs (Fraunhofer IAO/Ludmilla Parsyak)

- die Lernwelt „Fit for Future Work“ zur Information, Qualifizierung und Diskussion der Entwicklungsrichtungen zukünftiger Arbeitswelten,
- die Ideenwelt für Arbeitsforschung „Work in Progress“, die als Thinktank einen geschützten Raum für die Konzeption und Entwicklung neuer, heute noch nicht oder schwer absehbarer Lösungen darstellt.

Durch die enge Verbindung dieser drei Bereiche ist gewährleistet, dass auf Basis aktueller Lösungen in einem offenen und anpassbaren Umfeld stets neueste Lösungen für die Arbeit der Zukunft im Rahmen eines Technologietransfers diskutiert, entwickelt und demonstriert werden können.

11.4.1 Demowelt: „Future Work erleben“

„Arbeitswelt-4.0-Parcours“ – inhaltlich miteinander verbundene Demonstratoren in der Demowelt – sollen kurz- und mittelfristige Veränderungen der Arbeitswelt sowie langfristige Entwicklungsrichtungen erfahrbar abbilden. Dazu entstehen im Future Work Lab mehr als 50 verschiedene Demonstratoren. Die Ausgestaltung orientiert sich an heute typischen Arbeitsprofilen entlang der betrieblichen Wertschöpfungskette.

Der Parcours „Heute+“ zeigt betriebliche Anwendungsfälle für die Demonstration von Industriearbeit im Zeitraum von 2016 bis 2018. Damit bildet das Future Work Lab die Entwicklungen des industrialisierten und modernen Mittelstandes ab – schlanke Produktion, Lean-Systeme, ganzheitliche Produktionssysteme.

Die langfristigen Entwicklungsrichtungen zeigen betriebliche Anwendungsfälle für die Digitalisierung und intelligente Automatisierung von Industriearbeit im Zeithorizont bis 2025. Sie bilden diverse Demonstratoren im Spannungsfeld zwischen technikzentrierter Automatisierung und menschzentrierter Spezialisierung ab, die im Jahr 2025 „Standard“ in der produzierenden Industrie sein können. Damit wird auf die beiden aktuell diskutierten Szenarien der Entwicklung einer Industrie 4.0 Bezug genommen: das Automatisierungs- und das Spezialisierungsszenario [16]. Zur Abbildung dieser werden betriebliche Anwendungsfälle einer Industrie 4.0 kombiniert: Es kann demonstriert und erlebt werden, wie sich Arbeit in der Zukunft einerseits mehr technikorientiert und andererseits stärker menschzentriert gestalten lässt. Im Future Work Lab werden somit unterschiedliche Entwicklungsrichtungen und ihre Konsequenzen aufgezeigt, u. a. in Bezug auf Arbeitsgestaltung, Technikintegration und Kompetenz- bzw. Qualifikationsanforderungen.

Die realisierten Demonstratoren dienen als Basis des Future Work Labs. Sie dienen den weiteren Laborelementen Lern- und Ideenwelt als interaktive Arbeits-, Lern- und Forschungsumgebung.

11.4.2 Lernwelt: „Fit für die Arbeit der Zukunft"

Industrie 4.0 bedeutet auch Arbeiten an (teil-)automatisierten Anlagen und in virtuellen Umgebungen. Derartige Lösungen sind gerade dem Mittelstand zur prozessorientierten Kompetenzentwicklung – zumindest im anvisierten Entwicklungsschritt – in aller Regel weder real noch als virtuelle Simulation verfügbar. In der Lernwelt werden die Demonstratoren des Future Work Lab als Umgebungen zur Kompetenzentwicklung genutzt, ebenso wie zur gemeinsamen Diskussion, Entwicklung und Erprobung geeigneter Qualifizierungskonzepte. Darüber hinaus werden Implikationen für die Kompetenzentwicklung im Rahmen der Ideenwelt für Arbeitsforschung „Work in Progress" frühzeitig erfasst und adressiert.

Das Konzept des Kompetenzentwicklungs- und Beratungszentrums geht über die Idee der Lernfabrik hinaus. Neben der Möglichkeit, technische Anwendungen im Rahmen der Demonstratoren erlebbar und erlernbar zu machen, werden folgende Angebote gemacht:

- Unterstützung bei der Erfassung von Lernförderlichkeit und Arbeitsqualität von Industrie-4.0-Anwendungen.
- Durchführung von „Zukunftswerkstätten" gemeinsam mit mittelständischen Unternehmen, um zukünftige Entwicklungsszenarien von Industrie-4.0-Anwendungen am konkreten Unternehmensbeispiel darzustellen und veränderte Aufgaben, Anforderungen, Kompetenzen und mögliche Kompetenzentwicklungspfade zu analysieren.
- Modellierung der Geschäfts- und Arbeitsprozesse, welche in den Industrie-4.0-Anwendungen entstehen sowie deren Darstellung über eine Virtual-Reality-Plattform.
- Lehr- und Lernmodule für moderne Methoden zur partizipativen Gestaltung interaktiver, wandlungsfähiger Produktionssysteme.

Die in diesem Laborelement entwickelten Formate dienen zur Sensibilisierung, Beratung und partizipativen Erarbeitung von Gestaltungsoptionen mit unterschiedlichen Zielgruppen (z. B. Management, Planer, Teamleiter, Betriebsräte, Mitarbeiter).

11.4.3 Ideenwelt: „Work in Progress weiterdenken"

Im Rahmen der Ideenwelt „Work in Progress" wird der akademische Charakter des Future Work Lab gestärkt und ein Thinktank als geschützter Raum für Forschung, Innovation und Dialog rund um die Zukunft der Arbeit und die implizierte Mensch-Technik-Interaktion errichtet. Die Ideenwelt steht somit für den Austausch über und die Entwicklung von neuen Lösungen auf Basis cyberphysischer Systeme für die Arbeitswelt der Zukunft.

Ein zentrales Thema für die akademische Ausrichtung des Ideenzentrums ist es, ein Beschreibungsmodell für Industriearbeit im Zuge der digitalen Transformation zu entwickeln. Dieses wird im Zusammenspiel mit dem identifizierten Mensch-Technik-Gestaltungspielraum beim Aufbau der Demonstratoren ausgearbeitet und durch Nutzerexperimente an den Demonstratoren validiert.

Im Bereich „Monitoring und Benchmark" wird der akademische Austausch im Themengebiet der Arbeitsforschung ermöglicht. Eine Weltkarte der Arbeitsforschung gibt einen Überblick über nationale und internationale Forschungsergebnisse.

11.5 Future Work Cases - Gestaltungsbeispiele für die Industriearbeit der Zukunft

Das Future Work Lab wird im Vollaufbau mehr als 50 verschiedene Demonstratoren bereithalten: Sie zeigen entlang der Wertschöpfungskette, wie Veränderungen der Arbeit durch Industrie 4.0 aussehen können. Die Demonstratoren entstehen für betriebliche Arbeitsbereiche, beispielsweise Maschinenbedienung, Montage, Werkslogistik mit Wareneingang und -ausgang, Qualitätssicherung, Disposition, Instandhaltung oder Industrial Engineering. Erste realisierte Demonstratoren können der Abbildung entnommen werden. Im Folgenden wird beispielhaft auf zwei Future Work Cases eingegangen.

11.5.1 Future Work Case „Assistierte Montage"

Kundengetriebene Märkte erfordern von den Unternehmen variantenreiche Produktportfolios und Losgröße-1-fähige Produktionsstrukturen. Für die Mitarbeiter in der Montage stellt dies hohe Anforderungen an stetig wechselnde und komplexe Arbeitsinhalte. Im Kontext digitaler Assistenzsysteme können verschiedene Technologien kombiniert werden, um Mitarbeiter schnell und intuitiv einzulernen bzw.

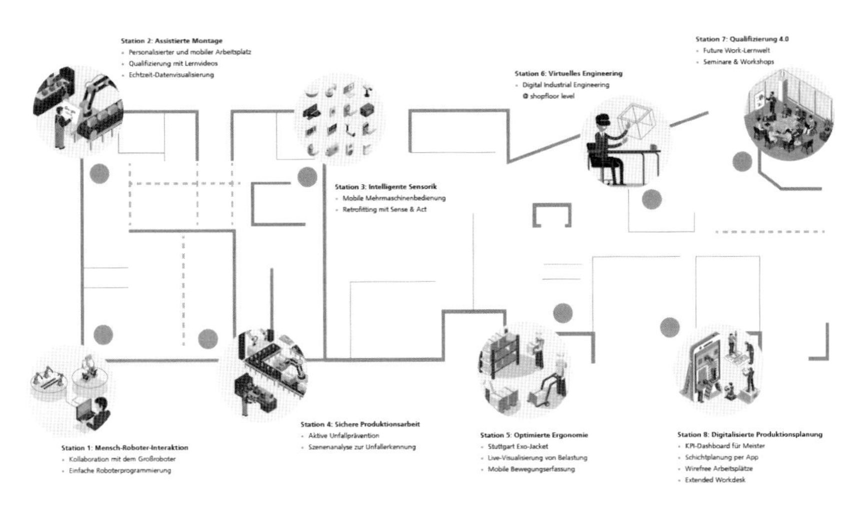

Abb. 11.4 Demonstratoren im Future Work Lab (Auszug) (Fraunhofer IAO/Fotolia)

Mitarbeiter im Montageprozess direkt zu führen und Informationen über den Produktionsprozess zu erfassen.

Das Future Work Lab zeigt einerseits Demonstratoren, die das Einlernen neuer Mitarbeiter in komplexe Arbeitsprozesse mit Lernvideos unterstützen. Diese werden sowohl als wiederholbare Qualifizierungseinheiten in kleinen Segmenten von Bewegtbildern („Wissensnuggets") genutzt, als auch on demand und zu unterschiedlichen prozessrelevanten Themen. Mitarbeiter können ihr Wissen so nach Bedarf oder in Leerlaufzeiten selbstständig und dezentral erweitern. Die Lernprozesse laufen dabei durch den digitalen Assistenten systematisiert ab und steigern gleichzeitig die Motivation.

Ferner werden im Future Work Lab Montagestationen gezeigt, welche die Werker mit digitalen Assistenten durch den Montageprozess führen. Hierbei kommen Konzepte zum Einsatz wie die Beamerprojektion prozessspezifischer Informationen, Pick-To-Light-Systeme für die Entnahme von Material und Werkzeugen oder Prozessvideos – sie zeigen, wie konkrete Arbeitsschritte korrekt ausgeführt werden sollen. Ergänzt werden diese Assistenten durch Tiefenbild- oder Kinect-Kameras, welche die Bewegungen der Werker erfassen und dem digitalen Assistenzsystem zugänglich machen. Lokalisierungstechnologien wie Ultraschall ermöglichen darüber hinaus, die Position von Werkern oder Werkzeugen zu bestimmen.

Digitale Montageassistenz-Werkzeuge reduzieren die Informationskomplexität für den Werker aktiv, indem sie Informationen kontextsensitiv, situationsbasiert und

Abb. 11.5 Assistierte Montagearbeit im Future Work Lab (Fraunhofer IAO/Ludmilla Parsyak

personalisiert einblenden. Hierdurch erhalten die Mitarbeiter Feedback über ihre durchgeführte Montagetätigkeit in Echtzeit. Die Qualitätssicherung erfolgt somit direkt im Prozess. Dies steigert sowohl die Effizienz in der Ausführung als auch die Qualität des Ergebnisses und die Flexibilität im Personaleinsatz.

11.5.2 Future Work Case „Mensch-Roboter-Kooperation mit dem Großroboter"

Robotersystemen kommt in der Industriearbeit seit einigen Jahrzehnten eine zentrale Rolle zu, die sich zukünftig noch einmal erheblich erweitern wird. Neue Robo-

Abb. 11.6 Mensch-Großroboter-Kollaboration im Future Work Lab (Fraunhofer IPA/Rainer Bez)

tersysteme – insbesondere Leichtbauroboter wie auch verbesserte Sicherheitstechnologien und entsprechend angepasste Arbeitsabläufe – sorgen dafür, dass Roboter immer mehr zum physischen Assistenten des Menschen in einer Vielzahl von Prozessen werden.

Ein Demonstrator des Future Work Lab führt vor, wie ein derartiger Arbeitsplatz für die Mensch-Roboter-Kollaboration (MRK) aussehen kann. Das Besondere daran: Dieser zeigt, dass MRK nicht nur mit Leichtbaurobotern realisierbar ist. Diese sind zwar als kleine, kompakte Systeme mit teilweise integrierter Kraft-Momenten-Sensorik an sich sicherer als Schwerlastroboter, dafür aber auch konstruktionsbedingt in der Traglast begrenzt.

Am angeführten Arbeitsplatz ist der Arbeitsraum offen und der Werker kann den Arbeitsablauf direkt begleiten und koordinieren. Hierdurch können das Fachwissen und die Geschicklichkeit des Menschen mit der Kraft und Ausdauer des Roboters kombiniert werden. Die Resultate sind Arbeitsplätze mit besserer Ergonomie, höherer Produktivität und Qualität. Möglich macht dies das sicherheitszertifizierte Kamerasystem „SafetyEye", das von oben über den Arbeitsraum des Roboters wacht. Das System erkennt, wenn sich Menschen dem Arbeitsraum des Roboters nähern. In diesem Fall reduziert der Roboter seine Geschwindigkeit oder stoppt, um die Sicherheit des Menschen zu gewährleisten. Des Weiteren kann der Roboter in einen Handführmodus geschaltet werden.

Die Mensch-Roboter-Kollaboration bietet somit nicht nur Vorteile durch eine verbesserte Ergonomie, indem der Roboter die physisch beanspruchenden Aufgaben übernehmen kann. Auch bestimmte qualitätskritische Abläufe können Roboter sicher durchführen. Hinzu kommt überdies: Im Rahmen von Industrie 4.0 werden die Faktoren Skalierbarkeit und Personalisierung der Produktion immer wichtiger. Dadurch, dass Industrieroboter universell einsetzbar sind, bieten sie generell gute Voraussetzungen eine wandlungsfähige Produktion zu realisieren. Dies gilt umso mehr, wenn die bisher verbreiteten Zäune zur Sicherheit der Werker als „starre Monumente" in der Fabrik zukünftig wegfallen.

11.6 Ausblick

Nach dem Aufbau des Future Work Labs erfolgt die Anlauf- und Betriebsphase des Innovationslabors, die in Kooperation mit den Nutzenden, beispielsweise den Sozialpartnern, gestaltet werden soll. Darüber hinaus werden die über 50 Demonstratoren aktiv weiterentwickelt und in neue Forschungsaufgaben eingebunden. Die Lern- und Beratungsformate erfahren durch die stetige Anwendung neue Impulse und die Beforschung der Demowelt ermöglicht neue wissenschaftliche Erkenntnisse, beispielsweise auch im Kontext der User-Experience.

Die Zusammenarbeit mit Unternehmen, Verbänden, Gewerkschaften und Mitarbeitern stellt dabei praxisgerechte Entwicklungen sicher und ermöglicht den Zugang und Transfer der Forschungsarbeiten für alle beteiligten Stakeholder.

Für die weitere Etablierung des Future Work Labs als Leuchtturm für anwendungsnahe Arbeitsforschung wird der Internationalisierung eine große Bedeutung zukommen. Der Austausch und die Verknüpfung mit anderen Innovationslaboren, Forschern, Start-ups und Aktiven weltweit ermöglicht es, sowohl Trends frühzeitig ins Future Work Lab einfließen zu lassen als auch die entwickelten Ideen international zu positionieren.

Das Future Work Lab trägt maßgeblich dazu bei, die Wettbewerbsfähigkeit der Unternehmen durch die partizipative Gestaltung zukunftsfähiger Arbeitsumgebungen nachhaltig zu steigern.

Quellen und Literatur

[1] acatech; Forschungsunion (Hrsg.) (2013): Umsetzungsempfehlungen für das Zukunftsprojekt Industrie 4.0. Abschlussbericht des Arbeitskreises Industrie 4.0. https://www.bmbf.de/files/Umsetzungsempfehlungen_Industrie4_0.pdf. Zugegriffen: 27.02.2017.

[2] acatech (Hrsg.) (2015): Innovationspotenziale der Mensch-Technik-Interaktion. Dossier für den 3. Innovationsdialog in der 18. Legislaturperiode. Berlin. http://innovationsdialog.acatech.de/themen/ innovationspotenziale-der-mensch-maschine-interaktion.html. Zugegriffen: 19.05.2017.

[3] Bauer, W. et. al. (2014): Industrie 4.0 – Volkswirtschaftliches Potenzial für Deutschland, https://www.bitkom.org/noindex/Publikationen/2014/Studien/Studie-Industrie-

4-0-Volkswirtschaftliches-Potenzial-fuer-Deutschland/Studie-Industrie-40.pdf. Zugegriffen: 15.05.2017.
[4] Bauer, W.; Gerlach, S. (Hrsg.) (2015): Selbstorganisierte Kapazitätsflexibilität in Cyber-Physical-Systems. Stuttgart: Fraunhofer Verlag.
[5] Bauernhansl, T., Hompel, M. ten u. Vogel-Heuser, B. (Hrsg.) (2014): Industrie 4.0 in Produktion, Automatisierung und Logistik. Anwendung, Technologien, Migration. Wiesbaden: Springer Vieweg.
[6] Bergmann, B.; Fritsch, A.; Göpfert, P.; Richter, F.; Wardanjan, B/Wilczek, S. (2000): Kompetenzentwicklung und Berufsarbeit. Waxmann, Münster.
[7] BMBF Bundesministerium für Bildung und Forschung (2014): Die neue Hightech-Strategie. Berlin, https://www.bmbf.de/pub_hts/HTS_Broschure_Web.pdf. Zugegriffen: 27.03.2016.
[8] Bremer, R. (2005): Lernen in Arbeitsprozessen – Kompetenzentwicklung. In: Rauner, F. (Hrsg.): Handbuch Berufsbildungsforschung. wbv, Bielefeld.
[9] Broy, M. (Hrsg.) (2010): Cyber-Physical Systems. Innovation durch Software-intensive eingebettete Systeme. Heidelberg: Springer.
[10] FutureWorkLab (2017): Fraunhofer IAO, www.futureworklab.de. Zugegriffen: 17.05.2017.
[11] Ingenics und Fraunhofer IAO (2014): Industrie 4.0 – Eine Revolution in der Arbeitsgestaltung https://www.ingenics.de/assets/downloads/de/Industrie40_Studie_Ingenics_IAO_VM.pdf, Stuttgart. Zugegriffen: 17.05.2017.
[12] Hämmerle, M. (2015): Methode zur strategischen Dimensionierung der Personalflexibilität in der Produktion. Wirkungsbewertung von Instrumenten zur Flexibilisierung der Personalkapazität im volatilen Marktumfeld. Fraunhofer Verlag Stuttgart 2015.
[13] IG Metall (2013): Arbeit: sicher und fair! Die Befragung. Ergebnisse, Zahlen, Fakten. https://www.igmetall.de/docs_13_6_18_Ergebnis_Befragung_final_51c49e134f92b4922b442d7ee4a00465d8c15626.pdf. Zugegriffen: 19.05.2017.
[14] Röben, P. (2005): Kompetenz- und Expertiseforschung. In: Rauner, F. (Hrsg.): Handbuch Berufsbildungsforschung. wbv, Bielefeld.
[15] Spath, D. et. al. (2014): Produktionsarbeit der Zukunft – Industrie 4.0. FhG IAO, http://www.produktionsarbeit.de/content/dam/produktionsarbeit/de/documents/Fraunhofer-IAO-Studie_Produktionsarbeit_der_Zukunft-Industrie_4_0.pdf. Zugegriffen: 17.05.2017.
[16] Spath, D.; Dworschak, B.; Zaiser, H.; Kremer, D. (2015): Kompetenzentwicklung in der Industrie 4.0. In: Meier, H. (Hrsg.): Lehren und Lernen für die moderne Arbeitswelt. GITO Verlag, Berlin.
[17] Wölfle, M. (2014): Kontextsensitive Arbeitsassistenzsysteme zur Informationsbereitstellung in der Intralogistik. München TUM, Zugleich Dissertation, München, Technische Universität München, 2014.

Cyber-Physische Systeme

12

Forschen für die digitale Fabrik

Prof. Dr.-Ing. Welf-Guntram Drossel ·
Prof. Dr.-Ing. Steffen Ihlenfeldt · Dr.-Ing. Tino Langer
Fraunhofer-Institut für Werkzeugmaschinen und
Umformtechnik IWU
Prof. Dr.-Ing. Roman Dumitrescu
Fraunhofer-Institut für Entwurfstechnik Mechatronik IEM

Zusammenfassung

Die Digitalisierung ist der bestimmende Innovationstreiber für die Wertschöpfung in der modernen globalen Industriegesellschaft. Im Vordergrund steht der Effizienzgewinn für eine Flexibilisierung und bessere Ressourcennutzung in der Produktion durch die selbstoptimierende Automatisierung von Abläufen. Digitale Technologien müssen inhärenter Bestandteil des Produktionssystems werden. Ein Cyber-Physisches System repräsentiert die angestrebte Einheit von Realität und digitalem Abbild und ist die Weiterentwicklung der Mechatronik zu einem symbiotischen Systemansatz auf Basis der informationstechnischen Vernetzung aller Komponenten. Die Informationstechnik und auch nichttechnische Disziplinen haben eine Vielfalt an Methoden, Techniken und Verfahren hervorgebracht, mit denen sensorische, aktorische und kognitive Funktionen so in technische Systeme integriert werden, dass diese Funktionalitäten aufweisen, die bislang nur von biologischen Systemen erfüllt wurden. Auf diese Weise erwächst aus der Evolution durch die Industrie-4.0-Technologien tatsächlich ein disruptiver Paradigmenwechsel. Produktion, Ausrüster und Produktentwickler treten in eine neue Qualität eines Innovationsverbundes ein.

12.1 Einleitung

Die Digitalisierung ist der bestimmende Innovationstreiber für die Wertschöpfung in der modernen globalen Industriegesellschaft. Dies ist der Grund für eine Vielzahl von Aktivitäten, die heute gern unter dem Schlagwort „Industrie 4.0“ oder „IoT – Internet of Things“ zusammengefasst werden. Allen Ansätzen ist gemein, dass sie den notwendigen Effizienzgewinn für eine Flexibilisierung und bessere Ressourcennutzung in der Produktion durch die selbstoptimierende Automatisierung von Abläufen in den Vordergrund stellen.

Die vielfach als vierte industrielle Revolution bezeichnete Verzahnung der Produktion mit modernster Informations- und Kommunikationstechnik auf Basis von Internettechnologien stellt allerdings viele Unternehmen vor gewaltige Herausforderungen. Denn damit ist neben der technischen Beherrschbarkeit sehr viel flexiblerer Produktions- und Zulieferernetze ein tiefgreifender ökonomischer Wandel verbunden. Die erweiterten technischen Möglichkeiten gehen mit einem Wandel der traditionellen Kunden-Lieferanten-Beziehungen sowie auch des globalen Marktzugangs einher. Durch die globale Flexibilisierung innerhalb von Zulieferernetzen wird das übliche Risikosplitting in klassischen Zulieferketten aufgebrochen. Insbesondere für die klein- und mittelständisch geprägte Zulieferindustrie birgt das wiederum erhebliche ökonomische Risiken.

Neue Chancen, insbesondere auch Beschäftigungspotenziale, ergeben sich nur dann, wenn die Digitalisierung nicht nur ein Geschäftsmodell für Softwareentwickler und -lieferanten wird. Die klassischen Bereiche der deutschen Industrie, wie der Maschinen- und Anlagenbau und die Automobilproduktion, müssen in die Lage versetzt werden, durch digitale Technologien neue Produkte und Dienstleistungen und damit Geschäftsmodelle erarbeiten zu können. Digitale Technologien müssen inhärenter Bestandteil des Produktionssystems, der Produktionsanlage, werden.

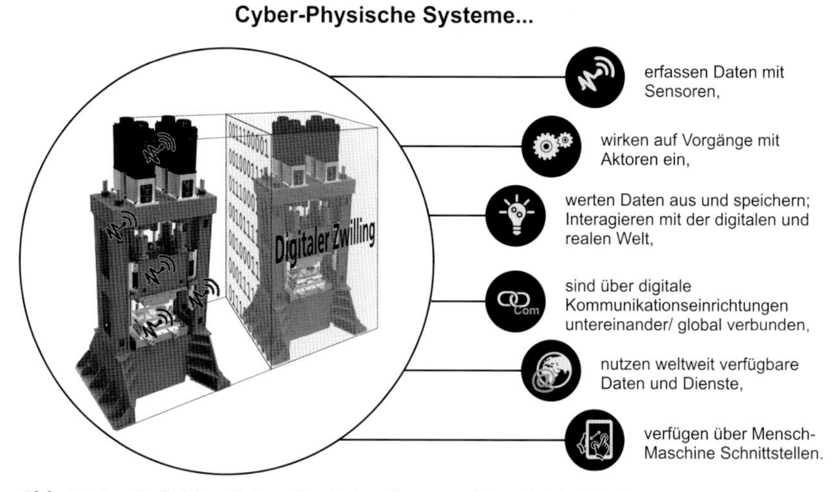

Abb. 12.1 Definition Cyber-Physischer Systeme (Fraunhofer IWU)

Ein Cyber-Physisches System (CPS, siehe Abb. 12.1) repräsentiert die angestrebte Einheit von Realität und digitalem Abbild – eine Weiterentwicklung der synergetischen Ansätze der Mechatronik (das Beste aus allen Disziplinen kombinieren) zu einem symbiotischen Systemansatz auf Basis der informationstechnischen Vernetzung aller Komponenten.

CPS sind inzwischen zentraler Trend in der Produktentwicklung. Erste Anwendungen sind z. B. intelligente Stromzähler in einem Smart Home oder sich selbstorientierende Logistiksysteme in Smart Factories, zukünftig werden beispielsweise auch autonome Fahrzeuge auf diesen Prinzipien beruhen.

Die Informationstechnik und auch nichttechnische Disziplinen wie die Kognitionswissenschaft oder die Neurobiologie haben eine Vielfalt an Methoden, Techniken und Verfahren hervorgebracht, mit denen sensorische, aktorische und kognitive Funktionen in technische Komponenten integriert werden können. Diese weisen damit Funktionalitäten auf, die bislang nur von biologischen Systemen erfüllt wurden. Folglich sind CPS deutlich mehr als vernetzte mechatronische Strukturen. Sie bilden die Grundlage für faszinierende Perspektiven von technischen Systemen [1]:

1. Autonome Systeme: Diese lösen selbstständig komplexe Aufgaben innerhalb einer bestimmten Anwendungsdomäne. Dazu müssen diese Systeme in der Lage sein, ohne Fernsteuerung oder weitere menschliche Hilfe zielführend zu agieren. Beispielsweise kann die Grundlage der Steuerung der Aktorik auf einem systeminternen Umfeldmodell beruhen, das dem System erlaubt, im Betrieb neue Ereignisse sowie neue Aktionen zu lernen. Hierfür werden zahlreiche technologische Bausteine benötigt, wie z. B. Sensorfusion, semantische Erklärungsmodelle oder Planungsverfahren [2].
2. Dynamisch vernetzte Systeme: Der Grad an Vernetzung der Systeme wird zunehmen. Hieraus entstehen neue, komplexere Systeme, deren Funktionalität und Leistungsfähigkeit die Summe der Einzelsysteme übersteigt. In Abhängigkeit vom Gesamtsystemziel variieren die Systemgrenze, die Schnittstellen sowie die Rollen der Einzelsysteme. Das vernetzte System, das zunehmend in globaler Dimension agiert, wird nicht mehr ausschließlich durch eine globale Steuerung beherrschbar sein, vielmehr muss auch durch lokale Strategien ein global erwünschtes Verhalten erreicht werden. Ein Beispiel hierfür ist die lichtbasierte Navigation von fahrerlosen Transportsystemen, die erst durch das Zusammenspiel vieler Einzelsysteme möglich wird, die dazu aber autark voneinander agieren können und unabhängig bzw. von verschiedenen Anbietern entwickelt werden [3]. Man spricht daher auch von einem System-of-Systems (SoS) [4].
3. Interaktive soziotechnische Systeme: Die skizzierte technologische Entwicklung eröffnet auch neue Perspektiven der Interaktion zwischen Mensch und

Maschine. Die Systeme werden sich flexibel an die Bedürfnisse der Anwender anpassen und ihn kontextsensitiv unterstützen. Ferner werden sie auch fähig sein, sich zu erklären und dem Benutzer Handlungsmöglichkeiten zu bieten. Die Interaktion wird zunehmend multimodal (z. B. Sprache oder Gestik) und auf Basis unterschiedlichster Technologien (z. B. Augmented Reality oder Hologrammen) erfolgen. Das Resultat ist ein soziotechnisches Gesamtsystem [5]. Vor diesem Hintergrund stellt sich weniger die Frage, bei welchen Aufgaben der Mensch ersetzt wird, sondern welche neuen Aufgaben bzw. welche bekannte Aufgaben auf neue Art durch Augmentation gelöst werden können.

4. Produkt-Service-Systeme: Die technologische Weiterentwicklung der Systeme verändert nicht nur die Technik, sondern die gesamte Marktleistung. Es entstehen Produkt-Service-Systeme, die auf einer engen Verzahnung von Sach- und Dienstleistungen beruhen und auf den Kunden ausgerichtete Problemlösungen erbringen. Der Nutzen neuartiger Lösungen entsteht in der Regel durch datenbasierte Dienstleistungen, die die Erfassung, Verarbeitung und Auswertung von Daten umfassen. Aus der Datenauswertung (z. B. Prognose eines drohenden Maschinenausfalls und präventive Wartung) werden bedarfsgerechte Dienste angeboten (z. B. die automatische Bestellung von Ersatzteilen) [6]. Geschickte Kombinationen von innovativen Diensten und intelligenten Systemen bilden die Grundlage für innovative Geschäftsmodelle [7].

12.2 CPS in der Produktion

Die Besonderheit, die sich bei der Projektion dieser Szenarien in den Bereich Produktion ergibt, liegt darin, dass die Produktion an sich kein technisch homogenes System darstellt. Neben einer enormen technologischen Vielfalt existieren unterschiedlichste technische Entwicklungsstände von Produktionsanlagen parallel, verbunden durch eine hohe Diversität an Organisationsformen. Neben ökonomischen Randbedingungen wie Betriebsgröße oder Stellung im Wertschöpfungsnetzwerk liegt eine wesentliche Ursache auch in der extremen Unterschiedlichkeit von Innovations- und Investitionszyklen. So beträgt der Lebenszyklus von Produktionsanlagen mehrere Jahre bis hin zu einigen Jahrzehnten, die Innovationszyklen der Softwareindustrie betragen oft nur wenige Wochen.

Daher hat neben dem Entwurf von Cyber-Physischen Systemen die Entwicklung von Transformationsmethoden der Struktur von Produktionssystemen in die CPS-Systemarchitektur eine sehr große Bedeutung. Die Migration bestehender Produktionsanlagen ist nur durch die Implementierung intelligenter vernetzter Subsysteme möglich. Deren Zusammenwirken kann nur gewährleistet werden, wenn die Kom-

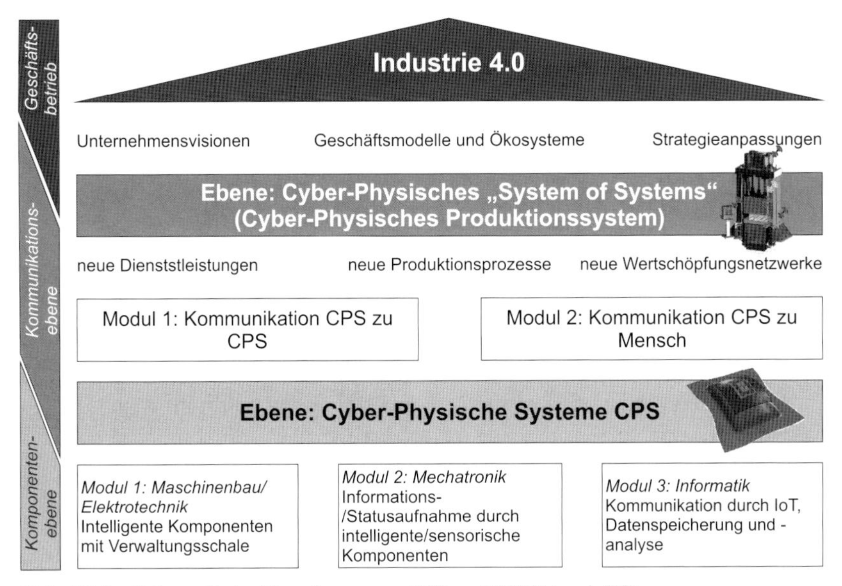

Abb. 12.2 Schematische Einordnung von CPS und CPPS (nach [9])

munikation zwischen allen Teilsystemen gewährleistet wird. Der Grundaufbau von Produktionssystemen wird sich in naher Zukunft jedoch kaum verändern. Die Komponenten wie Sensoren, Antriebe oder Gestelle behalten mehrheitlich ihre jeweilige Kernfunktionalität, müssen jedoch durch Softwarebausteine mit Funktions- und Strukturmodellen sowie Kommunikations-Hard- und Software zu CPS aufgewertet werden. Wie in Abb. 12.2 dargestellt ist, werden auf unterster Ebene drei Domänen unterschieden:

- Maschinenbau-/elektrotechnikorientierte CPS sind beispielsweise intelligente Maschinengestelle mit integrierten Sensoren (z. B. zur Kraftmessung), um Messdaten an eine übergeordnete Überwachungsebene zu senden. Ein weiteres Beispiel können integrierte Sensorknoten sein, welche Temperaturen und Beschleunigungen messen und auf Einplatinencomputern zusammenführen und vorverarbeiten können.
- Mechatronikorientierte CPS sind beispielsweise integrierte, aktive Dämpfungselemente mit eigener Sensorik, Aktorik, Recheneinheit und der Möglichkeit zur Kommunikation.
- Als dritter Aspekt auf Komponentenebene sind informatik- bzw. datenorientierte CPS mit dem Internet der Dinge (IoT) als wichtigster Befähiger für die übrigen

Domänen anzuführen. Die Speicherung aufgezeichneter Daten und auch die Berechnung von Simulationsmodellen sowie digitalen Abbildern von Systemen und Systemkomponenten sind hierin zu sehen, wobei offen bleibt, ob diese maschinennah auf Leitrechnern oder cloudbasiert erfolgen.

Entsprechend der CPS-Definition nach [8] sind die Komponenten eines Systems über die Hierarchieebenen, z. B. der Automatisierungspyramide, hinaus vernetzt. Demzufolge kommt der Kommunikationsebene in Abb. 12.2 eine besondere Bedeutung zu. Hierin wird nochmals in zwei Kommunikationsklassen unterschieden, nämlich die Kommunikation von CPS zu CPS (je nach spezifischer Funktionalität) und von CPS zum Menschen, z. B. durch Bedienpanels, Smart Glasses, Mobiltelefone oder Tablets.

Zudem wird eine erweiterte Wertschöpfung durch die Produktionssysteme möglich, da nicht mehr nur die hergestellten Produkte, sondern auch aufgezeichnete Daten zunehmend einen Wert für den Kunden darstellen. Insbesondere in der Automobil- oder Luftfahrtindustrie stellt dies aufgrund erhöhter Dokumentationsanforderungen einen entscheidenden Vorteil der intelligenten, vernetzten Systeme dar.

Die Cyber-Physischen Systeme der verschiedenen Domänen lassen sich zu einem Gesamtsystem („System of Systems") kombinieren. Für die Anwendungsfälle der Produktionssysteme ergeben sich folglich Cyber-Physische Produktionssysteme (CPPS). Diese bieten Potenziale für

- neuartige Geschäftsmodelle und Ökosysteme, wie z. B. Vermietungsmodelle und bedarfsgerechte Funktionsbereitstellung für Bearbeitungseinheiten,
- eine geänderte Ausrichtung von Unternehmen hin zu informations- und datengetriebenen Dienstleistungsprodukten, z. B. durch Integration einer Wartungsplanung und vorausschauender Instandhaltung für die eigenen Produkte sowie
- angepasste Produktions- und Prozessführungsstrategien auf Basis zusätzlich gewonnener Informationen über den Prozess hinaus und dem daraus generierten Wissen.

Hersteller und Anwender Cyber-Physischer Produktionssysteme müssen sich daher nicht nur auf neuartige Maschinengenerationen mit gesteigertem Funktionsumfang, sondern auch auf neuen Perspektiven und Möglichkeiten in der Ausrichtung von Unternehmen und Wertschöpfungsnetzwerken einstellen.

12.3 Transformation von Produktionssystemen zu Cyber-Physischen Systemen

12.3.1 Evolution im Produktionsprozess

Die Evolution eines klassischen Produktionssystems zu einem Cyber-Physischen Produktionssystem wurde insbesondere unter dem Aspekt eines datengetriebenen Prozessabbildes in einem Sonderforschungsbereich 639 der Deutsche Forschungsgemeinschaft (DFG) am Institut für Werkzeugmaschinen und Steuerungstechnik der TU Dresden durchgeführt [10][11] und am Beispielprozess „Herstellung von Federdomen" untersucht.

Dieser Beispielprozess umfasst die Schritte:
- Einlegen der Vor-Form in ein variothermes Werkzeug,
- Schließen der Umformmaschine und Halten der Presskraft bei gleichzeitigem Heizen (integrierte Temperaturmessung),
- Öffnen des Werkzeugs nach einer definierten Wartezeit und Entnahme des Bauteils und
- Begutachtung des Bauteils und Bewertung der Qualitätsmerkmale.

Dabei ist essenziell, dass bei geschlossenem Werkzeug die Schmelztemperatur des thermoplastischen Materials erreicht und der Konsolidierungsprozess gestartet wird. Der Gesamtprozess ist von einer starken Wechselwirkung zwischen den Eigenschaften der Ausgangsmaterialien und der Kombination der verwendeten Prozessparameter für die Konsolidierung gekennzeichnet. Somit sind Korrekturschritte zum Erreichen von Gutteilen bei veränderten Randbedingungen nicht trivial ableitbar und die Prozessführung ist vergleichsweise komplex.

Ein übergeordnetes Ziel der Erweiterung des Produktionssystems zu einem CPPS besteht darin, Fertigungsprozesse zu überwachen und im Falle von Parameterabweichungen derart beeinflussen zu können, dass dennoch Gutteile hergestellt werden. Essenziell hierzu sind die Datenaufnahme, die Modellerstellung und die Rückführung in die Maschinensteuerung (vgl. Abb. 12.3).
Zur Akquise der erforderlichen Prozessinformationen werden:
1. Daten der Maschinensteuerung (SPS; CNC; Motion Control) und der Antriebssysteme aller Aktoren erfasst,
2. zusätzliche Sensoren an das Produktionssystem sowie die verwendeten Werkzeuge angebracht und deren Signale ebenfalls aufgezeichnet sowie
3. die Eigenschaften des Halbzeuges bestimmt, wobei hier oftmals anwendungsspezifische Sensoreinheiten entwickelt und appliziert werden müssen.

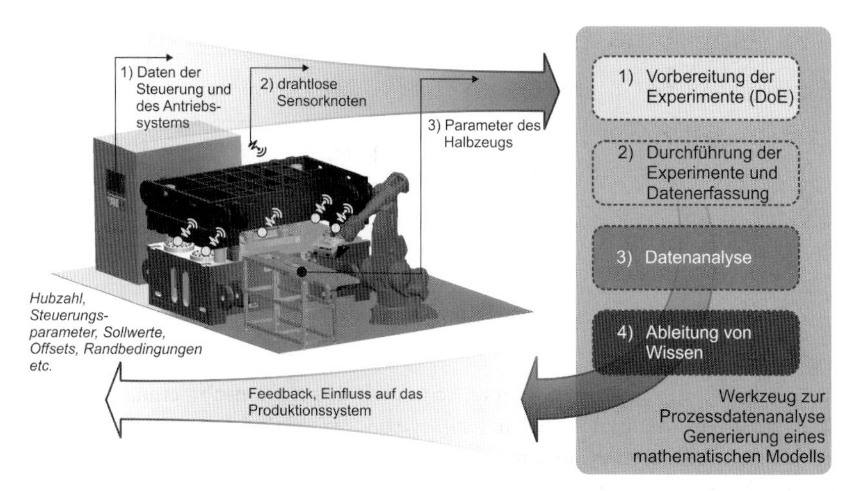

Abb. 12.3 Produktionssystem mit erforderlichen Erweiterungen zu einem CPPS (mit Elementen des IWM, TU Dresden)

Informationen aus den Antriebssystemen lassen sich durch Softwareerweiterungen der Maschinensteuerung (im konkreten Fall einer CNC) und den Feldbus akquirieren [12]. Die Weitergabe der Daten aus der Steuerung in ein Leitsystem ist z. B. durch die OPC unified architecture (OPC UA) Schnittstelle möglich, welche sich aktuellen Beobachtungen zufolge als inoffizieller Standard im Zusammenhang mit Industrie 4.0 herauskristallisiert [13].

Liegen die Daten vor, schließt sich deren Verarbeitung und Analyse über ein Prozessdatenmanagementtool an. Das Ziel ist die Repräsentation des Prozesses in Form eines Modells (mathematisches Modell, Black-Box-Modell, Systemsimulation) auf dessen Grundlage sich umfassende Analysen durchführen lassen. Dazu ist es erforderlich, eine dezentrale, im Cyberspace verfügbare Wissensbasis für Material- und Bauteileigenschaften mitsamt den angesprochenen Wechselwirkungen aufzubauen. Diese wird genutzt, um je nach aktuellen Eingangs- und Randbedingungen optimale Prozessparameter zu ermitteln, welche für einen stabilen und reproduzierbaren Prozess sorgen. Ein wichtiger Aspekt beim Aufbau der Wissensbasis ist eine möglichst effiziente Vorgehensweise zur Prozessbeschreibung und Versuchsplanung. Die Einzelschritte von der Prozessbeschreibung bis zu dessen Neukonfiguration sind in Abb. 12.4 dargestellt.

Für die Herstellung der Federdome hat sich eine grafische Prozessbeschreibung (Eingang, Verarbeitung, Ausgang, vgl. Abb. 12.5) als sehr geeignet erwiesen. Sie

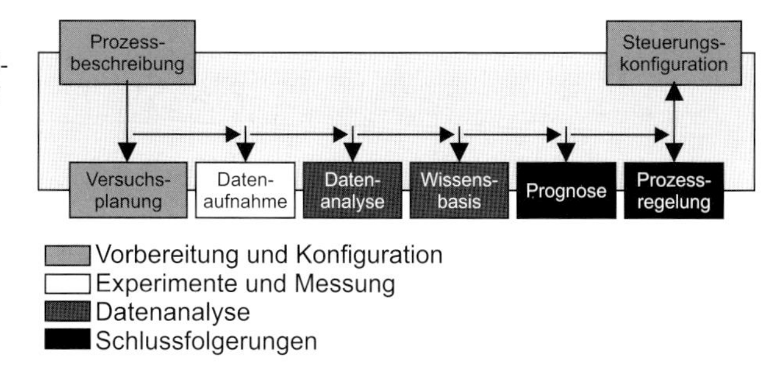

Abb. 12.4 Vorgehensweise zur Modellerstellung (IWM TU Dresden)

umfasst die Schritte Vor-Formgebung, Sensoranordnung, Konsolidierung und Bauteilqualitätsbewertung. Die Zusammenhänge und Wechselwirkungen zwischen:

- den Eigenschaften der Ausgangsmaterialien,
- dem Parametersatz des Produktionssystems,
- den Umwelteinflussparametern und
- der gewünschten Qualität der hergestellten Teile [10][11]

werden erfasst und mathematisch modelliert.

Auf Basis der grafischen Prozessbeschreibung und der erfassten Zusammenhänge ist das mathematische Modell in der Lage, situativ optimale Prozessparameter für das Produktionssystem zu ermitteln und sorgt so für die gewünschte höhere Anpassungsfähigkeit der Produktionssysteme. Damit stellt es eine Kernfunktionalität Cyber-Physischer Produktionssysteme dar.

Basierend auf dem erfassten grafischen Prozessmodell werden die erforderlichen Experimente zur Ermittlung der nötigen Kenngrößen über eine statistische

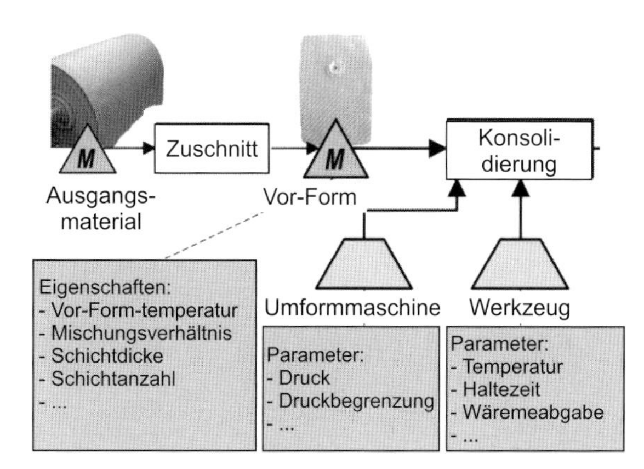

Abb. 12.5 Grafische Prozesserfassung (IWM TU Dresden)

Versuchsplanung abgeleitet. Im konkreten Fall wurde ein D-optimales Design gewählt, da hierbei kontinuierlich veränderbare Größen (z. B. Temperatur) und diskrete Zustände (wahr/falsch) gleichermaßen in die Planung einbezogen werden können. Die Haupteinflussparameter aus Abb. 12.5 werden systematisch variiert und entsprechende Experimente durchgeführt. Die jeweiligen Ergebnisse in Form der Bauteilqualität werden erfasst und im mathematischen Modell hinterlegt.

Tabelle 12.1 Einflussparameter des Fertigungsprozesses

Eigenschaften der Vor-Form	Prozessparameter	Qualitätskenngrößen der Bauteile
Temperatur	Temperatur	Dicke der Bauteile
Mengenverhältnis der Einzelkomponenten	Druck während der Konsolidierung	Festigkeit der Teile
Anzahl der Schichten	Haltezeit	Oberflächenqualität
Schichtdicke	Zykluszeit	
Muster der Glasfaserorientierung	maximale Energieaufnahme	

Basierend auf dem Modell können verschiedene Prozesseinstellungen erprobt und deren Auswirkungen auf die Bauteilqualität bewertet werden. Dabei können aus dem Prozess destabilisierende Einstellungen abgebildet werden. Es ist ebenfalls möglich, ausgehend von einer gewünschten Qualität der hergestellten Bauteile auf die erforderliche Parametrierung des Prozesses/der Maschine zurückzuschließen, was eine Grundlage für die automatische Nachführung der Steuerungsparametrierung darstellt. Variantenbetrachtungen und Optimierungsrechnungen des Zusammenspiels zwischen Steuerungsparametrierung und Prozessmodell sind sinnvollerweise parallelisiert in einer Cloudlösung zu berechnen. Dem Nutzer steht eine grafische Oberfläche zur Verfügung, mit deren Hilfe er über Schieberegler verschiedene Parameterkombinationen erproben und beurteilen kann. Das erzeugte mathematische Modell erfüllt die zeitlichen Anforderungen, um als Sollwertquelle für eine Rückführung in die Maschinensteuerung zu dienen.

Ziel der Datenanalyse sind Maßnahmen zur Verbesserung des Produktionsprozesses. Hieraus ergeben sich Änderungen am Produktionssystem selbst oder der Maschinensteuerung. Dies kann einerseits durch zusätzliche aktuatorische Systeme erfolgen oder sich auf geänderte Parameter des Grundsystems beschränken. Im ausgewählten Beispiel umfasst die Rückführung prozessbeeinflussende Parameter, wie etwa die Hubzahl einer Presse, Haltezeiten und Presskräfte. Auch für diese Rückführung ist eine Kommunikation zwischen der Leitebene mit dem integrierten Prozessmodell und der Maschinensteuerung nötig (vgl. Abb. 12.3).

Aktuelle Steuerungen bieten die Möglichkeit, eine Vielzahl ihrer Parameter im Steuerungstakt zu adaptieren. Dazu ist, ähnlich wie bei der Datenaufnahme, eine Kommunikationsverbindung mit der Ebene der Modellerstellung zu realisieren. Dies kann in verschiedenen Komplexitäts- und Integrationsstufen erfolgen. Einfach gehaltene Lösungen beschränken sich auf den Austausch der Vektoren aktueller Prozessparameter über Textdateien oder spezifische, geteilte Speicherbereiche. Ebenfalls denkbar ist es, Prozessmodell und Maschinensteuerung über Feldbusse zu verbinden. Hier orientiert sich die Vorzugslösung jeweils an den verwendeten Steuerungslösungen.

Ein weiterer Aspekt ist die Frequenz der Parameteranpassungen in der Steuerung und damit der Takt des aufgebauten (Qualitäts-)Regelkreises. Bei großen Variationen der Bauteilqualität und starken Abhängigkeiten von den Eingangs- und Randbedingungen ist eine quasi-kontinuierliche Regelung des Prozesses erforderlich. Deren Rechentakt orientiert sich an der Zykluszeit der Steuerungen, welche typisch zwischen 0,5 ms und 3 ms liegen [12]. Dies bringt jedoch auch sehr hohe Anforderungen an das Prozessmodell mit sich, welches nach jedem Zyklus einen neuen Parametersatz an die Steuerung liefern und innerhalb des Steuerungstaktes berechenbar sein muss. Weiterhin begrenzt es die darstellbare Modellkomplexität und erfordert eine schnelle Kommunikation, z. B. über einen Feldbus. Geringer ausgeprägte Variationen in der Bauteilqualität und höhere Zeitkonstanten im Prozess lassen sich mit einer „Teil-zu-Teil-Regelung“ handhaben. Diese erfordert keine Echtzeitmodellberechnung und -kommunikation, stellt aber dennoch Herausforderungen, z. B. an die Messung der Parameter des Ausgangsmaterials. Die aufwandsärmste Regelungsstrategie sieht eine Parameteranpassung lediglich nach dem Wechsel des Halbzeugs vor („chargenbasierte Regelung“). Eine Vielzahl von Prozessen verhält sich über eine Charge des Ausgangsmaterials stabil, erfordert allerding eine Neuparametrierung nach dem Wechsel des Halbzeuges. In diesem Fall lassen sich aufgrund hoher möglicher Rechenzeiten auch sehr komplexe Prozessmodelle berechnen und auch Variantenbetrachtungen durchführen, um zu einer geeigneten Parametrierung zu gelangen.

Erweiterte Datenaufnahme, Vernetzung zum Datentransport und intelligente (Teil-)Komponenten werden Kernfunktionen Cyber-Physischer Produktionssysteme darstellen. Dabei lassen sich Entwicklungen auf Ebene der Cyber-Physischen Systeme in den verschiedenen Domänen beobachten. Am ausgewählten Beispiel wurde demonstriert, wie durch eine Datenakquise, eine Modellgenerierung und die Rückführung in die Maschinensteuerung CPPS in die Lage versetzt werden, autonom auf Veränderungen im Prozess zu reagieren und eine Produktion von IO-Teilen zu sichern.

12.3.2 „LinkedFactory" – Daten als Ressource der Zukunft

Die volle Wirkung entfalten Cyber-Physische Produktionssysteme somit erst, wenn Daten und Informationen über die Flexibilisierung, Regelung und Qualitätssicherung des eigentlichen technologischen Prozesses hinaus genutzt werden. Die voranschreitende Vernetzung von Maschinen und Logistiksystemen treibt den Umfang der „Ressource Daten". Die Verfügbarkeit immer größerer Datenmengen bietet große Potenziale für die gezielte Auswertung des Informationsinhalts.

Die ständige Verfügbarkeit aller relevanten Daten und Informationen über wichtige Prozesse und Abläufe wird in vielen Unternehmen angestrebt. Ziel ist es, schnell und aufwandsarm Aussagen zum aktuellen Stand der Produktion, gegebenenfalls mit einer zuverlässigen Vorausschau in die nahe Zukunft durch geeignete Prognoseansätze, bereitzustellen. Um die bestehenden Anforderungen erfüllen zu können, sind geeignete Informations- und Kommunikationssysteme zur Aufzeichnung und Bereitstellung entsprechender Daten – insbesondere der daraus abgeleiteten Informationen – notwendig. Die Heterogenität der Datenquellen erfordert dabei eine adäquate, flexible IT-Infrastruktur, um später über Semantik und kognitive Algorithmen aus Daten und Informationen Wissen zu generieren und Entscheidungen zu unterstützen.

Das Gesamtsystem muss flexibel etablierte, dezentrale Hard- und Softwarelösungen in der Produktion integrieren. Jedes neue System erhöht die Komplexität,

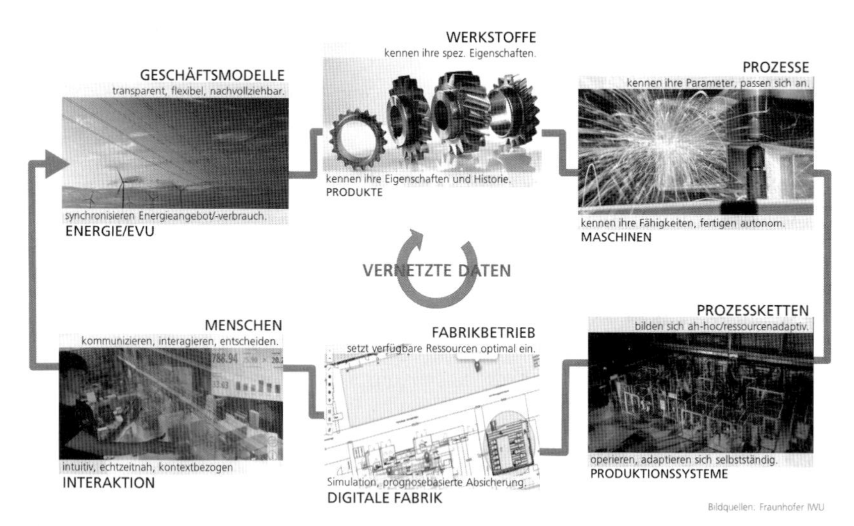

Abb. 12.6 Vernetzte Daten im Umfeld der Produktion (Fraunhofer IWU)

damit steigt die Gefahr einer sinkenden technischen, aber auch organisatorischen Verfügbarkeit. Daher liegt der Fokus auf der Sicherstellung einer hohen Robustheit auf allen Ebenen, von der Sensorik, über Kommunikation und IT-Infrastrukur bis zu den ausgewählten Algorithmen, um so die synergetische Absicherung des Gesamtsystems im Sinne der Produktion zu erreichen.

Aktuell werden erfasste Daten häufig nur entsprechend ihres originären Erfassungsgrunds analysiert und verarbeitet. Indem bisher zumeist in Einzelsystemen verwaltete Daten miteinander in Beziehung gesetzt werden, ermöglicht der Einsatz geeigneter Auswertemethoden die Ableitung neuer Informationen [14] (vgl. Abb. 12.6). Die Fülle an Daten ist dabei so zu verknüpfen und zu verdichten, dass der Mensch in der Produktion die richtigen Entscheidungen treffen kann. Das wiederum ist eine Voraussetzung für Agilität und Produktivität [15].

Zur vollständigen Etablierung eines solchen Ansatzes müssen neuartige, modulare Teillösungen für heterogene Produktionssysteme bereitgestellt werden. Dazu sind unter anderen folgende Forschungsfragen zu beantworten:

- Wie kann die produktions- und informationstechnische Heterogenität wirtschaftlich beherrscht und minimiert werden?
- Welche neuen, innovativen, technologischen und organisatorischen Lösungen sind notwendig, um eine durchgängige Digitalisierung in der Produktion umzusetzen?
- Welche Daten-/Informationskonzepte sind zu berücksichtigen, um die erforderliche Transparenz in der Produktion als Entscheidungsgrundlage bereitzustellen?
- Welche technischen, aber auch organisatorischen Barrieren müssen überwunden werden, um ein übertragbares Gesamtsystem umsetzen zu können?

Die Realisierung eines robusten Gesamtsystems wurde durch einen holistischen Lösungsansatz erreicht, dessen Bausteine sich synergetisch in der „LinkedFactory“ (vgl. Abb. 12.7) ergänzen und aufgabenbezogen miteinander kombiniert werden können. Ziel ist die Echtzeit-Synchronisierung von Material- und Informationsfluss als Voraussetzung für eine agile Planung und effiziente Prognose.

Adressiert wurden folgende Kernbereiche:

- Möglichkeit einer formalen, standardisierten Beschreibung von Schnittstellen, Bediensprachen bzgl. Datenquellen im Produktionsumfeld,
- semantische Annotation, modellbasierte Speicherung produktionsrelevanter Daten,
- aufgabenbezogene Datenanalyse zur Ableitung produktionsoptimierender Informationen,
- innovative Techniken zur Informationsdarstellung, formalen Interpretation und zur intuitiven (bidirektionalen) Mensch-Maschine-Interaktion.

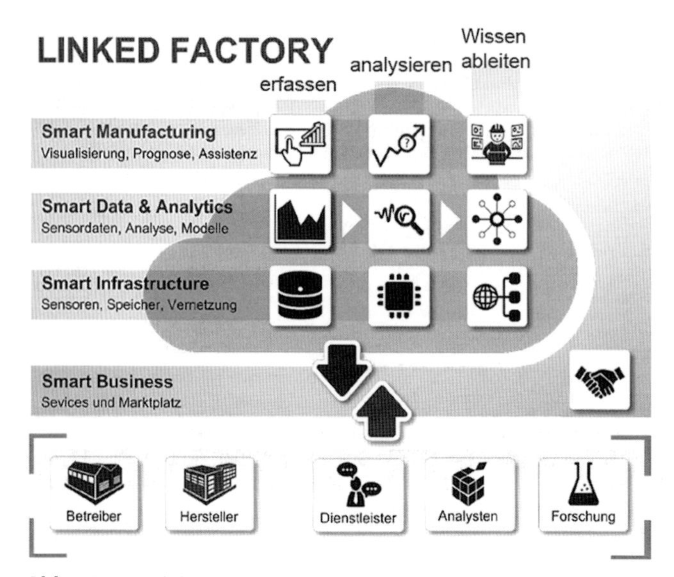

Abb. 12.7 „LinkedFactory" – ganzheitlicher Forschungsansatz des Fraunhofer IWU für die Fabrik der Zukunft (Fraunhofer IWU)

Zur aufgabenorientierten Realisierung des Konzeptes der „LinkedFactory" entwickelte das Fraunhofer IWU einen flexiblen Modulbaukasten (vgl. Abb. 12.8). Dieser befähigt zum Aufbau skalierbar vernetzter Systeme in der Produktion. Der Modulbaukasten berücksichtigt dabei sieben gemeinsam mit Unternehmen identifizierte Kernfragen:

1. Wie können alle Maschinen Daten liefern?
2. Wie werden Daten verwaltet?
3. Wie werden Daten genutzt/analysiert?
4. Wie werden Informationen bereitgestellt?
5. Wie werden smarte Objekte lokalisiert?
6. Welche wertschöpfungserhöhenden Dienste/Funktionen sind erforderlich?
7. Wie werden skalierbare IT-Systeme bereitgestellt?

Im Sinne der Standardisierung orientiert sich der „Modulbaukasten Digitalisierung" am „Referenzarchitekturmodell Industrie 4.0" (RAMI4.0) [16].

Ausgewählte zukunftsfähige Lösungen für die aufgezeigten Modulbausteine der Produktion wurden in dem vom BMBF geförderten Forschungsprojekt „SmARPro – SmARt Assistance for Humans in Production Systems" [17] erarbeitet. Neben

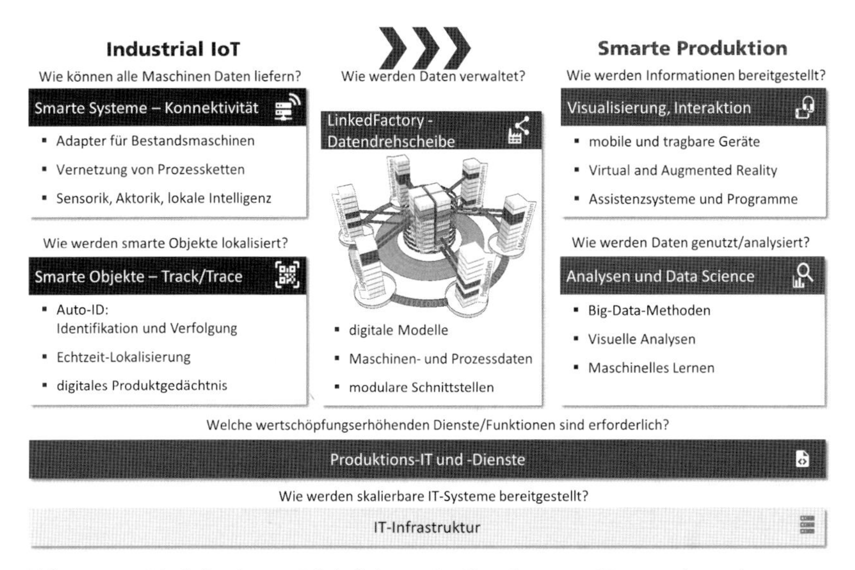

Abb. 12.8 „Modulbaukasten Digitalisierung" – Kernfragen und Lösungsbausteine (Fraunhofer IWU)

flexiblen Lösungen zur Anbindung von Maschinen (Brown- und Greenfield) als Datenquellen (Smarte Systeme) standen die SmARPro-Platform als zentrale Datendrehscheibe (Instanz der LinkedFactory), SmARPro-Wearables als innovative Visualisierungslösungen sowie Lösungen zur Ortserkennung im Fokus der Untersuchungen.

Über CPS-Komponenten werden Maschinen gezielt in die Daten- und Informationsgewinnung eingebunden – Sensorik und Kommunikationselemente ermöglichen das Erfassen von Daten direkt an der Maschine und im Prozess, sodass die Übermittlung der gesammelten Daten an die LinkedFactory als Datendrehscheibe realisiert werden kann. Entsprechend der im Abschnitt 12.3.1 dargestellten Transformationsstrategie wird insbesondere darauf geachtet, dass diese als low-cost-Komponenten sowohl bestehenden als auch neuen Maschinen und Anlagen beigestellt werden können. Ziel ist es, eine Vorverarbeitung nahe der Datenentstehung zu ermöglichen. Im Kontext der standardisierten Kommunikation und Datenbereitstellung werden sowohl Webtechnologien als auch Lösungen aus dem Umfeld der Maschine-zu-Maschine-Kommunikation eingesetzt.

Im Fokus des Gesamtkonzeptes der „LinkedFactory" steht der Information Hub als zentrale Daten- und Dienstplattform. Diese bildet einen integralen Baustein auf dem Weg zur Umsetzung innovativer Lösungen für die Unterstützung flexibler Produktionsstrukturen. Sie integriert und verknüpft domänenübergreifende Daten, beispielsweise bezüglich

- Struktur, Aufbau und Zusammenhänge vorhandener Maschinen/Produktionssysteme,
- Zielvorgaben zur Steuerung des Fabrikbetriebs (PPS, ERP),
- Kennwerten und Sensorinformationen laufender Prozesse, Bearbeitungsständen und -ergebnissen gefertigter Produkte (MES),
- Ressourcenverbrauch von Komponenten der Produktion, Produktions- und Gebäude-infrastruktur (Leitsysteme).

Ziel ist es, domänenspezifisch verwaltete Daten entsprechend vorgegebener Anforderungen zur Ableitung neuer Informationen oder angefragten Wissens miteinander zu verlinken. Diese Daten werden kontextbezogen über definierte Schnittstellen und in Abhängigkeit vorhandener Anfragerollen bereitgestellt. Unter Anwendung der so verlinkten Daten und basierend darauf generierter Informationen sind verschiedene Dienste ausführ- und kombinierbar. Für die softwarebasierte Umsetzung werden am Fraunhofer IWU Prinzipien des Semantic Web genutzt [18]. Eine wichtige Eigenschaft dieses Vorgehens ist die formale und damit durch Computer verständliche Repräsentation von Informationen unter Verwendung definierter Vokabulare.

Derzeit befinden sich unter anderem folgende Unterstützungslösungen in Umsetzung:

- Fertigungssteuerung unter Nutzung verknüpfter Informationen aus unternehmensinternen und -externen Datenquellen,
- mobile kontextbasierte Assistenzsysteme zur Erhöhung der Produktqualität,
- Lösungen zur Überwachung, Steuerung und Visualisierung von Produktionsprozessen,
- mobile Lösungen zur Wartungs- und Instandhaltungsunterstützung.

Ein wesentlicher Aspekt ist, dass die aktuell vermehrt verfügbaren Daten bisher unbekannte Zusammenhänge beinhalten können – insbesondere repräsentieren sie einen großen Teil des fertigungstechnischen Wissens. Diese „verborgenen Zusammenhänge" und das fertigungsbezogene Wissen stellen zusammen mit dem Erfahrungswissen der Mitarbeiter eine wichtige Grundlage für Entscheidungs- und Planungsprozesse dar (vgl. Abb. 12.9).

Weiterentwickelte IuK-Technologien und neue Methoden zur Datenanalyse, beispielsweise im Kontext eines Data-Mining oder des Maschinellen Lernens, können dabei helfen, in den Datenbeständen produktionsnaher IT-Systeme aus dem Betrieb

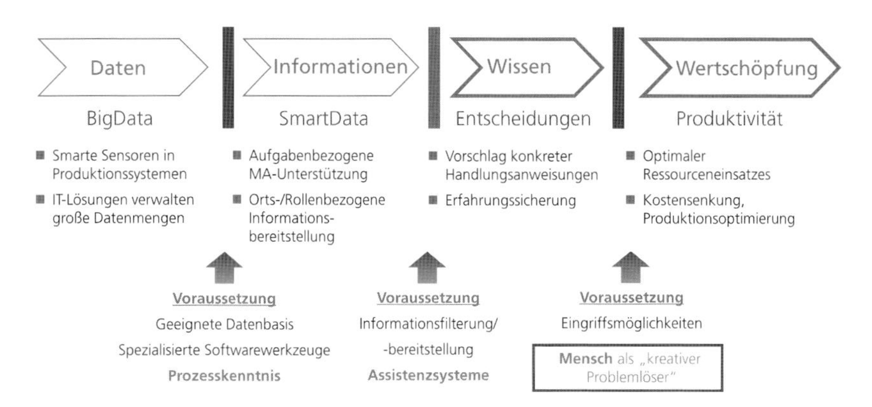

Abb. 12.9 Daten als Basis zur Ableitung von Informationen (Fraunhofer IWU)

von Anlagen liegende „Schätze" zu heben, um damit weitere wertvolle produktionsrelevante Einsparungs- oder Verbesserungspotenziale auszuschöpfen [19].

Die in die LinkedFactory eingehenden Datenströme sind in vielfältiger Weise zu verarbeiten, um für die Wertschöpfung relevante Informationen abzuleiten. Der Einsatz von Linked-Data-Technologien erweist sich dabei als großer Vorteil, da mit diesen die Datenströme vielfältiger Ressourcen, welche sich mitunter auch über die Zeit verändern, verknüpfen lassen. Grundlage der Datenverarbeitung stellt dabei eine Complex Event Processing Engine (CEP Engine; dt.: Engine zur Verarbeitung komplexer Ereignisse) dar. Der Inhalt der Regeln ist von prozessverständigen Mitarbeitern mit Blick auf die betrieblichen Erfordernisse und die zur Verfügung stehenden Datenströme zu bestimmen. Eine Kernanforderung in diesem Kontext ist die leichte Veränderbarkeit der Regeln, sodass flexibel auf Prozessveränderungen reagiert werden kann.

Mithilfe mobiler Endgeräte werden Informationen dem Mitarbeiter kontextbasiert und abhängig von seiner aktuellen Position – beispielsweise in Form einer Augmented-Reality-Darstellung – bereitgestellt. Ziel ist es, Informationen mit direktem Bezug zum betreffenden Objekt bereitzustellen. Arbeitsanweisungen und produktionsrelevante Informationen können vom Mitarbeiter aufgenommen werden, ohne dass dieser seinen Arbeitsprozess unterbrechen muss. Damit verändert sich die Informationsanzeige grundlegend. Informationen erscheinen genau da, wo der Mensch sie zum jeweiligen Zeitpunkt benötigt und ohne dass er aktiv eingreifen muss. Im Fokus der Untersuchungen stehen dabei unterschiedlichste Geräteklassen – angefangen bei Tablets unterschiedlicher Größe, SmartPhones bis hin zu SmartWatches und Datenbrillen. Abb. 12.10 zeigt beispielhaft Oberflächen zur kontext-

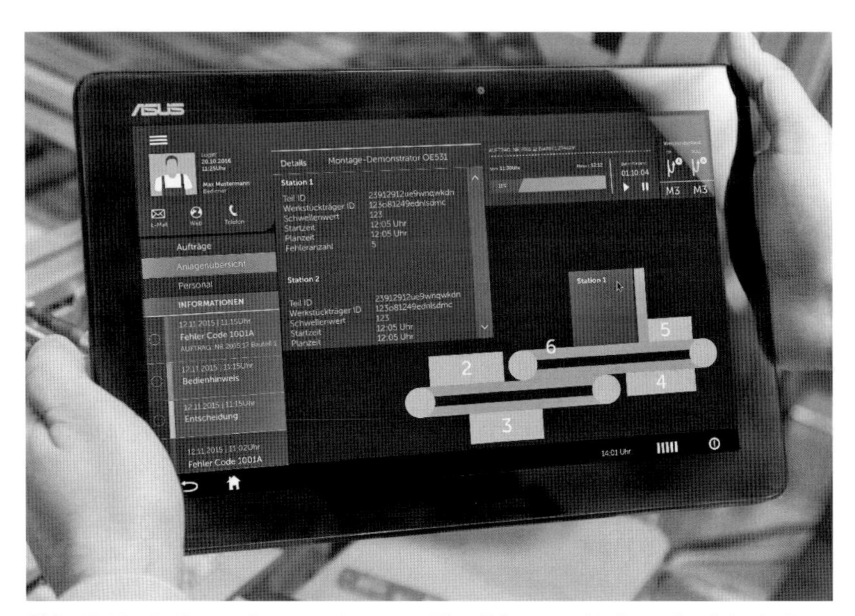

Abb. 12.10 Rollen- und personenbezogene Visualisierungen (Anlagenübersicht, Auftragsinformationen, Meldungen, Anweisungen) [20] (TYP4 Fotografie + Design, Phillip Hiersemann, www.typ4.net)

basierten Informationsbereitstellung an Montageanlagen. Den Mitarbeitern werden hier genau die Informationen zur Verfügung gestellt, die für eine bessere Erfüllung der eigentlichen wertschöpfenden Aufgaben erforderlich sind.

Um die ortsbezogene Informationsbereitstellung über mobile Endgeräte realisieren zu können, ist es erforderlich, den Standort dieser Geräte ermitteln und mit den Bereichen abgleichen zu können, für die Informationen angezeigt werden sollen (region of interest). Technische Realisierungen sind beispielsweise durch den Einsatz von WLAN-basierten Reichweitenmessungen, AutoID-Technologien, komplexen Bilderkennungslösungen oder einfachen QR-Codes möglich. Einzelne Lösungen unterscheiden sich beispielsweise im Aufwand der Installation oder der Ortungsgenauigkeit. Im Rahmen des LinkedFactory-Konzepts wurde eine standardisierte Schnittstelle entwickelt, die von der eingesetzten Ortungstechnik abstrahiert. Positionsangaben überwachter Geräte werden an die LinkedFactory übermittelt und applikationsbezogen mit weiteren erfassten Daten unter Nutzung der zugrundeliegenden Linked-Data-Technologien in Beziehung gesetzt.

12.4 Herausforderungen beim Entwurf von CPS

Aufgrund der dargestellten Heterogenität des Gesamtsystems, die durch den domänen- und instanzenübergreifen Charakter einer CPS-Systemarchitektur entsteht, kann die Entwicklung Cyber-Physischer Systeme nicht aus dem Blickwinkel einer einzelnen Fachdisziplin allein vorgenommen werden. Es ist eine Betrachtungsweise erforderlich, die das multidisziplinäre System in den Mittelpunkt stellt. Eine derart umfassende fachdisziplinübergreifende Systembetrachtung adressiert das Systems Engineering.

Wie solche intelligenten Systeme im Spannungsdreieck von Zeit, Kosten und Qualität erfolgreich entwickelt werden, wird bislang kaum explizit untersucht. Dabei stellt insbesondere die zunehmende Intelligenz in und Vernetzung zwischen den Systemen sowie die damit einhergehende Multidisziplinarität die Produktentstehung vor neue Herausforderungen. So haben Cyber-Physische Systeme nicht zwangsläufig eine feste Systemgrenze. Ihre Funktionalität verändert sich im Laufe des Produktlebenszyklus, hängt häufig von ad hoc auftretenden Anwendungsszenarien in ihrer Nutzungsphase ab und kann deshalb nur begrenzt vom Entwickler vorausgedacht bzw. verantwortet werden. Ein Beispiel ist das oft zitierte autonome Fahren, bei dem sowohl ein Einzelfahrzeug als auch ein ganzer Konvoi ein für sich autonomes System mit unterschiedlicher Funktionalität sein kann. Strenggenommen ist aber nur das System „Konvoi" ein Cyber-Physisches System, für das in der Regel aber keiner direkt verantwortlich ist. Es fehlt offensichtlich eine kritische Analyse, ob die Unternehmen in Deutschland nicht nur intelligente Systeme erfinden und produzieren, sondern diese auch im globalen Wettbewerb auch in Zukunft erfolgreich entwickeln können [21].

12.4.1 Systems Engineering als Schlüssel zum Erfolg

Systems Engineering (SE) scheint der geeignete Lösungsansatz zu sein, die beschriebenen Herausforderungen zu bewältigen. Systems Engineering versteht sich als durchgängige, fachdisziplinübergreifende Schule der Entwicklung technischer Systeme, die alle Aspekte ins Kalkül zieht. Es stellt das multidisziplinäre System in den Mittelpunkt und umfasst die Gesamtheit aller Entwicklungsaktivitäten. SE erhebt somit den Anspruch, die Akteure in der Entwicklung komplexer Systeme zu orchestrieren. Es adressiert das Produkt und ggf. die damit verbundene Dienstleistung, das Produktionssystem und ggf. das Wertschöpfungsnetzwerk, das Geschäftsmodell sowie das Projektmanagement und die Ablauforganisation. Systems Engineering ist folglich äußerst facettenreich [22].

Ein besonderer Schwerpunkt des SE ist die durchgängige und fachdisziplinübergreifende Beschreibung des zu entwickelnden Systems, die in einem Systemmodell mündet. Dieses umfasst eine externe Präsentation (beispielsweise Diagramme) und eine rechnerinterne Repräsentation in Form eines digitalen Modells (das sog. Repository). Während Daten im Repository nur einmal vorkommen, können diese mehrmals und auch unterschiedlich interpretiert in externen Darstellungen genutzt werden, um spezifische Sichten auf das System zu generieren. Model-Based Systems Engineering (MBSE) stellt ein disziplinübergreifendes Systemmodell in den Mittelpunkt der Entwicklung. Dabei schließt MBSE das Vorhandensein von anderen Modellen des Systems, insbesondere von disziplinspezifischen, nicht aus, sondern bindet diese über geeignete Schnittstellen ein. Für die Erstellung des Systemmodells gibt es unterschiedliche Sprachen (z.B. SysML), Methoden (z.B. CONSENS, SysMod) und IT-Werkzeuge (z.B. Enterprise Architect), die auch verschieden miteinander kombiniert werden können. Eine einheitliche und anerkannte Methodik im Sinne einer etablierten Schule des MBSE gibt es noch nicht [23].

Diese Form der digitalen Spezifikation ist gleichzeitig die Grundlage für die weiterführende nahtlose Virtualisierung der Projektarbeit, wenn auch das Projektmanagement auf den entsprechend erzeugten Informationen aufgesetzt wird. Die Weiterentwicklung von Peripheriegeräten, z. B. AR-Brille, ermöglicht neue Formen der Gestaltung von Entwicklerarbeitsplätzen und eine damit einhergehende Veränderung der Arbeitsweise zugunsten von Arbeitseffizienz und -zufriedenheit.

12.4.2 Leistungsstand und Handlungsbedarf in der Praxis

Systems Engineering als Begriff ist der Praxis sehr geläufig, auch wenn in der Regel nur ein Grundverständnis vorhanden ist. Ein tiefes Verständnis über die existierenden Methoden und Werkzeuge besitzen nur wenige Experten oder spezifische Domänen wie die Softwareentwicklung. Insbesondere in kleineren und mittleren Unternehmen ist diese Expertise nur personengebunden vorhanden. Aber auch in größeren Unternehmen ist ein unternehmensweites SE-Bewusstsein nicht die Regel [24]. Unterschiede existieren insbesondere in den verschiedenen Branchen. In der Luft- und Raumfahrttechnik ist Systems Engineering fest etabliert. Die Fahrzeugindustrie verstärkt seit wenigen Jahren ihre Anstrengungen. Aus den Unternehmensinitiativen der mechatronischen Produktentwicklung haben sich bei den führenden OEMs SE-Programme entwickelt, die diese Arbeiten konsequent fortsetzen. Im Maschinen- und Anlagenbau hingegen sind nur einzelne Unternehmen in diesem Bereich aktiv. Oftmals werden Investitionen als Vorleistung für eine erfolgreiche Produktentwicklung noch gescheut. Letztlich ist es aber auch hier nur eine Frage der Zeit, bis der Maschinen- und Anlagenbau sich diesem Thema widmen muss.

Der aktuelle Leistungsstand von Systems Engineering in der Praxis zeigt eine Lücke zwischen dem Anspruch und dem tatsächlichen Einsatz. Um diese Lücke zu schließen, ist eine Leistungssteigerung notwendig. Dies betrifft neben neuen Ansätzen aus der Forschung auch die Anwendbarkeit bestehender Methoden und Werkzeuge. Folgende Handlungsempfehlungen geben hierzu eine Orientierung, was grundsätzlich in Forschung und Anwendung geschehen muss:

- Alle relevanten Entwicklungsaspekte berücksichtigen:
  Die erfolgreiche Produktentstehung von morgen zeichnet sich durch durchgängige Prozesse und wenige Methoden- und Werkzeugbrüche aus. Systems Engineering kann hierfür die Grundlage sein, ist aber bisher eher eine Sammlung von Einzelmethoden und Praktiken. Benötigt wird ein ganzheitlicher Entwicklungsrahmen, der alle unterschiedlichen Entwicklungsaspekte (z. B. Security by Design, Resilience by Design und Cost by Design) nicht nur frühzeitig, sondern integrativ über den gesamten Produktentstehungsprozess berücksichtigt.
- Das Denken in Produktgenerationen verinnerlichen:
  Die strategische Produktplanung stellt frühzeitig die Weichen für den Innovationserfolg. Beispielsweise ist eine vorausschauende und stetig aktualisierte Release-Planung die Voraussetzung für eine erfolgreiche Produktgenerationenentwicklung. Die kontinuierliche Entwicklung von Produkt-Updates sowie die parallele Entwicklung mehrerer Produktgenerationen erfordern ein Umdenken in der Produktentwicklung und eine engere Verzahnung mit der Produktplanung.
- Die modellbasierte Produktentwicklung forcieren:
  Das MBSE ist der Kern einer konsequenten SE-Herangehensweise. Hierzu müssen unterschiedliche Fachabteilungen und auch verschiedene Unternehmen in der Lage sein, Entwicklungsinformationen in Form von Modellen auszutauschen bzw. weiterzuverarbeiten. Dazu müssen nicht zwangsläufig bestehende Sprachen, Methoden und Werkzeuge quasi zu einem Standard vereinheitlicht werden – was zudem äußerst unrealistisch wäre. Viel mehr wird eine neue Art Austauschformat ähnlich dem STEP-Format in der CAD-Welt erforderlich sein, das durch ein industriegetriebenes Konsortium festgelegt wird.
- PDM/PLM und MBSE zu einem integrierten Systemmodell zusammenführen:
  Das durchgängige Systemdatenmanagement entlang des Produktlebenszyklus im Sinne der bestehenden PDM/PLM-Lösungen darf nicht neben den zukünftigen SE- bzw. MBSE-Strukturen in der IT-Architektur im Unternehmen bestehen. PDM/PLM und MBSE müssen von Anfang an integrativ und synergetisch gedacht und aufgesetzt werden. Ohne die multidisziplinäre Sicht des MBSE wird sich kein PLM-System zukünftig durchsetzen können, eine erfolgreiche MBSE-

Lösung wiederum ist wertlos, wenn die Modelle nicht in einem leistungsfähigen System gemanagt werden.

- Die Entwicklungsorganisation muss agiler werden:
  Während in der Softwareentwicklung agile und flexible Methodiken (Scrum, evolutionäres Prototyping etc.) bereits starke Verbreitung finden, werden diese nur selten in der Entwicklung von technischen Systemen eingesetzt. Das Paradigma der „Agilen Softwareentwicklung“ scheint nicht trivial übertragbar, u. a. weil Funktionsprototypen, anders als bei reinen Softwareprodukten, nicht in kurzen Sprints erstellt werden können. Es fehlt an einer durchgehenden und wirkungsvollen Adaption der agilen Softwareentwicklung.
- Die Kompetenzentwicklung im Bereich SE professionalisieren:
  Die in Deutschland erfolgreiche fachgebietsorientierte Ausbildung ist dringend um einen generalistischen Ausbildungszweig zu erweitern. An den Hochschulen sind hierfür fakultätsübergreifend die Voraussetzungen zu schaffen, damit dieses Problem nicht weiter in die Praxis ausgelagert wird. Zusätzlich sind Zertifizierungslehrgänge für die berufliche Weiterbildung, wie z. B. SE-ZERT®, kontinuierlich weiterzuentwickeln und zu verbreiten.
- Über allen genannten Handlungsempfehlungen steht die Digitalisierung. Sie revolutioniert nicht nur die Produktion, sondern mindestens genauso die Entwicklungsarbeit. Ob AR-Brille, Virtuelle Design Reviews, Big Data oder Assistenzsysteme zur Datenanalyse – Entscheidungen können aufgrund besserer Datentransparenz, -aktualität und -qualität über das Geschehen im Projekt fundierter getroffen werden. Entwickler können verteilter und effizienter innerhalb eines Unternehmens und über Unternehmensgrenzen hinweg zusammenarbeiten. Digitale Technologien und Konzepte müssen daher schnellstmöglich erschlossen und nutzenbringend für das Systems Engineering von morgen verwertet werden, um eine führende Rolle im Zukunftsthema Cyber-Physical Systems einzunehmen [25].

12.5 Zusammenfassung und Entwicklungsperspektiven

Aktuell werden Digitalisierungsansätze für die Produktion und Logistik in bestehenden Fabrikstrukturen nur punktuell wirksam, speziell zur Erhöhung von Effizienz, Qualität und Flexibilität. Um dieses Defizit zu beseitigen ist es erforderlich, robuste Gesamtsysteme zu realisieren, in denen die Synchronisation des Material- und Informationsflusses Produktionssystemstrukturen mit höherer Agilität und Flexibilität ermöglichen – und das bei gleichbleibender Produktivität. Mögliche Ansatzpunkte sind hier die Erreichung einer höheren Agilität durch ereignisbasierte

Produktionssteuerung, der gezielte Mitarbeitereinbezug zur Entscheidungsfindung in Echtzeit und die resultierende Erhöhung der Flexibilität von Produktionsprozessen. Erreicht wird dies nur, indem modulare, aufgabenorientiert kombinierbare Lösungsbausteine zu Umsetzung bedarfsgerechter Unterstützungssysteme in Produktion und Logistik zur Verfügung stehen, um so die Komplexität durch ein schrittweises Vorgehen beherrschen zu können.

Bei aller digitalen Euphorie ist aber festzuhalten, dass auch zukünftig der Mensch Erfolgsgarant und zentraler Bestandteil der industriellen Wertschöpfung sein wird. Hierzu erforderlich sind u. a. der Know-how-Aufbau zur Umsetzung von Industrie-4.0-Konzepten in KMU, die Entwicklung anforderungsgerechter Qualifizierungsangebote für die Aus- und Weiterbildung sowie die Planung zukunftsfähiger Fabrikstrukturen, Organisationsformen und Abläufe, welche die Angebote der Digitalisierung optimal ausnutzen.

Die Digitalisierung verändert in Zukunft alle Elemente der Wertschöpfung. Mit Cyber-Physischen Systemen existiert ein universeller Strukturansatz, der sich zukünftig auch in smarten, vernetzten Produkten etablieren wird. Die Strukturäquivalenz von Produkt und Produktionssystem ermöglicht vollkommen neue Chancen in der Gestaltung der Wertschöpfungsprozesse. Kernelement sind die Cyber-Physischen Produktionssysteme, die durch die Vernetzung von smartem Produktionssystem und smartem Produkt über den gesamten Lebenszyklus gekennzeichnet sind.

Diese Symbiose ermöglicht eine Vielzahl neuer technischer Optionen, wie die Nutzung der sensorischen Fähigkeiten des Produkts

- in seiner Fertigung zur Prozessüberwachung und -kontrolle,
- im Nutzungszyklus zur Eigenschaftsadaption und zur Zustandsdiagnose und -bewertung, oder
- zur Schaffung einer Datenbasis zur Verbesserung und Optimierung des Auslegungsprozesses.

Erreicht wird eine Funktionsverbesserung durch „Vererben des Erlebten und Erlernten“. Der Regelkreis der Produktionsoptimierung schließt sich nicht nur über Informationen aus den Prozessen und Anlagen der Produktion selbst, sondern auch Daten aus der Nutzungsphase des Produktes fließen in die Produktionsoptimierung, z. B. zur Qualitätssicherung bei sensiblen Produkteigenschaften ein. In gleicher Weise werden Daten aus dem Produktionsprozess additiv zu Daten aus dem Produktlebenszyklus genutzt, um die Produktgestaltung zu optimieren, z. B. um eine effiziente Fertigung der nächsten Produktgeneration zu ermöglichen (vgl. Abb. 12.11). Diese Design- und Optimierungsprozesse sind nur effizient, wenn sie automatisiert werden können. Dabei erlangen Algorithmen des Maschinellen Lernens eine besondere Bedeutung.

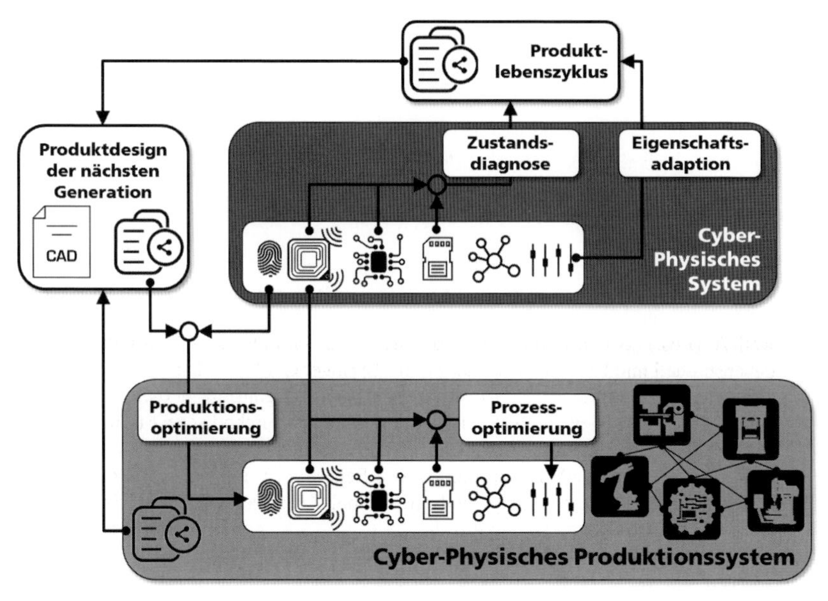

Abb. 12.11 Potenziale der Interaktion von smartem Produkt und smartem Produktionssystem (Fraunhofer IWU, Fraunhofer IEM)

Auf diese Weise erwächst aus der Evolution durch die Industrie-4.0-Technologien tatsächlich ein disruptiver Paradigmenwechsel. Produktion, Ausrüster und Produktentwickler treten in eine neue Qualität eines Innovationsverbunds ein. Der Produktionsstandort wird zum Mitentwickler des Produkts, der Ausrüster zum Gestalter der Infrastruktur für Wert- und Informationsströme.

Quellen und Literatur

[1] Spitzencluster „Intelligente Technische Systeme Ostwestfalen Lippe (it's OWL)", BMBF/PTKA (2011-2017)
[2] ACATECH – DEUTSCHE AKADEMIE DER TECHNIKWISSENSCHAFTEN: Autonome Systeme – Chancen und Risiken für Wirtschaft, Wissenschaft und Gesellschaft. Zwischenbericht, Berlin (2016)
[3] Verbundprojekt „LiONS – System für die lichtbasierte Ortung und Navigation für autonome Systeme", BMBF/VDI/VDE-IT (2015-2018)

[4] Porter, M.E., Heppelmann, J.E.: How Smart, Connected Products Are Transforming Competition. Harvard Business Review (2014)
[5] Verbundprojekt „AcRoSS – Augmented Reality-basierte Produkt-Service-Systems, BMWi/DLR (2016-2018)
[6] Verbundprojekt „DigiKAM – Digitales Kollaborationsnetzwerk zur Erschließung von Additive Manufacturing, BMWi/DLR
[7] ACATECH - DEUTSCHE AKADEMIE DER TECHNIKWISSENSCHAFTEN: Smart Service Welt – Internetbasierte Dienste für die Wirtschaft. Abschlussbericht, Berlin (2015)
[8] Gill H. (2008) A Continuing Vision: Cyber-Physical Systems. Fourth Annual Carnegie Mellon Conference on the Electricity Industry Future Energy Systems: Efficiency, Security, Control.
[9] Roth A. (Eds.) (2016): Einführung und Umsetzung von Industrie 4.0 Grundlagen, Vorgehensmodell und Use Cases aus der Praxis, Springer Gabler Verlag
[10] Großmann K, Wiemer H (2010) Reproduzierbare Fertigung in innovativen Prozessketten. Besonderheiten innovativer Prozessketten und methodische Ansätze für ihre Beschreibung, Analyse und Führung (Teil 1), ZWF 10, S. 855–859.
[11] Großmann, K et al. (2010) Reproduzierbare Fertigung in innovativen Prozessketten. Konzeption eines Beschreibungs- und Analysetools (Teil 2), ZWF 11, S. 954-95.
[12] Hellmich A et al.: Drive Data Acquisition for Controller Internal Monitoring Functions, XXVII CIRP Sponsored Conference on Supervising and Diagnostics of Machining Systems, Karpacz, Poland (2016)
[13] Hammerstingl V, Reinhart G (2015): Unified Plug&Produce architecture for automatic integration of field devices in industrial environments. In: Proceedings of the IEEE International Conference on Industrial Technology S.1956–1963.
[14] Langer, T. (2015). Ermittlung der Produktivität verketteter Produktionssysteme unter Nutzung erweiterter Produktdaten. Dissertation Technische Universität Chemnitz.
[15] Grundnig, A., Meitinger, S. (2013): Führung ist nicht alles – aber ohne Führung ist alles nichts - Shopfloor-Manage¬ment bewirkt nachhaltige Effizienzsteigerung. ZWF Zeitschrift für wirtschaftlichen Fabrikbetrieb. 3, 133-136.
[16] Statusreport: Referenzarchitekturmodell Industrie 4.0 (RAMI4.0). Abgerufen von http://www.zvei.org/Downloads/Automation/Statusreport-Referenzmodelle-2015-v10.pdf
[17] SmARPro – SmARt Assistance for Humans in Production Systems – http://www.smarpro.de
[18] W3C Semantic Web Activity, Online: http://www.w3.org/2001/sw/ [online 09/2015]
[19] Sauer, O. (2011): Informationstechnik in der Fabrik der Zukunft – Aktuelle Rahmenbedingungen, Stand der Technik und Forschungsbedarf. ZWF Zeitschrift für wirtschaftlichen Fabrikbetrieb. 12, 955-962.
[20] Stoldt, J., Friedemann, M., Langer, T., Putz, M. (2016). Ein Systemkonzept zur durchgängigen Datenintegration im Produktionsumfeld. VPP2016 – Vernetzt Planen und Produzieren. 165-174
[21] WIGEP: Positionspapier: Smart Engineering, Wissenschaftliche Gesellschaft für Produktentwicklung, 2017
[22] ACATECH – DEUTSCHE AKADEMIE DER TECHNIKWISSENSCHAFTEN: Smart Engineering. acatech DISKUSSION, Berlin (2012)
[23] Querschnittsprojekt Systems Engineering im Spitzencluster „Intelligente Technische Systeme OstwestfalenLippe (it's OWL)", BMBF/PTKA (2012-2017)

[24] Gausmeier, J,; Dumitrescu, R, Steffen, D, CZAJA, A, Wiederkehr, O, Tschirner, C: Systems Engineering in der industriellen Praxis. Heinz Nixdorf Institut; Fraunhofer-Institut für Produktionstechnologie IPT, Projektgruppe Entwurfstechnik Mechatronik; UNITY AG, Paderborn (2013)
[25] Verbundprojekt „IviPep – Instrumentarium zur Gestaltung individualisierter virtueller Produktentstehungsprozesse in der Industrie 4.0", BMBF/PTKA (2017-2020)

Leitprojekt „Go Beyond 4.0"

13

Individualisierte Massenfertigung

Prof. Dr. Thomas Otto
Fraunhofer-Institut für Elektronische Nanosysteme ENAS

Zusammenfassung

Der Bedarf der Industrie an neuen Technologien zur Differenzierung und Effizienzsteigerung der Produktion treibt die Fraunhofer-Gesellschaft an, Kompetenzen zu bündeln, um erfolgsbesichernde Technologien bereitzustellen. Besonders digitale Fertigungstechnologien wie Inkjet-Druckverfahren und Laser-Verfahren werden die bis dato starre Massenfertigung beflügeln. Durch die Integration digitaler Fertigungstechnologien in beliebige Massenproduktionsumgebungen wird es gelingen, eine individualisierte Produktion mit der Rüstzeit null bei leicht verlängerter Taktzeit zu ermöglichen.

Rahmendaten des Projektes

Ziel des Leitprojekts „Go Beyond 4.0"

Ziel des Projekts ist die Technologienentwicklung für eine ressourcenschonende und kostensenkende maschinelle Individualisierung von Serienprodukten innerhalb der hochentwickelten und vernetzten Massenfertigung. Möglich machen soll es eine intelligente

Abb. 13.1 Key Image „Go Beyond" (Fraunhofer ENAS)

Integration von digitalen Fertigungsverfahren in etablierte, hocheffiziente Prozessketten. Dabei werden mithilfe einer Kombination der industriell skalierbaren und digitalen Fertigungsverfahren – dem Digitaldruck als Material hinzufügendem, additiven Verfahren und der Laserbearbeitung als thermisch Material abtragendem, subtraktiven Verfahren – Kleinserien bis hin zur Losgröße 1 auf der Basis der Massenproduktion ermöglicht. Die Produktivität kann somit im Vergleich zur manuellen Einzelfertigung in der Manufaktur gravierend gesteigert werden. Mit dem Erfolg des Projekts trägt die Fraunhofer-Gesellschaft nicht nur zur Verstetigung und zum Ausbau der deutschen Kompetenz im Maschinen- und Anlagenbau bei, sondern leistet darüber hinaus einen nachhaltigen Beitrag zum Erfolg unserer Volkswirtschaft.

Kooperationspartner
Am Projekt beteiligt sind die Fraunhofer-Institute für
- Elektronische Nanosysteme ENAS
- Fertigungstechnik und Angewandte Materialforschung IFAM
- Lasertechnik ILT
- Angewandte Optik und Feinmechanik IOF
- Silicatforschung ISC
- Werkzeugmaschinen und Umformtechnik IWU

Forschungsplan / Fördervolumen
8 Mio. € (+ 1 Mio. € bei Bedarf) durch die Fraunhofer-Gesellschaft

Ansprechpartner
Prof. Dr. Thomas Otto, Fraunhofer ENAS
Telefon +49 371 45001 100

13.1 Einleitung

Industrieübergreifend wächst der Bedarf an innovativen, individualisierten Bauteilen für die Zukunftsmärkte Produktionsausrüstung, Fahrzeugbau, Luftfahrt und Beleuchtung. Die erforderlichen hochqualifizierten Funktionalitäten der entsprechenden Bauteile werden durch den Einsatz spezieller Funktionswerkstoffe realisiert, wobei eindeutig elektronische und optische Funktionalitäten im Fokus der Anwendungen liegen. Die beabsichtigte Effizienz des Einsatzes hochwertiger organischer und anorganischer Materialien wird zur Triebkraft der Entwicklung von angepassten Prozessketten zur Herstellung von intelligenten Bauteilen mit großer Diversifizierung.

Dieser Bedarf ist global präsent; in hoch entwickelten Industrienationen werden gegenwärtig umfangreiche volkswirtschaftliche Strukturmaßnahmen eingeleitet. Besonders zu beachten sind hier die Revitalisierung der industriellen Fertigung in den USA und der Ausbau von flexibler Fertigungstechnik in China.

Die Diversifizierung der Produkte verlangt nach neuen Fertigungsstrategien, die folgende Herausforderungen erfüllen müssen:

- Produktvielfalt steigt, Losgrößen sinken bis hin zur Losgröße eins (Unikate)
- Produkte werden intelligent (Erfassung, Verarbeitung und Kommunikation von Daten)
- Die geforderte Bauteil-Intelligenz entsteht durch materialeffiziente Integration neuer Funktionswerkstoffe
- umweltbewusstes Recycling entsprechender Produkte

Diese Herausforderungen werden im Rahmen des Fraunhofer-Leitprojektes „Go Beyond 4.0“ durch die Integration digitaler Fertigungsverfahren in existierende Massenfertigungsumgebungen bewältigt.

Die informationstechnischen Voraussetzungen für diese neuartige Integration entstehen durch die ganzheitliche Vernetzung der Produktion im Zuge der Entwicklung des industriellen Internets (Industrie 4.0).

Auf dieser Basis wird eine neue Prozesskettengestaltung industrie- und produktübergreifend gelingen – durch eine Bündelung von exzellenten Kompetenzen aus den Fraunhofer-Verbünden „Produktion“ (IWU), „Werkstoffe, Bauteile – MATERIALS“ (IFAM, ISC), „Mikroelektronik“ (ENAS) und „Light & Surfaces“ (IOF, ILT). Dieser Lösungsansatz adressiert direkt den Bedarf der Industrie an effizienten Herstellungsverfahren, welche die Losgröße-1-Fertigung im Rahmen hocheffizienter Strategien der Massenproduktion ermöglichen.

13.2 Massenproduktion

Massenproduktionsstätten sind darauf ausgelegt, höchstmögliche Stückzahlen standardisierter Bauteile bis hin zu Produkten in niedrigsten Taktzeiten zu produzieren. Hierzu werden werkzeuggebundene Fertigungstechnologien verwendet, die in Fertigungsstraßen aneinandergereiht sind. Der Umfang und die Komplexität der Fertigungsstraßen variiert abhängig von der Komplexität des spezifischen Bauteils oder Produkts. Im Falle der Umstellung auf ein anderes Produkt müssen zeitaufwendige Maschinenumrüstungen vorgenommen werden, die wiederum die Produktionseffizienz reduzieren.

Der Bedarf der Märkte an individualisierten Bauteilen und Produkten führt unweigerlich zu kleineren Stückzahlen (bis zur Losgröße eins), die wiederum immer häufiger die Umrüstung der Prozessketten erfordern. Der Mehraufwand reduziert deutlich die Effizienz der Massenproduktion. Darüber hinaus ist zu erwarten, dass ein ständiger Wechsel der zu fertigenden Produkte das Tagesgeschäft bestimmen wird.

Die hochentwickelte Massenproduktion im klassischen Sinne ist somit zu überdenken. Es sind Fertigungsstrategien zu entwickeln, die zwar die wirtschaftlichen Vorteile der Massenproduktion beibehalten, jedoch deutliche Reduktionen der Losgrößen im Sinne von Kleinstserien oder gar unikalen Produkten erlauben. Ein betreffender Ansatz der Fraunhofer-Gesellschaft setzt im Rahmen des Leitprojekts „Go Beyond 4.0" auf die Methodik der digitalen Fertigungsverfahren auf und integriert diese in die optimierten Massenfertigungsumgebungen des in stürmischer Entwicklung befindlichen industriellen Internets.

13.3 Digitale Fertigungsverfahren

Prof. Dr. Reinhard R. Baumann · Dr. Ralf Zichner
Fraunhofer-Institut für Elektronische Nanosysteme ENAS

Die Produktentwicklung ist heute umfassend in Computersystemen abgebildet. Aus dem Zusammenführen der gestalterischen und konstruktiven Daten entstehen vollständige Computermodelle der neuen Produkte. Die Produkt-Datensätze werden in Ausgabesysteme überführt, die diese entweder visualisieren oder in reale, gegenständliche Körper überführen. Die Visualisierung der Daten erfolgt bereits während der ersten Entwicklungsschritte mithilfe von hochentwickelten Bildschirmen, die an die speziellen Erfordernisse der Produktdarstellung angepasst sind. Für die Vergegenständlichung des Produkts, das bis hier nur virtuell existiert, sind Technologien auszuwählen, die zu realen Bauteilen führen.

Traditionell werden aus den Daten „Hilfsmittel" hergestellt, die dann in den bekannten Fertigungsverfahren (Urformen, Umformen, Trennen, Fügen ...) aus Rohmaterialien reale Bauteile werden lassen. Die „Hilfsmittel" sind oftmals aufwendig herzustellende Formen und Hilfskonstruktionen, deren wirtschaftliche Aufwände durch Umlage auf große Losgrößen real kompensiert werden.

Werden digitale Fertigungstechnologien für die Vergegenständlichung ausgewählt, können die Geometrien des zu fertigenden Bauteils in der Regel nur dann verändert werden, wenn der Datensatz angepasst wird, der auf das Fertigungssystem übertragen wird. Moderne CNC-Werkzeugmaschine (Computerized Numerical Control) erfüllen diesen Anspruch, indem im Allgemeinen mithilfe geeigneter Werkzeuge Material im Sinne von Zerspanen abgetragen wird. Dabei entstehen große Mengen an zu recycelndem Material.

Bei einer weiteren Gruppe von digitalen Fertigungstechnologien wird Material nur an den Stellen aufgetragen, an denen es zum Aufbau der Bauteilgeometrie gebraucht wird; man denke hier z. B. an den Aufbau der Bauteilgeometrie durch Laser-Sintern von Metallpulver. Diesen generativen Fertigungsmethoden sind auch die digitalen Drucktechnologien zuzuordnen. Im Anwendungsfall der Inkjet-Technologie werden Suspensionen von Nanopartikeln in Form von Tröpfchen (mit Volumina im Pikoliter-Bereich) schichtweise übereinander abgelegt. Nach dem Verdampfen der Trägerflüssigkeit und einem – oftmals photonischen – Sinterschritt ergeben sich stabile, dreidimensionale Bauteilgeometrien mit gezielten Funktionseigenschaften, etwa elektrischer Leitfähigkeit. Somit können beispielsweise frei geformte Leiterbahnen auf komplexen Bauteilstrukturen hergestellt werden.

Vor allem für die Bauteilfertigung aus teuren Hochleistungswerkstoffen lässt sich mit Druck- und Laserverfahren in skizzierter Weise eine bis dahin ungeahnte Effizienz des Werkstoffeinsatzes unter den Umständen von unikalen Bauteilgeometrien erzielen.

13.3.1 Digitaldruck-Verfahren

Prof. Dr. Reinhard R. Baumann
Fraunhofer-Institut für Elektronische Nanosysteme ENAS

In den 500 Jahren seit der Erfindung des Buchdrucks durch Johannes Gutenberg haben Generationen von Technikern die Technologien der bildmäßigen Übertragung von Druckstoffen (Ink) auf Bedruckstoffe (Substrat) technisch so ausgereizt, dass das menschliche Auge im Allgemeinen heute gedruckte Bilder genau wie das natürliche Vorbild als Halbtonobjekte wahrnimmt. Und dies, obwohl Druckerzeugnisse aus einer hochdefinierten Wolke mikroskopisch kleiner Rasterpunkte bestehen. Traditionelle Druckverfahren (Hochdruck, Tiefdruck, Siebdruck, Lithografie) verwenden verschleißfeste Druckformen, die man einmalig mit dem zu vervielfachenden Bild- und Textinhalt versieht und von denen im eigentlichen Druckprozess massenfertigungsgerecht große Anzahlen identischer Kopien produziert werden. Die Herstellung der Druckform ist technisch aufwendig und lässt sich wirtschaftlich nur dann positiv darstellen, wenn dieser Aufwand auf eine möglichst große Anzahl von Kopien umgelegt werden kann.

Um diesen Aufwand zu umgehen, wurden in den letzten 100 Jahren zwei alternative Routen zur Erzeugung von Darstellungen auf einem Substrat verfolgt, die das menschliche Auge als bildhafte Gesamtheit wahrnimmt. Die Bildelemente werden dabei für jedes herzustellende Exemplar aufs Neue generiert. Der Drucker bezeichnet diese Fertigungsstrategie als „Auflage 1“, der Fertigungstechniker spricht eher von „Losgröße eins“. Damit sind die Grundzüge des Digitaldrucks beschrieben.

Die erfolgversprechende Route basiert auf der Idee, die Bildelemente (Rasterpunkte) mit kleinen Tröpfchen einer farbigen Flüssigkeit herzustellen. Die in engen Grenzen reproduzierbare Erzeugung der Töpfchen und deren wohldefinierte, bildmäßige Platzierung auf dem Substrat stellt die eigentliche Herausforderung des heute Inkjet genannten Druckverfahrens dar.

Während bei den traditionellen Druckverfahren die Druckform einmalig bebildert wird und von ihr dann viele Kopien erzeugt werden (image one – print many), werden beim digitalen Inkjet-Verfahren keine Druckformen mehr hergestellt; man überträgt das Druckstoff-Bild einmalig auf den Bedruckstoff (image one – print one). Dies bedeutet, dass bei jedem Druckvorgang eine unikale geometrische Verteilung von Druckstoff auf dem Substrat erzeugt wird. Entscheidend ist, dass jedem Bebilderungszyklus ein neuer, unikaler Datensatz zugrunde gelegt werden kann. Und genau dies ermöglichen moderne, digitale Datenverarbeitungssysteme mit Taktzeiten, die im Digitaldruckprozess Substratgeschwindigkeiten bis zu mehreren Metern pro Sekunde zulassen. Diese digitalen Datensysteme haben Pate gestanden bei der Begriffsbildung „Digitaldruck".

Damit erfüllen die Digitaldruckverfahren grundsätzlich die technologischen Anforderungen der Kleinserienfertigung bis hin zur Losgröße eins. Haben die geometrischen Anordnungen der Bedruckstoffe bisher mit der Funktionalität Farbigkeit bisher den menschlichen Gesichtssinn – also das menschliche Auge – adressiert, müssen sie nun weitere Funktionalitäten adressieren können wie elektrische Leitfähigkeit oder Isolation. Natürlich auch „bildhaft", aber das „Bild" ist jetzt keine Landschaft, sondern beispielsweise ein Leiterzug, der elektrischen Strom transportieren kann. Der Digitaldruck kann also bei hoher Produktivität Materialmuster mit Funktionalitäten erzeugen, und aus dieser Erkenntnis ist in den letzten 25 Jahren der Funktionsdruck entstanden. Verfolgt wird der Ansatz, die Tintensysteme mit neuen Eigenschaften wie der elektrischen Leitfähigkeit auszustatten – um daraus nach den Prinzipien des Druckens Schichtsysteme zu formieren, die als elektronische Bauelemente (Widerstände, Kondensatoren, Dioden, Transistoren und Sensoren) oder einfache Schaltungen einsetzbar sind. Neben der entsprechenden Anpassung der Druckverfahren ist daher die zentrale Herausforderung die Bereitstellung der Tinten. Im Ergebnis der vielfältigen Entwicklungsarbeiten stehen den Funktionsdruckern heute im Wesentlichen zwei Arten von Funktionstinten kommerziell zur Verfügung.

Die eine Art sind Suspensionen von Nanopartikeln, die die Funktionalität der Tinte bestimmen. Die zweite Art sind Lösungen von funktionellen Molekülen. Kommerziell verfügbare Tinten gestatten heute u. a. die Herstellung entsprechender Materialmuster aus leitfähigen und halbleitfähigen organischen Polymeren.

Das Technologiefeld des digitalen Funktionsdrucks wird heute von Inkjet-Systemen dominiert. Wegen den Vorteilen bei der Tintenformulierung wird vorzugsweise der sogenannte Drop-on-Demand(DoD)-Inkjet eingesetzt; hier dominieren wiederum Drucksysteme auf der Basis von Piezo-Aktoren (MEMs-Technologie), weil damit im Vergleich zum Bubble-Jet die extreme thermische Belastung der Tinten vermieden wird.

Die Inkjet-Technologie hat in der letzten Dekade einen enormen Schub von der graphischen Industrie erfahren. Alle namhaften Hersteller von Druckmaschinen führen heute Inkjet-Drucksysteme im Portfolio oder haben sie in ihre traditionellen Druckmaschinen integriert. All diese Optimierungen des Inkjet-Verfahrens werden den digitalen Funktionsdruck etablieren und weiterentwickeln, mit dem die Stückzahl eins in Massenproduktionsumgebungen wirtschaftlich darstellbar ist.

13.3.2 Laserverfahren

Dr. Christian Vedder
Fraunhofer-Institut für Lasertechnik ILT

Kein anderes Werkzeug kann annähernd so präzise dosiert und gesteuert werden wie das Werkzeug Licht. Laser werden derzeitig u. a. in Bereichen der Telekommunikation, der Messtechnik oder der Produktion von elektronischen Mikrochips bis hin zu Schiffen eingesetzt. Neben den klassischen Laserverfahren wie Schneiden, Bohren, Markieren und Schweißen hat die Lasertechnik neue Produktionsverfahren ermöglicht. Dazu gehören das selektive Laserstrahlschmelzen für den Prototypenbau, das Laserstrukturieren sowie Laserpolieren von Bauteiloberflächen, das Laserauftragsschweißen z. B. im Turbomaschinenbau, das selektive Laserätzen, die EUV-Lithographie – womit neue Märkte erschlossen werden konnten. Beispielhafte innovative Anwendungen sind die laserbasierte generative Fertigung von funktions- und ressourcenoptimierten metallischen Bauteilen mit „3D-Druckern“ und das großflächige direkte Mikrostrukturieren von Funktionsoberflächen mittels Hochleistungskurzpulslasern (Photovoltaik, OLED, reibungs- und verschleißoptimierte Oberflächen).

Im Unterschied zu konventionellen Verfahren können mit dem Laser sowohl kleine Stückzahlen als auch komplexe Produkte kostengünstig gefertigt werden. Die weitgehende Unabhängigkeit der Produktionskosten von Stückzahl, Variantenvielfalt und Produktkomplexität bietet enorme ökonomische Vorteile und ermöglicht es Hochlohnländern wie Deutschland, durch innovative Produkte mit bedarfsoptimierten Eigenschaften wie einer Funktionsintegration dauerhaft global wettbewerbsfähig zu sein. Fortwährend wurden daher die Laserstrahlquellen und -verfahren im Bereich der Oberflächentechnik weiterentwickelt, um nun auch die industrielle Umsetzung der individuellen, additiven Funktionsintegration in Bauteile mittels einer Kombination aus digitalen Drucktechniken und laserbasierten Vor- und Nachbehandlungsverfahren voranzutreiben.

Bei der Laserstrahlbehandlung wird die vom Laser emittierte optische Energie durch Absorption im Werkstück (hier Bauteiloberfläche oder gedruckte Funktionsschichten auf einem Bauteil) in thermische Energie umgewandelt. Die Absorption ist – neben vielen anderen Abhängigkeiten – vor allem wellenlängen- und materialabhängig. Daher eignen sich nicht alle Lasertypen, die je nach Ausführung vom Ultravioletten über das Visuelle bis hin zum Infraroten kontinuierlich oder gepulst emittieren können, gleichermaßen für z. B. die Oberflächenstrukturierung durch Laserabtrag oder die thermische Funktionalisierung gedruckter Funktionsschichten.

Ebenso wie bei den digitalen Druckverfahren können mittels der digitalen Laserverfahren bauteilindividuelle Materialbearbeitungen durchgeführt werden. Darüber hinaus ist der Laser ein berührungs- und druckloses Werkzeug mit Leistungen im Mikro- bis Kilowattbereich, das kaum eine Abnutzung erfährt. Er bietet eine hohe kinematische Flexibilität, wodurch er sich für eine Automatisierung und In-Line-Systemintegration in bestehende Massenfertigungsumgebungen eignet.

Die Oberflächenstrukturierung durch Laserabtrag wird in diesem Projekt eingesetzt, um Oberflächen von metallischen und polymeren Massenbauteilen gezielt zu öffnen und dadurch die Einbettung der später gedruckten Funktionsschichten zu ermöglichen. Außerdem wird durch gezielten Materialabtrag die Funktion von hybrid integrierten Bauteilen wie piezoelektrischen Aktoren unterstützt sowie die Vorbereitung der Bauteiloberfläche durch Reinigung, Erhöhung der Benetzungseigenschaften und der mechanischen oder chemischen Haftungsbedingungen etc. für den nachfolgenden Druck umgesetzt. Hierfür werden Kurzpuls- bis Ultrakurzpuls-Festkörperlaser mit Pulslängen von einigen Nano- bis hin zu Femtosekunden eingesetzt. Durch die hohen Strahlqualitäten und -leistungsdichten können Strukturgrößen von mehreren Mikrometern bis hin zu einigen Nanometern bei hoher Prozessgeschwindigkeit und Präzision realisiert werden. Eine Strahlaufteilung mittels diffraktiver optischer Elemente sowie die gezielte Führung der separaten oder kombinierten Teilstrahlen ermöglichen die Parallelbearbeitung gleicher 3D-Bauteile ebenso wie die individualisierte Strukturierung unterschiedlicher 3D-Bauteile. Im Vorhaben werden Bauteile aus Aluminium sowie carbon- bzw. glasfaserverstärkten Kunststoffen (CFK/GFK) mittels Laserabtrag strukturiert und gegebenenfalls gereinigt.

Die thermische Nachbehandlung der mittels Digitaldruck nasschemisch applizierten Schichten auf den Bauteilen ist notwendig, um die für den Druck notwendigen flüssigen Bestandteile (z. B. Lösungsmittel) und Binder zur Stabilisierung der Tinten oder Pasten (z. B. organische Vehikel, die die Agglomeration oder Sedimen-

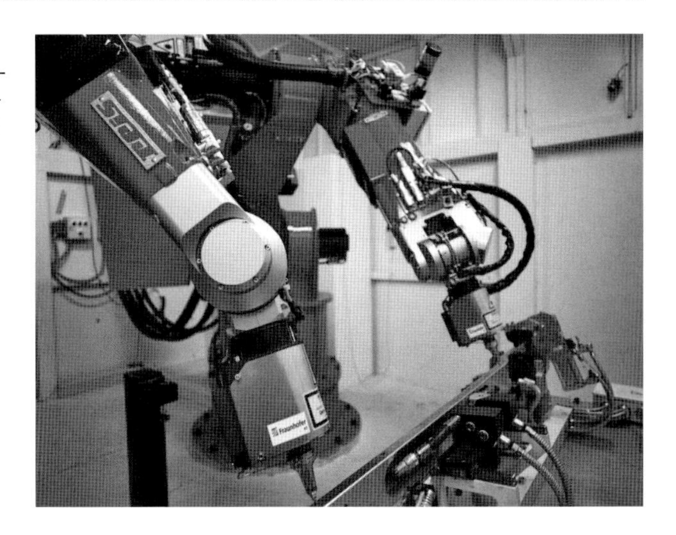

Abb. 13.2 Zwei robotergeführte Lasersysteme (Fraunhofer ILT, Aachen)

tation der in den Lösungsmitteln vorliegenden Funktionspartikel verhindern) zu verdampfen sowie die funktionalen Bestandteile, etwa Silberpartikel, zu sintern oder zu schmelzen. Erst durch diese thermische Nachbehandlung erhalten die gedruckten Schichten ihre gewünschte Funktion wie eine elektrische Leitfähigkeit.

Neben klassischen thermischen Behandlungsverfahren mit Werkzeugen wie Öfen, Infrarotstrahlern oder Blitzlampen, die eine zügige flächige Bearbeitung gedruckter Schichten ermöglichen, weist die Laserbearbeitung den Vorteil der zeitlich und räumlich selektiven thermischen Nachbehandlung auf. So können bei geeigneter Wahl der Laserstrahlquelle kurzzeitig die für die Funktionalisierung notwendigen Schichttemperaturen erreicht werden, welche weit oberhalb der thermischen Zerstörschwelle des darunterliegenden temperaturempfindlichen Substrats oder der in unmittelbarer Nähe liegenden, hybrid integrierten elektronischen Bauteilen liegen können, ohne diese nachhaltig zu schädigen. Im Vorhaben werden gedruckte elektrische Isolator-, Leiter- und Sensorstrukturen sowie optische Reflektorschichten auf Aluminium-, CFK/GFK- und Ormocerbauteilen mittels Laserstrahlung thermisch behandelt.

13.4 Demonstratoren

13.4.1 Smart Door

André Bucht
Fraunhofer-Institut für Werkzeugmaschinen und Umformtechnik IWU

Der marktseitige Trend nach individuellen Produkten trifft in der Automobilindustrie auf starre Fertigungsketten. Die Produktion erfolgt sehr stark werkzeuggebunden, um eine effiziente Herstellung großer Stückzahlen sicherzustellen, bietet allerdings nur sehr begrenzte Möglichkeiten zur Individualisierung. Die funktionale Individualisierung erfolgt maßgeblich durch die Montage mechatronischer Systeme wie Aktoren, Sensoren und Steuergeräten. Diese Differenzialbauweise führt einerseits zu stark steigendem Montageaufwand. So ist die Montage des Kabelbaums von Fahrzeugen inzwischen einer der aufwendigsten Schritte bei der Fahrzeugmontage, und eine weitere Flexibilisierung der bestehenden Fertigungsstruktur führt zu exponenziell steigenden Komplexitätskosten in den Bereichen Logistik, Entwicklung und Produktion. Andererseits führt das Denken in Einzelkomponenten zu erhöhtem Bauraum- und Gewichtsbedarf. Dem Wunsch nach zunehmender Individualisierung und Funktionsverdichtung sind somit Grenzen gesetzt.

Wie in den vorhergehenden Abschnitten beschrieben, bieten digitale Fertigungsschritte eine Lösungsmöglichkeit. Durch die Integration digitaler Prozessschritte in analoge werkzeuggebundene Fertigungsketten wird eine Individualisierung bis zur Stückzahl eins möglich. Anhand des Technologiedemonstrators SmartDoor werden diese Möglichkeiten erarbeitet und dargestellt. Dieser Demonstrator orientiert sich sowohl gestalterisch als auch funktional an einer realen Fahrzeugtür. Sowohl auf dem umformtechnisch hergestellten Außenhautbauteil als auch auf dem mittels Spritzguss gefertigten Verkleidungsbauteil werden funktionale Elemente wie Ultraschallwandler, Leiterbahnen und Bedienelemente drucktechnisch aufgebracht. Die Fertigung der funktionalen Elemente erfolgt in einer hybriden Prozesskette als Kombination analoger und digitaler Prozessschritte.

Die Gestaltung der zu druckenden funktionalen Elemente erfolgte auf Basis der realen Anforderungen an eine Fahrzeugtür. Dabei wurden sowohl branchentypische Anforderungen als auch die notwendigen physikalischen Parameter zugrunde gelegt. Es konnte gezeigt werden, dass bisher mechatronisch ausgeführte Sensoren und Aktoren wie Ultraschallwandler prinzipiell im gedruckten Schichtaufbau realisierbar sind. Um allerdings den Leistungsstand aktuell eingesetzter Systeme zu erreichen, sind weitere Optimierungen bzgl. der Systemgestaltung sowie der Eigen-

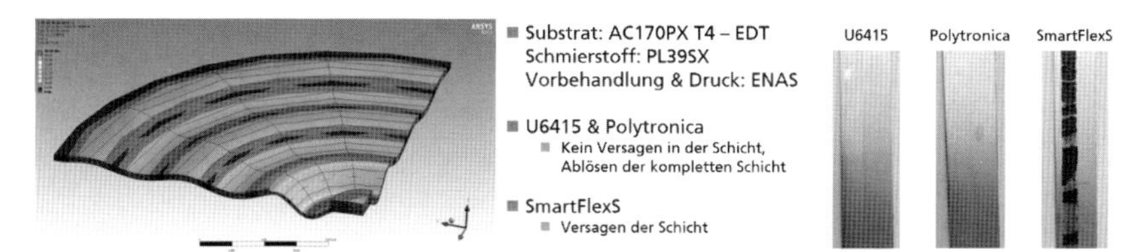

Abb. 13.3 Finite-Elemente-Analyse des gedruckten Ultraschallwandlers (links), gedruckte Isolationsschichten und Leiterbahnen nach der Umformung (rechts) (Fraunhofer IWU)

schaften der gedruckten Schichten notwendig. Der Abgleich mit dem aktuellen Stand von Wissenschaft und Technik zeigte dabei, dass besonders die Robustheit gesteigert und die physikalischen Eigenschaften der gedruckten Schichten verbessert werden müssens. Die Integration in analoge Prozessketten, hier die Umformtechnik, erfordert daneben einen wesentlichen Sprung bzgl. der Produktivität der digitalen Verfahren. Diese Aspekte werden im weiteren Verlauf des Projekts den Schwerpunkt bilden.

13.4.2 Smart Wing

Dr. Volker Zöllmer
Fraunhofer-Institut für Fertigungstechnik und Angewandte Materialforschung IFAM

Carbonfaserverstärkte Kunststoffe (CFK) und glasfaserverstärkte Kunststoffe (GFK) zeichnen sich durch ihre hohen spezifischen Steifigkeiten und Festigkeiten bei gleichzeitig geringem Gewicht aus. Sie finden daher zunehmend in Leichtbaustrukturen Verwendung. Dabei können die Vorteile dieser Leichtbauwerkstoffe derzeit noch nicht vollständig genutzt werden: Einerseits treten Qualitätsschwankungen aufgrund der teilweise noch manuellen Prozessketten auf, andererseits können Bauteile aus faserverstärkten Kunststoffen (FVK) nicht mit den üblichen zerstörungsfreien Prüfmethoden analysiert werden. Denn im Gegensatz zu beispielsweise metallischen Strukturen können durch einen starken Aufprall oder Schlag (Impact) entstandene Schädigungen während des Betriebs nicht offensichtlich erkannt bzw. detektiert werden.

Strukturbauteile aus FVK werden daher mit großen Sicherheitsaufschlägen ausgelegt bzw. im Einsatz engen Wartungsintervallen unterzogen, um eine ausreichende Zuverlässigkeit sicherzustellen. Beides führt zu erhöhten Kosten. Durch ein

Abb. 13.4 Blick in die Fertigungsstraße des Fraunhofer IFAM zur digitalen Funktionalisierung von FVK-Bauteilen (Fraunhofer IFAM)

Belastungsmonitoring während des Betriebs (Structural Health Monitoring, SHM) – z. B. durch eine Sensorierung von Faserverbundstrukturen – können die Sicherheitsfaktoren reduziert und damit Kosten und in der Anwendung Energie gespart werden. Idealerweise werden dabei Schädigungen nicht nur an der Oberfläche, sondern auch im Inneren des Bauteils erkannt, wobei die Stabilität durch den Aufbau des FVK nicht gestört werden darf. Dabei ist die Integration sehr dünner folienbasierter Sensoren bereits problematisch, da diese im Extremfall zu Delaminiationen in einem FVK-Bauteil und damit zum Ausfall einer FVK-Struktur führen können.

Im Teilprojekt B „Smart Wing" werden mittels digitaler Druckprozesse Sensoren zum Monitoring der auftretenden Belastungszustände auf die Bauteile appliziert und an relevanten Stellen während der Fertigung auch in ein FVK-Bauteil integriert. Durch die integrierten Sensoren können die faserverstärkten Bauteile permanent überwacht und dadurch hohe Belastungen sowie Schädigungen frühzeitig angezeigt werden. Auch werden Sensoren zur Erkennung von Vereisung integriert und diese durch ebenfalls integrierte Heizstrukturen abgebaut. Digitale Druck- und Laserprozesse ermöglichen es, Sensorstrukturen lokal *auf* FVK-Oberflächen direkt aufzudrucken und zu funktionalisieren. Eine Integration von elektrischen, sensorischen oder kapazitiven Funktionen in den Faserverbund *hinein* ist ebenfalls möglich: Mit digitalen Druckprozessen können Strukturen aus Funktionswerkstoffen mit hoher Auflösung direkt auf Vliese oder Gewebe appliziert werden, die als eine durchtränkbare Textillage im Herstellungsprozess des Faserverbundwerkstoffs eingesetzt werden. Es werden so bedruckte Polyester- und Glasfaser-Vliese im Vakuuminfusionsverfahren zu funktionsintegrierten GFK verarbeitet. Im Fall von Carbonfasern müssen diese zuvor elektrisch isoliert werden. Für diesen Schritt bieten sich ebenfalls Druckprozesse an, mit denen Isolations- und Barrierematerialien direkt auf Fasern aufgebracht werden können. Nach dem Druckprozess müssen die applizierten Materialien zumeist einer thermischen Nachbehandlung unterzogen werden. Hier bietet sich eine lokale thermische Nachbehandlung der gedruckten Strukturen mittels Laser oder mit energiereicher UV-Strahlung an.

13.4.3 Smart Luminaire

Dr. Erik Beckert
Fraunhofer-Institut für Angewandte Optik und Feinmechanik IOF

Der Bedarf an individuellen LED-Beleuchtungssystemen unter anderem in den Bereichen Automotive, Medizintechnik, industrielle Fertigung und Architektur-Interieur bzw. -Exterieur wächst stetig. Dafür werden optische Komponenten und Systeme benötigt, die je nach Anwendung spezifische Bereiche ausleuchten und darin definierte, individuelle Beleuchtungsmuster generieren. Solche Beleuchtungsmuster können der Information, der Interaktion, aber durchaus auch dem Wohlbefinden des Nutzers dienen.

Im Teilprojekt C „Smart Luminaire“ wird dieser Bedarf aufgegriffen. Dazu werden auf Basis von Standardoptiken mittels digitaler Druck- und Laserverfahren gefertigte, individuelle optische Komponenten erforscht. Zum Einsatz kommt das Verfahren des Inkjet-Druckens, mit dessen Hilfe das optische Hybridpolymer ORMOCER® schichtweise auf eine Standardoptik oder ein beliebiges anderes Substrat appliziert und durch UV-Beleuchtung bzw. Infrarot-Laserbelichtung ausgehärtet wird. So entstehen dreidimensionale, refraktive optische Strukturen mit Abmessungen im Millimeter- und Zentimeterbereich, die bei optimierten Prozessparametern vergleichbar transparent wie optische Bulkmaterialien aus Glas oder Polymer sind. Besondere Herausforderungen für die Prozessgestaltung sind neben der Transparenz der gedruckten optischen Strukturen auch deren geforderte Formgenauigkeit und Oberflächenrauheit.

Kombiniert werden diese dreidimensionalen refraktiven optischen Strukturen mit diffraktiven Strukturen, die auf der Oberfläche der inkjet-gedruckten Optik mittels Zweiphotonen-Absorption gedruckt werden. Zusätzlich werden gedruckte elektrische Leiterbahnen in die optische Struktur integriert, um auf diesen hybride Bauelemente der Optoelektronik wie LEDs oder Fotodioden durch Präzisionsmontage und Kontaktierung zu integrieren und diese im weiteren Druckprozess in die optische Struktur vollständig oder teilweise einzubetten. LEDs und Fotodioden

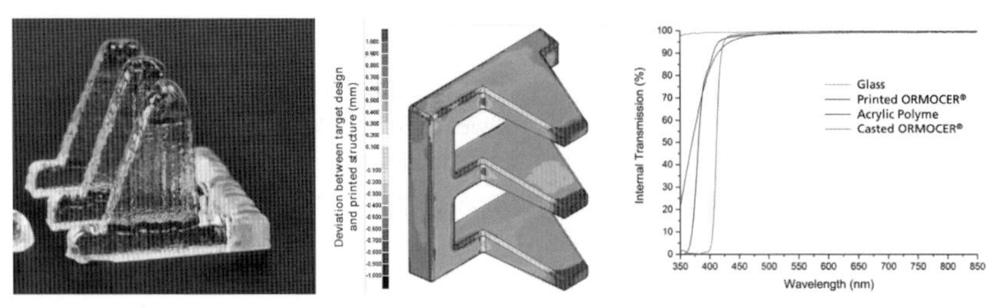

Abb. 13.5 Prototypen von 3D-gedruckten Optiken (links), Messung der Formabweichung mittels Computer-Tomographie (Mitte), Vergleich der Transparenz (rechts) (Fraunhofer IOF)

ermöglichen die Interaktion der Beleuchtungskomponente mit der Umgebung. Dies geschieht über visuelle und sensorische Funktionen, die Systemzustände anzeigen oder Umgebungsparameter messen. Der Ansatz der digitalen Fertigung der Optikkomponente adressiert damit nicht nur deren anwendungsbezogene Individualisierung, sondern auch die optoelektronische Systemintegration.

Damit lassen sich völlig neuartige, individuelle und hochintegrierte Komponenten und LED-basierte Systeme für die strukturierte Beleuchtung ohne Maschinenumrüstzeiten in der Produktion fertigen, die eine nahezu unbegrenzte Variantenvielfalt aufweisen. Mit der so ermöglichten Adressierung von individuellen Kundenwünschen eröffnen sich modernen LED-Lichtquellen neue Anwendungsfelder und eine weitere Verbreitung in allen Bereichen der Consumer- und Industrie-Beleuchtungstechnik.

13.5 Zusammenfassung und Ausblick

Der im Rahmen des Leitprojekts erzielte technologische Fortschritt, in effizienter Art und Weise individualisierte Produktion mit den wirtschaftlichen Vorteilen der Massenfertigung zu verbinden, eröffnet dem Produktionsstandort Deutschland und Europa neue und erfolgssichernde Perspektiven.

Die dabei zum Einsatz kommenden digitalen Fertigungsverfahren (Druck- und Laserverfahren) erlauben aufgrund ihrer Flexibilität die Fertigung nahezu beliebiger Bauteilgeometrien – von kleinen Beleuchtungsobjekten (Smart Luminaire) über makroskopische Objekte (Smart Door) bis hin zu größten Objekten (Smart Wing). Gleichfalls ermöglichen diese Verfahren eine Integration von Mikroelektronik-Komponenten (Mikrocontroller, Datenspeicher, Kommunikationseinheiten, …) in oder auf die zu fertigenden Objekte. Durch diese hybriden Technologien können

Objekte/Produkte/Bauteile Zusatzfunktionen erhalten, die Systemintelligenz garantieren.

Die Integration von gedruckten Strukturen und Funktionen sowie von Mikroelektronik in Bauteile bedingt eine besondere Gewährleistung der Bauteilzuverlässigkeit. Diese wird im Projekt analysiert und bewertet, um Richtlinien für die technologischen Schritte Funktionsdruck, Laserverfahren, Integration von Mikroelektronik und digitale Vollautomatisierung abzuleiten.

Modularität, Integrationsfähigkeit und Zuverlässigkeit der digitalen Fertigungsverfahren werden in Zukunft dazu beitragen, dass Maschinenparks noch effizienter genutzt werden können. Die Fraunhofer-Technologien können dabei im Baukastenprinzip flexibel in bestehende Fertigungslinien integriert werden. Somit können auch bestehende Fertigungslinien hinsichtlich Effizienz und Leistungsfähigkeit gesteigert werden.

Verwertungsplan

Die Verwertung der Projektergebnisse stützt sich auf drei Modelle:

- Direktverwertung der Ergebnisse in der Industrie über Forschungsdienstleistungen, Technologietransfer sowie Lizenzen
- Verwertung über einen der Industrie online zur Verfügung gestellten Technologie-Atlas
- Verwertung über ein Fraunhofer-geführtes Application Center

Die Direktverwertung der Ergebnisse in der Industrie hat parallel zur Projektbearbeitung begonnen. Dabei werden Fraunhofer-Einzeltechnologien transferiert, um z. B. Bauteile der Luftfahrt und des Automobilbaus effizient mit neuen Funktionseigenschaften zu fertigen. Ziel ist es, in den nächsten Jahren Fraunhofer als Marke für Technologien der individualisierten Massenfertigung zu etablieren. Die Verwertung erfolgt dabei durch Zulieferer und Erstausrüster (OEMs).

Die Verwertung der Projektergebnisse über einen online verfügbaren Technologie-Atlas stellt eine Möglichkeit für verschiedene Fertiger dar, modular Fraunhofer-Technologie zu eruieren, diese einzuschätzen und so zu kombinieren, dass der Bedarf an neuen, intelligenten und volldigitalen Produktionslinien gedeckt werden kann. Vorbild für die Visualisierung des Technologie-Atlas ist das Fraunhofer-Schalenmodell[1].

Die Verwertung über ein Fraunhofer geführtes Application-Center sieht vor, der Industrie die Leistungsfähigkeit der Fraunhofer-Technologie in realer Industrieum-

[1] Web-Link zum Fraunhofer-Schalenmodell: http://www.academy.fraunhofer.de/de/corporate-learning/industrie40/fraunhofer-schalenmodellindustrie-4-0.html

gebung zu demonstrieren. Somit sollen über einen Zeitraum von wenigen Jahren nach Abschluss des Projekts die Fraunhofer-Technologien in die Industrie überführt werden.

Kognitive Systeme und Robotik

14

Intelligente Datennutzung für autonome Systeme

Prof. Dr. Christian Bauckhage
Fraunhofer-Institut für Intelligente Analyse- und Informationssysteme IAIS
Prof. Dr. Thomas Bauernhansl
Fraunhofer-Institut für Produktionstechnik und Automatisierung IPA
Prof. Dr. Jürgen Beyerer
Fraunhofer-Institut für Optronik, Systemtechnik und Bildauswertung IOSB
Prof. Dr. Jochen Garcke
Fraunhofer-Institut für Algorithmen und Wissenschaftliches Rechnen SCAI

Zusammenfassung

Kognitive Systeme können komplexe Prozesse überwachen, analysieren und gewinnen daraus auch die Fähigkeit, in ungeplanten oder unbekannten Situationen richtig zu entscheiden. Fraunhofer-Experten setzen Verfahren des maschinellen Lernens ein, um neue kognitive Funktionen für Roboter und Automatisierungslösungen zu nutzen. Dazu statten sie Systeme mit Technologien aus, die von menschlichen Fähigkeiten inspiriert sind bzw. diese imitieren und optimieren. Der Bericht beschreibt diese Technologien, erläutert aktuelle Anwendungsbeispiele und entwirft Szenarien für zukünftige Anwendungsfelder.

14.1 Einleitung

Komplexe Prozesse überwachen, intelligent analysieren und sie dazu befähigen, auch in ungeplanten oder unbekannten Situationen eigenständig richtig zu entscheiden: Dieses Ziel verfolgen Fraunhofer-Experten aktuell mithilfe neuer kognitiver Funktionen für Roboter und für Automatisierungslösungen, die Verfahren des maschinellen Lernens (ML) nutzen. Die Grundidee ist, dass Systeme mit Technologien ausgestattet werden, die von menschlichen Fähigkeiten inspiriert sind bzw. diese imitieren und optimieren. ML-Verfahren spielen dort ihren Mehrwert aus, wo die Parameter eines Prozesses nicht oder nicht vollständig bekannt sind, wo sich diese häufig ändern und wo die Komplexität eines Prozesses so hoch ist, dass er nicht modelliert und im Weiteren nicht als ein feststehender Ablauf implementiert werden kann. Basierend auf echtzeitnah ausgewerteten Sensordaten ermöglicht ML es Systemen, den Prozess laufend anzupassen und ihre Performanz durch kontinuierliches Lernen stetig zu verbessern.

Wenn wir Menschen beispielsweise ein Objekt sehen, können wir aus unseren Lernerfahrungen anhand von Kriterien wie Form, Größe, Farbe oder komplexeren Merkmalen bestätigen, ob es sich wirklich um dieses gemeinte Objekt handelt, selbst wenn wir eine spezifische Ausprägung noch nicht gesehen haben. Der Mensch greift hierfür auf einen erlernten Erfahrungsschatz zurück.

In zahlreichen Branchen profitieren lernende Systeme bereits von Technologien, die diesem menschlichen Verhalten ähneln. Basis dafür sind große Datenmengen, die mithilfe verschiedener Methoden verarbeitet, echtzeitnah ausgewertet und für verschiedene Anwendungsszenarien genutzt werden. Dank signifikant gestiegener Rechenkapazitäten werden Datenauswertungen auch weit über das menschliche Vermögen hinaus möglich, was umfangreiche Zusammenhänge und Muster erkennbar macht. Mit diesem Wissen lassen sich Abläufe in der Produktion und Automatisierung, aber auch im Dienstleistungsbereich oder privaten Umfeld entsprechend den Anforderungen des Anwenders optimieren und mit einem sehr hohen Autonomiegrad ausführen.

14.2 Grundlegende und zukünftige Technologien für kognitive Systeme

Prof. Dr. Christian Bauckhage
Fraunhofer-Institut für Intelligente Analyse- und Informationssysteme IAIS

Seit wenigen Jahren beobachten wir rasante Fortschritte im Bereich des maschinellen Lernens, die zu Durchbrüchen in der künstlichen Intelligenz (KI) geführt haben. Getrieben wird diese Entwicklung vor allem durch tiefe neuronale Netze. Das sind komplexe mathematische Entscheidungsmodelle, deren Millionen von Parametern in einer Trainingsphase optimiert werden. Dabei kommen statistische Lernverfahren, sehr große Trainingsdatensätze (z. B. Sensor-, Text- oder Bilddaten) und leistungsstarke Rechner zum Einsatz. Anschließend können diese neuronalen Netze dann kognitiv anspruchsvolle Aufgaben lösen [1]. In der Bildanalyse [2], der Spracherkennung [3], dem Textverstehen [4] oder der Robotik [5] sind somit nunmehr Leistungen möglich, die denen des menschlichen Gehirns nahekommen oder diese sogar übertreffen (z. B. in der medizinischen Diagnostik [6] oder in Spieleszenarie [7][8]. Pointiert und prägnant kann der Stand der Technik daher auf folgende Formel gebracht werden:

big data + high performance computing + deep architecture = progress in AI

Um genauer zu verstehen, warum diese Gleichung aufgeht und welche zukünftigen Entwicklungen sie noch erwarten lässt, wollen wir hier folgende Fragen beantworten: Was sind künstliche neuronale Netze? Wie funktionieren sie? Warum sind sie plötzlich so gut geworden? Was ist hier in Zukunft noch zu erwarten?

14.2.1 Was sind künstliche neuronale Netze?

Künstliche neuronale Netze sind mathematische Modelle, die auf Computern implementiert werden können und eine Form der Informationsverarbeitung durchführen, die der des menschlichen Gehirns ähnelt. Vereinfacht gesagt bestehen diese Modelle aus vielen kleinen Recheneinheiten oder Neuronen, die miteinander vernetzt werden. Ein ganzes Netzwerk von Neuronen bildet dann eine komplexe Recheneinheit, die z. B. in der Lage ist, Daten zu klassifizieren oder Vorhersagen zu treffen.

Die schematische Darstellung in Abb. 14.1 zeigt, dass jedes einzelne Neuron eines neuronalen Netzes eine vergleichsweise einfache mathematische Funktion realisiert, die Eingabewerte auf eine Ausgabe abbildet. Die genauen Werte der Ein- und Ausgabe hängen natürlich von der jeweiligen Anwendung ab. Da aber jedwede Daten (Sensormessungen, Texte, Bilder etc.) im Speicher eines Computers immer als Zahlen repräsentiert werden, sind künstliche Neuronen darauf ausgelegt, Zahlen zu verarbeiten und auszugeben.

Die Eingabezahlen werden zunächst mit Gewichtsparametern multipliziert und aufaddiert. Das Ergebnis dieser synaptischen Summation wird dann einer nichtlinearen Aktivierungsfunktion unterzogen, um die Ausgabe zu berechnen. Ein klassisches Beispiel einer solchen Aktivierungsfunktion ist auch in Abb. 14.1 zu sehen. Die hier gezeigte sigmoide (S-förmige) Aktivierungsfunktion bewirkt, dass die Ausgabe des Neurons eine Zahl zwischen -1 und 1 ist. In diesem Sinne können wir uns vorstellen, dass ein einzelnes Neuron eine einfache Ja-/Nein-Entscheidung trifft: Ist die gewichtete Summe der Eingabewerte größer als ein Schwellenwert , produziert das Neuron eine positive Zahl, ansonsten eine negative. Je näher diese Ausgabe an

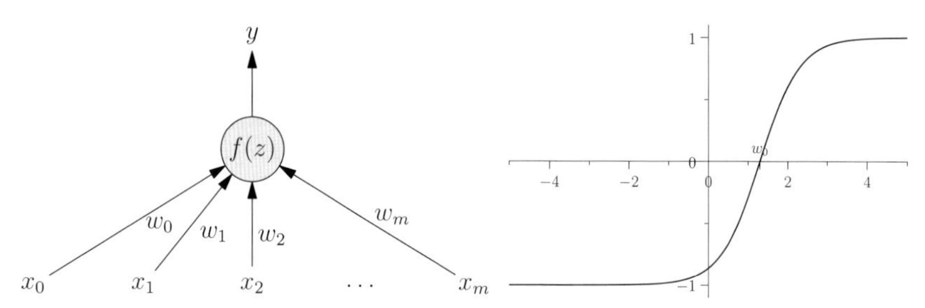

Abb. 14.1 Schematische Darstellung eines mathematischen Neurons (links) und Beispiel einer Aktivierungsfunktion (rechts) (Fraunhofer IAIS)

den beiden Extremwerten 1 oder -1 liegt, desto sicherer ist sich das Neuron, dass seine gewichtete Eingabe den Schwellenwert über- oder unterschritten hat.

Klassischerweise werden einzelne Neuronen dann in Schichten angeordnet und miteinander vernetzt. Dadurch entstehen neuronale Netze wie in Abb. 14.2, von denen wir uns vorstellen können, dass sie im Wesentlichen sehr viele parallele bzw. aufeinander aufbauende Ja/Nein-Entscheidungen berechnen. Sind neuronale Netze nur groß genug und sind ihre Gewichtsparameter entsprechend eingestellt, können sie auf diese Art und Weise fast alle Aufgaben lösen, die überhaupt denkbar sind.

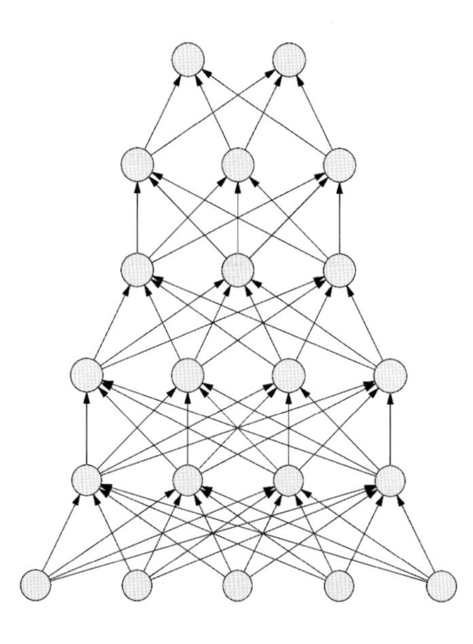

Abb. 14.2 Schematische Darstellung eines hierarchischen neuronalen Netzes; Kreise repräsentieren Neuronen und Pfeile symbolisieren Synapsen, d. h. Verbindungen, zwischen Neuronen. Die Verarbeitung von Information erfolgt in einem solchen Netz immer in Richtung der Pfeile, hier also von links nach rechts. Die erste Schicht dieses Netzes nimmt die Eingabe entgegen, führt Berechnungen darauf aus und leitet die Ergebnisse an die nächste Schicht weiter. Die letzte Schicht produziert die Ausgabe. Moderne tiefe neuronale Netze bestehen aus hunderten Schichten jeweils mit hunderttausenden Neuronen und können so sehr komplexe Berechnungen durchführen und komplexe Daten verarbeiten. (Fraunhofer IAIS).

Da dies schon in den 1980er Jahren mathematisch bewiesen wurde [9][10], stellt sich natürlich die Frage, warum neuronale Netze erst seit Kurzem überall und mit großem Erfolg genutzt werden. Um diese Frage zu verstehen, müssen wir zunächst beantworten, wie ein neuronales Netz lernt, eine gewünschte Aufgabe zu lösen, und was lernen in diesem Zusammenhang überhaupt heißt.

Dazu betrachten wir am besten ein konkretes, einfaches Beispiel. Nehmen wir also an, ein neuronales Netz wie in Abb. 14.2 soll erkennen, ob auf einem Bild mit einer Auflösung von 256x256 Pixeln ein Hund oder eine Katze zu sehen ist. Dazu müsste zunächst einmal die Eingabeschicht des Netzes wesentlich größer sein als oben gezeigt und mindestens 256^2 Neuronen enthalten. Auch würde es sicherlich aus mehr als sechs Schichten bestehen müssen, um diese scheinbar einfache aber tatsächlich durchaus anspruchsvolle Aufgabe lösen zu können. Die Ausgabeschicht könnte aber wie in Abb. 14.2 weiterhin aus zwei Neuronen bestehen, denn wir haben als Entwickler die Freiheit, vorzugeben, welches Motiv welche Ausgabe erzeugen soll. Sinnvoll wäre hier z. B. folgende Ausgabekodierung: [1,-1] für Hundebilder, [-1,1] für Katzenbilder und [0,0] für Bilder, die weder Hunde noch Katzen zeigen.

Damit das neuronale Netz diese Klassifikationsaufgabe sinnvoll lösen kann, müssen die Gewichtsparameter seiner Neuronen der Aufgabe entsprechend eingestellt sein. Um dies zu erreichen, wird das Netz anhand von Beispielen trainiert. Für dieses Training ist ein Datensatz erforderlich, der Paare von möglichen Eingaben und dazu gewünschten Ausgaben enthält; hier also Bilder von Hunden und Katzen zusammen mit den entsprechenden Ausgabecodes. Sind solche Trainingsdaten vorhanden, erfolgt das Training durch einen Algorithmus, der wie folgt verfährt: Beginnend mit zufällig initialisierten Gewichten berechnet das Netz zu jeder Trainingseingabe eine Ausgabe. Zu Beginn des Trainings weicht diese typischerweise deutlich von der eigentlich gewünschten Ausgabe ab. Anhand der Differenz zwischen berechneten und gewünschten Ausgaben kann der Trainingsalgorithmus aber ermitteln, wie die Gewichte des Netzes eingestellt sein müssten, damit der Fehler im Durchschnitt möglichst klein ist [11]. Die Gewichte werden also dementsprechend automatisch justiert und die nächste Trainingsrunde gestartet. Dieser Prozess wiederholt sich so lange, bis das Netz gelernt hat, die gewünschten Ausgaben zu produzieren.

Praktisch stellten sich hinsichtlich dieser Trainingsmethodik lange Zeit zwei fundamentale Probleme. Zum einen sind die Berechnungen, die zur Justierung der Gewichte eines neuronalen Netzes erforderlich sind, extrem aufwendig. Insbesondere große bzw. tiefe Netze mit vielen Schichten von Neuronen konnten auf früheren Computergenerationen daher nicht in vertretbarer Zeit trainiert werden. Zum anderen besagt ein fundamentales Theorem der Statistik, dass statistische Lernverfahren nur dann robust funktionieren, wenn die Anzahl der Trainingsbeispiele die der Modellparameter deutlich übersteigt [12]. Beispielsweise bräuchte man zum Training eines neuronalen Netzes mit 1 Mio. Gewichtsparametern mindestens 100 Mio. Trainingsbeispiele, damit das Netz seine Aufgabe überhaupt richtig erlernen kann.

Beide Probleme haben sich aber im Zeitalter von Big Data und günstigen leistungsstarken Rechnern bzw. Cloud-Lösungen erledigt, sodass diese kognitive Technologie nun ihr ganzes Potenzial entfalten kann. In der Tat sind neuronale Netze universell einsetzbar und können Klassifikations-, Vorhersage- oder Entscheidungsprobleme lösen, die in ihrer Komplexität weit über unser einfaches Beispiel hinausgehen.

14.2.2 Zukünftige Entwicklungen

Neben den einfachen, sogenannten Feed-forward-Netzen, die wir oben diskutiert haben, gibt es eine ganze Reihe weiterer Varianten neuronaler Netze, die das Potenzial haben, weitere technologische Entwicklungen voranzutreiben und neue Anwendungsfelder zu erschließen. Beispielsweise ist es denkbar, dass neuronale Netze nicht einfach nur lernen, Entscheidungsfunktionen zu berechnen, sondern auch lernen, auszugeben warum sie zu einer Entscheidung gekommen sind.

Insbesondere sogenannte rekurrente neuronale Netze, in denen Informationen nicht nur in eine Richtung propagiert werden, haben zuletzt zu großen Erfolgen geführt. Solche Systeme können wir uns vereinfacht als neuronale Netze mit Gedächtnis vorstellen. Diese sind in der Tat mathematisch universal, was in der Theorie bedeutet, dass es keine Aufgabe gibt, die ein solches Netz nicht lernen und lösen könnte.

Da rekurrente neuronale Netze aber gleichzeitig komplexe, nichtlineare, rückgekoppelte, dynamische Systeme darstellen, ist ihr Verhalten mathematisch nur schwer zu beschreiben. Dies führt zu generellen Herausforderungen in Bezug auf den Trainingsprozess, die momentan durch schiere Rechenkraft umgangen werden, sodass ein Training rekurrenter Netze in der Praxis durchaus möglich ist. Zu diesem Thema wird aber weltweit intensiv geforscht und die Geschwindigkeit des Fortschritts in diesem Bereich lässt erwarten, dass auch hier bald weitere Durchbrüche erzielt werden. Für die nahe Zukunft ist deshalb damit zu rechnen, dass neuronale Netze immer stärker Einzug in unser Berufs- und Alltagsleben halten werden und dass es bald kaum noch Grenzen für den praktischen Einsatz lernender Systeme gibt.

14.3 Kognitive Robotik in Produktion und Dienstleistung

Prof. Dr. Thomas Bauernhansl · Dipl.-Ing. Martin Hägele M.S. ·
Dr.-Ing. Werner Kraus · Dipl.-Ing. Alexander Kuss
Fraunhofer-Institut für Produktionstechnik und Automatisierung IPA

Verfahren des maschinellen Lernens (ML) lassen sich beispielsweise für die Robotik nutzen. Wenn es um diese Maschinen geht, ist meist noch das klassische Bild verbreitet: Eine Vielzahl von Roboterarmen führt in großen Produktionsanlagen einen präzisen, strikt vorgegebenen Bewegungsablauf durch, etwa für die Handhabung oder das Schweißen. Hier zeigen Roboter ihre Stärken, etwa das Handhaben hoher Traglasten, Wiederholgenauigkeit und Präzision. Einmal programmiert, führen sie teils über Jahre hinweg diese eine Tätigkeit aus, sodass sich die anfangs zeit- und kostenintensive Programmierung über die lange Laufzeit rentiert. Änderungen im Produktionsablauf oder bei den Werkstücken sind jedoch mit Aufwänden in der Programmierung verbunden, denn der Roboter „weiß" bisher meist nicht, wie er mit Änderungen im Prozessablauf umgehen soll. Er agiert also nur begrenzt autonom.

Die Autonomie zu erhöhen ist das Ziel, das aktuell mit Entwicklungen in der sogenannten kognitiven Robotik angestrebt wird: Roboter sollen durch verbesserte Technologien dem Begriff Kognition entsprechend, das Wahrnehmen, Erkennen und darauf abgestimmte Handeln umsetzen können. Das Grundprinzip dabei ist, dass das System über seine Sensorik etwas wahrnimmt, die Daten verarbeitet und daraus eine passende Reaktion ableitet.

Im Produktionsumfeld können Anwender damit flexibel und zugleich wirtschaftlich auf die steigenden Anforderungen durch kurze Produktlebenszyklen und steigende Varianten reagieren. Das Erfassen und zeitnahe Auswerten großer Datenmengen ermöglicht Systemen, mithilfe von Verfahren zum maschinellen Lernen, wie sie in Kapitel 14.2 erklärt sind, aus durchgeführten Aktionen und deren Erfolg oder Misserfolg zu lernen.

Für viele dieser Systeme sind kognitive Funktionen die Basis für den erforderlichen Autonomiegrad, denn Serviceroboter müssen sich oft in dynamischen, teils noch unbekannten Umgebungen zurechtfinden. Sie sollen Gegenstände identifizieren, greifen und anreichen können oder auch Gesichter erkennen. Für diese Aktionen lässt sich das Verhalten nicht oder zumindest nicht vollständig programmieren, weshalb Sensorinformationen die Basis für abgestimmte Entscheidungen sein müssen. Erst kognitive Funktionen machen es möglich, dass Roboter das Produktionsumfeld verlassen können und als Serviceroboter Teil von Dienstleistungen im gewerblichen oder privaten Umfeld werden. Hier sind in den letzten etwa 20 Jahren viele neue Einsatzgebiete entstanden, zu denen insbesondere die Landwirtschaft, Logistik, Medizin und Rehabilitation zählen.

14.3.1 Intelligente Bildverarbeitung als Schlüsseltechnologie für wirtschaftliche Robotikanwendungen

Die Hauptdomänen von Industrierobotern (IR) sind die Handhabung von Werkstücken (50% aller IR) und das Schweißen (25% aller IR) [Quelle IFR]. In der Massenproduktion sind die Roboterprogramme meist durch manuelle Teach-In-Verfahren fest vorgegeben und werden sozusagen blind abgefahren. Es werden bereits seit Jahren Bildverarbeitungssysteme (computer vision) z. B. zum Greifen ungeordneter Objekte wie beim „Griff-in-die-Kiste" (GIDK) eingesetzt. Heutige Lösungen nutzen zur Objekterkennung wiedererkennbare Merkmale (Features) und fest programmierte modellbasierte Objekterkennungsmethoden. So ist es für den Roboter kein Problem, dass die Werkstücke ungeordnet vorliegen, denn mithilfe der kognitiven Funktionen erkennt das System, wo welches Werkstück liegt und wie es dieses optimal greifen kann. Die Konfiguration der Algorithmen wie z. B. das Einlernen neuer Werkstücke erfolgt manuell durch Experten. Maschinelles Lernen kann nun

Abb. 14.3 Maschinelle Lernverfahren optimieren roboterbasierte Systeme für den Griff-in-die-Kiste. (Fraunhofer IPA/Foto: Rainer Bez)

dafür eingesetzt werden, dass sich die Algorithmen für den Griff-in-die-Kiste – beispielsweise für die Objekterkennung und Positionsschätzung, das Greifen oder die Manipulation – auf Basis der auswertbaren Informationen autonom optimieren können: Die Berechnungszeiten für den Griff verkürzen sich, zudem erhöht sich die Rate erfolgreicher Griffe. Somit steigert sich die Prozesssicherheit mit jedem Greifversuch.

Wie in Kapitel 14.2.1 beschrieben, wird für das Einlernen von Verfahren des maschinellen Lernens initial eine hohe Anzahl von Trainingsdaten benötigt. Eine typische Herangehensweise ist es, die Trainingsdaten experimentell zu generieren, d. h. für den Fall des GIDK mehrere Hunderttausend Greifversuche durchzuführen und auszuwerten, bevor die neuronalen Netze für einen stabilen Betrieb nutzbar sind. Da dieses zeitaufwändige Generieren der Trainingsdaten für den industriellen Betrieb nicht praktikabel ist, entsteht aktuell am Fraunhofer IPA eine virtuelle Lernumgebung in Form eines Simulationsmodells. Damit werden bereits vor der Inbetriebnahme und ohne die Produktion zu stoppen viele Greifprozesse mit dem benötigten Werkstück virtuell durchgeführt. Ein sogenanntes neuronales Netz, also eine Vielzahl an vernetzten Recheneinheiten auf verschiedenen Abstraktionsebenen (vgl. Kap. 14.2.1), lernt aus einer hohen Anzahl simulierter Griffe und verbessert sein Prozesswissen kontinuierlich. Die vortrainierten Netze werden dann auf den realen Roboter übertragen.

Auch Schweißroboter können zukünftig von einer 3D-Sensorik profitieren. Bisher nutzen nur rund 20% der eingesetzten Robotersysteme Kameras, um damit z. B. die zu bearbeitenden oder zu greifenden Werkstücke zu erkennen und darauf basierend Aktionen zu planen. Zum Programmieren von bahngeführten Schweißprozessen mit Robotern werden zwei wesentliche Ansätze unterschieden:

- Teach-In-Programmierung, d. h. das Roboterprogramm wird durch den Bediener am realen Werkstück in der Roboterzelle erzeugt
- Offline-Programmierung auf Basis des CAD-Modells der Baugruppe mit anschließender Suchfahrt des Roboters oder teilweisem Nachteachen

Beim Offline-Programmieren wird der Roboter in einer virtuellen Simulationsumgebung programmiert, ohne die reale Roboterzelle während des Programmiervorgangs zu blockieren. Das Kernproblem der Offline-Programmierung ist, dass Unterschiede zwischen der virtuellen und realen Produktionszelle bestehen, z. B. aufgrund von Werkstücktoleranzen oder Positionsabweichungen von Bauteilen und Peripheriekomponenten. Dies kann in der Folge zu einer fehlerhaften oder zumindest nicht optimalen Schweißqualität führen. In der Praxis müssen die offline erstellten Roboterprogramme daher häufig durch Teach-In-Programmierung nochmals angepasst werden. Vor allem bei wechselnden Produktionsszenarien und schwankenden Bauteiltoleranzen können hierdurch erhebliche manuelle Anpassungsaufwände entstehen. Durch Einsatz von optischer 3D-Sensorik und entsprechender Software des Fraunhofer IPA wird dem Roboter die Fähigkeit gegeben, ähnlich wie der Mensch zu „sehen". Dadurch erkennt der Roboter Abweichungen und kann diese bereits während der Programmplanung automatisch berücksichtigen. Der Roboter kann damit sein Verhalten, im Sinne eines fehlertoleranten Produktionssystems, optimal auf veränderliche Fertigungsbedingungen einstellen.

Zudem können kognitive Funktionen genutzt werden, um den Programmierprozess zu vereinfachen. Bisherige Programmiersysteme erfordern spezielle Kenntnisse in der Bedienung und hohe Aufwände zur Erstellung neuer Roboterprogramme. Vor allem in mittelständischen Unternehmen ist hierfür oft kein speziell ausgebildetes Personal verfügbar. Wechselnde Varianten und kleine Losgrößen, wie sie im Mittelstand üblich sind, erhöhen den Programmieraufwand zusätzlich und verhindern häufig den wirtschaftlichen Robotereinsatz. Eine vom Fraunhofer IPA entwickelte Software ermöglicht es hier beispielsweise, potenzielle Schweißnähte an Werkstücken mittels Verfahren der regelbasierten Mustererkennung automatisch zu detektieren. Der Bediener wählt die zu schweißenden Nähte anschließend aus und

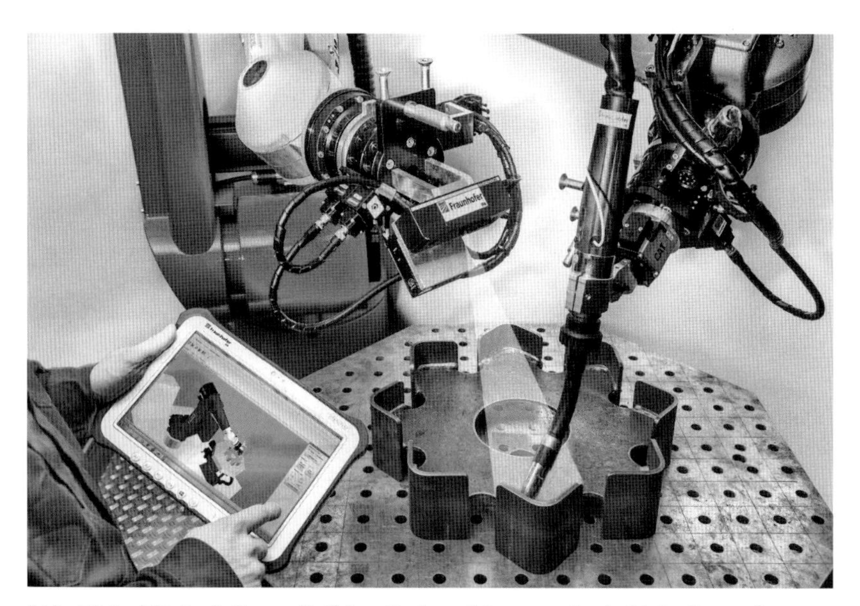

Abb. 14.4 Mit der Software für Schweißroboter können auch sehr kleine Losgrößen wirtschaftlich sinnvoll mit einem Robotersystem geschweißt werden. (Fraunhofer IPA/Foto: Rainer Bez)

legt die Schweißreihenfolge fest. Die aufwendige Definition von Schweißnähten durch Festlegung von Koordinatensystemen entfällt und so vereinfacht sich der Programmierprozess.

Auch im Bereich der kollisionsfreien Bahnplanung können kognitive Verfahren eingesetzt werden. Der Roboter erfasst mittels 3D-Sensorik sein Arbeitsumfeld und erkennt potenzielle Kollisionsobjekte. Eine Software des Fraunhofer IPA ermöglicht mittels sample-basierter Bahnplanungsverfahren eine kollisionsfreie Roboterbahn automatisch zu berechnen und dadurch manuelle Programmieraufwände deutlich zu reduzieren.

Alle Daten des Robotersystems, beispielsweise Roboterpositionen, Sensordaten oder Bedienereingaben, werden in einem digitalen echtzeitnahen Modell zusammengeführt. Dies bildet die Grundlage für die Nutzung von maschinellen Lernverfahren und ermöglicht zudem die Anbindung an eine Cloud-Infrastruktur, um anlagenübergreifende Auswerte- und Lernverfahren zu realisieren. In Tests der Schweißroboterzelle bei einem mittelständischen Betrieb reduzierte sich die Programmierzeit mit der Software des Fraunhofer IPA gegenüber dem manuellen Einteachen von 200 min. auf 10 min., zudem ist der Einlernaufwand gegenüber bisherigen Programmierverfahren deutlich geringer.

14.3.2 Ein vielseitiger Gentleman: Der Serviceroboter Care-O-bot® 4

Bereits seit über 20 Jahren hat das Fraunhofer IPA an der Vision eines Serviceroboters gearbeitet, der für zahlreiche Umgebungen einsetzbar ist, darunter Krankenhäuser oder Pflegeeinrichtungen, Warenlager und auch Hotels. 2015 stellten die Stuttgarter Wissenschaftler die vierte Generation vor, die zusammen mit Schunk und Phoenix Design entwickelt wurde. Care-O-bot® 4 bietet vielfältige Interaktionsmöglichkeiten, ist sehr agil und lässt durch die Modularität verschiedene Systemaufbauten zu. Dies kann mit der mobilen Plattform als Transportsystem beginnen, ferner kann der torsoähnliche Aufbau ohne, mit einem oder zwei Armen genutzt werden. Care-O-bot® 4 ist mit mehreren Sensoren ausgestattet, mit denen er sein Umfeld, Objekte und Personen erkennen und sich im Raum orientieren sowie frei navigieren kann. Zudem legten die Wissenschaftler Wert auf ein klares, ansprechendes Design.

Der Roboter nutzt also zahlreiche kognitive Funktionen, mit denen er sein Umfeld wahrnehmen und dadurch autonom agieren kann. Ein aktuell laufendes Projekt mit der Media-Saturn Holding veranschaulicht dies: Care-O-bot® 4 wird als „digitaler Mitarbeiter“ Paul in Saturn-Märkten als Verkaufsassistent eingesetzt. Er begrüßt Kunden am Eingang, fragt, welches Produkt sie wünschen und begleitet sie zum entsprechenden Regal. Er kann Objekte und seine Umwelt erkennen und sich in ihr orientieren und frei bewegen. Dank einer Spracherkennungssoftware sind Dialoge mit den Kunden möglich. Hierfür besitzt Paul domänenspezifisches Wissen, das heißt, er kann typische Begriffe und Themen aus dem Elektronikfachhandel (z. B. Produkte, Service, Online-Abholung etc.) verstehen und entsprechende Auskünfte geben. Zudem kann er die Dialoge mit Kunden bewerten und „versteht" zufriedene oder kritische Rückmeldungen. Und weil er Gesichter erkennt, kann er seine Kommunikation beispielsweise an das Alter und die Stimmung des Kunden anpassen. Ziel des Robotereinsatzes ist es, den Kunden ein innovatives Einkaufserlebnis im Einzelhandel vor Ort zu bieten. Zudem kann er Mitarbeiter entlasten, indem er den Kunden als erste Ansprechstation dient und bei der Produktsuche behilflich ist. Für detaillierte Fragen ruft er dann die Mitarbeiter aus dem Kundenservice.

Künftig wird es für kognitive Robotik entscheidend sein, dass einmal erlerntes Wissen auch zentral bereitsteht und somit für mehrere Systeme nutzbar ist. Über eine private Cloud kann der Paul in Ingolstadt in Zukunft das erlernte Wissen z. B. mit dem Paul in Hamburg teilen. Denn die Komplexität dessen, was ein Roboter wissen sollte, nimmt ständig zu. Gleichermaßen kann ein einzelnes System bereits

Abb. 14.5 Einkaufsassistent Paul begleitet Kunden in einem Saturn-Markt zum gesuchten Produkt. (Bildrechte Martin Hangen, Abdruckrechte: Media-Saturn Holding)

verfügbares Wissen aus Onlinequellen nutzen. So ist Roboter Paul an den Onlineshop von Saturn angebunden, sodass er bereits vorhandene Produktinformationen nutzen kann.

14.4 Im Gelände und unter Wasser: Autonome Systeme für besonders anspruchsvolle Umgebungen

Prof. Dr. Jürgen Beyerer
Fraunhofer-Institut für Optronik, Systemtechnik und Bildauswertung IOSB

Wie oben ausgeführt, sind die Anforderungen an kognitive Funktionalitäten autonomer Robotersysteme im Vergleich zu herkömmlichen Industrierobotern deutlich höher. Um selbstständig in einer unbekannten und dynamischen Umgebung zu agieren und Nutzfunktionen zu erfüllen, ist es, wie in Kap. 14.3 bereits ausgeführt, unerlässlich, die Umwelt zu explorieren und in geeigneter Weise zu modellieren. Hierfür wurde eine modular aufgebaute „Algorithmen-Toolbox für autonome Robotersysteme" entwickelt: Sie beinhaltet Komponenten, welche sich von der Umgebungswahrnehmung über die Aufgaben- und Bewegungsplanung bis hin zur konkreten Nutzfunktionsdurchführung erstrecken.

14.4.1 Autonome mobile Roboter in unstrukturiertem Gelände

Für die autonome Navigation sind mehrere Komponenten erforderlich. Zunächst muss die Plattform mit Sensoren zur Lokalisierung und Umgebungswahrnehmung ausgerüstet werden. Durch Multi-Sensor-Fusion werden Messungen verschiedener Sensoren kombiniert, um so eine höhere Genauigkeit erreichen zu können. So werden z. B. Laserscanner und Kameras genutzt, um eine Karte der Umgebung zu erzeugen, sodass der Roboter selbstständig eine unbekannte Umgebung erkunden kann. Um sowohl die Lokalisierung als auch die Karte stetig durch die Fusion mit aktuellen Sensordaten zu verbessern, werden probabilistische, also auf Wahrscheinlichkeiten basierende, Verfahren zur simultanen Lokalisierung und Kartenerstellung eingesetzt.

Für die kollisionsfreie Bewegungsplanung wird mittels der Sensordaten fortlaufend eine aktuelle Hinderniskarte erzeugt. Diese enthält Informationen über die Befahrbarkeit und die Untergrundbeschaffenheit. Die Planung bezieht neben der Karte die kinematischen und dynamischen Eigenschaften der Plattform ein, um eine optimale und garantiert befahrbare Trajektorie zu generieren. In die Planung kann

Abb. 14.6 Der autonome mobile Roboter IOSB.amp Q2 kann Rettungskräfte bei der schnellen Gewinnung eines Lagebildes unterstützen. (Fraunhofer IOSB)

eine Vielzahl von weiteren Optimierungskriterien einfließen, beispielsweise ein möglichst energieeffizientes Fahren oder das bevorzugte Fahren auf ebenen Wegen anhand der Daten über die Untergrundbeschaffenheit.

Durch das modulare Konzept der Algorithmen-Toolbox kann eine Vielzahl unterschiedlicher Roboterplattformen ohne großen Anpassungsaufwand mit den für ihren jeweiligen Einsatzzweck relevanten Autonomiefähigkeiten ausgestattet werden. So wird die Algorithmen-Toolbox beispielsweise auf der geländegängigen Plattform IOSB.amp Q2 (siehe Abb. 14.6) eingesetzt, aber auch auf größeren LKW.

14.4.2 Autonome Baumaschinen

Die Methoden der kognitiven Robotik lassen sich auch bei mobilen Arbeitsmaschinen anwenden. Beispiele sind Bagger und andere Baumaschinen, Gabelstapler sowie land- und forstwirtschaftliche Maschinen. Sie werden gewöhnlich manuell bedient und müssen in der Regel zunächst für den automatisierten Betrieb umgerüstet werden. Dies umfasst Möglichkeiten zur elektronischen Ansteuerung der Fahr- und Arbeitsfunktionen, aber auch Sensoren zur Erfassung des aktuellen Zustands, z. B. der Gelenkwinkel des Baggerarms. Zudem ist es wichtig, ein rechnerinternes Modell der Arbeitsmaschine zu erstellen, sodass beispielsweise unter Verwendung der gemessenen Gelenkwinkel berechnet werden kann, an welcher Position im Raum sich der Greifer bzw. die Baggerschaufel oder jeder andere Teil der Maschine befindet.

Abb. 14.7 Autonomer Bagger des Fraunhofer IOSB (Fraunhofer IOSB)

Unter diesen Voraussetzungen lässt sich eine mobile Arbeitsmaschine wie ein Roboter mit Autonomiefähigkeiten aus der Algorithmen-Toolbox ausstatten. Verglichen mit mobilen Robotern werden zusätzlich Methoden für die Ausführung von Nutzfunktionen mit dem Manipulator benötigt. Als Manipulator bezeichnet man die beweglichen Teile, die Handhabungsaufgaben durchführen können, also z. B. den Baggerarm.

Bei der 3D-Umgebungserfassung ist zu beachten, dass sich der Manipulator im Sensorgesichtsfeld befinden kann und somit Algorithmen zur Unterscheidung von Manipulator und Hindernissen in den Sensordaten erforderlich sind. Basierend auf der dreidimensional erfassten Umgebung und dem geometrischen Modell der Maschine können kollisionsfreie Manipulatorbewegungen für die Handhabungsaufgaben geplant werden. Die Regelung von hydraulisch angetriebenen Arbeitsmaschinen ist wesentlich anspruchsvoller als bei elektrisch betriebenen Industrierobotern, weil das System mit merklicher Verzögerung und Lastabhängigkeit reagiert.

Als Demonstrator für mobile Arbeitsmaschinen dient am Fraunhofer IOSB ein autonomer Minibagger (siehe Abb. 14.7). Damit ist z. B. der autonome Erdaushub in einem vorgegebenen Bereich möglich, der vom Benutzer in einer grafischen Oberfläche ausgewählt werden kann. Ein weiteres mögliches Einsatzszenario für autonome mobile Arbeitsmaschinen ist die Bergung und der Abtransport von Gefahrstoffen.

14.4.3 Autonome Unterwasserroboter

Unter Wasser werden autonome Roboter z. B. für Inspektionsaufgaben oder bei der Rohstoffsuche eingesetzt. Aufgrund der anspruchsvollen Umgebung ergeben sich besondere Herausforderungen an die kognitiven Funktionen der Robotersysteme. Für die Integration von Sensorik zur präzisen Umgebungserfassung ist die Erforschung neuer innovativer Trägerplattformen erforderlich. So wurde am Fraunhofer IOSB in den Jahren 2013 bis 2016 der Prototyp eines neuen AUVs (Autonomous Underwater Vehicle) namens DEDAVE entworfen, aufgebaut und getestet, der gegenüber ähnlichen am Markt verfügbaren Unterwasserfahrzeugen eine Reihe von Vorteilen aufweist (siehe Abb. 14.8). DEDAVE ist leicht, äußerst kompakt und verfügt über einen großen Nutzlastbereich. Das Fahrzeug kann deshalb die vollständige für Explorationsaufgaben notwendige Sensorausstattung aufnehmen, was sonst nur bei AUVs doppelter Masse möglich ist.

Das Fahrzeug trägt die üblicherweise für eine Kartierung und Sondierung des Meeresbodens genutzten Sensorsysteme gleichzeitig, um die verschiedenen Sensordaten ohne Auftauchen, Umbau und Abtauchen aufnehmen zu können. Dadurch werden weniger Missionen benötigt und die Schiffskosten reduziert. Der druck-

Abb. 14.8 Autonomes Unterwasserfahrzeug DEDAVE (Fraunhofer IOSB)

neutrale Aufbau geeigneter Komponenten reduziert das Fahrzeuggewicht und spart Platz, der sonst für große Druckkörper benötigt würde. Die neu konzipierte quaderförmige Nutzlastsektion erlaubt es, aktuelle (und von potenziellen Kunden geforderte) Sonare und optische Systeme einzubauen. Aber auch Wasserprobennehmer oder neue Systeme für zukünftige Anwendungen lassen sich hier problemlos integrieren.

Der Nutzer wird beim DEDAVE-Fahrzeug durch halbautomatische und automatische Funktionen sowie durch Bibliotheken von Fahrmanövern umfassend bei der Missionsplanung unterstützt. Die modulare Führungssoftware von DEDAVE erlaubt es den Nutzern, das Verhalten des AUVs in Abhängigkeit von Sensorereignissen zu verändern. Durch den patentierten werkzeuglosen und hebezeugfreien Austausch von Energie- und Datenspeichern sind sehr kurze Stillstandzeiten von ca. einer Stunde zwischen zwei Einsätzen erreichbar.

14.4.4 Zusammenfassung

Das modulare Konzept der am Fraunhofer IOSB entwickelten Komponenten erlaubt einen hohen Grad an Flexibilität bei der Autonomiebefähigung verschiedenster Roboterplattformen. Zum Testen und Evaluieren der entwickelten Module verfügt das Fraunhofer IOSB über eine Vielzahl leistungsfähiger Technologie-Demonstratoren.

14.5 Maschinelles Lernen für die virtuelle Produktentwicklung

Prof. Dr. Jochen Garcke · Dr. Jan Hamaekers · Dr. Rodrigo Iza-Teran
Fraunhofer-Institut für Algorithmen und Wissenschaftliches Rechnen SCAI

In der Materialforschung und Produktentwicklung wird maschinelles Lernen immer häufiger eingesetzt, um den Entwicklungsingenieur im Forschungs- und Entwicklungsprozess zu unterstützen. Hier werden heutzutage vielfach numerische Simulationen durchgeführt, sodass teure und aufwendige reale Experimente vermeidbar sind – d. h. die zugrundeliegenden technischen und physikalischen Prozesse werden auf Rechnersystemen mit mathematisch-numerischen Methoden vorausberechnet. So werden numerische Simulationen in der Automobilindustrie genutzt, um den Einfluss von unterschiedlichen Materialeigenschaften, Bauteilformen oder Verbindungskomponenten in verschiedenen Designkonfigurationen zu untersuchen. In der

Materialentwicklung und Chemie werden Multiskalenmodellierung und Prozesssimulation eingesetzt, um die Eigenschaften neuartiger Materialien vorherzusagen, noch bevor solche Stoffe real im Labor synthetisiert werden. Dieser Zugang erlaubt es, Werkstoffe und Fertigungsprozesse gezielt für spezielle Anforderungen zu optimieren.

Ein effizienter datengetriebener Umgang mit vielen numerischen Simulationen ist bisher nur eingeschränkt möglich. Zum Vergleich der verschiedenen Ergebnisse werden nämlich hier nicht nur einige wenige Kennzahlen betrachtet, sondern die eigentlichen hochkomplexen Simulationsergebnisse, z. B. verschiedene Verformungen. Vor diesem Hintergrund werden am Fraunhofer SCAI neue Methoden des maschinellen Lernens für die Auswertung, Verwendung und Weiterverarbeitung von Ergebnisdaten aus numerischen Simulationen entwickelt und angewandt [13] [14].

14.5.1 Untersuchung von Crashverhalten in der Automobilindustrie

Die virtuelle Produktentwicklung in der Automobilindustrie nutzt numerische Simulation beispielsweise zur Analyse des Crashverhaltens von unterschiedlichen Designkonfigurationen. Variiert werden dabei unter anderem Materialeigenschaften oder Formen von Bauteilen. Es existieren effiziente Softwarelösungen zur Bewertung von mehreren Simulationsergebnissen, sofern dabei nur einfache Kenngrößen wie Kurven, Intrusion der Stirnwand an ausgewählten Punkten, Beschleunigung usw. untersucht werden. Zur detaillierten Auswertung einer einzelnen Crashsimulation wird spezialisierte 3D-Visualisierungssoftware verwendet.

Für die Analyse dieser komplexen Datenmenge verwenden wir Verfahren des maschinellen Lernens (ML) zur sogenannten nichtlinearen Dimensionsreduktion. Damit wird aus den vorhandenen Daten eine niederdimensionale Repräsentation berechnet. Durch eine visuelle Anordnung der Daten bezüglich dieser wenigen durch ML-Verfahren berechneten Kennzahlen ist nun ein einfacher und interaktiver Überblick über die Daten möglich, in diesem Fall über die Simulationsergebnisse. Insbesondere haben wir eine Methode entwickelt, welche wenige elementare und unabhängige Komponenten aus den Daten berechnet und damit die Repräsentation einer numerischen Simulation als deren Kombination ermöglicht. Diese datenbasierte Darstellung kann als eine Art Elementarzerlegung von Bauteilgeometrien aufgefasst werden und erlaubt eine sehr kompakte und effiziente Darstellung. Bei der Betrachtung von Crashsimulationen ergeben sich als Elementarzerlegungen beispielsweise die Rotation eines Bauteils oder dessen globale oder lokale Verformung in einem Bereich des Bauteils, was insbesondere auch eine physikalische Interpretation der Analyseergebnisse erlaubt. Somit kann eine Untersuchung effizient durchgeführt werden, denn alle Simulationen können mithilfe dieser elementaren Komponenten dargestellt und verglichen werden.

Durch diese Reduktion der Datendimension ist eine intuitive interaktive Visualisierung sehr vieler Simulationen möglich. Eine interpretierbare Anordnung in drei Koordinaten bezüglich ausgewählter Elementarzerlegungen zeigt die Unterschiede zwischen den Simulationen, beispielsweise die verschiedenen Geometrieverformungen beim Crash. Als Beispiel betrachten wir ein digitales Finite-Elemente-Modell eines Pick-Up-Trucks, welches wir im BMBF-Big-Data-Projekt VAVID untersucht haben [14]. Simuliert wird ein Frontal-Crash, wobei die Blechdicken von Bauteilen variiert werden. Analysiert werden die Verformungen der Längsträger. Die neue Repräsentation bezüglich der berechneten Elementarzerlegungen ermöglicht es, die verschiedenen Verformungen als Summe elementarer Komponenten kompakt und interpretierbar darzustellen.

Wir betrachten pro Simulation etwa hundert zeitliche Zwischenschritte, die nun gleichzeitig in einer Grafik visualisiert werden, was mit bisherigen Analysemethoden nicht möglich war. Unsere ML-Methode erlaubt es, mittels dieser Komponenten die zeitliche Entwicklung des Crashverhaltens eingängig darzustellen (siehe Abb. 14.9). Jeder Punkt repräsentiert dabei eine Simulation zu einem spezifischen

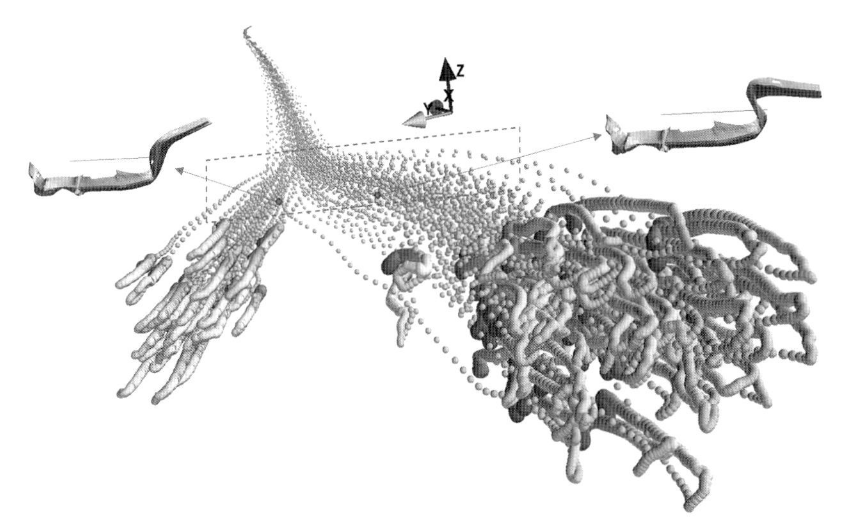

Abb. 14.9 Vergleichende Analyse von etwa 100 zeitabhängigen Simulationen (Fraunhofer SCAI)

Zeitschritt. Es ist deutlich zu sehen, wie alle Simulationen mit der gleichen Geometrie starten und sich im zeitlichen Verlauf zwei Ausprägungen des Crashverhaltens ergeben, veranschaulicht durch jeweils typische Verformungen des betrachteten Längsträgers. Zudem kann der Zeitpunkt dieser Zweiteilung näherungsweise identifiziert werden. Auf Basis einer solchen Analyse der Simulationsergebnisse kann der Entwicklungsingenieur besser entscheiden, wie Designparameter zu wählen sind.

Darüber hinaus wurden in den letzten Jahren neue digitale Messverfahren entwickelt und bereitgestellt, welche es ermöglichen, hoch aufgelöste zeitabhängige 3D-Daten aus einem realen Crashversuch zu gewinnen. Die von uns neu entwickelten Verfahren erlauben nun erstmals den Abgleich zwischen Simulationen und den genauen Messdaten aus einem realen Experiment [14]. So kann zu einem realen Crashversuch die am besten passende numerische Simulation identifiziert werden, was in dieser Qualität bisher nicht durchführbar war. So ist es wiederum möglich, einen Überblick über alle Simulationen zu gewinnen, und man kann feststellen, ob in Analogie zu Abb. 14.9 ein reales Experiment den linken oder rechten Verformungspfad im Simulationsraum abläuft.

Die neu entwickelten ML-Methoden können den F&E-Prozess in der virtuellen Produktentwicklung deutlich vereinfachen und beschleunigen, da der Entwicklungsingenieur weniger Zeit für die Datenaufbereitung und -analyse benötigt und sich auf die eigentlichen ingenieurtechnischen Kernaufgaben konzentrieren kann.

14.5.2 Design von Materialien und Chemikalien

Der Raum aller möglichen Materialien, Chemikalien und Wirkstoffe ist ungeheuer groß. Zum Beispiel wird alleine die Anzahl der wirkstoffartigen Moleküle auf 10^{60} geschätzt und die Anzahl der Moleküle mit bis zu 30 Atomen auf 10^{20}-10^{24}. Im Vergleich sind bisher weniger als 100 Mio. bekannte stabile Verbindungen in öffentlichen Datenbanken zugänglich. Der Unterschied zwischen bekannten und potenziellen Verbindungen legt nahe, dass noch eine vermutlich sehr große Menge neuer Materialien, Chemikalien und Wirkstoffe mit besonderen Eigenschaften entdeckt und entwickelt werden kann. Andererseits stellt die gewaltige Größe dieses Raumes eine extreme Herausforderung im Rahmen des Designs von neuen Materialien oder Chemikalien dar, denn dessen Exploration ist hier üblicherweise sehr aufwendig. Hier forscht das Fraunhofer SCAI insbesondere an speziellen ML-Methoden, um solche Design- und Optimierungsprozesse für Materialien und Chemikalien substanziell zu beschleunigen.

Zum Beispiel werden aktuell weltweit zahlreiche Material- und Molekül-Datenbanken aufgebaut – insbesondere mit quantenchemischen Simulationsergebnissen. Diese können genutzt werden, um ML-basierte effiziente Modelle zur Vorhersage von Eigenschaften zu entwickeln. So kann ein vom Fraunhofer SCAI entwickeltes Modell auf einer Menge kleinerer Moleküle trainiert, aber insbesondere zur Vorhersage beliebig großer Moleküle verwendet werden. Mit den entwickelten Techniken kann hier eine chemische Genauigkeit für viele Eigenschaften erzielt werden [13]. Auf diese Weise können die Kosten einer aufwendigen quantenchemischen Rechnung substanziell um mehrere Größenordnungen reduziert werden (typischerweise von Stunden auf wenige Millisekunden). Außerdem können die von Fraunhofer SCAI speziell für Moleküle und Materialien geeigneten Deskriptoren und Distanzen für ML- und Analysemethoden genutzt werden, um besonders interessante und vielversprechende Gebiete im Raum aller Verbindungen zur genaueren Extrapolation zu identifizieren.

Insgesamt können mithilfe von ML-Techniken und numerischer Simulation die Entwicklung und das Design neuer Materialien und Chemikalien sowohl erheblich vereinfacht und beschleunigt als auch kostengünstiger gestaltet werden.

Quellen und Literatur

[1] Bengio Y (2009) Learning Deep Architectures for AI, Foundations and Trends in Machine Learning 2 (1) 1-127

[2] Krizhevsky A, Sutskever I, Hinton G (2012) ImageNet Classification with Deep Convolutional Neural Networks, in *Proc. NIPS*

[3] Hinton G, Deng L, Yu D, Dahl G, Mohamed A and Jaitly N (2012) Deep Neural Networks for Acoustic Modeling in Speech Recognition: The Shared Views of Four Research Groups, *IEEE Signal Processing Magazine* 29 (6) 82-97

[4] Mikolov T, Sutskever I, Chen K, Corrado G and Dean J (2013) Distributed Representations of Words and Phrases and their Compositionality in *Proc. NIPS*

[5] Levine S, Wagener N, Abbeel P (2015) Learning Contact-Rich Manipulation Skills with Guided Policy Search, *Proc. IEEE ICRA*

[6] Esteva A, Kuprel B, Novoa R, Ko J, Swetter S, Blau H, Thrun S (2017) Dermatologist-level Classification of Skin Cancer with Deep Neural Networks, *Nature* 542 (7639) 115-118

[7] Silver D, Huang A, Maddison C, Guez A, Sifre L, van den Driesche G, Schrittwieser J (2016) „Mastering the Game of Go with Deep Neural Networks and Tree Search“ *Nature* 529 (7587) 484-489

[8] Moracik M, Schmidt M, Burch N, Lisy V, Morrill D, Bard N, Davis T, Waugh K, Johanson M and Bowling M (2017) DeepStack: Expert-level Artificial Intelligence in Heads-up No-limit Poker, *Science* 356 (6337) 508-513

[9] Hornik K, Stinchcombe M, White H (1989) Multilayer Feedforward Networks Are Universal Approximators, *Neural Networks* 2 (5) 359-366
[10] Cybenko G (1989) Approximation by Superpositions of a Sigmoidal Function, *Mathematics of Control, Signals and Systems* 2 (4) 303-314
[11] Rumelhart D, Hinton G and Williams R (1986) Learning Representations by Backpropagating Errors, *Nature* 323 (9) 533-536
[12] V. Vapnik and A. Chervonenkis (1971) On the Uniform Convergence of Relative Frequencies of Events to Their Probabilities, *Theory of Probability and its Applications* 16 (2) 264-280
[13] Barker J, Bulin J, Hamaekers J, Mathias S, LC-GAP (2017) Localized Coulomb Descriptors for the Gaussian Approximation Potential, in Scientific Computing and Algorithms in Industrial Simulations, Griebel, Michael, Schüller, Anton, Schweitzer, Marc Alexander (eds.), Springer
[14] Garcke J, Iza-Teran R, Prabakaran N (2016) Datenanalysemethoden zur Auswertung von Simulationsergebnissen im Crash und deren Abgleich mit dem Experiment, *VDI-Tagung SIMVEC 2016.*

Fraunhofer-Allianz Big Data 15

Datenschätze heben

Prof. Dr. Stefan Wrobel · Dr. Dirk Hecker
Fraunhofer-Institut für Intelligente Analyse- und Informationssysteme IAIS

Zusammenfassung

Big Data ist branchenübergreifend ein Management-Thema und verspricht der Wirtschaft Vorsprung durch strukturiertes Wissen, mehr Effizienz und Wertschöpfung. In den Unternehmen gibt es einen hohen Bedarf an Big-Data-Kompetenzen, individuellen Geschäftsmodellen und technischen Lösungen. Fraunhofer unterstützt Unternehmen dabei, ihre Datenschätze zu identifizieren und zu heben. Experten der Fraunhofer-Allianz Big Data zeigen auf, wie Unternehmen von der intelligenten Anreicherung und Analyse ihrer Daten profitieren können.

15.1 Einleitung: Eine Allianz für viele Branchen

Die Datenrevolution wird massiv und nachhaltig viele Branchen verändern. Diese Entwicklung sah das Bundeswirtschaftsministerium bereits im Jahr 2013 und beauftragte Fraunhofer mit einer ersten Analyse zur Nutzung und zum Potenzial von Big Data in deutschen Unternehmen [14]. Es sollten Handlungsoptionen für Wirtschaft, Politik und Forschung aufgezeigt werden. Eine ausführliche Recherche, eine Befragung und mehrere Branchenworkshops zeigten schnell, dass Unternehmen durch Echtzeitanalysen ihrer Prozess- und Geschäftsdaten effizienter gesteuert werden können, dass durch die Analyse von Kundendaten individuellere Services möglich werden und dass vernetzte Produkte mit mehr Intelligenz ausgestattet werden können. Die Daten eines Unternehmens werden zu einem nur schwer kopierbaren Wettbewerbsvorteil, wenn man sie gewinnbringend analysieren und für seine Aktivitäten, Services und Produkte nutzbar machen kann. Jedoch müssen Unternehmen – so die Empfehlungen der Fraunhofer-Experten im Zuge der Potenzialanalyse – in die Erschließung und Qualität ihrer Daten investieren. Sie müssen Ideen entwickeln,

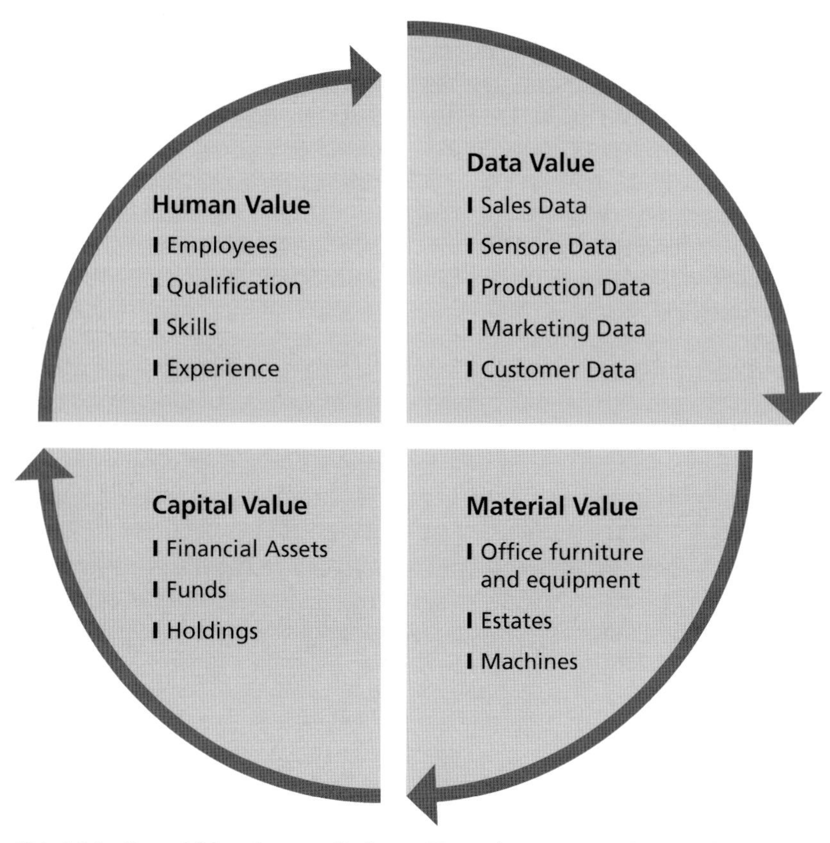

Abb. 15.1 Daten bilden eine neue Säule von Unternehmenswerten. (Fraunhofer IAS)

wie sie die Daten für ihr Geschäft optimal nutzen können [5]. Und sie müssen eine entsprechende In-House-Expertise aufbauen. Abb. 15.1 verdeutlicht es: Big Data bildet eine neue Kategorie von Unternehmenswerten und ist damit ein zentrales Managementthema.

Damit war der Auftrag an die Fraunhofer-Allianz Big Data, die sich kurz nach Abschluss der Studie gründete, klar: Unternehmen auf ihrem Weg zur „data-driven Company" zu begleiten. Die Allianz bietet den direkten Zugang zu dem breit gefächerten Kompetenzspektrum von Fraunhofer-Experten aus aktuell 29 Instituten. Damit bündelt sie ein deutschlandweit einmaliges Branchen-Know-how mit fundierter Kenntnis topaktueller Forschungsmethoden in der intelligenten Datenanalyse. Der Vorteil für Unternehmen: Best Practices und Use Cases aus anderen Branchen können leicht adaptiert und für kreative Lösungen genutzt werden.

Der folgende Kasten gibt einen Überblick über die Kernbereiche der Allianz und ausgewählte Artikel als Empfehlung zum Weiterlesen:

Kernbereiche der Fraunhofer-Allianz Big Data

Produktion und Industrie: Hier geht es darum, die wachsenden Datenmengen in der Produktion besser zu nutzen. Mit Methoden des maschinellen Lernens können Prozesse optimiert, Störungen durch Anomalie-Detektion schneller erkannt und die Mensch-Maschinen-Interaktion durch verbesserte Robotertechnik sicherer werden.
Studien:

- Wandlung der Steuerungstechnik durch Industrie 4.0-Einfluss von Cloud Computing und Industrie 4.0 Mechanismen auf die Steuerungstechnik für Maschinen und Anlagen

Logistik und Mobilität: Kernidee des Geschäftsfelds ist es, die gesamte Logistik über alle Transportmittel hinweg zu optimieren. Das hilft, Leerfahrten, Wartezeiten und Staus zu reduzieren. Autonome Fahrzeuge verbessern den Verkehrsfluss und geben den Insassen Möglichkeiten, die Fahrzeit sinnvoll zu nutzen.
Leseempfehlungen:

- Potenzialanalyse zur Mobilfunkdatennutzung in der Verkehrsplanung
- Hochautomatisiertes Fahren auf Autobahnen – Industriepolitische Schlussfolgerungen

Life Sciences & Health Care: Vernetzte Geräte überwachen Patienten im Alltag, intelligente Systeme werten medizinische Daten selbstständig aus und Telepräsenz-Roboter erlauben Ferndiagnosen. Der Einsatz moderner Datenanalyse in Life Science und Health Care bietet viele Möglichkeiten und Chancen für die Zukunft.
Leseempfehlungen:

- Big Data im Krankenversicherungsmarkt – Relevanz, Anwendungen, Chancen und Hindernisse
- Digitale Selbstvermessung und Quantified Self – Potenziale, Risiken und Handlungsoptionen
- Making sense of big data in health research: Towards an EU action plan

Energie & Umwelt: Daten können genutzt werden, um Lärm in der Stadt vorherzusagen und Lärmquellen zu identifizieren, die Tier- und Pflanzenwelt zu analysieren und das Energiemanagement großer Gebäude zu optimieren.
Leseempfehlungen:

- Wegweiser zum Energieversorger 4.0: Studie zur Digitalisierung der Energieversorger – In 5 Schritten zum digitalen Energiemanager

Sicherheit: Mit Mustererkennungstechnologie und der Fähigkeit zum selbstständigen Lernen können Sicherheitssysteme massiv verbessert und Cyberabwehrsysteme noch präziser werden.
Leseempfehlungen:

- Chancen durch Big Data und die Frage des Privatsphärenschutzes
- Datenaustausch als wesentlicher Bestandteil der Digitalisierung

Business und Finance: Adaptive Werbeplakate, Question-Answering-Systeme oder Deep-Learning-Methoden in der Texterkennung – die Anwendungsmöglichkeiten von Datenanalysen in der Wirtschaft sind vielfältig.
Leseempfehlungen:

- Mass Personalization – Mit personalisierten Produkten zum Business to User
- Auswirkung von Industrie 4.0 auf die Anforderungen an ERP-Systeme
- Smart Data Transformation – Surfing the Big Wave

Literatur

[1] **Auffray** C, Balling R, Barroso I et al (2016) Making sense of big data in health research: Towards an EU action plan. Genome Medicine. URL: http://genomemedicine.biomedcentral.com/articles/10.1186/s13073-016-0323-y

[2] **Cacilo** A, Schmidt S, Wittlinger P et al (2015) Hochautomatisiertes Fahren auf Autobahnen – Industriepolitische Schlussfolgerungen. Fraunhofer IAO. URL: http://www.bmwi.de/Redaktion/DE/Downloads/H/hochautomatisiertes-fahren-auf-autobahnen.pdf?__blob=publicationFile&v=1

[3] **Chemnitz** M, Schreck G, Krüger J (2015) Wandlung der Steuerungstechnik durch Industrie 4.0. Einfluss von Cloud Computing und Industrie 4.0 Mechanismen auf die Steuerungstechnik für Maschinen und Anlagen. Industrie 4.0 Management 31 (6): 16-19

[4] **Fedkenhauer** T, Fritzsche-Sterr Y, Nagel L et al (2017) Datenaustausch als wesentlicher Bestandteil der Digitalisierung. PricewaterhouseCoopers. URL: http://www.industrialdataspace.org/ressource-hub/publikationen/

[5] **Fraunhofer IGB** (2016) Mass Personalization. Mit personalisierten Produkten zum Business to User (B2U). Fraunhofer IGB. URL: https://www.igb.fraunhofer.de/de/presse-medien/presseinformationen/2016/personalisierung-als-wachstumstreiber-nutzen.html
[6] **Fraunhofer IVI**, Quantic Digital, Verbundnetz Gas AG (VNG AG) (2016) Wegweiser zum Energieversorger 4.0: Studie zur Digitalisierung der Energieversorger – In 5 Schritten zum digitalen Energiemanager. Quantic Digital. URL: www.quantic-digital.de/studie-digitalisierung-energieversorger/
[7] **Heyen** N (2016) Digitale Selbstvermessung und Quantified Self. Potenziale, Risiken und Handlungsoptionen. Fraunhofer ISI. URL: http://www.isi.fraunhofer.de/isi-wAssets/docs/t/de/publikationen/Policy-Paper-Quantified-Self_Fraunhofer-ISI.pdf
[8] **Klink** P, Mertens C, Kompalka K (2016) Auswirkung von Industrie 4.0 auf die Anforderungen an ERP-Systeme. Fraunhofer IML. URL: https://www.digital-in-nrw.de/files/standard/publisher/downloads/aktuelles/Digital%20in%20NRW_ERP-Marktstudie.pdf
[9] **Radić** D, Radić M, Metzger N et al (2016) Big Data im Krankenversicherungsmarkt. Relevanz, Anwendungen, Chancen und Hindernisse. Fraunhofer IMW. URL: https://www.imw.fraunhofer.de/content/dam/moez/de/documents/Studien/Studie_Big%20Data%20im%20Krankenversicherungsmarkt.pdf
[10] **Schmidt** A, Männel T (2017) Potenzialanalyse zur Mobilfunkdatennutzung in der Verkehrsplanung. Fraunhofer IAO. URL: http://www.iao.fraunhofer.de/lang-de/images/iao-news/telefonica-studie.pdf
[11] **Steinebach** M, Winter C, Halvani O et al (2015) Chancen durch Big Data und die Frage des Privatsphärenschutzes. Fraunhofer SIT. URL: https://www.sit.fraunhofer.de/fileadmin/dokumente/studien_und_technical_reports/Big-Data-Studie2015_FraunhoferSIT.pdf
[12] **Urbach** N, Oesterle S, Haaren E et al (2016) Smart Data Transformation. Surfing the Big Wave. Infosys Consulting & Fraunhofer FIT. URL: http://www.fit.fraunhofer.de/content/dam/fit/de/documents/SmartDataStudy_InfosysConsulting_FraunhoferFIT.pdf

15.2 Angebote für alle Reifegrade

Unternehmen, die sich an die Fraunhofer-Allianz Big Data wenden, sind in der Digitalisierung unterschiedlich weit vorangeschritten und profitieren von einem modularen Angebot, das, wie in Abb. 15.2 gezeigt, vier Stufen unterscheidet.

Zu Beginn geht es darum, die Potenziale in der eigenen Branche kennen zu lernen, Begeisterung beim Personal zu wecken und erste Ideen für das eigene Unternehmen zu generieren. Dazu dienen Excite-Seminare und Innovations-Workshops. Die Leitplanke ist hier, von den Besten zu lernen.

Auf der nächsten Stufe sollen die vielversprechendsten Ideen schnell und effizient gezündet werden. Mit einem Data Asset Scan werden alle relevanten eigenen Datenbestände identifiziert und es wird nach komplementären, öffentlich verfügbaren Daten gesucht. In einem „Fraunhofer Starter Toolkit" sind die wichtigsten Werkzeuge und Algorithmen integriert, sodass auch große Datenmengen schnell analy-

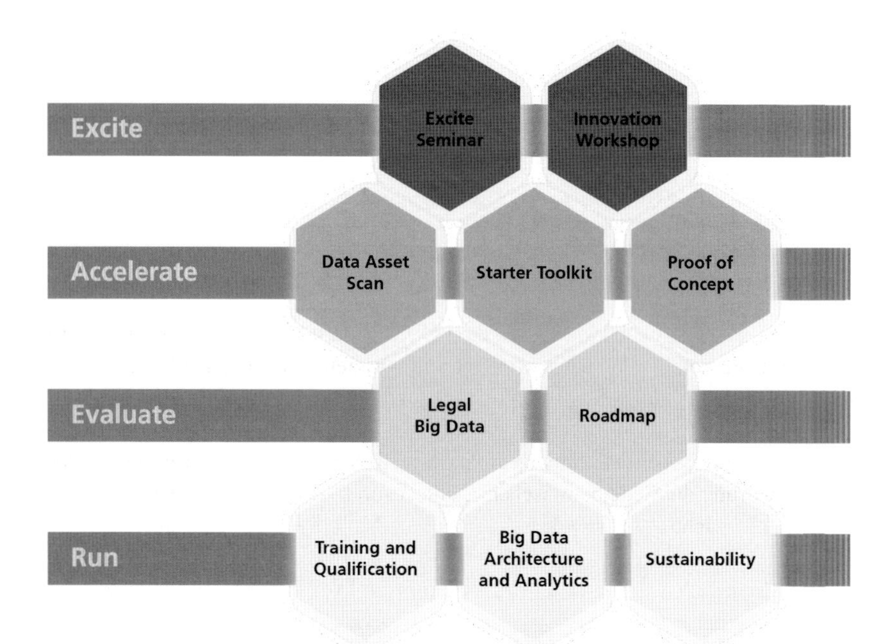

Abb. 15.2 Vier Stufen zur „Data-driven Company" (Fraunhofer IAIS)

siert werden können. Bei der Entwicklung von Konzepten, Demonstratoren und skalierbaren Prototypen unterstützen die Institute nach Bedarf.

Nach ersten praktischen Erfahrungen ist es für Unternehmen sinnvoll, den eingeschlagenen Weg zu reflektieren. Wie sind die Use Cases im Spannungsfeld zwischen technischer Machbarkeit, operativen Rahmenbedingungen und geschäftlicher Attraktivität zu bewerten? Wie könnten eine maßgeschneiderte Big-Data-Strategie und eine Roadmap aussehen? Können durch „Privacy by Design" auch personenbezogene Daten legal genutzt werden?

Zum Durchstarten beraten die Fraunhofer-Institute bei der Auswahl der passenden Big-Data-Architektur und Integration der Analysen in die operativen Prozesse. Das Fraunhofer-Technologiemonitoring stellt sicher, dass keine für die Branche wichtigen Technologietrends verpasst werden. An Best Practices orientierte Richtlinien und ein Mentoring der Teams sichern die Qualität und Effizienz von Analyseprojekten.

Die nächsten Abschnitte beleuchten die Unternehmenswerte „Daten" und „Menschen" aus der Big-Data-Perspektive: Möglichkeiten zur Monetarisierung von Daten, maschinelles Lernen als Schlüsseltechnologie der Datenanalyse und die Ausbildung von Data Scientists als Experten für die Analyse.

15.3 Daten monetarisieren

Prof. Dr. Henner Gimpel
Fraunhofer-Institut für Angewandte Informationstechnik FIT

Daten sind Produktionsfaktor, Wettbewerbsfaktor und somit Wirtschaftsgut. Darum ist es für Unternehmen lohnenswert, Daten zu sammeln oder einzukaufen, zu kurieren, zu schützen, intelligent zu verknüpfen und auszuwerten. Ein modernes Auto z. B. ist nicht nur ein Fortbewegungsmittel, sondern kann auch als Wetterstation genutzt werden. Über serienmäßig integrierte Thermometer, Regensensoren oder die Aktivierung der Scheibenwischer, Lichtsensoren, Luftfeuchtigkeitsmesser und GPS können wichtige Daten erfasst und über das Mobilfunknetz übertragen werden. Bei Aggregation über viele Fahrzeuge und Abgleich mit Satellitenbildern ergibt sich ohne substanzielle Investition in Infrastruktur ein lokal sehr fein aufgelöstes Bild des aktuellen Wetters. Erste Pilotversuche zeigen, dass es eine hohe Zahlungsbereitschaft für derartige lokale Wetterberichte gibt: Klassische Wetterdienste sind ein Abnehmer, etwa zur Optimierung der Wettervorhersagen für die Landwirtschaft oder zur Prognose der Stromeinspeisung durch Photovoltaik- und Windenergieanlagen. Eine weniger offensichtliche, neue Kundengruppe sind beispielsweise Facility Manager, die auf Basis der Daten die Klimatisierung großer Gebäude optimieren und damit Raumklima und Energieeffizienz verbessern.

Andere Formen der Monetarisierung sind subtiler, wie man an einigen Technologie-Start-ups im Finanzdienstleistungssektor – so genannten FinTech-Start-ups – sieht. In einem Forschungsprojekt haben Gimpel et al. [4] kürzlich die Geschäftsmodelle und Dienstleistungsangebote von 120 FinTech-Start-ups untersucht. Es zeigte sich, dass für FinTech-Start-ups vor allem die reichhaltigen Daten, die an der Endkundenschnittstelle entstehen, ein wichtiger Produktions- und Wettbewerbsfaktor sind. Neben Daten des einzelnen Kunden beinhaltet dies zunehmend auch den Vergleich mit anderen Kunden (Peers) und die Verknüpfung mit öffentlich verfügbaren Daten.

Die Monetarisierung adressiert letztlich die Frage nach dem Erlösmodell. Es gibt unterschiedliche „Währungen", mit denen Endkunden zahlen. In nur circa einem Drittel der Fälle zahlen sie mit Geld. Im weitaus größten Teil der beobachteten Dienstleistungsangebote „zahlen" die Nutzer mit Loyalität, Aufmerksamkeit oder Daten. Loyalität zu einer Marke oder Firma kann zu einer indirekten Monetarisierung in anderen Geschäftsbereichen führen. Aufmerksamkeit für die Werbung von Geschäftspartnern oder Daten, die an Geschäftspartner vermarktet werden, führen zu Geldzahlungen von Geschäftspartnern. Bei der Monetarisierung über Geschäftspartner ist der Nutzer der Dienstleistung in diesem Sinne nicht der Kunde, sondern das Produkt.

Zentrale Gestaltungsdimensionen der Monetarisierung von Daten sind somit die Unmittelbarkeit (direkter Verkauf vs. indirekt), die Währung des Nutzers (Geld, Daten, Aufmerksamkeit, Loyalität) und die Rolle des Nutzers (Kunde oder Produkt). Hierauf aufbauend kann die Monetarisierung von Daten in weiteren Dimensionen gestaltet werden, etwa der Abrechnungseinheit (Abonnement oder transaktionsorientiert), der Preisdifferenzierung (keine, segmentorientiert, versioniert, personalisiert) und der Preiskalkulation (basierend auf Grenzkosten, die gegen null tendieren oder Wert für den Nutzer und Kunden).

Nicht alle grundsätzlich denkbaren Möglichkeiten der Nutzung und Monetarisierung von Daten sind legal und legitim. Es bestehen substanzielle rechtliche Beschränkungen der Datennutzung (z. B. Bundesdatenschutzgesetz, Telemediengesetz, Gesetz gegen den unlauteren Wettbewerb, EU Datenschutzgrundverordnung), Grenzen der Akzeptanz durch Nutzer, Kunden und Partner und ethische Grenzen, die es zu beachten gilt. Eine wertorientierte Unternehmensführung erfordert es, diese Grenzen mit den technologischen und ökonomischen Möglichkeiten abzugleichen und einen gangbaren Mittelweg zu finden, der Wert aus Daten als Produktionsfaktor, Wettbewerbsfaktor und Wirtschaftsgut schöpft. Perspektivisch wird der Wert von Daten und ihrer systematischen Analyse auch Nutzern und Regulatoren immer bewusster werden. Nutzer werden vermehrt einen adäquaten Gegenwert (kostenlosen Service, Entgelt) für ihre Daten fordern. In juristischen und politischen Fachkreisen wird diskutiert, ob und wie der Wert von Daten zu bilanzieren und zu besteuern ist und ob die Bezahlung für einen vermeintlich kostenlosen Service mit Daten nicht ebenso als Entgelt zu bewerten ist wie die Bezahlung mit Geld. Letzteres hätte klare Folgen für die Haftung von Anbietern vermeintlich kostenloser Services.

15.4 Datenschätze heben durch maschinelles Lernen

Dr. Stefan Rüping
Fraunhofer-Institut für Intelligente Analyse- und Informationssysteme IAIS

Vor wenigen Jahren gewannen viele Unternehmen bereits dadurch an Effizienz, dass sie Daten aus bisher getrennten „Datensilos" zusammenführen und auf neue

Weise auswerten konnten. Doch bald erkannte man die neuen Möglichkeiten der prädiktiven und präskriptiven Analytik für Früherkennung und zielgerichtete Maßnahmen. Inzwischen geht der Trend zu zunehmend selbststeuernden, das heißt autonomen, Systemen [3]. Zum Einsatz kommen maschinelle Lernverfahren, die besonders gut auf große Datenbestände anwendbar sind. Sie extrahieren Muster aus historischen Daten und lernen komplexe Funktionen, die auch neue Daten interpretieren und Aktionen vorschlagen können. Meist sind das Funktionen, die man aufgrund der vielen Fälle gar nicht explizit programmieren könnte.

Am deutlichsten wird das bei der Sprach- und Bildverarbeitung. Hier haben in letzter Zeit Verfahren des „Deep Learning" spektakuläre Erfolge erzielt, indem sie künstliche neuronale Netze aus vielen Schichten trainieren. Sie lassen intelligente Maschinen in beliebigen Sprachen mit uns sprechen, unsere gemeinsame Umgebung wahrnehmen und interpretieren [12]. „Künstliche Intelligenz" schafft eine neue Kommunikationsschnittstelle zu unserer Wohnung, dem Auto und den Wearables und wird Touchscreens und Tastaturen zurückdrängen. Große Technologiekonzerne geben bis zu 27 Mrd. USD für die interne Forschung und Entwicklung intelligenter Roboter und selbstlernender Computer aus und führende Internetkonzerne positionieren sich als Unternehmen für Künstliche Intelligenz [2]. Deutschland hat sich auf dem Gebiet der Industrie 4.0 eine Vorreiterrolle erkämpft und sieht mit dem Internet der Dinge nun die nächste Datenwelle auf sich zu rollen [9]. Für das Jahr 2020 rechnet IDC mit 30 Mrd. vernetzten Geräten und mit 80 Mrd. im Jahr 2025 [7]. Durch die Nutzung von Daten, die im Laufe der industriellen Fertigung oder des gesamten Produktlebenszyklus entstehen, eröffnet die „Industrielle Analytik" Wertschöpfungspotenziale entlang der ganzen Produktionskette – von der Konstruktion, über die Logistik und Produktion, bis hin zum Reengineering. In der digitalen Fabrik, wo smarte und vernetzte Objekte auf allen Ebenen von Produktion und Logistik jederzeit den aktuellen Stand aller Prozesse abbilden, werden eine bedarfsgetriebene autonome Steuerung von Produktionsprozessen sowie datengetriebene Vorhersagen und Entscheidungen möglich [5]. Die Arbeit im Produktionsbereich wird durch kognitive Informations- und Assistenzsysteme nutzerfreundlicher und effizienter [1]. Der Einsatz von maschinellen Lernverfahren, gerade in der Industrie, erfordert sehr gute Anwenderkompetenzen in der jeweiligen Branche. Das beginnt bei der Auswahl der relevanten Daten aus der Flut der Sensoren und Meldungen, ihrer semantischen Anreicherung und der Interpretation der erlernten Muster und Modelle. Dabei werden wir uns verstärkt mit der Verknüpfbarkeit von Ingenieurswissen und Maschinenwissen, der Nachvollziehbarkeit und Haftung, der Kontrollierbarkeit autonomer kognitiver Maschinen und kollaborativer Roboter, dem Datenschutz, der Sicherheit und Zertifizierbarkeit, dem Verlust von Arbeitsplätzen und dem Bedarf nach neuen Qualifikationen des Personals auseinandersetzen müssen.

15.5 Data Scientist – ein neues Berufsbild im Datenzeitalter

Dr. Angelika Voß
Fraunhofer-Institut für Intelligente Analyse- und Informationssysteme IAIS

Mit der Big-Data-Welle entstand als neues Berufsbild der Data Scientist [12]. Idealerweise kennen sich die Datenwissenschaftlerinnen und -wissenschaftler nicht nur mit der aktuellen Software für Big-Data-Systeme und intelligente Datenanalyse aus, sondern verstehen auch die jeweilige Branche und haben das relevante Fachwissen.

Angesichts rasant steigender Datenmengen warnte McKinsey schon im Jahr 2011, dass Spezialisten für Big Data Analytics zum Engpass in den Unternehmen

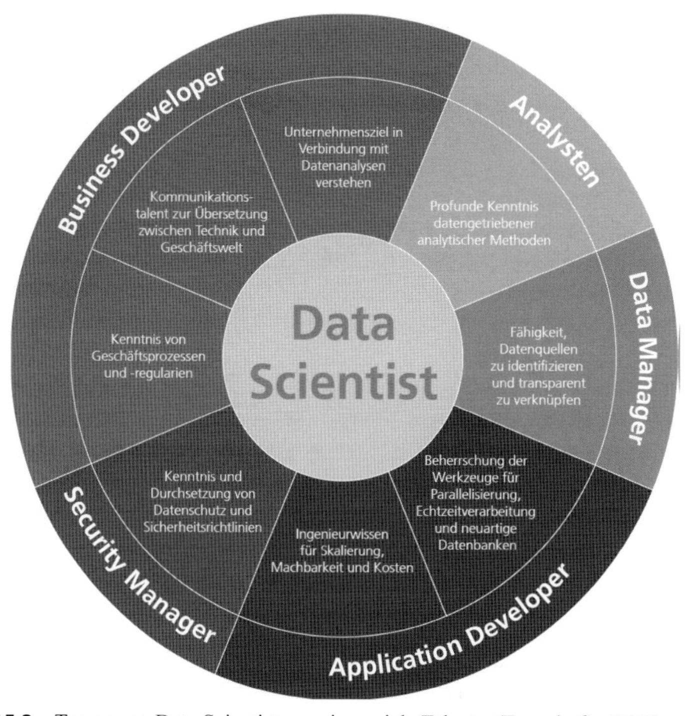

Abb. 15.3 Teams von Data Scientists vereinen viele Talente. (Fraunhofer IAIS)

würden [11]. Der steigende Bedarf an Bild-, Text- und Sprachverarbeitung für digitale Assistenten und intelligente Geräte verschärft die Lage weiter. Data Scientists, die aktuelle Werkzeuge wie Spark und Python beherrschen, sind deshalb gut bezahlt [8]. In der Praxis findet man demnach weniger Alleskönner als Teams aus verschiedenen Spezialisten.

Selbst wenn es an vielen anglo-amerikanischen Hochschulen Masterstudiengänge für Data Scientists gibt und inzwischen einige deutsche Hochschulen nachgezogen haben, reicht das nicht aus. Vorhandenes Personal muss für die neuen Werkzeuge, Plattformen und Methoden weitergebildet werden und Branchenexperten müssen in Teams mit Data Scientists einsetzbar werden. Auch hier kann man nicht warten, bis Module zu Data Science in den Anwendungsstudiengängen etabliert werden.

Die Fraunhofer-Allianz Big Data hat deshalb schon mit ihrer Gründung erste Fortbildungsmodule für Big Data und Datenanalyse angeboten. Weitere Schulungen für die unterschiedlichen Aufgaben von Data Scientists folgten: Potenzialanalyse für Big-Data-Projekte, Sicherheit und Datenschutz für Big Data und jüngst Deep Learning. Daneben entstanden branchen- und anwendungsbezogene Schulungen, z. B. für smarte Energiesysteme, smarte Gebäude, „Linked Enterprises", Datenmanagement in der Wissenschaft oder die Analyse von sozialen Medien. Im Jahr 2015 startete ein abgestuftes Zertifizierungsprogramm für Data Scientists.

Die Fraunhofer-Allianz Big Data berät auch Unternehmen mit eigenen Fortbildungsakademien. Die Unterstützung reicht hier von der Neuentwicklung und Anpassung von Modulen bis hin zur Teilnahme von Mitarbeiterinnen und Mitarbeitern an den offenen Fraunhofer-Schulungen. Der Verband Deutscher Maschinen- und Anlagenbau (VDMA) hat z. B. 2016 mit Fraunhofer Zukunftsbilder für das maschinelle Lernen im Maschinen- und Anlagenbau erarbeitet [9] und lässt nun, ebenfalls mit Unterstützung von Fraunhofer, Online-Lehrmaterialien für Ingenieure entwickeln [15].

15.6 Fazit

In der Wertschöpfung aus Daten sind die US-Internetkonzerne – gefolgt von chinesischen Unternehmen – führend. Sie haben die Daten, die Big-Data- und Lernplattformen, entwickeln die Methoden und können inzwischen auf umfangreiche Modelle zum Sprach- und Bildverstehen zurückgreifen. Die industrielle Analytik und das maschinelle Lernen für intelligente Maschinen und Geräte bieten aber ein Feld, auf dem sich die deutsche Industrie und Forschung Alleinstellungsmerkmale durch sichere und transparente Lösungen erarbeiten kann und muss. Wenn produzierende

Unternehmen ihre Datenschätze mit qualifiziertem Personal und den passenden Technologien strategisch heben, können auch sie sich einen Vorsprung im internationalen Wettbewerb sichern.

Quellen und Literatur

[1] Acatech (2016) Innovationspotenziale der Mensch-Maschine-Interaktion (acatech IMPULS). Herbert Utz Verlag. München

[2] Bughin J, Hazan E, Ramaswamy S et al (2017) Artificial intelligence: the next digital frontier?. McKinsey Global Institute. URL: https://www.mckinsey.de/wachstumsmarkt-kuenstliche-intelligenz-weltweit-bereits-39-mrd-us-dollar-investiert (abgerufen: 07/2017)

[3] Böttcher B, Klemm D, Velten C (2017) Machine Learning im Unternehmenseinsatz. CRISP Research. URL: https://www.crisp-research.com/publication/machine-learning-im-unternehmenseinsatz-ku%CC%88nstliche-intelligenz-als-grundlage-digitaler-transformationsprozesse (abgerufen: 07/2017)

[4] Gimpel H, Rau D, Röglinger M (2016) Fintech-Geschäftsmodelle im Visier. Wirtschaftsinformatik & Management 8(3): 38-47

[5] Hecker, D, Koch D J, Werkmeister C (2016) Big-Data-Geschäftsmodelle – die drei Seiten der Medaille. Wirtschaftsinformatik und Management, Heft 6, 2016

[6] Hecker D, Döbel I, Rüping S et al (2017) Künstliche Intelligenz und die Potenziale des maschinellen Lernens für die Industrie. Wirtschaftsinformatik und Management, Heft 5, 2017

[7] Kanellos M (2016) 152 000 Smart Devices Every Minute In 2025: IDC Outlines The Future of Smart Things. Forbes. URL: https://www.forbes.com/sites/michaelkanellos/2016/03/03/152000-smart-devices-every-minute-in-2025-idc-outlines-the-future-of-smart-things/#2158bac74b63 (abgerufen: 07/2017)

[8] King J, Magoulas R (2017) 2017 European Data Science Salary Survey – Tools, Trends, What Pays (and What Doesn't) for Data Professionals in Europe. O'Reilly. URL: http://www.oreilly.com/data/free/2017-european-data-science-salary-survey.csp (abgerufen: 07/2017)

[9] Lueth K, Patsioura C, Williams Z et al (2016) Industrial Analytics 2016/2017. The current state of data analytics usage in industrial companies. IoT Analytics. URL: https://digital-analytics-association.de/dokumente/Industrial%20Analytics%20Report%202016%202017%20-%20vp-singlepage.pdf (abgerufen: 07/2017)

[10] Maiser E, Schirrmeister E, Moller B et al (2016) Machine Learning 2030. Zukunftsbilder für den Maschinen- und Anlagenbau. Band 1, Frankfurt am Main

[11] Manyika J, Chui M, Brown B et al (2011) Big data: The next frontier for innovation, competition, and productivity. McKinsey&Company. URL: http://www.mckinsey.com/business-functions/digital-mckinsey/our-insights/big-data-the-next-frontier-for-innovation (abgerufen: 07/2017)

[12] Neef A (2016) Kognitive Maschinen. Wie Künstliche Intelligenz die Wertschöpfung transformiert. Z_punkt. URL: http://www.z-punkt.de/de/themen/artikel/wie-kuenstliche-intelligenz-die-wertschoepfung-treibt/503 (abgerufen: 07/2017)
[13] Patil D, Mason H (2015) Data Driven - Creating a Data Culture. O'Reilly. URL: http://www.oreilly.com/data/free/data-driven.csp (abgerufen: 07/2017)
[14] Schäfer A, Knapp M, May M et al (2013) Big Data – Perspektiven für Deutschland. Fraunhofer IAIS. URL: https://www.iais.fraunhofer.de/de/geschaeftsfelder/big-data-analytics/referenzprojekte/big-data-studie.html (abgerufen: 07/2017)
[15] University4Industry (2017) Machine Learning – 1.Schritte für den Ingenieur. URL: https://www.university4industry.com (abgerufen: 07/2017)

Safety und Security

16

Cybersicherheit als Basis erfolgreicher Digitalisierung

Prof. Dr. Michael Waidner
Fraunhofer-Institut für Sichere Informationstechnologie SIT

Zusammenfassung

Cybersicherheit ist die Basis für eine erfolgreiche Digitalisierung und für Innovationen in allen Branchen, z. B. in der digitalen Produktion (Industrie 4.0), der smarten Energieversorgung, in der Logistik und Mobilität, der Gesundheitsversorgung, der öffentlichen Verwaltung oder auch in Cloud-basierten Dienstleistungen. Cybersicherheit [13][11] hat die Aufgabe, Unternehmen und deren Werte zu schützen und Schäden zu verhindern oder zumindest die Auswirkungen möglicher Schäden zu beschränken. Cybersicherheit umfasst Maßnahmen, um IT-basierte Systeme (Hardware- und Software) vor Manipulation zu schützen und damit deren Integrität zu gewährleisten. Weiterhin umfasst sie Konzepte und Verfahren, um die Vertraulichkeit sensibler Informationen sowie den Schutz der Privatsphäre, aber auch die Verfügbarkeit von Funktionen und Diensten zu gewährleisten. Die Gewährleistung der Integrität, Vertraulichkeit und Verfügbarkeit sind die bekannten Schutzziele, die bereits bei der klassischen IT-Sicherheit verfolgt werden, durch die Digitalisierung und Vernetzung und der damit einhergehenden Verbindung zwischen digitaler und physischer Welt wird jedoch die Erfüllung der Ziele zunehmend schwieriger und komplexer.

Der folgende Beitrag gibt einen Einblick in aktuelle Trends und Entwicklungen im Bereich der anwendungsorientierten Cybersicherheitsforschung und skizziert anhand von ausgewählten Anwendungsbeispielen Herausforderungen und Lösungsansätze.

16.1 Einleitung: Cybersicherheit – Top-Thema der Digitalwirtschaft

Cybersicherheit ist essenziell für eine nachhaltige Wertschöpfung und für zukunftsfähige Geschäftsmodelle. Dies bestätigen aktuelle Studien:

Mitte 2017 veröffentlichte die Bundesdruckerei die Ergebnisse einer repräsentativen Umfrage [1] zur IT-Sicherheit, die die Wichtigkeit von IT-Sicherheit für die Digitalisierung aufzeigt: „Fast drei Viertel der Befragten sehen IT-Sicherheit als Basis für eine erfolgreiche Digitalisierung."In einer Anfang 2017 durchgeführten Expertenbefragung [2] schätzten die Mehrheit der Befragten die aktuelle Bedeutung der IT-Sicherheit für die Wertschöpfung in Deutschland als hoch ein und knapp 90% sind der Meinung, dass diese Bedeutung in den nächsten fünf Jahren weiter zunehmen wird. Die vom Bundeswirtschaftsministerium in Auftrag gegebene Studie betont, dass IT-Sicherheit nicht nur für sich genommen ein bedeutender Markt ist, sie ist zudem auch Vorbedingung für die Entwicklung weiterer zukunftsfähiger Geschäftsmodelle.

Für den Branchenverband Bitkom ist IT-Sicherheit auch in 2017 eines der beiden Top-Themen [3]: „IT-Sicherheit wird noch wichtiger, weil im Zuge der Digitalisierung immer mehr kritische Systeme wie Fahrzeuge, Medizintechnik oder Maschinen digital vernetzt werden", sagte Bitkom-Hauptgeschäftsführer Dr. Bernhard Rohleder. „Gleichzeitig werden die Angriffe krimineller Hacker immer raffinierter. Mit den normalen Sicherheits-Tools wie Virenscannern oder Firewalls kommen die Unternehmen oft nicht mehr aus."

16.2 (Un-)Sicherheit heutiger Informationstechnologie

Durch die Digitalisierung und Vernetzung entstehen komplexe Cyber-Physische Systeme, in denen die Grenze zwischen digitaler und physikalischer Welt schwindet. Heute sind bereits kleinste Sensoren in der Lage, eine Vielzahl an Daten zu erfassen und diese, auch über weite Entfernungen, in kürzester Zeit an Cloud-basierte Plattformen zu übermitteln. Daten aus sehr unterschiedlichen Quellen werden unter anderem mit maschinellen Lernverfahren automatisiert ausgewertet und es werden Handlungsempfehlungen und Prognosen daraus abgeleitet. Auf Basis dieser Daten werden zunehmend kritische Abläufe u.a. in der Automatisierungstechnik, beim Betrieb von kritischen Infrastrukturen oder aber auch beim autonomen Fahren autonom gesteuert. Die verarbeiteten Daten beinhalten zudem häufig unternehmensrelevantes Know-how wie beispielsweise Details aus Produktionsabläufen, die nur kontrolliert weitergegeben und genutzt werden dürfen. Die Vertrauenswürdigkeit und Verlässlichkeit aller an der Datenverarbeitung und Speicherung beteiligten Komponenten wie eingebettete Sensoren, Cloud-Plattformen oder Apps, aber auch die genutzten maschinellen Lernverfahren sind somit unerlässlich für eine sichere Digitalisierung [14][15].

Problematisch dabei ist jedoch, dass die Vernetzung und Digitalisierung nicht nur die potenziellen Auswirkungen von erfolgreichen Cyber-Angriffen drastisch erhöht, sondern dass auch ein prinzipielles Umdenken beim Umgang mit Cyber-Bedrohungen notwendig wird, da sich auch die Angriffslandschaft in den letzten Jahren dramatisch verändert hat. Cyberkriminalität und Cyberspionage haben sich professionalisiert [16]. Angriffe richten sich zunehmend gezielt auf bestimmte Organisationen oder einzelne Personen und entziehen sich den üblichen Schutzmechanismen wie Firewalls, Anti-Viren-Programmen und Intrusion-Detection-Systemen.

Heutige Angreifer nutzen in der Regel menschliches Versagen, Schwachstellen in der IT oder in IT-basierten Prozessen und mangelhafte Vorsorge aus, um in Systeme einzudringen, diese zu manipulieren oder um unberechtigten Zugriff auf sensible Informationen zu erlangen. Problematisch ist die stetig wachsende Zahl von Hackern, die Angriffe gezielt zum eigenen Vorteil oder zum Nachteil eines Dritten durchführen. Ein Hauptziel derartiger Angreifer besteht darin, Schadprogramme auf den Systemen einzuschleusen, so genannte Trojaner, die unbemerkt Informationen wie Passworte oder Zugangsdaten sammeln und dem Angreifer zugänglich machen. Die Leichtigkeit, mit der auch technisch nicht versierte Angreifer derartige Angriffe durchführen können, stellt eine erhebliche Bedrohung für heutige und erst recht zukünftige vernetzte Systeme dar. Zunehmend sind auch Angriffe durch Wirtschaftskriminalität, geheimdienstliche Überwachungen und die organisierte Kriminalität zu verzeichnen. Neben unterschiedlichen Formen der Erpressung z. B. durch sogenannte Ransomware [13] werden gezielte Angriffe auf Führungskräfte von Unternehmen durchgeführt, die meist über viele Berechtigungen zum Zugriff auf sensitive Informationen in ihren jeweiligen Unternehmen verfügen. Aktuelle Forschungsergebnisse zeigen den Status der (Un-)Sicherheit heutiger Informationstechnologie auf allen Ebenen; beispielhaft seien genannt:

- *Der Faktor Mensch*: Nutzerinnen und Nutzer sind mit der Konfiguration der Verschlüsselung von E-Mail-Clients vielfach überfordert [4], folgende Expertenaussage bringt es auf den Punkt: „In practice, using encrypted e-mail is awkward and annoying“ [5].*Apps*: Dreiviertel der Apps mit Dateizugriff haben Sicherheitsprobleme [6].*Security Apps*: Selbst Apps wie Passwort-Programme, deren Kernfunktion die Steigerung der IT-Sicherheit ist, weisen zum Teil gravierende Mängel auf [7]. *Wiederverwendete Software:* Schwachstellen in frei verfügbarer Software werden mittels Copy-und-Paste durch App-Entwickler in eine Vielzahl von Apps importiert [19], wodurch alle diese Apps verwundbar werden.

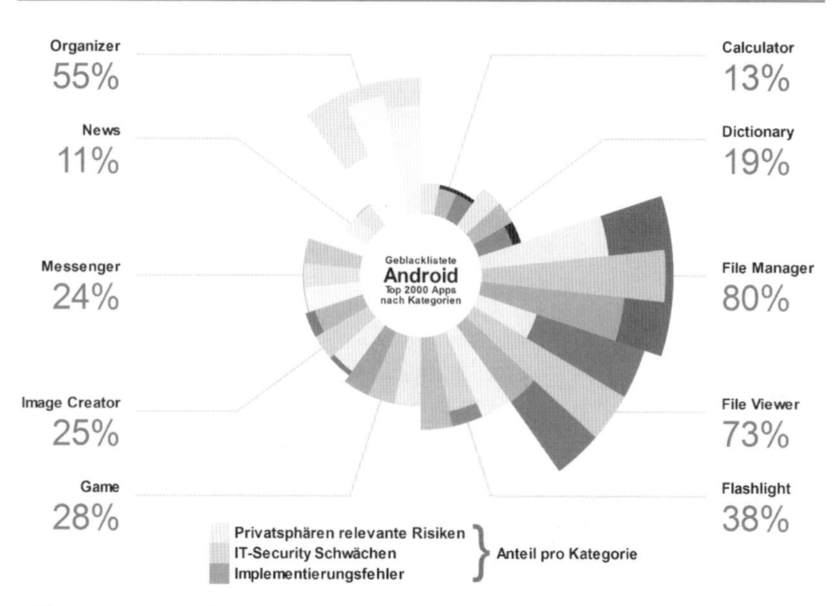

Abb. 16.1 Verwundbarkeiten von Android-Apps nach Anwendungsgebieten laut Appicaptor-Security-Index (in Erläuterung zu [6]) (Fraunhofer SIT)

- *Internet-Infrastruktur:* Dreiviertel der DNS-Infrastruktur von Unternehmen ist angreifbar [8]. Zweidrittel der DNSSEC Schlüssel sind schwach und damit brechbar [9].
- *Hardware und Embedded Software:* Sicherheits-Analysen legten zahlreiche Verwundbarkeiten von Embedded Software offen und wiesen nach, dass auch die Verschlüsselung, die mit etablierten Verschlüsselungsverfahren wie RSA durchgeführt wurde, geknackt werden kann, wenn die Implementierung der Verschlüsselungsverfahren anfällig gegen Seitenkanalattacken ist [20][21].Internet of Things (IoT): Sicherheitstechniken im IoT werden extrem langsam adaptiert und viele Low-end-Geräte (IoT) verfügen über keinerlei Update- bzw. Managementzugang und können nicht gepatcht werden [10].

Die Cybersicherheitsforschung steht somit vor erheblichen Herausforderungen, die nicht nur technologische Innovationen erfordern, sondern auch ein Umdenken bei der Entwicklung und dem Betrieb von sicheren, Software-intensiven Cyber-Physischen-Systemen.

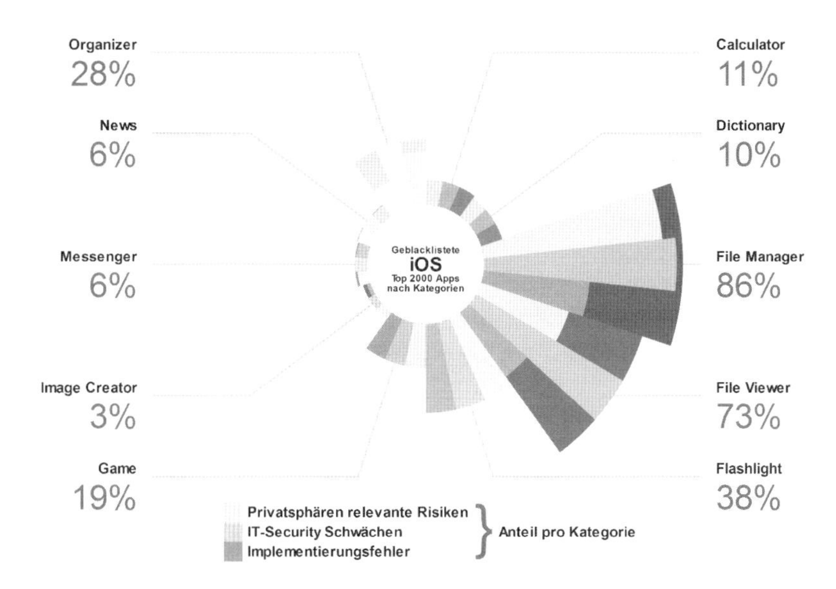

Abb. 16.2 Verwundbarkeiten von iOS-Apps nach Anwendungsgebieten laut Appicaptor-Security-Index (in Erläuterung zu [6], Fraunhofer SIT)

16.3 Cybersicherheit: Relevant für alle Branchen

Die spezifischen Risiken, welche sich durch diese unsichere Informationstechnologie in Produkten, Diensten oder Infrastrukturen ergeben, werden beim Blick auf verschiedene Anwendungsbereiche von Informations- und Kommunikationstechnologie und die betroffenen Wirtschaftsbranchen deutlich.

Industrie 4.0: In der Produktionswelt findet eine vierte industrielle Revolution statt, bei der Produktionssysteme vertikal mit anderen betriebswirtschaftlichen Systemen und horizontal entlang ganzer Wertschöpfungsketten durch Informations- und Kommunikationstechnologie integriert und vernetzt werden. Dadurch lassen sich Produktionsprozesse flexibler und effizienter gestalten und in Echtzeit anpassen. Die Offenheit und Verzahnung von Komponenten dieser Produktionsprozesse birgt das Risiko der informationstechnischen Manipulation durch Angreifer, z. B. durch Wettbewerber oder erpresserische Hacker. Wenn bei Industriesteuerungsanlagen IT-Schwachstellen gefunden werden, dann ergibt sich daraus oft eine große Menge von Angriffsstellen, weil Produkte in der Regel von wenigen Herstellern bei vielen

Abb. 16.3 Die Digitalisierung eröffnet Optimierungschancen und neue Wertschöpfungsketten in der Industrie, birgt aber auch Risiken durch unerlaubten Zugriff auf sensible Systeme und Informationen (Fraunhofer SIT).

Anwendern eingesetzt werden. Einen Überblick über Herausforderungen sowie Lösungsansätze für die Cybersicherheit in Industrie 4.0 findet man in [15].

Energieversorgung: Die Energiewende setzt auf die Dezentralisierung und die intelligente Verbrauchssteuerung, z. B. im Rahmen von Smart Grids. Hierzu müssen Geräte als Energieverbraucher und Komponenten von Energieversorgern informationstechnisch gekoppelt sein. Dadurch entstehen Ansatzpunkte für Cyberangriffe, die zu wirtschaftlichen Risiken der Beteiligten oder auch zu Versorgungsproblemen führen können.

Mobilität: Mobilität ist ohne die Anwendung von Informationstechnologie nicht mehr denkbar. Innerhalb eines Fahrzeugs übernehmen viele gekoppelte, eingebettete Systeme die Kontrolle und Steuerung von Abläufen. Zur Lenkung und Steuerung des Verkehrs tauschen diese Systeme Informationen zwischen verschiedenen Fahrzeugen und zwischen Fahrzeugen und Infrastrukturkomponenten aus. Hier bestehen ebenfalls viele Möglichkeiten für Cyberangriffe, wobei Angreifer aus der Ferne über Netze auf Fahrzeuge und Infrastrukturkomponenten zugreifen können und keinen physikalischen Zugang benötigen. Automotive-Produkte von morgen lassen sich nur dann ohne Risiken für Leib und Leben nutzen, wenn sie resistent gegen Cyberangriffe sind [17][18].

Finanzen: Die Akteure der Finanzwelt sind bereits heute in hohem Maß informations- und kommunikationstechnisch miteinander vernetzt. Diese Vernetzung bildet das Nervensystem für Wirtschaft und Handel. Ausfälle und Manipulationen können zu erheblichen volkswirtschaftlichen Verlusten führen. Für Banküberfälle sind heute keine Schusswaffen mehr erforderlich; es genügt ein Computer, mit dem sich ein Angreifer Zugang zu IT-Systemen einer Bank verschaffen kann. Für die Systeme der Finanzwelt ist es deshalb sehr wichtig, dass sie sicher und verfügbar sind. Hierzu braucht man Cybersicherheit.

Logistik: Die Logistik stellt das Rückgrat der Wirtschaft dar. Kontrolle und Steuerung von modernen Logistikprozessen funktionieren heute durch Informations- und Kommunikationstechnologie in Echtzeit. Transportierte Güter identifizieren sich elektronisch. Die Informationstechnologie steigert Effektivität und Effizienz der Logistik und reduziert gleichermaßen die Anfälligkeit gegenüber menschlichen Fehlereinflüssen. Eine moderne Logistik muss jedoch sicher gegen Cyberangriffe sein.

Gesundheitswesen: Ärzte, Krankenhäuser und Krankenkassen setzen heute in erheblichem Umfang Informations- und Kommunikationstechnologie ein, was zur Effizienzsteigerung und zur Kostenreduktion im Gesundheitswesen beiträgt. Für medizinische Daten gelten besondere Anforderungen hinsichtlich Sicherheit und Datenschutz.

Öffentliche Verwaltung: Für die öffentliche Sicherheit, für die Effizienzsteigerung der Verwaltung, für die Gewährleistung der Freiheitsrechte sowie der informationellen Selbstbestimmung und für die vom Staat betriebenen kritischen Infrastrukturen bestehen seitens der Bürgerinnen und Bürger zurecht hohe Ansprüche an die Sicherheit der Informationstechnologie.

Software: Für die Software-Industrie wird Cybersicherheit immer wichtiger. Fast alle Unternehmen setzen Anwendungssoftware in Geschäftsprozessen ein, die kritisch für ihren jeweiligen Geschäftserfolg sind. Diese Anwendungssoftware zeichnet sich durch spezielle Funktionen aus, die für die verschiedensten Zwecke benötigt werden. Bei der Entwicklung von Anwendungssoftware werden jedoch noch häufig fast ausschließlich die Funktionen betrachtet, die relevant für die Anwendungsdomäne sind. Da Cybersicherheit in solchen Fällen nur am Rand betrachtet wird und durch die zunehmende Komplexität von Software entstehen zwangsläufig Sicherheitslücken.

Cloud: Für Cloud-Dienste gibt es Sicherheitsanforderungen, die über die der „klassischen“ Anwendungssoftware weit hinausgehen [23]. Die Bereitstellung von IT-Ressourcen über Cloud-Dienste hat ein besonderes wirtschaftliches Potenzial, insbesondere für kleine und mittlere Unternehmen, da für diese der Betrieb einer eigenen IT-Abteilung erhebliche Kosten verursacht. Cloud-Computing bietet Unternehmen eine Möglichkeit, die Kosten für Investitionen und operativen Aufwand zu reduzieren und zugleich die Agilität zu erhöhen. Die hohen Verfügbarkeitsanforderungen von Cloud-Diensten, verbunden mit ihrer exponierten Verortung im Internet, sind herausfordernd für Update- und Patching-Prozesse und erfordern Schutz vor Angriffen auf hohem bis höchstem Niveau, permanente Überwachung der Bedrohungslage sowie ausgeklügelte Mechanismen zur Angriffs- und Einbruchserkennung.

16.4 Wachsende Bedrohung

Innovation findet heutzutage fast ausschließlich mithilfe von oder durch Informationstechnologie statt. Die kurzen Innovationszyklen in der IT-Branche führen zu einem andauernden Modernisierungsdruck, dem auf der anderen Seite aber ein ebenso andauernder Druck zur Kostensenkung gegenübersteht. Ob Internet der Dinge, Industrie 4.0, Big Data, Blockchain, künstliche Intelligenz oder maschinelles Lernen: Jeder neue Trend in der Informationstechnologie intensiviert das Zusammenspiel von Informationen, Diensten und Endgeräten. Dies eröffnet immer neue Bedrohungen für Sicherheit und Datenschutz.

16.5 Cybersicherheit und Privatsphärenschutz im Technologie- und Paradigmenwandel

Bedingt durch den technologischen Wandel haben sich die IT-bezogenen Sicherheitsbetrachtungen in den vergangenen Jahren stark verändert. Die klassische IT-Sicherheit beschäftigte sich mit den IT-Systemen, also insbesondere mit dem Schutz von IT-Netzen und Geräten. Mit dem Anstieg der Informationsverarbeitung rückten Datensicherheit und Datenschutz verstärkt in das Zentrum der Aufmerksamkeit. Neben die IT-Sicherheit trat dementsprechend verstärkt die Informationssicherheit, die sich mit dem Schutz von Informationen beschäftigt. Dabei werden im Gegensatz

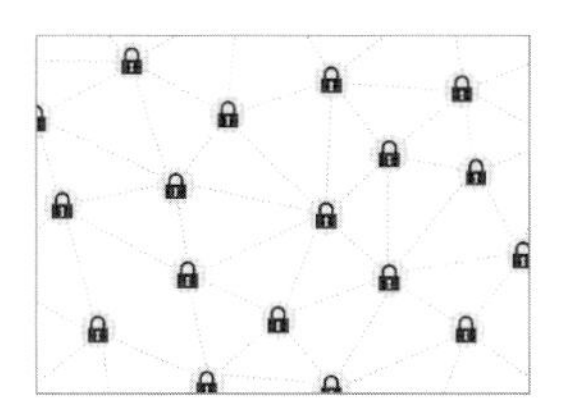

Abb. 16.4 Paradigmen-Entwicklung in der Cybersicherheit: Von reaktiver Sicherheit, über „Security & Privacy by Design" hin zu „Cybersecurity at Large" (Fraunhofer SIT)

zur klassischen IT-Sicherheit auch analoge Informationen wie Papier-Akten miteinbezogen, die nicht Teil der digitalen IT-Welt sind. Mit der wachsenden Verschmelzung von digitaler und analoger Welt, wie sie durch das Internet der Dinge oder das Konzept der Industrie 4.0 befördert werden, stehen heute jedoch verstärkt auch IT-ferne Werte im Zentrum sicherheitstechnischer Betrachtungen.

Berücksichtigt man Cybersicherheit nicht über den kompletten Lebenszyklus eines Produktes, dann führt dies zu negativen Effekten für Anbieter: Entweder sind Produkte und Dienste nicht sicher genug oder Cybersicherheit wird viel teurer als notwendig. Deshalb ist es wichtig, Cybersicherheit bereits in der Entwurfsphase und bei der Entwicklung und Integration von neuen Produkten, Diensten und Produktionsprozessen zu berücksichtigen.

„Security and Privacy by Design" bezeichnet die Beachtung der Cybersicherheit und des Privatsphärenschutzes im gesamten Lebenszyklus von informationstechnischen Produkten und Diensten [12]. Die frühestmögliche Berücksichtigung von Sicherheitsfragen ist besonders wichtig, da den meisten bekannt gewordenen Schwachstellen Fehler im Entwurf und der Implementierung von informationstechnischen Systemen zugrunde liegen.

Security at Large betrachtet Sicherheit nicht nur bei Entwurf und Implementierung von Produkten und Diensten, sondern auch bei der Integration von IT-Komponenten zu großen und komplexen Systemen. Dies umfasst auch die Berücksichtigung von Anforderungen spezieller Anwendungs- und Technologiebereiche, die sich dadurch auszeichnen, dass viele Komponenten zu großen komplexen Systemen integriert werden. Dazu gehören etwa Business Software, Cyber-Physical Systems,

Cloud Computing, kritische Infrastrukturen oder Industrie 4.0 und insbesondere auch das Internet als grundlegende Infrastruktur in der IT-Domäne.

16.6 Cybersicherheit und Privatsphärenschutz auf allen Ebenen

Wie im Folgenden gezeigt, liegen beispielhafte Lösungen auf unterschiedlichen Ebenen vor; dazu gehören der Mensch, Apps, die Internet-Infrastruktur, Mobile Security, Hardware- und Embedded Sicherheit, IoT-Sicherheit, Sicherheitsmonitoring oder aber auch Software-Sicherheit und Daten-Souveränität. Es besteht jedoch weiterhin großer Forschungsbedarf in allen diesen Bereichen, besonders bezüglich der Herausforderung Security at Large, aber auch der hardwarenahen und eingebetteten Sicherheit, sowie der werkzeuggestützten Entwicklung sicherer Software und Services.

Unterstützung für Nutzerinnen und Nutzer: Die vom Fraunhofer SIT gestartete Initiative „Volksverschlüsselung" stellt eine Infrastruktur für kryptographische

Abb. 16.5 Kryptografie ist eine Basistechnologie für die erfolgreiche Digitalisierung. Fraunhofer SIT hat mit der Telekom die für Privatpersonen kostenlos nutzbare Volksverschlüsselung eingeführt. Im Rahmen der Benutzerregistrierung werden z. B. Karten mit Registrierungscodes genutzt. (Fraunhofer SIT)

Abb. 16.6 Ohne Ende-zu-Ende-Verschlüsselung lassen sich E-Mails unterwegs abfangen und lesen wie eine Postkarte. (Fraunhofer SIT).

Schlüssel zur Verfügung, um eine notwendige Voraussetzung für Ende-zu-Ende-Verschlüsselung zu erfüllen. Die Deutsche Telekom betreibt die Lösung in einem Hochsicherheits-Rechenzentrum. Der Schwerpunkt der Volksverschlüsselung liegt auf dem Aufbau der Infrastruktur sowie der Entwicklung einer Nutzer-App, die das Management der Schlüssel auf Seiten der Nutzer übernimmt und die Schlüssel an den „richtigen Stellen" installiert, um so die Konfigurationshürde für Nutzer zu senken. Die „Volksverschlüsselung" zeichnet sich durch „Privacy by Design" und „Usability by Design" aus und ist entsprechend „Security at Large" als skalierbare Lösung angelegt.

Mobile App: Für Mobile Apps hat das Fraunhofer SIT mit Appicaptor einen Dienst für die semi-automatisierte und das Fraunhofer AISEC mit AppRay ein Werkzeug zur automatisierten Sicherheitsanalyse entwickelt. Beide Analysewerkzeuge untersuchen nicht nur Apps für Android, sondern auch für iOS. Appicaptor bringt mehrere Werkzeuge zur Analyse und Testfallgenerierung zusammen und stuft Apps durch eine Reihe verschiedener nicht-statischer Techniken ein. Diese Sicherheitstests ermöglichen eine schnelle und praxisnahe Überprüfung auf bekannte Fehler und Implementierungsschwächen, u. a. durch Massentests, bei denen Apps schnell und mit minimaler Fehlerrate auf eine bestimmte Klasse von Fehlern hin untersucht werden. Hier wurden Merkmale von verschiedenen Fehlverhalten gesammelt, die mit Angriffen korrespondieren bzw. zu Angriffen genutzt werden können, sodass eine praktisch nutzbare Katalogisierung potenzieller Angriffe (oder Angriffe unterstützender Fehlverhalten) entstand, die es ermöglicht, die Standhaftigkeit von Android- sowie iOS-Apps gegenüber diesen Angriffen in verschiedenen Szenarien zu testen. Diese Analysetechnik ermöglicht eine Überprüfung auch in Fällen, in denen der Quellcode der App nicht vorliegt. Appicaptor deckt unter anderem eine Vielzahl von Problemen auf, die durch Einbinden von Fremdcode in Apps entstehen und stellt damit einen wesentlichen Beitrag zu Security at Large dar. Das Analyse-Werkzeug AppRay erlaubt es, den Fluss der Daten und Informationen in Apps automatisiert aufzuzeigen und Verletzungen von beispielsweise Datenschutzrichtlinien oder sonstigen Sicherheitsvorgaben, die individuell konfiguriert werden können, aufzuzeigen.

Enterprise Apps: Große Codebasen von Enterprise Apps erschweren den Zugang zur Analyse. Hier hat Fraunhofer SIT die Lösung Harvester vorgestellt, die ein Teilproblem der Softwaresicherheitsanalyse im Rahmen von Security at Large löst: Harvester extrahiert relevante Laufzeitwerte einer App vollautomatisch, und zwar auch dann, wenn Obfuskierungs- und Anti-Analysetechniken wie z. B. Verschlüsselung eingesetzt werden. Es wird aus einer App genau der Programmcode ausgeschnitten, der die relevanten Werte berechnet und anschließend in einer sicheren Umgebung bzw. isoliert ausgeführt. Es werden also erst nichtrelevante Programmstatements entfernt und der zu betrachtende Code damit minimiert.

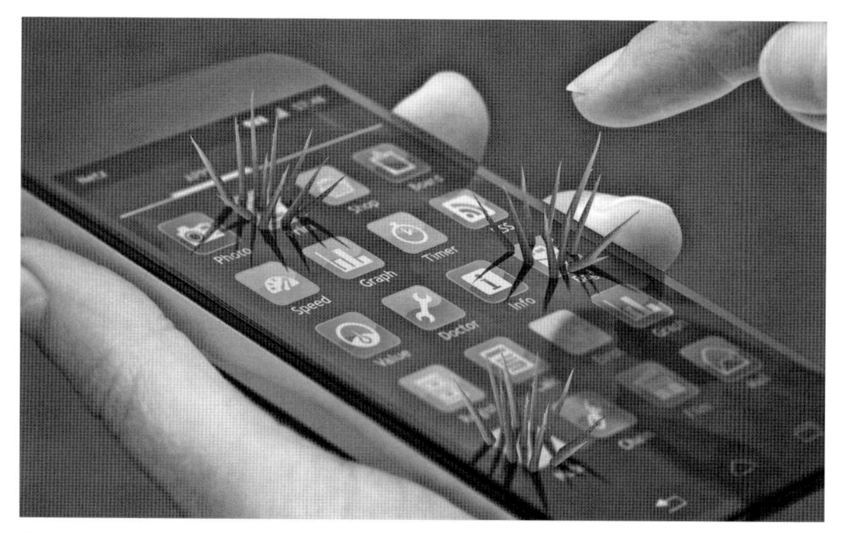

Abb. 16.7 Ohne Analysen lassen sich die Gefahren, die mit der Nutzung einer App entstehen, nicht bewerten (Fraunhofer SIT)

Danach wird in einem getrennten Bereich der herausgeschnittene Code direkt ausgeführt (ohne z. B. eine Wartezeit oder einen Neustart abzuwarten). Damit wird ein komplexes dynamisches Analyseproblem lösbar. Harvester kann an verschiedenen Stellen zum Einsatz kommen, sowohl als PlugIn als auch als eigenständiges Werkzeug oder als eigener Webservice. Harvester adressiert diverse Nutzergruppen wie Entwickler, Sicherheitsexperten in Unternehmen und Sicherheitsbehörden, AppStore-Betreiber und Antivirus-Anbieter.

Internet-Infrastruktur: Trotz intensiver Forschungs- und Standardisierungsaktivitäten sind essenzielle Mechanismen im Internet nach wie vor weit davon entfernt, ausreichende Sicherheit zu bieten. Ein Beispiel hierfür ist das Namenssystem (DNS, Domain Name System) im Internet, speziell die verwendeten Caching-Strategien. Die Topologie und Architektur der Name Servers verwendet üblicherweise zwischengelagerte Caches. Es wurden eine Reihe schwerwiegender Verwundbarkeiten und Fehlkonfigurationen identifiziert: Groß angelegten Experimente und Messungen zeigen, dass diese Caches meist sehr unprofessionell betrieben werden und dadurch zu Angriffsmöglichkeiten und Leistungseinbußen führen [8]. Wer in der Lage ist, das DNS zu manipulieren, kann E-Mails und Telefonate abhören oder nahezu unentdeckbare Phishing-Angriffe durchführen und sich so z. B. Zugangsdaten und Passwörter verschaffen. Fraunhofer SIT arbeitet daher an Werkzeugen, mit denen sich Internet-Infrastrukturen besser absichern lassen und entwickelt Handlungsempfehlungen für Hersteller und Netzbetreiber, um auch kurzfristig auf Schwachstellen reagieren zu können [8].

Hardware und Embedded Security: Maßnahmen zum Hard- und Software-Schutz zur Erhöhung der Sicherheit elektronischer und digitaler Geräte und Komponenten gehören seit Jahren zum Lösungsangebot des Fraunhofer AISEC. Entwickelt werden individualisierte und maßgeschneiderte Lösungen für unterschiedliche Branchen und Produkte. Dabei handelt es sich beispielweise um eingebettete Systeme im industriellen Maschinen- und Anlagenbau, um eingebettete Hard- und Software-Komponenten in industriellen Steuerungen, im Automobil oder Avionics-Bereich, aber auch um IoT-Komponenten in der Heimautomatisierung oder im Gesundheitsbereich. Eingebettete Systeme bestehen meist als Baugruppe mehrerer Chips und sind im Allgemeinen leicht physisch zugänglich. Somit sind sie Angreifern schutzlos ausgeliefert, die über Kompetenzen in den Bereichen Elektronik, Nachrichtentechnik, Implementierungen und auch Hardware-Angriffen verfügen. Darüber hinaus haben Angreifer die Möglichkeit, sich interne Schnittstellen wie z. B. Debug-Schnittstellen oder einen direkten Zugang zu einem integrierten Speicherchip zu erschließen. Aus diesem Grund ist es unerlässlich, von Beginn an einen hohen Grad an Hardware-Sicherheit solcher Systeme anzustreben. Schwerpunkte am AISEC liegen in der Entwicklung von sicheren System-on-Chip Lösungen [24], der Absicherung von eingebetteter Software gegen Manipulationen [25][33] oder aber auch der Gewährleistung von sicheren digitalen Identitäten für eingebettete Komponenten.

Sicheres IoT und Datensouveränität: Unsichere Konfigurationen und fehlende Kontrolle von IoT-Geräten stellen ein hohes Risiko durch mögliche Angriffe bzw. Manipulationen vor allem im Bereich der Industrieautomatisierung bzw. Industrie 4.0 dar. Nutzen Unternehmen die Daten dieser Geräte als Basis für Entscheidungen in ihren Geschäftsprozessen, kann dies fatale Folgen haben. Der am Fraunhofer AISEC entwickelte Trusted Connector schützt sensible Geschäftsprozesse vor Bedrohungen, die durch Vernetzung entstehen. Er stellt sicher, dass ausschließlich vertrauenswürdige Daten für kritische Entscheidungen herangezogen werden. Die Vorverarbeitung dieser Daten durch Anwendungen im Trusted Connector ermöglicht vertrauenswürdige Verarbeitungsketten im Unternehmen und über Unternehmensgrenzen hinaus. Eine sichere Ausführungsumgebung auf Basis von Containern ermöglicht eine strikte Isolation der laufenden Anwendungen. So werden Daten und die Software vor Verlust und unerwünschter Modifikation geschützt. Eine Integritätsprüfung der Daten und installierten Anwendungen in Verbindung mit einem hardwarebasierten Sicherheitsmodul (Trusted Platform Module – TPM) gewährleistet eine hohe Vertrauenswürdigkeit [25]. Dies wird durch eine flexible Zugriffs- und Datenflusskontrolle ergänzt, die eine feingranulare Gestaltung der Datenflüsse innerhalb und außerhalb des Unternehmens ermöglicht [26].Der AISEC Trusted Connector ist zudem die zentrale Sicherheitskomponente im Industrial Data Space (IDS), der von Fraunhofer zusammen mit Industriepartnern entwickelt wird [34]. Der IDS hat das Ziel, eine Referenzarchitektur für einen sicheren Datenraum zu schaffen, der Unternehmen verschiedener Branchen die souveräne Bewirtschaftung ihrer Datengüter ermöglicht. Der Datenraum basiert auf einem dezentralen Architektur-Ansatz, bei dem die Dateneigner ihre Datenhoheit und Datensouveränität nicht aufgeben müssen. Eine zentrale Komponente der Architektur ist der Industrial Data Space Trusted Connector, der den kontrollierten Austausch von Daten zwischen den Teilnehmern am Industrial Data Space ermöglicht.

Kontinuierliches Sicherheitsmonitoring und Sicherheitsassessment: Heutige IT-basierte Systeme sind in hohem Maße dynamisch: Neue Komponenten kommen im laufenden Betrieb hinzu, Kommunikationspartner ändern sich, aber auch neue Software-Artefakte wie Apps oder Software-Updates werden im laufenden Betrieb geladen und ausgeführt. Am Fraunhofer AISEC werden Techniken entwickelt, um

IT-basierte Systeme wie beispielsweise Cloud-Plattformen kontinuierlich in Bezug auf ihren aktuellen Sicherheitszustand zu evaluieren [27]. Mit fortgeschrittenen Analysetechniken basierend auf maschinellen Lernverfahren ist es beispielsweise möglich, Schadcode frühzeitig zu erkennen, sodass mögliche Schäden minimiert werden können [28]. Durch speziell am AISEC entwickelte Verfahren können auch Sicherheitsanalysen über verschlüsselte Kommunikationspfade durchgeführt werden [31], sodass damit unter anderem eine Überwachung von Systemen aus der Ferne möglich ist, ohne den Schutz des sicheren Kommunikationskanals aufzuheben. Mit den am AISEC entwickelten Isolations- und Überwachungstechniken [30] sowie Maßnahmen zur kontinuierlichen Integritätsmessung [29] kann ein System kontinuierlich seinen Systemzustand gegen einzuhaltende Regelwerke und Anforderungen abgleichen und Abweichungen, die auf mögliche Vorbereitungsschritte für Angriffe hindeuten, frühzeitig erkennen und abwehren.

Software-Sicherheit: Cyber-Physische Systeme sind Software-intensive Systeme, in denen Altsysteme mit Neuentwicklungen integriert betrieben werden müssen. Am Fraunhofer AISEC werden Methoden und Werkzeuge zur Entwicklung sicherer Software erforscht, die den gesamten Lebenszyklus von Software-Artefakten abdecken. Dazu werden konstruktive Maßnahmen entwickelt, um Sicherheit bereits im Entwurf zu planen und angemessen bei der Integration und Konfiguration zu berücksichtigen [18][22]. Darüber hinaus werden Software-Werkzeuge entwickelt, um Software möglichst automatisiert vor deren Inbetriebnahme hinsichtlich möglicher Schwachstellen zu analysieren und diese Schwachstellen, soweit möglich, automatisiert und semantikerhaltend zu beheben [32]. Mit den bereitgestellten Kapselungstechniken wie isolierenden Containern lassen sich zudem auch unsichere Komponenten von Dritten bzw. Legacy-Systeme, die nicht gehärtet werden können, sicher in komplexe Wertschöpfungsnetze integrieren, sodass ein Zusammenspiel zwischen sicheren und unsicheren Komponenten unter nachweislicher Einhaltung von geforderten Sicherheitseigenschaften möglich ist.

Martin Priester, Fraunhofer Academy

Mit Sicherheit fit für die Digitalisierung

Lebenslanges Lernen bedeutet Schritt halten zu können. Neues Wissen ermöglicht, Grenzen zu verschieben und Lösungen für neuartige Probleme zu finden, für die althergebrachte Vorgehensweisen keinen Erfolg versprechen. Wer sich die rasante Entwicklung im Themenfeld IT-Sicherheit der letzten Jahre vor Augen führt, bekommt sehr schnell eine realistische Vorstellung, was „Schritt halten" bedeutet: Täglich werden laut BITKOM über 300.000 neue Varianten von Schadsoftware entdeckt [35]. Das Internet ermöglicht Cyberkriminellen nicht nur klassische Delikte wie Betrug, Erpressung und Vandalismus zu digitalisieren, sondern auch neue Geschäftsmodelle zu etablieren, wie die Geschichte um das Botnet Avalanche zeigt [36]. Es gibt keine Anzeichen dafür, dass das Tempo der Entwicklung im Themenfeld IT-Sicherheit gedrosselt wird, aber es gibt Hinweise, dass – um im Bild zu bleiben – manch einem die Puste ausgeht.
Die Studien zum Fachkräftemangel im Bereich IT-Sicherheit zeichnen ein erschreckendes Bild, das durch Phänomene wie den War for Talents sein begriffliches Äquivalent findet [37]. Offensichtlich kann der Bedarf an Fachkräften durch die Absolventenzahlen der Hochschulen sowie den IT-spezifischen Ausbildungsberufen nicht ausreichend gedeckt werden. Zudem stellt die zunehmende Digitalisierung die Belegschaft von Unternehmen und Behörden vor neue Herausforderungen im Bereich der Qualifizierung. Denn die Gewährleistung von IT-Sicherheit kann nicht ausschließlich durch entsprechende Beauftragte sichergestellt werden. Das heißt, die Vielfalt der Angriffsvektoren muss sich in Schutz- und Qualifizierungsmaßnahmen widerspiegeln, die weite Teile des Personals mit einbindet.

Mit Blick auf die Handreichung des Bundesamtes für Sicherheit in der Informationstechnik [38] wird bereits deutlich, wie breit das sicherheitsspezifische Kompetenzprofil angelegt ist. Demnach lassen sich die typischen Schwachstellen, über die IT-Systeme verwundbar sind, in vier Kategorien unterteilen:

1. Fehler in der Softwareprogrammierung
2. Schwachstellen in der Spezifikation von Software
3. Konfigurationsfehler
4. Die Anwender von IT-Systemen als Unsicherheitsfaktor

Man muss sich nur vergegenwärtigen, dass der Quellcode in gängigen Softwareprodukten mehrere Millionen Programmzeilen lang sein kann, um zu verstehen, welche Aufgabe die Entwicklung sicherer Software bedeutet. Ansätze des Security by Design finden aber nur Eingang in die Entwicklungspraxis, wenn das Wissen z. B. zu sicherheitsorientierten Programmiersprachen Gegenstand der Ausbildung respektive praxisnaher Schulungen ist. Gleichzeitig erfordert die Anwendung von Prinzipien zur sicheren Softwareentwicklung auch die Beantwortung organisatorischer Fragen. Wie werden z. B. die Schnittstellen zwischen verschiedenen Rolleninhabern (Entwickler, Tester, Systemintegrator etc.) sinnvoll gestaltet?

Die Abwehr von Gefahren ist aber nur ein Baustein. Ebenso wichtig ist es für Unternehmen und Behörden, erfolgreiche Attacken überhaupt zu erkennen. Sie müssen das

Ausmaß des Schadens abschätzen können und Wege finden, betroffene Systeme „wieder zum Laufen“ zu bringen. Dieses Wissen verteilt sich im Unternehmen auf mehrere Köpfe und kann nur durch gutes Zusammenspiel aller Kräfte abgerufen werden.

Wie können sich Unternehmen und Behörden aber fit machen, um weiter Schritt halten zu können? Wie lassen sich Risiken im Bereich der IT-Sicherheit reduzieren und besser beherrschen? Weiterbildung ist hier der entscheidende Schlüssel. Dabei müssen vier Voraussetzungen erfüllt sein, um neues Wissen zur IT-Sicherheit in Organisationen schnell wirksam werden zu lassen.

1. Nur Wissen auf dem neuesten Stand der Forschung erlaubt es potenziellen Angreifern einen Schritt voraus zu sein und z. B. neue Entwicklungs- und Testverfahren für sichere Software zu nutzen.
2. Nicht alle Akteure haben den gleichen Wissensbedarf. Die Inhalte der Weiterbildung müssen themenfeld-, rollen- und branchenspezifisch ausgerichtet sein und unterschiedliche Niveaus an Vorwissen berücksichtigen.
3. Wissen entsteht durch Handeln. Lernen in Laboren mit aktueller IT-Infrastruktur ermöglicht den Teilnehmenden echte Bedrohungsszenarien zu erleben und Lösungen auf ihre Anwendbarkeit hin zu erproben.
4. Begrenzte zeitliche Ressourcen sinnvoll nutzen. Kompakte Formate, bei denen praktische Fragestellungen im Vordergrund stehen, lassen sich sinnvoll in den Berufsalltag integrieren und mit ansprechend aufbereiteten, elektronisch verfügbaren Lernmedien kombinieren.

Mit der Initiative Lernlabor Cybersicherheit baut Fraunhofer in Kombination mit ausgewählten Fachhochschulen ein Weiterbildungsprogramm auf, das diesen Ansprüchen gerecht wird. Es bündelt die Expertise der Partner in den unterschiedlichen Anwendungs- und Handlungsfeldern der IT-Sicherheit (wie z. B. Soft- und Hardwareentwicklung, IT-Forensik, Emergency Response) zu einem starken Forschungs- und Qualifizierungsverbund.

Quellen und Literatur

[1] https://www.bundesdruckerei.de/de/studie-it-sicherheit, Abruf am 11.7.2017

[2] https://www.bmwi.de/Redaktion/DE/Publikationen/Studien/kompetenzen-fuer-eine-digitale-souveraenitaet.pdf?__blob=publicationFile&v=14, Abruf am 11.7.2017

[3] https://www.bitkom.org/Presse/Presseinformation/IT-Sicherheit-Cloud-Computing-und-Internet-of-Things-sind-Top-Themen-des-Jahres-in-der-Digitalwirtschaft.html, Abruf am 11.7.2017

[4] Fry, A., Chiasson, S., & Somayaji, A. (2012, June). Not sealed but delivered: The (un) usability of s/mime today. In Annual Symposium on Information Assurance and Secure Knowledge Management (ASIA'12), Albany, NY.

[5] https://arstechnica.com/security/2013/06/encrypted-e-mail-how-much-annoyance-will-you-tolerate-to-keep-the-nsa-away/3/ , Abruf am 21.7.2017

[6] https://www.sit.fraunhofer.de/de/securityindex2016/, Abruf am 12.7.2017

[7] https://codeinspect.sit.fraunhofer.de, Abruf am 13.7.2017
[8] Klein, A., Shulman, H., Waidner, M.: Internet-Wide Study of DNS Cache Injections, IEEE International Conference on Computer Communications (INFOCOM), Atlanta, GA, USA, May 2017.
[9] Shulman H., Waidner M.: One Key to Sign Them All Considered Vulnerable: Evaluation of DNSSEC in Signed Domains, The 14th USENIX Symposium on Networked SystemsDesign and Implementation (NSDI), Boston, MA, USA, March 2017.
[10] Simpson, A. K., Roesner, F., & Kohno, T. (2017, March). Securing vulnerable home iot devices with an in-hub security manager. In Pervasive Computing and Communications Workshops (PerCom Workshops), 2017 IEEE International Conference on (pp. 551-556). IEEE, 2017
[11] Solms, R. and Van Niekerk, J., 2013. From information security to cyber security. computers & security, 38, pp.97-102. 2013
[12] Waidner, M., Backes, M., Müller-Quade, J., Bodden, E., Schneider, M., Kreutzer, M., Mezini, M., Hammer, Chr., Zeller, A. Achenbach, D., Huber, M., Kraschewski, D.: Entwicklung sicherer Software durch Security by Design,. SIT Technical Report SIT-TR-2013-01, Fraunhofer Verlag, ISBN 978-3-8396-0567-7, 2013
[13] Claudia Eckert: IT-Sicherheit: Konzepte - Verfahren – Protokolle, 9th Edition, De Gruyter, 2014
[14] Claudia Eckert. „Cybersicherheit beyond 2020! Herausforderungen für die IT-Sicherheitsforschung“. In: Informatik Spektrum 40.2 (2017), pp. 141–146.
[15] Claudia Eckert. „Cyber-Sicherheit in Industrie 4.0“. In: Handbuch Industrie 4.0: Geschäftsmodelle, Prozesse, Technik. Ed. by Gunther Reinhart. München: Carl Hanser Verlag, 2017, pp. 111–135.
[16] Bundesamt für Sicherheit in der Informationstechnik (BSI), „Die Lage der IT-Sicherheit in Deutschland 2016“, https://www.bsi.bund.de/SharedDocs/Downloads/DE/BSI/Publikationen/Lageberichte/
[17] Martin Salfer and Claudia Eckert. „Attack Surface and Vulnerability Assessment of Automotive Electronic Control Units“. In: Proceedings of the 12th International Conference on Security and Cryptography (SECRYPT 2015). Colmar, France, July 2015.
[18] D. Angermeier and J. Eichler. „Risk-driven Security Engineering in the Automotive Domain“. Embedded Security in Cars (escar USA), 2016.
[19] F. Fischer, K. Böttinger, H. Xiao, Y. Acar, M. Backes, S. Fahl, C. Stransky. „Stack Overflow Considered Harmful? The Impact of Copy & Paste on Android Application Security“ , IEEE Symposium on Security and Privacy 2017.
[20] A. Zankl, J. Heyszl, G. Sigl, „Automated Detection of Instruction Cache Leaks in RSA Software Implementations“, 15th International Conference on Smart Card Research and Advanced Applications (CARDIS 2016)
[21] N. Jacob, J. Heyszl, A. Zankl, C. Rolfes, G. Sigl, „How to Break Secure Boot on FPGA SoCs through Malicious Hardware“, Conference on Cryptographic Hardware and Embedded Systems (CHES 2017)
[22] C. Teichmann, S. Renatus and J. Eichler. „Agile Threat Assessment and Mitigation: An Approach for Method Selection and Tailoring“. International Journal of Secure Software Engineering (IJSSE), 7 (1), 2016.
[23] Niels Fallenbeck and Claudia Eckert. „IT-Sicherheit und Cloud Computing“. In: Industrie 4.0 in Produktion, Automatisierung und Logistik: Anwendung, Technologien,

Migration", ed. by Thomas Bauernhansl, Michael ten Hompel, and Birgit Vogel-Heuser. Springer Vieweg, 2014, pp. 397–431.

[24] N. Jacob, J. Wittmann, J. Heyszl, R. Hesselbarth, F. Wilde, M. Pehl, G. Sigl, K. Fisher: „Securing FPGA SoC Configurations Independent of Their Manufacturers", 30th IEEE International System-on-Chip Conference (SOCC 2017)

[25] M. Huber, J. Horsch, M. Velten, M. Weiß and S. Wessel. „A Secure Architecture for Operating System-Level Virtualization on Mobile Devices". In: 11th International Conference on Information Security and Cryptology Inscrypt 2015. 2015.

[26] J. Schütte and G. Brost. „A Data Usage Control System using Dynamic Taint Tracking". In: Proceedings of the International Conference on Advanced Information Network and Applications (AINA), March 2016.

[27] P. Stephanow, K. Khajehmoogahi, „Towards continuous security certification of SoftwareasaService applications using web application testing", 31th International Conference on Advanced Information Networking and Applications (AINA 2017)

[28] Kolosnjaji, Bojan, Apostolis Zarras, George Webster, and Claudia Eckert. Deep Learning for Classification of Malware System Call Sequences. In 29th Australasian Joint Conference on Artificial Intelligence (AI), December 2016.

[29] Steffen Wagner and Claudia Eckert. „Policy-Based Implicit Attestation for Microkernel-Based Virtualized Systems". In: Information Security: 19th International Conference, ISC 2016,Springer 2016, pp. 305–322.

[30] Lengyel, Tamas, Thomas Kittel, and Claudia Eckert. Virtual Machine Introspection with Xen on ARM. In 2nd Workshop on Security in highly connected IT systems (SHCIS), September 2015.

[31] Kilic, Fatih, Benedikt Geßele, and Hasan Ibne Akram. Security Testing over Encrypted Channels on the ARM Platform. In Proceedings of the 12th International Conference on Internet Monitoring and Protection (ICIMP 2017), 2017.

[32] Muntean, Paul, Vasantha Kommanapalli, Andreas Ibing, and Claudia Eckert. Automated Generation of Buffer Overflows Quick Fixes using Symbolic Execution and SMT. In International Conference on Computer Safety, Reliability & Security (SAFECOMP), Delft, The Netherlands, September 2015. Springer LNCS.

[33] M. Huber, J. Horsch, J. Ali, S. Wessel, „Freeze & Crypt: Linux Kernel Support for Main Memory Encryption" ,14th International Conference on Security and Cryptography (SECRYPT 2017).

[34] B. Otto et. al: Industrial Data Space, Whitepaper, https://www.fraunhofer.de/de/forschung/fraunhofer-initiativen/industrial-data-space.htm

[35] https://www.bitkom.org/Presse/Presseinformation/Die-zehn-groessten-Gefahren-im-Internet.html Abruf am 30.06.2017

[36] L. Heiny (2017): Die Jagd auf Avalanche. http://www.stern.de/digital/online/cyberkriminalitaet--die-jagd-auf-avalanche-7338648.html Abruf am 30.06.2017

[37] M. Suby, F. Dickson (2015): The 2015 (ISC)² Global Information Security Workforce Study. A Frost & Sullivan White Paper.

[38] https://www.allianz-fuer-cybersicherheit.de/ACS/DE/_/downloads/BSI-CS_037.pdf?__blob=publicationFile&v=2 Abruf am 30.06.2017

Ausfallsichere Systeme

17

Resilienz als Sicherheitskonzept im Zeitalter der Digitalisierung

Prof. Dr. Stefan Hiermaier · Benjamin Scharte
Fraunhofer-Institut für Kurzzeitdynamik, Ernst-Mach-Institut, EMI

Zusammenfassung

Je mehr wir auf das Funktionieren komplexer technischer Systeme angewiesen sind, desto wichtiger wird deren Resilienz: Sie müssen auch beim Auftreten innerer und äußerer Ausfälle und Störungen die angeforderten Systemleistungen aufrechterhalten. Das betrifft Einzelsysteme (z. B. Autos, medizinische Geräte, Flugzeuge) ebenso wie Infrastrukturen (Verkehr, Versorgungssysteme, Informations- und Kommunikationssysteme). Um diese komplexen Systeme resilient zu gestalten, bedarf es eines Resilience Engineering – das heißt des Erhalts kritischer Funktionen, des Sicherstellens eines eleganten Abschmelzens – falls die kritische Funktionalität aufgrund der Schwere eines Störereignisses nicht aufrechterhalten werden kann – und die Unterstützung schneller Erholung von komplexen Systemen. Dazu werden generische Fähigkeiten sowie anpassbare und maßgeschneiderte technische Lösungen benötigt, die das System im Fall von kritischen Problemen und unerwarteten oder sogar noch nie dagewesenen Ereignissen schützen. So können beispielsweise Kaskadeneffekte, die in kritischen Infrastrukturen während einer Störung auftreten, simuliert und ihre Auswirkungen proaktiv minimiert werden.

17.1 Einleitung

Zuverlässig und sicher funktionierende technische Systeme sind für unsere Gesellschaft überlebenswichtig. Gut 250 Jahre nach Beginn der industriellen Revolution, über 70 Jahre nach dem Aufkommen erster Computer und knapp 30 Jahre nach der Erfindung des World Wide Web gibt es kaum noch einen Bereich, der ohne technische Systeme denkbar ist. Diese Systeme bestimmen den Alltag prinzipiell aller Menschen, die in modernen Industriegesellschaften leben. Sie haben sich durchgesetzt, weil sie diesen Alltag in vielfacher Hinsicht erleichtern. In der Wirtschaft sorgen sie durch Effizienz- und Qualitätsgewinne für bessere Produkte und Dienstleistungen. Im Freizeitleben der Menschen ermöglichen sie Aktivitäten, die zuvor unmöglich oder aber mindestens mit großem Aufwand verbunden waren – von Fernreisen bis hin zu eSports.

Die zunehmende Digitalisierung von Wirtschaft, Arbeit und Privatleben ist ein weiterer, aufgrund seiner einschneidenden Auswirkungen revolutionär zu nennender Schritt in Richtung einer Welt, die vollkommen abhängig ist von technischen Systemen. Die verschiedenen Kapitel des vorliegenden Buchs spannen einen weiten Bogen von Themen wie der generativen Fertigung, der digitalen Fabrik und der individualisierten Massenproduktion über die Frage nach der Nützlichkeit künstlicher Intelligenz für herausfordernde Situationen bis hin zu E-Government, einer bürgernahen digitalen Verwaltung. Die Autoren zeigen Chancen und Möglichkeiten der unter dem Stichwort Digitalisierung zusammengefassten Entwicklungen auf. Sie beleuchten aber auch die spezifischen Herausforderungen der genannten Themen.

Betrachtet man die Trends in unterschiedlichen Bereichen aus einem eher übergeordneten Blickwinkel, sozusagen aus einer systemischen Perspektive heraus, findet sich eine ins Auge fallende Gemeinsamkeit: Die Grundvoraussetzung für den Erfolg dieser Entwicklungen ist eine immer stärkere Vernetzung vormals getrennter gesellschaftlicher und technischer Bereiche. Ungeachtet der vielfältigen positiven Aspekte, die eine zunehmende Vernetzung mit sich bringen kann, ergeben sich daraus aber auch Herausforderungen auf systemischer Ebene. Bereits einzelne, separate Systeme werden aufgrund der ihnen innewohnenden Intelligenz immer komplizierter und sind längst nur noch von Fachleuten zu verstehen. Selbst diese geraten mittlerweile an ihre Grenzen. Werden jedoch mehrere komplizierte Systeme miteinander vernetzt, entstehen immer häufiger komplexe (technische) Systeme.

Es gilt, im Zuge der Digitalisierung dafür Sorge zu tragen, dass diese komplexen, miteinander vernetzten technischen Systeme im täglichen Betrieb, aber auch und vor allem im Ausnahmefall – also beim Eintreten eines wie auch immer gearteten Störereignisses – eine möglichst hohe Ausfallsicherheit an den Tag legen. Komplexität per se ist zunächst einmal neutral, also weder gut noch schlecht. Selbiges gilt für die Vernetzung verschiedener Systeme miteinander. Im Krisenfall können Komplexität und Vernetzung aber unter Umständen negative Auswirkungen potenzieren oder Effekte hervorrufen, die vorher nicht bedacht bzw. eingeplant waren. Deshalb reicht der traditionelle Sicherheitsansatz eines klassischen, szenariobasierten Risikomanagements nicht länger aus. Ein erweitertes, systemisches Konzept ist vonnöten, mit dessen Hilfe die Ausfallsicherheit komplexer technischer Systeme analysiert, verstanden und letztlich auch erhöht werden kann [13]. Der vorliegende Beitrag stellt die Notwendigkeit für ein solches Konzept, die Ideen dahinter und eine konkrete Umsetzung in vier Abschnitten vor. Zunächst werden die Herausforderungen, denen sich komplexe technische Systeme gegenübersehen, näher ausgeführt. Anschließend wird Resilienz als Konzept vorgestellt, um mit diesen Herausforderungen effektiv umzugehen. Darauf aufbauend widmet sich der dritte Abschnitt der Vorstellung eines konkreten Anwendungsprojekts, in dem es darum geht, Kaskadeneffekte in komplexen, gekoppelten Netzinfrastrukturen valide zu simulieren und Maßnahmen zur Verbesserung derartiger Netzstrukturen zu erarbeiten. Abschließend werden die Ergebnisse zusammengefasst und ein Ausblick gegeben.

17.2 Herausforderungen für ausfallsichere Systeme

Das Ganze ist mehr als die Summe seiner Teile. Genau diesen Effekt beobachten wir, wenn es um Komplexität geht. Komplizierte Systeme bestehen aus einer Vielzahl logisch miteinander verknüpfter einzelner Teile. Ihr Verhalten zutreffend zu beschreiben ist unter Umständen extrem aufwendig. Sie können aber reduktionistisch erklärt werden. Das heißt: Durch eine Betrachtung der Kausalbeziehungen der einzelnen Systembestandteile zueinander lässt sich das Verhalten des Gesamtsystems deterministisch ermitteln. Damit hängt es prinzipiell nur von der verfügbaren Rechenkraft ab, ob und wie schnell Systemverhalten korrekt vorhergesagt werden kann. Im Gegensatz dazu lässt sich ein komplexes System nicht anhand seiner Einzelteile erklären, es ist eben mehr als die Summe seiner Teile. Komplexe Systeme sind in der Lage, emergente Eigenschaften auszubilden, also Eigenschaften, die nur bei holistischer Betrachtungsweise erklärbar sind [8]. Die Übergänge zwischen komplizierten und komplexen Systemen sind fließend und es ist häufig schwer bis unmöglich zu entscheiden, ob ein reales System eher durch den einen oder den anderen Begriff treffend beschrieben ist. Wie bereits erwähnt, macht Komplexität es unmöglich, Systeme mittels reduktionistisch arbeitender Werkzeuge zu verstehen, was eine Herausforderung für die Ausfallsicherheit solcher Systeme darstellt. Denn traditionelle Risikoanalysen und dazugehöriges Risikomanagement bedienen sich explizit reduktionistischer Prinzipien, vom Gebrauch gut spezifizierter Szenarien über genau definierte Wahrscheinlichkeiten bis hin zu exakten Schadensberechnungen [15][20]. Zur Analyse komplexer technischer Systeme reicht das nicht mehr aus, weshalb zunehmend auf das Resilienzkonzept zurückgegriffen wird.

Eine zweite Herausforderung für ausfallsichere Systeme ist die Anfälligkeit gegenüber Kaskadeneffekten, resultierend aus der immer größer werdenden Vernetzung verschiedener technischer Systeme. Der Begriff Kaskade meint im Normalfall eine Abfolge von Stufen oder Prozessen im Rahmen bestimmter Ereignisse. Ein geläufiges – wenn auch nicht gänzlich zutreffendes – Beispiel ist der Dominoeffekt.

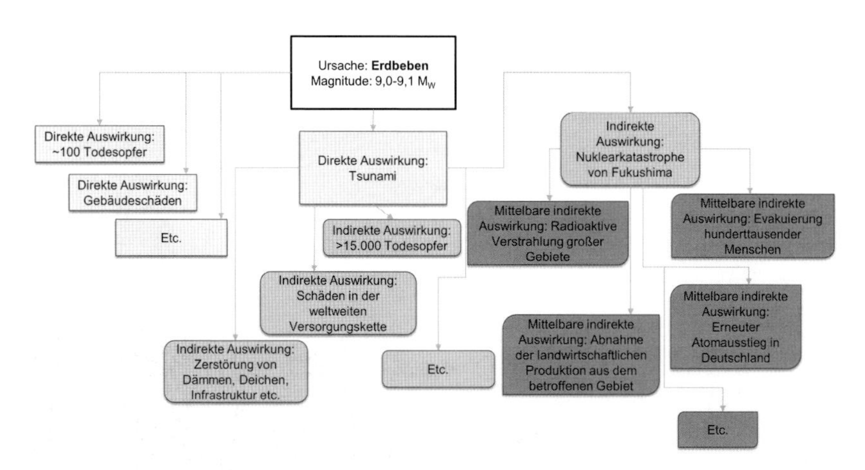

Abb. 17.1 Ein typisches Beispiel gravierender Kaskadeneffekte: Das Tōhoku-Erdbeben vom 11. März 2011 (Fraunhofer EMI)

Bezogen auf disruptive Ereignisse bezeichnen Kaskaden Szenarien, in denen einem ersten, initialen Störereignis eine Reihe von sekundären Ereignissen folgen, die selbst als neues Störereignis angesehen werden können [17]. Ein dramatisches Beispiel kaskadierender Effekte stellt das Erdbeben vor der Küste der japanischen Region Tōhoku vom 11. März 2011 dar. Mit einer Stärke von ca. 9,0 auf der Momenten-Magnituden-Skala gilt es als stärkstes Beben seit Beginn der Aufzeichnungen in Japan und als eines der stärksten jemals gemessenen Erdbeben überhaupt. Abb. 17.1 zeigt die durch das Erdbeben verursachten direkten sowie indirekte, kaskadierende Effekte. Es wird deutlich, dass der Großteil der Schäden durch ein zweites Störereignis – nämlich den durch das Erdbeben bedingten Tsunami – verursacht wurde. Erst dieser Tsunami führte in einer weitergehenden Kaskade zur Nuklearkatastrophe von Fukushima, die wiederum mindestens indirekt den Kurswechsel der damaligen deutschen Bundesregierung hin zu einem endgültigen Ausstieg aus der Atomenergie forciert hat.

Die gerade skizzierten Entwicklungen führen dazu, dass die Vulnerabilität komplexer technischer Systeme gegenüber gravierenden disruptiven Ereignissen zunimmt. Gleichzeitig steigt auch die Zahl dieser Ereignisse an. Beispielsweise führt der Klimawandel zu immer mehr und immer heftigeren Extremwetterereignissen. Auch terroristische Anschläge häufen sich und richten sich mit unterschiedlichen Methoden auf ganz unterschiedliche Ziele. Besonders relevant im Kontext der Digitalisierung sind zudem natürlich Cyberattacken auf wichtige Rechnernetze

Abb. 17.2 Screenshot eines mit dem WannaCry-Schadprogramm infizierten Rechners (Fraunhofer EMI)

und Infrastrukturen, wie etwa der durch das Schadprogramm WannaCry verursachte Angriff im Mai 2017 (siehe Abb. 17.2). Von dieser bisher folgenschwersten bekannt gewordenen Attacke mithilfe von Ransomware – Schadprogrammen, die betroffene Rechner quasi „kidnappen“ und zur Freigabe verschlüsselter Daten die Zahlung bestimmter Summen fordern – waren über 300.000 Rechner in über 150 Ländern betroffen. In Großbritannien betraf die Störung zahlreiche Krankenhäuser, die zum Teil Patienten abweisen, Rettungswagen umleiten und Routineeingriffe absagen mussten. In Deutschland waren Anzeigetafeln und Fahrkartenautomaten der Deutschen Bahn betroffen, zum Teil war auch die Technik zur Videoüberwachung in Bahnhöfen gestört. Und in Frankreich musste der Autokonzern Renault seine Produktion in einigen Werken vorübergehend stoppen [7][21]. Diese Auswirkungen auf kritische Infrastrukturen und wichtige Bereiche der Wirtschaft zeigen, wie durch Vernetzung und Kopplung verschiedener komplexer technischer Systeme die Vulnerabilität im Angesicht solcher Störereignisse wie Cyberattacken zunehmen kann.

17.3 Resilienz als Sicherheitskonzept für die vernetzte Welt

Mit Blick auf die gerade geschilderten Herausforderungen und Entwicklungen wird überdeutlich, dass unsere Gesellschaft ein adäquates Sicherheitskonzept benötigt, um den Ausfall kritischer Systeme zu verhindern. Wo trotz aller Anstrengungen Systeme versagen, müssen Mechanismen vorhanden sein, die einer möglichst schnellen Wiederherstellung der relevanten Funktionalitäten dienen. Um komplexe, vernetzte Systeme für externe wie interne, erwartete wie unerwartete und abrupt auftretende wie langsam sich entwickelnde Störungen zu wappnen, bedarf es einer ganzheitlichen Betrachtungsweise der Systemsicherheit. Die Diskussion darüber, wie ein derartiger, systemischer Ansatz aussehen sollte und wie daraus konkrete Lösungen zur Erhöhung der Ausfallsicherheit komplexer, vernetzter Systeme entwickelt werden können, wird in der Sicherheitsforschung anhand der Begriffe „Resilienz" und „Resilience Engineering" geführt. Gerade Resilienz hat sich in den letzten Jahren zu einem dominanten Begriff in der Sicherheitsforschung entwickelt.

Relevante Aspekte des Resilienz-Begriffs

In Disziplinen wie der Ökologie oder der Psychologie wird mit dem Konzept Resilienz bereits seit Jahrzehnten gearbeitet [5][12][18]. Das Wort selbst ist lateinischen Ursprungs: „Resilire" bedeutet zurückspringen. Im Duden findet sich Resilienz als „psychische Widerstandskraft; Fähigkeit, schwierige Lebenssituationen ohne anhaltende Beeinträchtigung zu überstehen" [3]. Diese Definition resultiert aus der wohl immer noch prominentesten Verwendung des Konzepts: In der Psychologie werden Menschen als resilient bezeichnet, die in der Lage sind, Krisen erfolgreich zu überstehen. Solche Krisen können etwa eine schwere Krankheit, der Verlust eines Angehörigen, Arbeitslosigkeit oder auch eine schwere, von Armut, Gewalt oder Vernachlässigung geprägte Kindheit sein.

Die Fähigkeit, Krisen aufgrund bestimmter Schutzfaktoren erfolgreich zu meistern, ist nicht nur für Menschen als Individuen interessant. Auch ganze Gesellschaften und deren relevante Subgruppen und -systeme sollten dazu in der Lage sein. Was Resilienz in Bezug auf komplexe Systeme bedeutet, wurde zuerst vom kanadischen Ökologen C.S. Holling untersucht. Obschon er sich mit ökologischen Systemen beschäftigt hat, sind seine Ideen und Überlegungen auch für die Resilienz technischer Systeme relevant. Wie Ökosysteme erfüllen technische Systeme bestimmte Funktionen. Gegenüber kleineren Störungen sind sie bis zu einem gewissen Grad robust, verharren also in einem stabilen Gleichgewicht. Die Überlebensfähigkeit von Ökosystemen wird nach Holling vor allen Dingen von abrupten, radikalen und irreversiblen Veränderungen, hervorgerufen durch seltene, unerwartete und überraschende Ereignisse, bedroht. Nicht resiliente, nur auf Stabilität bedachte Systeme

Abb. 17.3 Das Stehaufmännchen, mit dessen Hilfe Resilienz häufig erklärt wird, ist keine treffende Darstellung des Konzepts (© Beni Dauth, released to Public Domain)

können dann aufgrund der deterministischen Faktoren, die bisher eine Aufrechterhaltung des Gleichgewichts ermöglichten, nicht flexibel auf solche Ereignisse reagieren und gehen zugrunde [9][12]. Die Fähigkeit, nach einer derartigen Störung wieder in einen – neuen – Gleichgewichtszustand zurückzufinden, in dem die relevanten Systemfunktionen weiter/wieder erfüllt werden können, lässt sich als Resilienz bezeichnen.

Bisher kann unter Resilienz also die Fähigkeit von komplexen technischen System verstanden werden, Krisen erfolgreich zu meistern. Und zwar auch dann, wenn diese Krisen von unerwarteten, überraschenden und gravierenden Ereignissen verursacht werden. Dabei kehrt das System nicht notwendigerweise in seinen ursprünglichen Gleichgewichtszustand zurück – das häufig verwendete Bild vom Stehauf-Männchen ist insofern keine wirklich treffende Umschreibung von Resilienz (siehe Abb. 17.3) – sondern kann ebenfalls ein neues, stabiles Gleichgewicht erreichen.

Eine Definition von Resilienz

Um das umfassende Konzept Resilienz besser greifen und konkret darstellen zu können, hat Charlie Edwards in seinem Werk „Resilient Nation“ von 2009 starke Anleihen bei klassischen Katastrophenmanagement-Kreisläufen genommen [4]. Der so entstehende Resilienz-Zyklus kann noch etwas erweitert werden und besteht dann aus den fünf Phasen „prepare“, „prevent“, „protect“, „respond“ und „recover“ (siehe Abb. 17.4). Zunächst geht es um eine ernsthafte Vorbereitung auf widrige Ereignisse, vor allem im Hinblick auf Frühwarnsysteme (prepare). Durch eine Reduzierung der zugrundeliegenden Risikofaktoren soll zudem – sofern möglich – das Eintreten des Ereignisses an sich verhindert werden (prevent). Tritt es trotzdem ein, kommt es darauf an, dass physische und virtuelle Schutzsysteme fehlerfrei funktionieren und die negativen Auswirkungen geringhalten (protect). Zudem wird schnelle, gut organisierte und effektive Katastrophenhilfe benötigt. Hierbei muss das System soweit möglich seine essenzielle Funktionsfähigkeit aufrechterhalten können (respond). Nach dem Ende des unmittelbaren Schadensereignisses ist es wichtig, dass das System in der Lage ist, sich zu erholen und entsprechende Lehren aus dem Geschehen zu ziehen, um für künftige Bedrohungen besser gerüstet zu sein (recover) [22]. Basierend auf diesem Resilienz-Zyklus und den zuvor genannten Aspekten lässt sich Resilienz insgesamt wie folgt definieren:

> *„Resilienz ist die Fähigkeit, tatsächliche oder potenziell widrige Ereignisse abzuwehren, sich darauf vorzubereiten, sie einzukalkulieren, sie zu verkraften, sich davon zu erholen und sich ihnen immer erfolgreicher anzupassen. Widrige Ereignisse sind menschlich, technisch sowie natürlich verursachte Katastrophen oder Veränderungsprozesse, die katastrophale Folgen haben“ [19].*

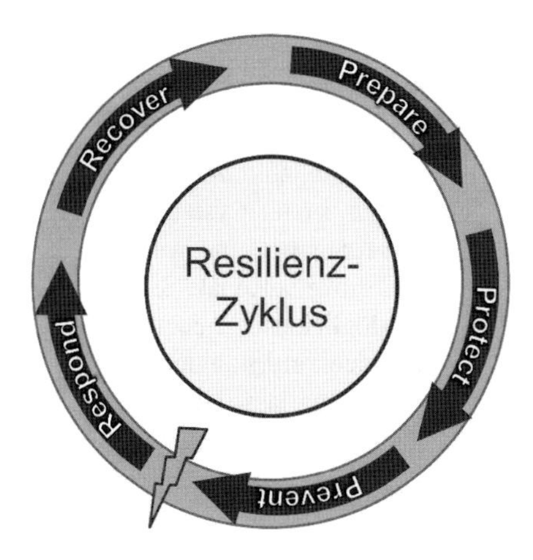

Abb. 17.4 Der Resilienz-Zyklus (Fraunhofer EMI)

Resiliente, komplexe technische Systeme entwickeln

Ein besonderes Kennzeichen resilienter Systeme ist es, dass sie auf ständig wechselnde Umwelteinflüsse dynamisch reagieren und sich an unerwartete gravierende Ereignisse anpassen können. Resilienz ist insofern kein statischer Zustand, sondern eine Eigenschaft lernfähiger und beweglicher, adaptiver Systeme. Damit ist Resilienz als Konzept weit über seine lateinische Ursprungsbedeutung hinausgewachsen. Und es unterscheidet sich auch deutlich vom Verständnis in Physik und Materialwissenschaft, wo Resilienz als Fähigkeit eines Materials definiert ist, sich durch Energieeinwirkung elastisch zu verformen. Das Maß für Resilienz ist hier die maximale Energie, die das Material pro Volumeneinheit aufnehmen kann, ohne sich plastisch zu verformen [12][18]. „Übersetzt“ auf komplexe technische Systeme wäre dies ein reines „bouncing back“, ein Zurückspringen in den Status quo ante [24]. Das Schlagwort des „bouncing back“ hat eine erstaunliche Karriere in der Diskussion über Resilienz gemacht. Insbesondere ingenieurwissenschaftliche Ansätze haben Resilienz mit dieser griffigen Umschreibung zu fassen versucht.

Die Rückkehr in einen wie auch immer gearteten Ausgangszustand im Anschluss an eine Störung ist aufgrund des dynamischen Umfelds, in dem komplexe technische Systeme existieren, und der Wechselwirkungen mit ihrer Umwelt schon allein logisch unmöglich. Nichtsdestotrotz stellt sich in den Ingenieurwissenschaften die Frage, wie die Resilienz komplexer technischer Systeme gegenüber Störereignissen ausgebaut und ihre Ausfallsicherheit erhöht werden kann. Als geeigneter Begriff, um die Erhöhung von Resilienz mithilfe ingenieurwissenschaftlicher Lösungen zusammenzufassen, setzt sich in der Wissenschaft gerade „Resilience Engineering“ durch [2][23]. Dieser Begriff wurde in den letzten Jahren durch Forscher wie Erik Hollnagel und David Woods geprägt. Ihnen zufolge lag der Fokus von sicherheitserhöhenden Maßnahmen traditionell auf Schutzkonzepten gegenüber bekannten Bedrohungsszenarien. An dieser Stelle setzt Resilience Engineering, wie von Hollnagel und Woods verstanden, an. Es geht darum, das Mögliche und nicht das Wahrscheinliche in Planung, Ausführung und Umsetzung miteinzubeziehen. Insbesondere unerwartete, neuartige Bedrohungen, die sich z. B. in ihrem Ausmaß gravierend von allen einberechneten Szenarien unterscheiden, stellen Systeme vor Herausforderungen, denen mithilfe von Resilience Engineering begegnet werden kann [14][16][25]. Systeme aller Art müssen ausreichend große, adäquate Sicherheitsmargen aufweisen [14]. Aus dieser Orientierung am Möglichen und nicht am Wahrscheinlichen leitet sich eine Notwendigkeit zur Neuorientierung ab und zwar weg vom Schadens- und hin zum Normalfall. Denn im Alltag lässt sich feststellen: Normalerweise funktionieren Dinge so, wie sie sollen. Es ist ungewöhnlich, wenn etwas – gravierend – schief läuft. Selbst komplexe Systeme arbeiten im Normalfall relativ reibungslos. Die Funktionsweise komplexer Systeme zu verstehen ist sowohl notwendige wie hinreichende Bedingung, um mögliche Fehler, Probleme und Risiken für diese Systeme zu identifizieren und zu minimieren [11]. Aus diesem Verständnis von Resilience Engineering lässt sich einiges darüber lernen, wie komplexe Systeme resilient gestaltet werden können. Allerdings geht es Hollnagel, Woods und ihren Kollegen weniger um komplexe technische als um organisatorisch komplexe Systeme, wie etwa Krankenhäuser oder die Flugverkehrskontrolle. Ihre Ideen für Resilience Engineering müssen daher weiterentwickelt werden, um einen Beitrag zur Ausfallsicherheit komplexer technischer Systeme leisten zu können.

Eine Definition ingenieurwissenschaftlicher Resilienzforschung – Resilience Engineering

Zunächst geht es darum, die kritische Funktionalität des betreffenden Systems auch im Ausnahmefall möglichst aufrecht zu erhalten. Wie bereits mehrfach erwähnt dienen komplexe technische Systeme immer einem definierten Zweck – etwa der Versorgung der Gesellschaft mit Energie. Wenn ein potenziell katastrophales Ereignis eintritt, kann das System an sich durchaus vollkommen verändert bzw. stark geschädigt werden. Entscheidend ist lediglich, kritische Teilfunktionen dieser Systeme im Schadensfall auch außerhalb der Standardanforderungen kontrolliert aufrechtzuerhalten und einen katastrophalen Totalausfall zu vermeiden [2]. Hier spiegelt sich ein Stück weit Hollings Idee der verschiedenen Gleichgewichtszustände wider, welche die Überlebensfähigkeit eines Systems sicherstellen. Für den Fall, dass die kritische Funktionalität aufgrund der Schwere des Störereignisses nicht aufrechterhalten werden kann, muss zumindest ein „sanftes Abschmelzen" (graceful degradation) sichergestellt werden. Das heißt: Ein abrupter Ausfall sämtlicher Funktionen wird vermieden, was den Betreibern des Systems sowie Rettungskräften ausreichend Zeit verschafft, um funktionale Alternativen zur Verfügung zu stellen. Sobald das Ereignis vorüber ist, beginnen technische Systeme, die durch Resilience Engineering entwickelt wurden, sich von den Auswirkungen zu erholen. Diese schnelle Erholung von Schäden umfasst nicht nur ein reines Zurückspringen in den Ausgangszustand, sondern auch die Implementierung von Lehren, die aus dem Ereignis gezogen wurden, und eine Anpassung an veränderte Umstände [23]. Ein entscheidender Bestandteil von Resilience Engineering besteht darin, komplexe technische Systeme mit generischen Fähigkeiten zu versehen. Diese Idee wurde dem Konzept der generischen Kompetenzen entlehnt, die es Menschen erlauben, auch unerwartete oder sogar noch nie dagewesene widrige Ereignisse erfolgreich zu bewältigen. So konnte etwa mithilfe eines Experiments nachgewiesen werden, dass die Einübung generischer Kompetenzen – im Vergleich zum strikten Festhalten an genau festgelegten Regeln und Prozeduren – den Erfolg von Schiffsbesatzungen im Umgang mit kritischen Situationen steigern kann [1]. Allerdings verfügen technische Systeme – im Gegensatz zum Menschen – a priori nicht über die Fähigkeit zur Improvisation oder der flexiblen Anpassung an sich ändernde Begebenheiten. Daher bedarf es Resilience Engineering, um generische Fähigkeiten als Heuristiken in technische Systeme zu implementieren. Beispiele für derartige Heuristiken sind Redundanz, das Vorhandensein von Backups, Vorhersehbarkeit, Komplexitätsreduktion und andere Eigenschaften [10][14]. Konkret kann es etwa um die Forcierung der Erforschung neuer Methoden zur Modellierung und Simulation komplexer Systeme gehen, welche die Auswirkungen – speziell im Hinblick auf Kaskadeneffekte – widriger Ereignisse auf komplexe technische Systeme simulieren und untersuchen können (siehe Kap. 17.4).

Gleichzeitig bedeutet Resilience Engineering aber auch den zielgerichteten Einsatz neuester, innovativer Technologien für das Design und die Nutzung komplexer technischer Systeme. Diese Technologien müssen für spezifische Systeme und spezifische Aufgaben maßgeschneidert sein. Der effiziente Einsatz maßgeschneiderter Technologien zur Optimierung der Funktionalität komplexer technischer Systeme im Normalbetrieb ist eine Möglichkeit, die Anzahl der reibungslos ablaufenden Prozesse zu erhöhen und damit Resilience Engineering im Sinne von Hollnagel und Woods zu betreiben. Insgesamt bietet Resilience Engineering komplexen technischen Systemen die Möglichkeit, sowohl mit bekannten Problemen – mithilfe maßgeschneiderter Technologien – als auch mit unerwarteten Störungen oder sogar nie dagewesenen Krisen – dank generischer Fähigkeiten – erfolgreich umzugehen. Zusammengefasst lässt sich das Konzept daher wie folgt definieren:

„Resilience Engineering bedeutet Erhalt kritischer Funktionen, Sicherstellen eines eleganten Abschmelzens und Unterstützung schneller Erholung von komplexen Systemen mit der Hilfe von generischen Fähigkeiten sowie anpassbaren und maßgeschneiderten technischen Lösungen im Fall von kritischen Problemen und unerwarteten oder sogar nie dagewesenen Ereignissen" [23], eigene Übersetzung.

17.4 Angewandte Resilienzforschung: Komplexe, vernetzte Infrastrukturen ausfallsicher gestalten

In den vorherigen Abschnitten wurden die beiden Begriffe Resilienz und Resilience Engineering definiert und erklärt, warum die Ausfallsicherheit komplexer technischer Systeme angesichts bestehender Entwicklungen und Herausforderungen nur mittels derart ganzheitlicher Konzepte erhöht werden kann. Im Folgenden wird aufbauend auf diesen Ideen ein konkretes Anwendungsprojekt vorgestellt, mit dessen Hilfe sich Kaskadeneffekte in komplexen, gekoppelten Netzinfrastrukturen si-

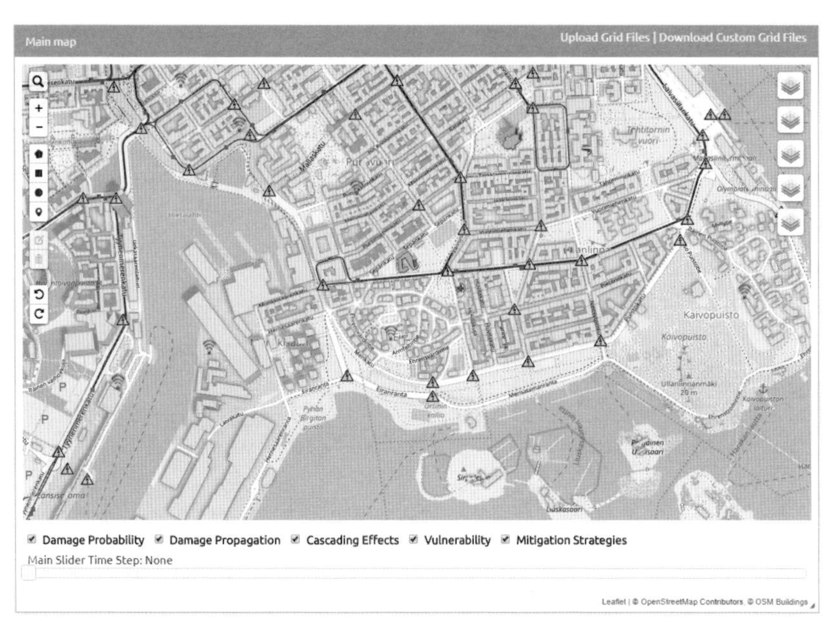

Abb. 17.5 Darstellung eines Systems gekoppelter Netzinfrastrukturen im ungestörten Zustand am Beispiel Helsinki (Fraunhofer EMI)

mulieren und verstehen lassen. Idealerweise sollte ein Tool zum Design und zur Analyse resilienter technischer Systeme über eine Reihe von Fähigkeiten verfügen. So muss es in der Lage sein, die physikalischen Komponenten des Systems mitsamt deren Interaktionen zu modellieren, eine gewünschte Systemleistung zu definieren und die tatsächliche Leistungsfähigkeit mit der gewünschten zu vergleichen. Wichtig ist daneben die Möglichkeit, Lastfälle durch spezifische Störfälle wie auch generische, das heißt ereignisunabhängige, Schadensszenarien in das System einzuspeisen und deren Auswirkungen zu simulieren. Damit sollten eine Identifikation kritischer Systemkomponenten und eine Beurteilung der Ausfallsicherheit des Systems möglich werden. Im Anschluss daran können resilienzerhöhende Maßnahmen integriert werden und mithilfe einer neuen Berechnung die Resilienz des verbesserten Systems evaluiert und mit der des ursprünglichen Systems verglichen werden. Am Fraunhofer EMI wurde mit CaESAR[1] ein Software-Tool zur Simulation und Analyse gekoppelter Netzinfrastrukturen entwickelt, das einen großen Teil dieser Fähigkeiten aufweist.

[1] Cascading Effect Simulation in Urban Areas to assess and increase Resilience

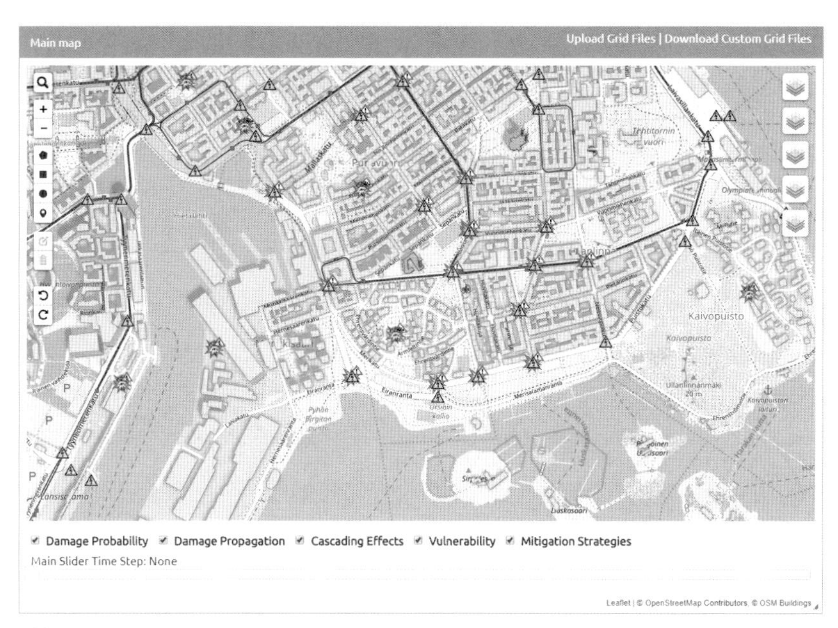

Abb. 17.6 Auswirkungen eines Sturms auf das System gekoppelter Netzinfrastrukturen in Helsinki (Fraunhofer EMI)

CaESAR ist dazu gedacht, kaskadierende Effekte innerhalb, vor allem aber zwischen verschiedenen gekoppelten Infrastrukturen zu simulieren. Die zunächst betrachteten Systeme sind dabei das Energienetz, die Wasserversorgung und das Mobilfunknetz. Diese Netze werden in Form von Knoten und Kanten auf einem übersichtlichen Dashboard in einer georeferenzierten Karte abgebildet. Abb. 17.5 zeigt die genannten Netze am Beispiel der finnischen Hauptstadt Helsinki. CaESAR beinhaltet einen „Krisen-Editor" (crisis editor): Dieser wird dazu genutzt, entweder spezifische Störereignisse basierend auf realen Bedrohungsszenarien zu implementieren, etwa einen Sturm der Stärke X, oder aber generische Schadensszenarien einzupflegen. Diese Störereignisse können einzeln oder in Kombination miteinander auftreten. Zudem können den Ereignissen im Editor verschiedene Intensitäten und eine eindeutige zeitliche Abfolge zugewiesen werden. Abb. 17.6 illustriert beispielhaft die Auswirkungen eines Sturms auf die verschiedenen Netzinfrastrukturen von Helsinki.

Im nächsten Schritt simuliert CaESAR mithilfe eines Strömungsmodells, wie sich die Störereignisse in die verschiedenen gekoppelten Netze ausbreiten. Dabei existieren innerhalb der Software Schnittstellen zu Simulationswerkzeugen für einzelne Netze, etwa das Stromnetz, welche die Schadensausbreitung in größerer Detailtiefe simulieren können. Der Schaden am Gesamtsystem der gekoppelten Netze wird mittels Sensitivitätsanalyse zur Berechnung der Wahrscheinlichkeit des Versagens einzelner Komponenten sowie bekannter Versagensmechanismen ermittelt. Im Ergebnis steht ein „Restleistungsniveau" des Systems nach der Störung. Zur Identifikation kritischer Komponenten und Versagensmechanismen werden die Wahrscheinlichkeiten in der Sensitivitätsanalyse schrittweise variiert. Kritikalität bedeutet in diesem Fall, dass die Komponenten entweder sehr häufig ausfallen und/oder ihr Ausfall besonders große – kaskadierende – Schäden im Gesamtsystem verursacht. Aus den so gewonnenen Daten wird ein Resilienzmaß für das System ermittelt. Gleichzeitig ist CaESAR auch in der Lage, Maßnahmen zur Beseitigung der identifizierten Schwachstellen vorzuschlagen. Dazu ist aktuell ein Bündel vordefinierter Maßnahmen in die Software integriert, aus denen der Nutzer geeignete auswählen und deren Effekt er auf den Leistungsverlust des Systems im Angesicht eines – oder mehrerer – Störereignisse analysieren kann.

Insgesamt können mithilfe von CaESAR also komplexe technische Systeme – in diesem Fall gekoppelte Netzinfrastrukturen – und deren Verhalten bei verschiedenen, auch generischen, Schadensszenarien simuliert werden. Dies stellt im Rahmen eines Resilience Engineering einen wichtigen Schritt in Richtung der Erhöhung der Ausfallsicherheit derartiger Systeme dar. CaESAR soll mittelfristig erweitert werden und in der Lage sein, auch weitere Infrastruktursysteme und deren Vernetzung untereinander sowie die Auswirkungen verschiedener Störereignisse auf die Systeme zu simulieren. Um mögliche Herausforderungen der Vernetzung gesellschaftlich relevanter Systeme, die im Zuge der Digitalisierung immer stärker wächst, zu identifizieren und damit erfolgreich umzugehen, sollten in Zukunft weitere, neue und ähnliche Ansätze und Tools wie CaESAR entwickelt werden.

17.5 Ausblick

Wenn das Ganze wirklich mehr ist als die Summe seiner Teile – und beim Blick auf mannigfaltig existierende komplexe Systeme in unserer täglichen Wirklichkeit steht das außer Frage –, bedarf es eines systemischen Blicks von oben oder außen, um „das Ganze" zu verstehen. Bedingt durch die voranschreitende Digitalisierung unserer Gesellschaft sind immer mehr vormals getrennte Bereiche miteinander vernetzt. Um trotzdem eine möglichst hohe Ausfallsicherheit gesellschaftlich relevanter Systeme garantieren zu können, wird ein holistisches Sicherheitskonzept wie Resilienz benötigt. Umgesetzt werden kann dies mithilfe eines Resilience Engineering, bei dem Werkzeuge wie die Software CaESAR entstehen.

Allerdings steht die ingenieur- und technikwissenschaftliche Umsetzung der Prinzipien des Resilienz-Konzepts in konkrete Anwendungen noch relativ am Anfang [2][23]. Hier bieten sich aktuell eine Menge Chancen, Resilienz von Beginn an bei der Entwicklung neuer Technologien und vor allem bei deren großflächiger Anwendung zu implementieren. Beispielhaft kann etwa auf das Thema automatisiertes Fahren verwiesen werden, bei dem in vielfacher Hinsicht Fragen der Sicherheit und Zuverlässigkeit der Systeme eine entscheidende Rolle spielen. Oder etwa beim digitalen Management der kritischen Infrastrukturen einer Gesellschaft. Auch hier gilt es, bei zunehmender Automatisierung und Vernetzung von Aufgaben darauf zu achten, dass Sicherheitsaspekte ernst genommen und selbstverständlich in die Systeme integriert werden. Gleichzeitig müssen aber mögliche Risiken, die dadurch entstehen können, sorgfältig abgewogen werden. Auch dazu bietet das Resilienz-Konzept mit seiner ganzheitlichen Herangehensweise sehr gute Möglichkeiten. Die relevanten Stichworte hierzu werden im vorliegenden Band im Beitrag zum Thema Datensicherheit als Voraussetzung der Digitalisierung analysiert.

Zusammenfassend lässt sich festhalten, dass im Bereich der Resilienz komplexer technischer Systeme noch eine Vielzahl offener (Forschungs-)Fragen existieren, derer sich die Ingenieur- und Technik-, aber auch die Natur- und Sozialwissenschaften künftig in noch stärkerem Maße annehmen sollten. Die Fraunhofer-Gesellschaft und insbesondere das Fraunhofer EMI arbeiten bereits intensiv an innovativen Lösungen zur Erhöhung der Ausfallsicherheit komplexer technischer Systeme.

Quellen und Literatur

[1] Bergström J, Dahlström N, van Winsen R, Lützhöft M, Dekker S, Nyce J (2009): Rule- and role retreat: An empirical study of procedures and resilience. In: Journal of Maritime Studies 6:1, S. 75–90

[2] Bruno M (2015): A Foresight Review of Resilience Engineering. Designing for the Expected and Unexpected. A consultation document. Lloyd's Register Foundation, London

[3] DUDEN (2017): Resilienz. URL: http://www.duden.de/rechtschreibung/Resilienz [Stand: 08.06.2017]

[4] Edwards C (2009): Resilient Nation, London: Demos

[5] Flynn S (2011): A National Security Perpesctive on Resilience. In: Resilience: Interdisciplinary Perspectives on Science and Humanitarianism, 2, S. i-ii

[6] Goerger S, Madni A, Eslinger O (2014): Engineered Resilient Systems: A DoD Perspective. In: Procedia Computer Science, 28, S. 865–872

[7] heise.de (2017): WannaCry: Was wir bisher über die Ransomware-Attacke wissen . Url: https://www.heise.de/newsticker/meldung/WannaCry-Was-wir-bisher-ueber-die-Ransomware-Attacke-wissen-3713502.html [Stand: 08.06.2017]

[8] Holland J (2014): Complexity. A Very Short Introduction (Very Short Introductions). Oxford University Press, Oxford
[9] Holling C (1973): Resilience and Stability of Ecological Systems. In: Annual Review of Ecology and Systematics, 4, S. 1-23
[10] Hollnagel E, Fujita Y (2013): The Fukushima disaster – systemic failure as the lack of resilience. In: Nuclear Engineering and Technology, 45:1, S. 13-20
[11] Hollnagel E (2011): Prologue: The Scope of Resilience Engineering. In: Hollnagel E, Pariès J, Woods D, Wreathall J (Hrsg.): Resilience Engineering in Practice. A Guidebook, Farnham, Surrey: Ashgate, S. xxix-xxxix
[12] Kaufmann S, Blum S (2012): Governing (In)Security: The Rise of Resilience. In: Gander H, Perron W, Poscher R, Riescher G, Würtenberger T (Hrsg.): Resilienz in der offenen Gesellschaft. Symposium des Centre for Security and Society, Baden-Baden: Nomos, S. 235-257
[13] Linkov I, Kröger W, Renn O, Scharte B et al. (2014): Risking Resilience: Changing the Resilience Paradigm. Commentary to Nature Climate Change 4:6, S. 407–409
[14] Madni A, Jackson S (2009): Towards a Conceptual Framework for Resilience Engineering. In: IEEE Systems Journal, 32:2, S. 181-191
[15] Narzisi G, Mincer J, Smith S, Mishra B (2007): Resilience in the Face of Disaster: Accounting for Varying Disaster Magnitudes, Resource Topologies, and (Sub)Population Distributions in the PLAN C Emergency Planning Tool
[16] Nemeth C (2008): Resilience Engineering: The Birth of a Notion. In: Hollnagel E, Nemeth C, Dekker S (Hrsg.): Resilience Engineering Perspectives. Volume 1: Remaining Sensitive to the Possibility of Failure. Farnham, Surrey: Ashgate, S. 3-9
[17] Pescaroli G, Alexander D (2015): A definition of cascading disasters and cascading effects: Going beyond the „toppling dominos" metaphor. In: GRF Davos Planet@Risk, 3:1, Special Issue on the 5th IDRC Davos 2014, S. 58-67
[18] Plodinec M (2009): Definitions of Resilience: An Analysis, Community and Regional Resilience Institute
[19] Scharte B, Hiller D, Leismann T, Thoma K (2014): Einleitung. In: Thoma K (Hrsg.): Resilien Tech. Resilience by Design: Strategie für die technologischen Zukunftsthemen (acatech STUDIE). München: Herbert Utz Verlag, S. 9-18
[20] Steen R, Aven T (2011): A risk perspective suitable for resilience engineering. In: Safety Science 49, S. 292-297
[21] telegraph.co.uk (2017): NHS cyber attack: Everything you need to know about ‚biggest ransomware' offensive in history. Url: http://www.telegraph.co.uk/news/2017/05/13/nhs-cyber-attack-everything-need-know-biggest-ransomware-offensive/ [Stand: 08.06.2017]
[22] The National Academies (2012): Disaster Resilience. A National Imperative, Washington, D.C.
[23] Thoma K, Scharte B, Hiller D, Leismann T (2016): Resilience Engineering as Part of Security Research: Definitions, Concepts and Science Approaches. In: European Journal for Security Research, 1:1, S. 3-19
[24] Wildavsky A (1988): Searching for Safety (Studies in social philosophy & policy, no. 10), Piscataway: Transaction Publishers
[25] Woods D (2003): Creating Foresight: How Resilience Engineering Can Transform NASA's Approach to Risky Decision Making. Testimony on The Future of NASA for Committee on Commerce Science and Transportation

Blockchain

Verlässliche Transaktionen

18

Prof. Dr. Wolfgang Prinz · Prof. Dr. Thomas Rose ·
Thomas Osterland · Clemens Putschli
Fraunhofer-Institut für Angewandte Informationstechnik FIT

Zusammenfassung

Zur Digitalisierung von Diensten und Prozessen besitzt die Blockchain-Technologie eine große Relevanz für viele verschiedene Anwendungsbereiche außerhalb der Finanzbranche und vor allem auch unabhängig von Kryptowährungen. Während für das Internet der Dinge vor allem die mit Smart Contracts verbundenen Automatisierungspotenziale wesentlich sind, ist es für Anwendungen aus den Bereichen Supply Chain oder für Herkunftsnachweise die Irreversibilität der verwalteten Transaktionen. Der Beitrag beschreibt die Funktionsweise dieser neuen Technologie und die sich daraus ergebenden wichtigsten Eigenschaften. Zur Identifikation von Digitalisierungsvorhaben, für die die Blockchain-Technologie geeignet ist, liefert das Kapitel eine Kriterienliste.

Die Breite der Blockchain-Technologien und ihre Anwendungen erfordern einen multidisziplinären Ansatz sowohl bei der Entwicklung der Basistechnologien als auch bei der Anwendungsentwicklung, der Wirtschaftlichkeitsberechnung und der Konzeption neuer Governance-Modelle. Die vielfältigen Kompetenzen der Fraunhofer-Institute ermöglichen der Fraunhofer-Gesellschaft, einen wesentlichen Beitrag bei der Weiterentwicklung und Anwendung der Blockchain-Technologie zu leisten.

18.1 Einleitung

Verlässlichkeit und Vertrauen sind die entscheidenden Kernelemente für die Digitalisierung von Geschäftsprozessen, sei es zwischen Verkaufsportalen und Kunden oder als organisationsübergreifende Prozesse zwischen kooperierenden Geschäftspartnern in Lieferketten. Versuchten Methoden des Reputationsmanagements noch mit Transaktionsanalysen das Vertrauen von Verkäufern sowohl in Business-to-

Consumer- als auch Consumer-to-Consumer-Beziehungen zu unterstützen, so stellt sich in einem Internet der Werte heute unmittelbar die Frage nach dem Vertrauen in Transaktionen, die verschiedene Formen von Werten abbilden können. Datenbanken und das Prozessmanagement haben hier traditionell immer einen zentralistischen Ansatz verfolgt, der von einer ernannten Autorität mit einer zentralen Prozesssynchronisation ausgeht. Diese Zentralisierung geht jedoch mit einer Anzahl von Risiken einher. Dazu gehören beispielsweise Leistungsengpässe, Ausfallsicherheit, Authentizität oder interne und externe Angriffe auf die Integrität.

Im Fall von Kryptowährungen hingegen wird die zentrale Abrechnungsfunktion von Banken durch gemeinsame Algorithmen zur Korrektheitswahrung im Netz ersetzt. Die Innovation von Kryptowährungen ist entsprechend die Gewährleistung der Korrektheit von Transaktionen in einem Netzwerk und die gemeinsame Konsensfindung zwischen den Netzwerkpartnern. Der Konsens über die Korrektheit von Transaktionen und Geschäftsprozessen wird nicht zentralistisch gesteuert, sondern durch eine gemeinsame Konsensfindung zwischen den Partnern.

Seit der Veröffentlichung des White Papers von Satoshi Nakamoto in 2008 [3] und der Schöpfung der ersten Bitcoins Anfang 2009 erfahren in den letzten beiden Jahren sowohl Kryptowährungen als auch die Blockchain-Technologie eine stetig steigende Aufmerksamkeit. Grund dafür sind deren folgende Eigenschaften:

- Dokumente und Vermögenswerte können fälschungssicher uniform codiert und der Transfer zwischen Sendern und Empfängern als Transaktion in der Blockchain gespeichert werden.
- Die Speicherung der Transaktionen ist irreversibel und nachvollziehbar basierend auf einer verteilten Konsensbildung und Verschlüsselung.
- Transaktionen werden in einem Peer-to-Peer Netzwerk (P2P) anstatt durch eine zentrale Autorität verifiziert.
- Smart Contracts bieten die Möglichkeit, komplexe Transaktionen und deren Randbedingungen zu beschreiben und auszuführen. Sie ermöglichen sowohl die Automatisierung einfacher Abläufe im Internet der Dinge als auch neue Governance-Modelle durch die Etablierung alternativer Organisationsformen.

Damit geht das Anwendungspotenzial von Blockchains weit über Kryptowährungen hinaus. Die Technologie kann nach dem Internet der Dinge eine neue Generation des Internets der Werte bzw. des Vertrauens einleiten. Im Folgenden beschreibt dieses Kapitel zunächst die Funktionsweise einer Blockchain, bevor Anwendungen illustriert werden. Eine ausführliche Darstellung der Technologie und ihrer Anwendung beschreibt [8].

18.2 Funktionsweise

Die Eigenschaft der Blockchain, Transaktionen irreversibel zu speichern und die Hoheit einer zertifizierenden Autorität auf eine verteilte Konsensfindung zu delegieren, basiert auf der Kombination unterschiedlicher Techniken in folgendem vereinfacht dargestellten Ablauf.

Abb. 18.1 Funktionsweise einer Blockchain (Fraunhofer FIT)

Ein Kernelement der Technologie ist die Codierung von Transaktionen durch Hashing. Hierbei werden beliebige Zeichenfolgen in uniforme Codierungen überführt, wobei eine Abbildung verschiedener Zeichenketten auf den gleichen Code ausgeschlossen ist (Kollisionsfreiheit). Weiteres Kernelement ist die Konsensfindung über die Korrektheit von Transaktionen. Nach einer formalen Prüfung der Transaktionen versuchen die Partner im Netzwerk über diese Transaktionen einen Konsens zu finden. Für die Konsensfindung werden verschiedene Verfahren genutzt. Ist für die Transaktionen ein Konsens gefunden, werden sie im Netz verteilt und in die globale Blockchain aufgenommen.

Zunächst wird jede Transaktion, z. B. die Überweisung einer Kryptowährung oder die Registrierung eines Dokuments, von einem Sender erzeugt und digital signiert. Diese Transaktion wird an das Netzwerk gesendet und an die beteiligten Knoten verteilt. Die Knoten des Netzwerks überprüfen die Gültigkeit der Transaktion und versuchen einen Konsens zu finden. Anschließend werden die „gemeinsam geglaubten" Transaktionen in einem Block gespeichert und durch Hashfunktionen in ein standardisiertes Format überführt. Dazu werden alle einzelnen Transaktionen in Hashwerte codiert und anschließend hierarchisch verdichtet. Diese hierarchische Verdichtung wird als Hash- oder Merkle-Baum bezeichnet, mit dem sich ein Block von Transaktionen eindeutig repräsentieren lässt. Diese Codierung ist gegenüber Manipulationsversuchen sicher, da die Änderung bereits einer Transaktion den Hashwert des Blocks verändern würde und der Hashbaum somit nicht mehr konsistent wäre.

Blöcke werden durch Verkettung mit den bereits bestehenden Blöcken verbunden, sodass eine Kette (Blockchain) entsteht. Um einen Block als neues Element in die bestehende Verkettung aufzunehmen, muss eine Konsensbildung entsprechend der in Kap. 18.3 beschriebenen Verfahren erfolgen, wodurch eine korrekte und irreversible Verkettung von Blöcken zu einer Blockchain realisiert wird. Zur Persistenzsicherung werden diese Ketten in allen Knoten des Netzwerks repliziert, d. h. alle Knoten haben dasselbe Basiswissen.

Blockchains lassen sich damit vereinfacht als verteilte Datenbanken beschreiben, die durch die Teilnehmer im Netzwerk organisiert werden. Gegenüber zentralen Ansätzen sind Blockchains sehr viel weniger fehleranfällig. Allerdings bringen diese Systeme auch verschiedene Herausforderungen mit sich. Besonders kritisch wird derzeit die hohe Redundanz der Daten diskutiert, da durch vielfaches Vorhalten der gleichen Daten im Netzwerk sehr viel Speicherplatz benötigt wird.

18.3 Methoden der Konsensbildung

Die Konsensbildung ist ein wesentlicher Grundpfeiler des Blockchain-Konzepts. Sie dient dazu Transaktionen so zu validieren, dass eine Übereinkunft über die als gültig anzuerkennenden Transaktionen gefunden werden kann, womit die damit gespeicherte Aussage von allen anerkannt wird und zukünftig nicht mehr veränderbar ist. Diese Methode ist aus verteilten Systemen auch als Lösung des Problems der Byzantinischen Generäle bekannt. Dabei geht es darum festzustellen, ob Nachrichten beim Transport zwischen unterschiedlichen Empfängern authentisch und unverändert bleiben. Die dabei verwendeten Verfahren beruhen auf Konzepten, die im Kontext verteilter Netzwerke [2] und verteilter Systeme [6] bereits seit Längerem untersucht werden.

Das aktuell bekannteste von einer Blockchain-Implementierung verwendete Verfahren ist der Proof-of-Work der Bitcoin-Blockchain. Interessanterweise wurde das eigentliche Proof-of-Work-Konzept schon 1993 zur Eindämmung von Junk-E-Mails vorgeschlagen [5]. Es basiert auf einem asymmetrischen Ansatz, bei dem ein Dienstnutzer – das heißt der E-Mail-Absender – Arbeit leisten muss, die von einem Dienstanbieter – dem E-Mail-Netzprovider – ohne großen Aufwand überprüft werden kann. Das heißt: Nur diejenigen, die für die Gemeinschaft Arbeit leisten, dürfen auch die Ressourcen der Gemeinschaft nutzen. Im Blockchain-Kontext sind die Nutzer die Miner, die den Proof-of-Work aufwändig berechnen, und die Anbieter alle Knoten, die ohne großen Aufwand prüfen, ob der erfolgreiche Miner den Proof-of-Work ordnungsgemäß berechnet hat. In der Bitcoin-Blockchain basiert der Proof-of-Work-Algorithmus auf dem von Adam Back als Hashcash [1] präsentierten Verfahren [3]. Das Ziel des Algorithmus ist es, eine Zahl (nonce = number used only once) zu finden, die in Kombination mit dem neuen Block, der an die schon existierende Blockchain angehängt werden soll, einen Hashwert ergibt, der eine bestimmte Bedingung erfüllt. Ein Beispiel für eine solche Bedingung ist, dass der zu findende Wert aus einer bestimmten Anzahl von führenden Nullen besteht. Diese Zahl kann nur durch vielfaches Ausprobieren gefunden werden, da Hashfunktionen Einwegfunktionen sind.

Bei diesem Proof-of-Work-Verfahren hat die Rechenleistung der Knoten maßgeblichen Einfluss darauf, wer das Rätsel löst und einen passenden nonce-Wert findet. Da die Miner für das Finden der nonce mit neuen Bitcoins belohnt werden, entsteht ein Wettbewerb, der dazu führt, dass diese in immer mehr Rechenleistung investieren. Damit würde sich die Zeitdauer zum Auffinden eines gültigen nonce reduzieren. Dies widerspricht jedoch der Regel des Bitcoin-Netzwerks, dass ein neuer Block nur ca. alle 10 min. generiert werden sollte. Dies hängt damit zusammen, dass die Belohnung des erfolgreichen Miners mit „neu geschöpften" Bitcoins erfolgt. Würden sich die Intervalle verkürzen, in denen neue Blöcke generiert werden, würde sich die Geldmenge zu schnell erhöhen. Aus diesem Grund wird die Schwierigkeit des Rätsels immer dann erhöht, wenn sich die Zeitdauer durch neu hinzugekommene Rechenkapazitäten verkürzt. Das bedeutet für die Miner, die die Rechnerknoten betreiben, einen erhöhten Aufwand bei geringeren Erfolgsaussichten.

Da der Aufwand neben der Investition in die Rechenleistung im Wesentlichen in der verbrauchten Energie besteht, ist der Proof-of-Work-Ansatz nicht für alle Blockchain-Anwendungen sinnvoll. Das gilt vor allem für Anwendungen, bei denen ein solcher Wettbewerb nicht erforderlich ist. Aus diesem Grund wurden alternative Proof-of-Work-Verfahren entwickelt, die entweder speicher- oder netzwerkbasiert sind. Bei speicherbasierten Ansätzen wird das Rätsel nicht durch Rechenleistung, sondern durch eine entsprechende Anzahl von Speicherzugriffen gelöst [1], beim netzwerkbasierten Ansatz hingegen nur durch die Kommunikation mit anderen Netzknoten – z. B. um von dort Informationen zu sammeln, die zur Lösung des Rätsels erforderlich sind [9].Das Proof-of-Work-Verfahren ist dann sinnvoll, wenn der Zugang zum Blockchain-Netzwerk öffentlich ist und keiner Zugangsbeschränkung unterliegt. Ein alternatives Verfahren, das vor allem für private Blockchains (siehe Kap. 18.4) relevant ist, bei denen die beteiligten Knoten bekannt sind und einer Zugangsbeschränkung unterliegen, ist das Proof-of-Stake-Verfahren. Dabei werden Knoten, die einen neuen Block validieren können, nach ihren Anteilen an der Kryptowährung [5] oder über ein Zufallsverfahren [7] ausgewählt. Die Auswahl des am besten geeigneten Verfahrens ist vom konkreten Anwendungsfall und dem Einsatz der Blockchain-Lösung abhängig. Ein weiterer wichtiger Aspekt ist die Skalierbarkeit bzgl. der Transaktionsanzahl vor allem bei Anwendungen im Bereich des Internets der Dinge. Aktuelle Ansätze können hinsichtlich ihrer Transaktionsfrequenz nicht mit Datenbanken konkurrieren. Dieser Aspekt sowie die Tatsache, dass in eine

Blockchain alle gespeicherten Daten in jedem Knoten repliziert werden, führen dazu, dass Blockchain-Lösungen zunächst nicht wie Datenbanken als Datenspeicher genutzt werden können. Sie übernehmen in Kombination mit Datenbanken Spezialaufgaben, wenn es darum geht, Informationen verlässlich zu verwalten – mit einer gemeinsamen Übereinkunft über die als gültig anzuerkennenden Transaktionen. Datenbanken speichern dazu die Nutzlast, während in der dazu gehörigen Blockchain ein Fingerabdruck der Daten zur Integritätssicherung abgelegt wird.

18.4 Implementierungen und Klassifizierung

Der folgende Abschnitt klassifiziert unterschiedliche Implementierungen von Blockchain-Systemen und differenziert verschiedene konzeptionelle Modelle.

Als Kernklassifizierung muss bei Blockchains der Grad der Dezentralisierung des gesamten Netzwerks betrachtet werden. Dieser Grad wird durch verschiedene Eigenschaften bestimmt: Er beginnt bei einer klassischen, zentralen Datenbank und endet bei einer zu 100% verteilten Blockchain. Aus diesem Grund kann jedes Blockchainsystem auch als verteilte Datenbank angesehen werden.

Blockchains können, wie Datenbanken auch, privat oder öffentlich verfügbar sein. Unterschieden wird jedoch in erster Linie, von wem sich das System verwenden lässt – sprich welcher Nutzer neue Transaktionen der Blockchain hinzufügen darf. Wenn der Nutzer die Erlaubnis einer Organisation oder eines Konsortiums benötigt, handelt es sich um eine private Blockchain. Wenn jedoch jeder Nutzer neue Informationen in die Blockchain schreiben darf, so handelt es sich um eine öffentliche.

Zusätzlich muss bei einer öffentlichen Blockchain unterschieden werden, wer die neu hinzugefügten Transaktionen in Blöcke zusammenfassen und validieren darf. Bei einem autorisationsfreien System (permissionless) kann jeder Nutzer neue Blöcke hinzufügen und validieren. Normalerweise werden dafür ökonomische Anreize gegeben, sodass sich die Nutzer korrekt verhalten werden. Beispielsweise erhält der Nutzer spezifizierte Transaktionsgebühren der in den Blöcken enthaltenen Transaktionen.

Bei einem Blockchain-System, das eine Autorisierung erfordert (permissioned), dürfen nur bestimmte Nutzer neue Blöcke hinzufügen und validieren. Diese Nutzer werden durch eine Organisation oder ein Konsortium festgelegt. Der gemeinsame Vertrauensprozess ist hierbei aber nur auf alle durch das Konsortium autorisierten Nutzer verteilt und liegt nicht bei allen beteiligten Nutzern. Für die Validierung führen die Autorisierten normalerweise einen vereinfachten Konsensprozess (z. B. Proof of Stake) durch, welcher sehr viel effizienter sein kann.

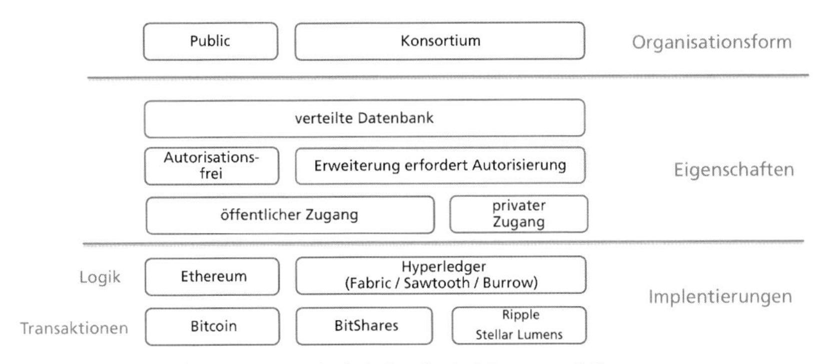

Abb. 18.2 Klassifizierung von Blockchains (in Anlehnung an [4])

Blockchain-Implementierungen können zusätzlich noch dadurch unterschieden werden, wie stark sie als Plattform auf die Lösung logischer Probleme ausgerichtet sind – oder ob sie eher für „klassische" Kryptowährung konzipiert sind. Auf manchen Blockchain-Implementierungen wie Ethereum oder Hyperledger Burrow können beispielsweise Turing-vollständige Smart Contracts ausgeführt werden – das heißt Smart Contracts können komplexe Programme sein statt nur bedingte Transaktionen. In Abb. 18.2 sind die verschiedenen Klassifizierungseigenschaften gegenübergestellt und einige wichtige Blockchain-Implementierungen als Vergleich angegeben.

18.5 Anwendungen

Als Smart Contracts oder Chaincode bezeichnet man Programme, die innerhalb des Blockchain-Netzwerks ausgeführt werden. Mit dem Speichern und Instanziieren von Smart Contracts in der Blockchain sind diese unveränderlich und unabhängig von externen Entitäten und Beeinflussungen in der Abarbeitung der im Programmcode definierten Prozesse. Aktiv kann ein Smart Contract durch ein externes Event oder eine Benutzerinteraktion werden.

Die Unveränderlichkeit instanziierter Smart Contracts und die Möglichkeit, auch komplexe Prozesse zu modellieren, erlauben die verlässliche Abwicklung von Transaktionen zwischen verschiedenen Entitäten. Durch die kryptographisch gesicherte Ausführung der Smart Contracts in der Blockchain dienen diese nicht nur zur Abwicklung eines definierten Prozesses, sondern dokumentieren zugleich den Ablauf.

Ein Beispiel für eine konkrete Anwendung sind Smart Grids, die einen signifikanten Wandel von Stromnetzen darstellen. Sie wandeln eine zentralistische Organisationsstruktur, geprägt durch wenige große Energieerzeuger wie Kohle- und Atomkraftwerke, hin zu einem Netz mit vielen, inhomogenen, kleinen Erzeugern wie Solaranlagen und Windturbinen. In einem solchen Netz wäre es möglich, dass ein Gartenliebhaber, der seinen Rasen mähen möchte, den dafür benötigten Strom direkt von der Solaranlage seines Nachbars kauft. Ein Smart Contract, der die Solaranlage im Energiemarkt vertritt, wäre die Schnittstelle, die die lokale Stromversorgung des Gartenliebhabers – ebenfalls am Energiemarkt repräsentiert durch einen Smart Contract – kontaktiert. Smart Contracts sind dabei automatisch in der Lage, unter Berücksichtigung von regulatorischen Vorgaben einen Strompreis auszuhandeln und die gekaufte Energie zu verrechnen. Dabei überprüft der Smart Contract der Solaranlage, dass für jede verkaufte Kilowattstunde der korrekte Betrag eingeht, während der Smart Contract des Gartenliebhabers überprüft, dass für den bezahlten Betrag die korrekte Leistungsmenge eingeht.

Die charakteristischen Vorzüge der Blockchain übertragen auf Computerprogramme machen Smart Contracts zu einer interessanten Alternative für Anwendungsbereiche, in denen kritische Intermediäre von klar definierten transparent operierenden Programmen abgelöst werden können. Sie erlauben durch die distributive, eigenständige Ausführung nicht nur die automatisierte, verlässliche Initiierung von Transaktionen innerhalb der Blockchain, sondern dienen auch zur Konsistenzwahrung zwischen verschiedenen durch die Blockchain verknüpften Entitäten.

Blockchain-Lösungen haben innerhalb bestimmter Rahmenbedingungen ein großes Potenzial, wenn eine oder mehrere der folgenden Kriterien erfüllt sind.

1. Intermediäre: Im betroffenen Anwendungsfall können oder sollen Intermediäre im Prozess umgangen werden. Unternehmen sollten daher ihre Prozesse und Geschäftsmodelle daraufhin prüfen, ob sie entweder selbst die Rolle eines Intermediärs erfüllen oder Prozesse optimieren können, bei denen sie auf einen Intermediär angewiesen sind. Der Einsatz einer Blockchain ist sinnvoll, wenn
   a. der Intermediär Kosten für die Prozessschritte verursacht, die durch Funktionen der Blockchain ebenfalls erbracht werden können
   b. der Intermediär einen Prozess verzögert und eine Blockchain-Anwendung dies beschleunigen kann
   c. politische Gründe dafür sprechen, von einer zentralen Intermediär-gesteuerten Prozessführung auf eine dezentrale zu wechseln.
2. Daten- und Prozessintegrität: Für den Anwendungsfall sind eine rückwirkende Unveränderbarkeit der Transaktionen sowie eine exakt vorgegebene Durchführung erforderlich.

3. Dezentrales Netzwerk: Der Einsatz eines Netzwerks an validierenden bzw. passiv nutzenden Knoten, die Prozesse autonom durchführen, ist sinnvoll und/oder möglich. Dies ist für alle Prozesse relevant, die flexible neue und flüchtige Kooperationspartner ohne stabile und sichere Transaktions- und Vertrauensbasis involvieren. Eine Blockchain kann in einem solchen Fall eine vernetzte Integrität garantieren.
4. Übermittlung von Werten und Wahrung von Rechten: Blockchains ermöglichen die Übertragung von Werten und Rechten. Daher sind alle Prozesse relevant, in denen Originale, Herkunftsnachweise oder Rechte transportiert oder übertragen werden müssen.

Ergänzend zu diesen Kriterien gilt, dass der Fokus nicht auf der Anwendung einer Kryptowährung liegen sollte und für eine erste Bewertung der Technologie und die Entwicklung von Demonstratoren keine Prozesse ausgewählt werden sollten, die einer strengen Regulierung unterliegen.

Quellen und Literatur

[1] Adam Back 2002. Hashcash - A Denial of Service Counter-Measure.
[2] Baran, P. 1964. On Distributed Communications Networks. IEEE Transactions on Communications Systems. 12, 1 (Mar. 1964), 1–9.
[3] Bitcoin: A Peer-to-Peer Electronic Cash System: 2008. https://bitcoin.org/bitcoin.pdf. Accessed: 2017-03-16.
[4] Distributed Ledger Technology: beyond block chain: 2015. https://www.gov.uk/government/uploads/system/uploads/attachment_data/file/492972/gs-16-1-distributed-ledger-technology.pdf. Accessed: 2017-06-27.
[5] King, S. and Nadal, S. 2012. Ppcoin: Peer-to-peer crypto-currency with proof-of-stake. self-published paper, August. 19, (2012).
[6] Lamport, L. et al. 1982. The Byzantine Generals Problem. ACM Trans. Program. Lang. Syst. 4, 3 (Jul. 1982), 382–401.
[7] Whitepaper:Nxt: https://nxtwiki.org/wiki/Whitepaper:Nxt.
[8] Wolfgang Prinz and Alexander Schulte (Eds) 2017. Blockchain: Technologien, Forschungsfragen und Anwendungen - Positionspapier der Fraunhofer Gesellschaft. to appear
[9] Znati, T. and Abliz, M. 2009. A Guided Tour Puzzle for Denial of Service Prevention. Computer Security Applications Conference, Annual (Los Alamitos, CA, USA, 2009), 279–288.

E-Health

19

Potenziale der Digitalen Transformation in der Medizin

Prof. Dr.-Ing. Horst Hahn · Andreas Schreiber
Fraunhofer-Institut für Bildgestützte Medizin MEVIS

Zusammenfassung

Während in vielen Bereichen der Gesellschaft die Digitale Transformation in vollem Gange ist, sieht sich die Medizin noch vor immense Herausforderungen gestellt. Dabei sind die durch das Zusammenspiel moderner Biotechnologie und Informationstechnologie erreichbaren Potenziale immens. An vielen Stellen sind bereits Anzeichen der Transformation zu beobachten, die durch die Integration der bislang noch getrennten medizinischen Datenräume sowie durch den gezielten Einsatz neuartiger Technologien weiter beschleunigt wird. Wir beschreiben den heutigen Stand der integrierten Diagnostik sowie die Wirkmechanismen der entstehenden digitalen Medizin. Ein Fokus gilt dabei der seit wenigen Jahren stattfindenden Revolution der künstlichen Intelligenz. Gleichzeitig beobachten wir die Emanzipation der Patienten, die über soziale Netze, Internet-Suchmaschinen, Gesundheitsratgeber und Gesundheits-Apps mittlerweile Zugang zu einer enormen Bandbreite medizinischen Wissens haben. Vor diesem Hintergrund diskutieren wir den Wandel des Arzt-Patienten-Verhältnisses sowie der Rollenverteilung zwischen Arzt und Computer und der sich daraus ergebenden Geschäftsmodelle.

19.1 Einleitung

Die zurzeit in allen Markt- und Technologiesegmenten diskutierte digitale Transformation hat in der Gesundheitsversorgung praktisch noch nicht stattgefunden. Gleichzeitig beobachten wir quer durch die medizinischen Fachdisziplinen eine rasante Komplexitätssteigerung, die die Handelnden bereits seit Jahren an die Grenzen des Machbaren bringt. Die folgenden Ausführungen beruhen auf der Hypothese, dass die digitale Transformation der Schlüssel dazu ist, gleichzeitig die Erfolgsbilanz, Sicherheit und Kosteneffizienz der Gesundheitsversorgung auf die nächste Stufe zu heben und die Potenziale der modernen Medizin zu realisieren. Die Rollenverteilung innerhalb der medizinischen Disziplinen steht dabei ebenso auf dem Prüfstand wie die Vergütungsmechanismen für erweiterte Gesundheitsleistungen, anzuwendende Qualitätsstandards, medizinische Ausbildungscurricula und nicht zuletzt die Rolle der mündigen Patientinnen und Patienten.

Eine der Voraussetzungen für diese Transformation, die Digitalisierung aller relevanten Daten, hat bereits ein fortgeschrittenes Stadium erreicht; die meisten hierzulande erhobenen Patienteninformationen liegen in digitaler Form vor. Eine Ausnahme bildet die klinische Pathologie, bei der die Gewebepräparate zumeist nach wie vor manuell unter dem Lichtmikroskop beurteilt werden. Am anderen Ende gehört in der Labormedizin die weitgehende Automatisierung der Abläufe längst zum Status Quo. Was insgesamt noch aussteht, ist die Vernetzung der einzelnen Sektoren sowie die strukturierte Nutzung der integrierten Information.

Die digitale Transformation wird befördert durch das Zusammenspiel mehrerer scheinbar voneinander unabhängiger Technologien, die in den letzten Jahren eine beachtliche Leistungsfähigkeit erreicht haben (vgl. Abb. 19.1). Auf der einen Seite sind dies Entwicklungen außerhalb der Medizintechnik: die schiere Rechenleistung und Speicherkapazität moderner Computer aller Skalen mit einer ständig wachsenden Netzwerk-Bandbreite und Cloud-Computing sowie die weitreichende Konnektivität über Internet, mobile Endgeräte und nicht zuletzt soziale Medien sowie die künstliche Intelligenz. Hinzu kommen auf der anderen Seite die Errungenschaften von Biotechnologie, Laborautomatisierung, Mikrosensorik und der Bildgebung sowie vielfach die Ergebnisse der medizinischen Grundlagenforschung. Innerhalb von nur zehn Jahren konnten etwa die Kosten für eine vollständige Genomsequenzierung um sechs Größenordnungen auf nunmehr einige hundert Euro gesenkt werden. Eric Topol [26] beschreibt diese simultane Entwicklung in seinem Buch *The Creative Destruction of Medicine* als „Super-Konvergenz", aus der die neue Medizin erwächst.

Im Folgenden schildern wir die Wirkmechanismen dieser digitalen Medizin in ihren Stationen von der Prävention und Früherkennung bis hin zur klinischen Versorgung. So lassen sich bereits heute zahlreiche Beispiele für die integrierte Diagnostik mit neuen Geschäftsmodellen ausmachen. Im Anschluss diskutieren wir die derzeit zu beobachtende Revolution der künstlichen Intelligenz, die auch vor der Medizin nicht Halt macht, und die sich wandelnde Rollenverteilung zwischen Arzt und Patient sowie zwischen den medizinischen Fachdisziplinen. Aus übergeordneter Perspektive betrachten wir die gesundheitsökonomischen Potenziale der digitalen Medizin und das veränderte Marktgefüge der industriellen Spieler, bei denen der Kampf um die Hoheit der Datenintegration und des Datenzugangs immer stär-

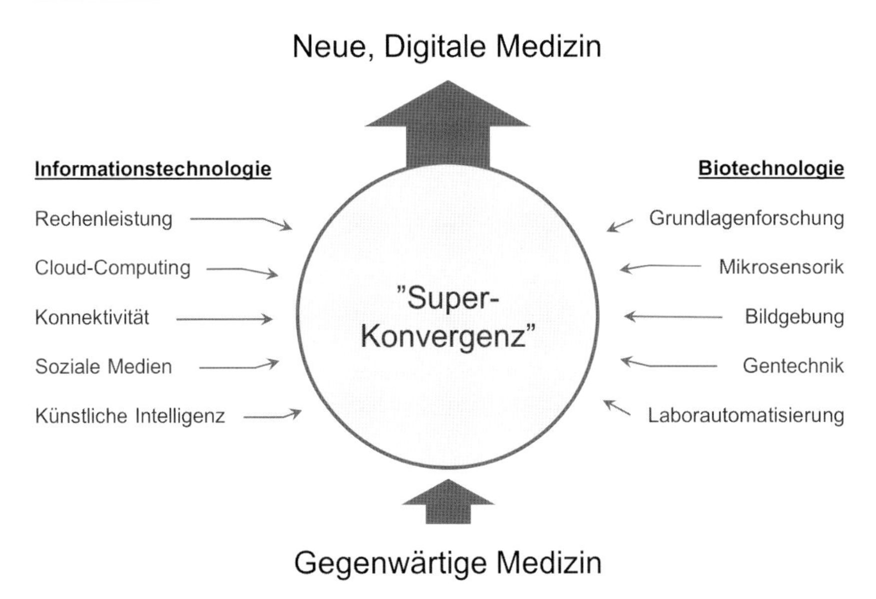

Abb. 19.1 Technologische Super-Konvergenz als Voraussetzung der digitalen Transformation der Medizin nach [26] (Fraunhofer MEVIS)

ker zum Vorschein kommt. Den Abschluss bildet ein kurzer Ausblick mit weiterführenden und angrenzenden Themenfeldern, die aufgrund der Kürze dieses Textes an anderer Stelle zu behandeln sind.

19.2 Integrierte Diagnostik und Therapie

19.2.1 Nachzügler der Digitalisierung

In den ersten Jahrzehnten des 21. Jahrhunderts ist die Digitale Transformation bereits in vollem Gange und hat weitreichenden Einfluss auf viele Bereiche der Gesellschaft. Insbesondere Smartphones und der flächendeckende mobile Zugang zum Internet haben verändert, wie wir kommunizieren, arbeiten und uns informieren, lernen und lehren, und ganz wesentlich, wie, was und wo wir konsumieren. Dabei hat die schrittweise Digitalisierung des Alltags die Effizienz vieler Abläufe gesteigert und den Zugang zu Informationen und Wissen mithilfe partizipativer Plattformen demokratisiert. Die Rolle des Konsumenten wurde hierbei in der Regel durch mehr Transparenz gestärkt; gleichzeitig wachsen jedoch auch die *Daten-Macht* der Konzerne und das Risiko, dass Daten manipuliert oder zum Nachteil der Verbraucher genutzt werden.

Die Digitalisierung stellt die Gesellschaft und ihre Akteure vor zentrale Herausforderungen, da sie den institutionellen Wandel beschleunigt und allen Parteien ein hohes Maß an Anpassungsfähigkeit abverlangt. Beispielhaft und durchaus mit Parallelen zur Medizin sei zunächst die Medienlandschaft genannt, in der die Digitalisierung neue Vertriebskanäle schuf, Konsumierende ermächtigte und dadurch eine neue Marktordnung erzwang, die die Rolle etablierter Medienschaffender neu definierte. Die entstehende Medienvielfalt und schnellen Publikationszyklen eröffnen aber auch Raum für Manipulation und erschweren es mitunter, hochwertige Informationen zu erhalten.

Nicht weniger weitreichende Disruptionen verursacht die Digitalisierung in der Fertigung – bis hin zur völligen Neugestaltung der industriellen Wertschöpfungsketten. Bekannt unter dem Stichwort *Industrie 4.0*, bezweckt die digitale Transformation der Produktion ein hohes Maß an Prozessautomation und den autonomen Datenaustausch von Maschinen untereinander, um reibungslose Abläufe über Fertigungs- und Lieferketten hinweg zu garantieren.

Während wir im digitalen Zeitalter vermehrt maßgeschneiderte Produkte und Dienstleistungen konsumieren, dominiert in der Medizin noch das Prinzip *One-Size-Fits-All*, eng verbunden mit den Prinzipien der evidenzbasierten Medizin. Schon heute wird ein Großteil der Daten in der Medizin digital erfasst und neben der Protokollierung und dem Patientenmanagement auch selektiv zur klinischen Entscheidungsunterstützung, beispielsweise der Diagnosestellung und Therapiewahl, genutzt.

Das wahre Potenzial einer breiten computergestützten Medizin liegt jedoch brach, da Daten teils unvollständig und unzureichend standardisiert dokumentiert und gespeichert werden und fehlende Schnittstellen sowie veraltete rechtliche Rahmenbedingungen eine zentralisierte Speicherung in einer elektronischen Patientenakte verhindern. Letztere ist eine notwendige Voraussetzung sowohl für zukünftige patientenindividuelle Entscheidungshilfen als auch für die vorausgehende Auswertung großer medizinisch kuratierter Datenbanken zum Training selbstlernender Algorithmen [11].

19.2.2 Innovative Sensorik und intelligente Softwareassistenten

Die Medizin der Zukunft wird hierfür Abhilfe schaffen. Neben Fortschritten in der Genetik und der Molekularbiologie sowie in der diagnostischen und interventionel-

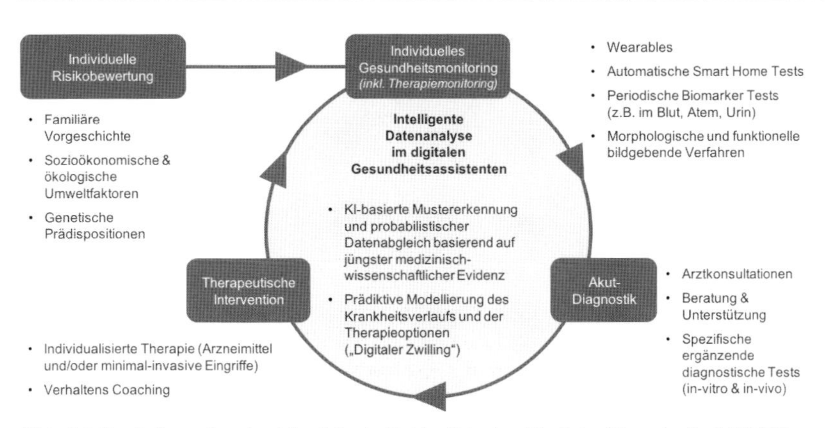

Abb. 19.2 Informationskreislauf der individualisierten Medizin (Fraunhofer MEVIS)

len Medizintechnik ist die Digitalisierung ein zentraler Grundstein der zukünftigen *individualisierten Medizin* bzw. der teilweise synonym benannten *personalisierten Medizin* und *Precision Medicine*. Intelligente Softwarelösungen fungieren hierbei als Integratoren aller relevanten Patienteninformationen und Versorgungsbereiche und sind der Schlüssel zur integrierten, prädiktiven Diagnostik und Therapieplanung (vgl. Abb. 19.2).

Die Basis der individualisierten Medizin wird künftig durch die patientenindividuelle Risikoabschätzung, basierend auf familiären Vorbelastungen, genetischen Prädispositionen, sowie Parametern des sozioökonomischen und ökologischen Umfelds, gebildet – ein multifaktorieller Risikoscore, der im Falle veränderter Umweltfaktoren angepasst wird. Diese Risikobewertung wird insbesondere von den Fortschritten und der verbesserten Kosteneffizienz der Genom- und Molekulardiagnostik profitieren. Für das menschliche Genom von rund 20.000 Genen sind heute bereits mehr als 200.000 Genvarianten bekannt, die mit der Entstehung einzelner Erkrankungen assoziiert werden [22]. Während nur von wenigen dieser Mutationen ein spezifisches hohes Erkrankungsrisiko ausgeht, wird erwartet, dass die Forschung fortlaufend weitere klinisch relevante Zusammenhänge verschiedener Genvarianten untereinander sowie mit bestimmten Umwelteinflüssen aufdecken wird [19].

19.2.3 Populationsbezogene Forschung

Auch vor diesem Hintergrund entsteht die Motivation, die systematische und langfristige Erfassung von Umweltfaktoren wie beispielsweise der Feinstaubbelastung

Abb. 19.3 Der Incidental Findings Viewer der NaKo ist über das Internet erreichbar und beinhaltet eine strukturierte Befunddatenbank sowie automatische Bildqualitätsanalyse. (Fraunhofer MEVIS)

oder der geographischen Verbreitung viraler Infektionen in die persönliche Gesundheitsvorsorge und Therapieplanung einzubeziehen. Diese komplexen Daten- und Wissensräume können Ärzte nicht ohne Computerunterstützung erschließen – hier kommen intelligente Analysesysteme in Frage, die Regelwissen und statistische Modelle verschmelzen und damit patientenindividuelle Risikoabschätzungen generieren können.

In den letzten Jahren wurden mehrere Projekte initiiert, um umfassende Gesundheitsdaten einschließlich Bildgebung quer durch die Bevölkerung zu erfassen und für die Erforschung von Krankheitsrisiken zugänglich zu machen. Ziel ist jeweils, die Gesundheitsprofile der Probandinnen und Probanden langfristig zu analysieren, um frühe Anzeichen und Gründe diverser Erkrankungen zu identifizieren und zu interpretieren. Zuletzt war dies in Deutschland die *Nationale Kohorte* (NaKo) mit geplanten 200.000 Probanden, von denen rund ein Siebtel sogar eine umfassende Ganzkörper-MRT-Untersuchung erhält (siehe Abb. 19.3). Weitere solche Initiativen sind die 500.000 Probanden starke *UK Biobank* sowie die im Rahmen der Precision Medicine Initiative in den USA durchgeführten Studien. Spannend ist dort das 10.000 Probanden umfassende *Project Baseline*, das von der Stanford University und der Duke University mit der Besonderheit initiiert wurde, dass neben den jährlichen Untersuchungen auch Daten über passive Schlafsensoren und intelligente Armbanduhren gesammelt werden.

19.2.4 Multiparametrisches Gesundheitsmonitoring

So bieten moderne Sensoren parallel und komplementär zur bisherigen Risikoabschätzung die Möglichkeit, aussagekräftige Vitalparameter kontinuierlich oder periodisch zu messen und zur diagnostischen Früherkennung auszuwerten. Hier sind zunächst sogenannte *Wearables* zu nennen, die beispielsweise Puls und Temperatur, aber auch Sauerstoffsättigung und Glukosespiegel des Bluts erheben und auswerten können. Der digitale Assistent der Fraunhofer-Ausgründung *&gesund* etwa nutzt die Sensorik handelsüblicher Smartwatches, um individuelle Normbereiche zu definieren und Abweichungen zu detektieren. Dieses multiparametrische Monitoring wird bereits für die Früherkennung von Herzerkrankungen und als Therapiebegleitung bei Lungenerkrankungen oder affektiven Störungen erprobt.

Frühe Anzeichen für das Entstehen von Erkrankungen sowie das Ansprechen auf Therapien verspricht sich die Medizin auch von der regelmäßigen Messung und Bewertung erkrankungsspezifischer Biomarker im Blut und anderen Körperflüssigkeiten. So konnte man jüngst mithilfe von *Liquid Biopsies* Tumore im Frühstadium erkennen, indem frei im Blut zirkulierende Tumor-DNA unter Einsatz entsprechender Antikörper detektiert wurde. Zudem rücken auch Proteom und Metabolom noch weiter ins Interesse der Medizin, da diesen eine Bedeutung für den Gesundheitszustand und die Gestehung verschiedener Erkrankungen zugeschrieben wird.

Solche und weitere Analysen werden in Zukunft, neben den klassischen Bluttests, auch unbemerkt stattfinden. So arbeiten Wissenschaftler des Gambhir-Labs der Stanford University beispielsweise an WC-basierten Detektoren, die Stuhlproben automatisch auf Pathogene und Anzeichen für Erkrankungen untersuchen [8]. In entsprechender Weise werden wir in naher Zukunft dank der Miniaturisierung und Automatisierung eine Vielzahl von in-vitro Tests, die noch heute eine aufwendige Laborinfrastruktur benötigen, auch selbstverständlich in unseren entstehenden *Smart Homes* durchführen können. Es bleibt darüber hinaus abzuwarten, mit welchem Zeithorizont auch die Analyse von Verhaltensmustern, Sprache, Mimik und Gestik zur Früherkennung affektiver und anderer psychotischer Störungen beitragen wird. Die Forschungsgruppe *Autism & Beyond*[1] der Duke University etwa verspricht, auf Basis automatisierter Videodiagnostik Anzeichen von Autismus im frühkindlichen Alter zu detektieren.

Auch den bildgebenden Verfahren kommt weiterhin eine gewichtige Rolle in der individualisierten Früherkennung zuteil. Wenngleich heutige großflächige Screeningprogramme, z. B. in der Brustkrebsfrüherkennung, kontrovers diskutiert werden, bleibt die Bildgebung ein Verfahren mit hoher Spezifität. Es wird in Zukunft darum gehen, die der Bildgebung zugeteilte Risikopopulation vielfach zu optimieren und jeweils die bestmögliche Methode einzusetzen, um falsch-positive Befunde und Nebenwirkungen weitgehend zu minimieren. Es zeichnet sich ab, dass insbesondere die Kernspintomographie und der Ultraschall vermehrt im Screening Ein-

[1] Autism & Beyond: https://autismandbeyond.researchkit.duke.edu/

zug erhalten. Während die MRT in den kommenden Jahren noch schneller und kosteneffizienter wird, profitiert die Sonografie von Fortschritten in Hardware und Software, die eine hochauflösende, räumlich differenzierte und quantifizierbare Befundung ermöglichen. Dass von beiden Modalitäten keine ionisierende Strahlung ausgeht, stellt einen entscheidenden Sicherheitsvorteil gegenüber der Computertomographie und klassischen Projektionsradiographie dar – trotz deren Erfolgen bei der Dosisreduktion.

Das hier skizzierte individualisierte Gesundheitsmonitoring bietet die Aussicht, dass Individuen zunehmend Eigenverantwortung für ihre Gesundheit übernehmen und ein Bewusstsein für die ausschlaggebenden Lifestyle-Faktoren entwickeln. App-basierte Ratgeber auf mobilen Endgeräten tragen hierzu bei, indem sie maßgeschneiderte Empfehlungen für Ernährung und sportliche Betätigung entwickeln. Das persönliche Gesundheitsmanagement sollen etwa *Cara* bei gastrointestinalen Beschwerden, *mySugr* bei Diabetes mellitus sowie *M-sense* bei Migräne unterstützen.

19.2.5 Digitalisierung als Katalysator integrierter Diagnostik

Künftig erwarten wir im Falle akuter Beschwerden eine noch engere Verzahnung von Monitoring und Vorsorge mit den klassischen Diagnostikverfahren, deren Leistungsfähigkeit in den kommenden Jahren ebenfalls weiter zunehmen wird. Befunde aus Labordiagnostik und Bildgebung liegen bereits heute in den meisten Fällen in digitaler Form vor, und es besteht ein Trend zur Verbindung der zurzeit oftmals noch getrennten Datenräume über entsprechende Schnittstellen. Auch in der Ultraschalldiagnostik, die heute noch vorwiegend am Ort der Untersuchung *live* ausgewertet wird, gehen wir künftig von einer verstärkt standardisierten Bildakquise und zentralisierten Speicherung aus. In den USA erfolgt eine Speicherung und gesonderte Befundung oftmals in Arbeitsteilung von *Sonographer* und *Radiologist*.

Weitestgehend analog operiert noch die klinische Pathologie, bei der Gewebeproben unter dem Lichtmikroskop betrachtet und analysiert werden. Neben den klassischen histologischen Beurteilungen kommen dort vermehrt moderne Verfahren der Immunhistochemie und Molekularpathologie zum Einsatz, die entsprechend hochspezifische sowie in Teilen auch hochkomplexe Muster zu Tage fördern. Das Scannen der Objektträger und die konsequente digitale Charakterisierung der Gewebeproben werden künftig wesentlich dazu beitragen, diese reichhaltigen Informationen im klinischen Alltag zu verarbeiten.

So erlaubt die virtuelle Mehrfachfärbung, mehrere spezifische Serienschnitte zusammenzuführen, um die darin insgesamt enthaltene Gewebeinformation im An-

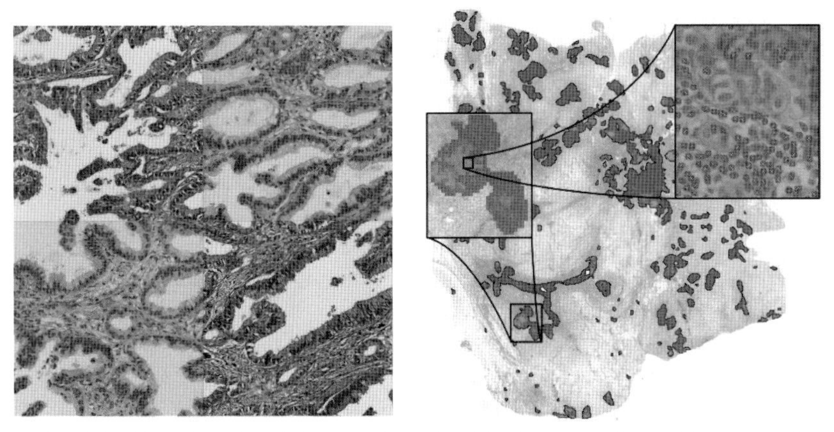

Abb. 19.4 Links: Virtuelle Mehrfachfärbung durch hochgenaue Bildregistrierung von Serienschnitten. Rechts: Automatische Analyse von Lymphozyten in Brustgewebebildern (Fraunhofer MEVIS)

schluss automatisiert oder teilautomatisiert auszuwerten (siehe Abb. 19.4). Bereits die visuelle Präzisionskorrelation zweier Färbungen (Abb. 19.4 li.) ist bei der Betrachtung am Mikroskop nicht verfügbar. Die noch vorhandenen Defizite hinsichtlich Bildqualität und Zeitaufwand werden voraussichtlich mit kommenden Technologieiterationen einer immensen Steigerung an Objektivität und Produktivität weichen, insbesondere bei der Erfassung quantitativer Parameter. Wir erwarten, dass

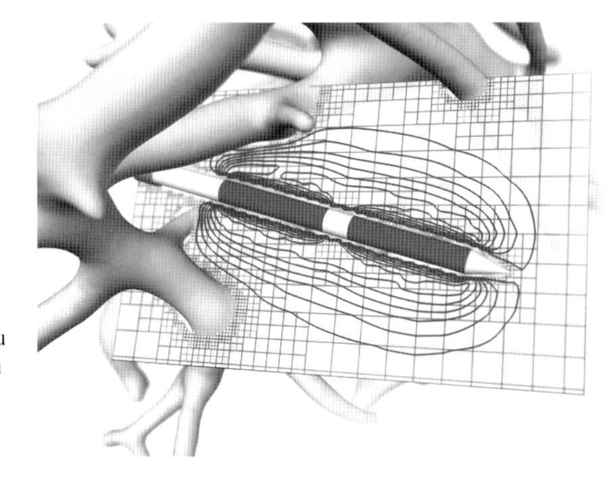

Abb. 19.5 Hochgenaue Simulation für die Tumortherapie: Bei der Radiofrequenz-Ablation wird die zu erwartende Temperatur um den Nadelapplikator berechnet (© Fraunhofer MEVIS)

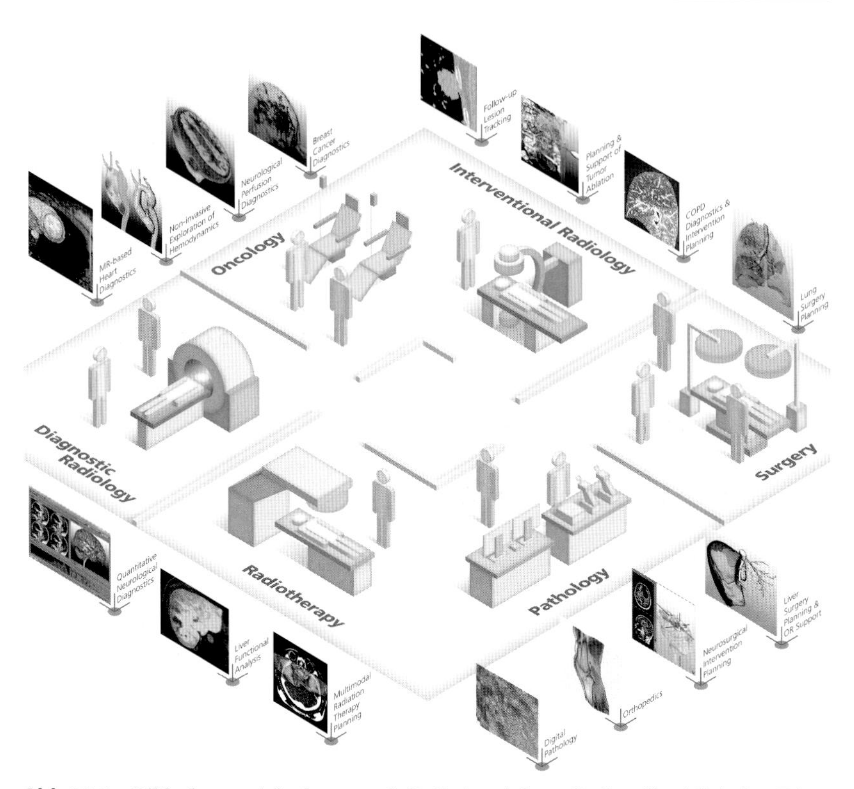

Abb 19.6 Bildgebung spielt eine zentrale Rolle in mittlerweile fast allen klinischen Disziplinen und trägt wesentlich zur hochpräzisen, integrierten Versorgung bei. (Fraunhofer MEVIS)

die Pathologie – analog zur Digitalisierung der Radiologie – innerhalb weniger Gerätegenerationen ganzheitlich digitale Verfahren adaptieren und eine Standardisierung der Methoden und des Reportings erfahren wird.

Der wahre Katalysator der Diagnostik ist jedoch die Informationstechnologie, die es erstmals erlaubt, quer über die Disziplinen an Diagnostik auf integrierten Daten zu denken. Dabei verstehen wir unter *Integrierter Diagnostik* die softwareseitige Zusammenführung aller diagnoserelevanter Informationen aus dem Labor, der Radiologie, der Pathologie sowie der individuellen Gesundheits- bzw. Fallakte zum statistischen Abgleich des Biomarker-Profils und schließlich zur intelligenten Differentialdiagnostik und Entscheidungsunterstützung. Der entstehende *Digitale Zwilling* ist dabei nicht wörtlich zu verstehen, sondern beruht auf ebendieser Informationsintegration und dient der prädiktiven Modellierung möglicher Krankheitsverläufe und der probabilistischen Priorisierung der Therapieoptionen.

Bilddaten spielen hierbei sowohl eine wichtige Rolle bei der Phänotypisierung, bei der Planung von Eingriffen sowie im detaillierten Therapiemonitoring (vgl. Abb. 19.7). Innovative Ansätze erlauben dabei auch die direkte Nutzung der 3D-Planungsdaten im OP. Durch die zunehmende Verbreitung der Robotik in der Chirurgie und interventionellen Radiologie wird auch die Bedeutung der intraoperativen Bildgebung weiter zunehmen, da mechatronische Assistenzsysteme ihr Potenzial insbesondere im Zusammenspiel mit einer präzisen Echtzeitnavigation sowie entsprechenden Simulationsmodellen entfalten (vgl. Abb. 19.5 und 19.6).

19.3 Fleißiger „Kollege" K.I.

19.3.1 Deep Learning bricht Rekorde

Die Transformation zu einer hocheffizienten digitalen Medizin wird nur dann geschehen, wenn es gelingt, die exponenziell wachsenden Datenmengen effizient zu analysieren und zu interpretieren. Eine ganz entscheidende Rolle nehmen daher Methoden der künstlichen Intelligenz (KI) und des maschinellen Lernens ein, die gerade in den letzten wenigen Jahren eine Revolution erfahren haben. In informierten Fachkreisen und darüber hinaus ist Deep Learning in aller Munde. Von einigen als Hype belächelt, besteht doch weitgehend Einigkeit darüber, dass hier ein Reifegrad erreicht wurde, mit dem sich selbst komplexeste praxisrelevante Probleme effektiv lösen lassen.

Der Sieg von *AlphaGo* [20] über die weltbesten Spieler des Brettspiels Go im Frühjahr 2016 ist nur ein Beispiel dafür, wie sich innerhalb kürzester Zeit das Blatt gewendet hat. Noch vor wenigen Jahren war die gängige Meinung, dass Computer noch mehrere Jahrzehnte brauchen werden, um Go auf dem Niveau eines Großmeisters zu spielen – wenn sie dies aufgrund der enormen Variationsvielfalt überhaupt schaffen werden. Die theoretische Anzahl an möglichen Brettstellungen ergibt eine Zahl mit mehr als 170 Ziffern. Selbst wenn man davon einen großen Teil aufgrund unrealistischer Stellungen abzieht, verbleibt eine Zahl, gegen die etwa die geschätzte Anzahl der Atome des Universums von ca. 10^{81} verschwindend klein wirkt.

Die öffentliche KI-Wahrnehmung erfuhr bereits einen Ruck, als 2011 der IBM-Computer *Watson* in der Quizshow *Jeopardy* gegen die beiden bis dahin besten Spieler Ken Jennings und Brad Rutter mit riesigem Abstand gewonnen hatte [10]. Technisch gesehen ist *Watson* lediglich eine große Datenbank mit einer Suchmaschine, die nicht nur logische, sondern auch *sinnvolle* Verknüpfungen in den Daten erkennt, sowie einem sogenannten *Natural Language Processor*, der unsere gesprochene oder geschriebene Sprache verstehen kann. Zu dem Zeitpunkt umfasste die Watson-Datenbank rund 200 Mio. Seiten Text und Tabellen, womit das darauf aufgebaute System auch ohne Verbindung zum Internet die meisten der gestellten Fragen sicher beantworten konnte. Das Sprachverstehen alleine hat durch Deep Learning eine Revolution erlebt und mittlerweile verstehen *Alexa*, *Siri*, *Baidu* et al. sowie die neuesten Übersetzungsmaschinen die menschliche Sprache fast genauso gut wie ein Mensch [17].

19.3.2 Mustererkennung als potentes Werkzeug in der Medizin

Für die medizinische Anwendung vermutlich noch relevanter waren die Erfolge der sogenannte *Convolutional Neural Networks* (CNNs), einer speziellen Variante der tiefen neuronalen Netze, bei denen die einzelnen Gewichtungsfaktoren vielfach verschachtelter linearer Faltungsoperationen aus den Trainingsdaten erlernt werden. In der Folge adaptiert sich das Netzwerk auf genau diejenigen Bildmerkmale, die für die gegebene Problemstellung die höchste Aussagekraft beinhalten. Die sogenannte Netzwerktiefe bezeichnet dabei die Anzahl der Verschachtelungen.

Der Durchbruch erfolgte 2012 im Rahmen des jährlichen ImageNet-Wettbewerbs[2], basierend auf der gleichnamigen Bilddatenbank von über 14 Mio. Fotografien, passend zu über 21.000 Begriffen. Das Ziel des Wettbewerbs besteht darin, für eine zufällige Bildauswahl den dazu am besten passenden Begriff zu nennen. Bis 2011 war quasi eine Stagnation der durch automatisierte Computersysteme erreichbaren Genauigkeit zu beobachten bei einer Fehlerquote von über 25% – also derjenigen der besten *Human Experts* mit ca. 5% deutlich unterlegen. Nachdem Alex Krizhevsky mit seinem *AlexNet* 2012 durch den Einsatz von CNNs ein großer Genauigkeitssprung gelang, hatten bereits 2013 Deep Learning- bzw. CNN-Ansätze die Konkurrenz von den ersten zehn Plätzen verdrängt. Der nächste Sprung erfolgte 2015, als ein Team bei Microsoft die Netzwerktiefe von 22 auf 152 erhöhte und damit erstmals mit einer Genauigkeit von 3,7% die *menschliche Schallmauer* durchbrach.

Die Ideen des Deep Learnings als Erweiterung der künstlichen neuronalen Netze (KNNs) sind bereits mehrere Jahrzehnte alt, und vor über 20 Jahren wurde die erfolgreiche Anwendung von KNNs bei medizinischen Fragestellungen beschrieben [18, 28]. Ende der 1990er wurde es dann eher ruhig um die KNN-Forschung, die die geweckten Erwartungen gegenüber einfacher nachzuvollziehenden Klassi-

[2] ImageNet Database, Stanford Vision Lab: http://www.image-net.org/

fikationsverfahren in der Summe nicht halten konnte. Der Durchbruch der letzten Jahre erfolgte auf Basis der bis dahin exponenziell gewachsenen Rechenleistung und insbesondere durch den Einsatz von Grafikprozessoren für die Lösung solcher komplexer numerischer Optimierungsprobleme, wie sie beim Deep Learning und den CNNs auftreten. So sind mittlerweile die ersten Plätze bei vergleichenden Wettbewerben der medizinischen Bildanalyse nahezu ausschließlich durch die verschiedenen CNN-Varianten besetzt.[3]

In einer Art Goldgräberstimmung wird nun mit den neu entdeckten Methoden auf nahezu alle Probleme der medizinischen Datenanalyse „geschossen", und am laufenden Band entstehen entsprechende Startups [4]. Spätestens mit der für viele überraschenden Übernahme von Merge Healthcare durch IBM für 1 Mrd. USD im Sommer 2015 ist das Nischenthema KI auf die Top-10-Agenda der CEOs vermutlich aller bedeutenden Medizintechnik-Konzerne weltweit gesprungen.

19.3.3 Radiomics als möglicher Wegbereiter

Radiomics ist die wissenschaftliche Disziplin, bei der aktuell die integrierte Diagnostik am deutlichsten in Erscheinung tritt. Sie kombiniert die Phänotypisierung aufgrund einer großen Anzahl bildbasierter quantitativer Parameter mit den Ergebnissen der Genomsequenzierung, Laborbefunden sowie künftig auch multisensorischen Daten von Wearables etc. Zielpunkt ist dabei nicht nur die bloße Detektion von Mustern, die auch Menschen in den Daten erkennen könnten, sondern die Vorhersage klinisch relevanter Parameter, wie etwa das Ansprechen von medikamentösen Therapien [14]. Allgemein betrachtet ist Radiomics das Vehikel, um maschinellem Lernen und der integrierten Diagnostik bei der Lösung komplexer klinischer Fragestellungen eine konkret nachweisbare Bedeutung zu verleihen.

So könnte bei der Krebstherapie z. B. die Kombination der radiologisch festgestellten Tumorheterogenität (vgl. Abb. 19.7 und 19.8) und bestimmter Laborparameter oder auch Ergebnissen der Molekulardiagnostik ausschlaggebend dafür sein, eine Therapie abzubrechen oder eine neue Therapie zu beginnen [2]. Schließlich muss Software in der Lage sein, die gewaltige Menge an patientenindividuellen Gesundheitsinformationen im konkreten Einzelfall zu priorisieren und für klinische Entscheidungen nutzbar zu machen. Die Patientenselektion und präzise Therapieentscheidung ist insbesondere auch für die hochspezifische Immuntherapie essentiell, die in den letzten Jahren bereits eindrucksvolle Ergebnisse gezeigt hat [3].

[3] COMIC – Consortium for Open Medical Image Computing, Grand Challenges in Biomedical Image Analysis: https://grand-challenge.org/

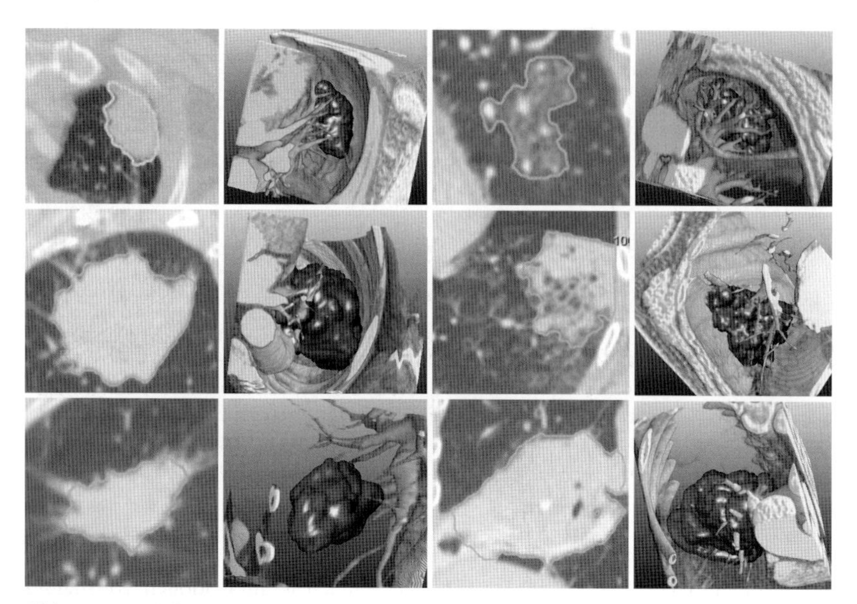

Abb. 19.7 Bildbasierte Phänotypisierung anhand der Computertomographie sechs verschiedener Lungentumoren (Fraunhofer MEVIS, All rights reserved. CT-Daten: S. Schönberg & T. Henzler, Mannheim)

Beim Abgleich der individuellen Daten mit populationsbezogenen Datenbanken werden die oben beschriebenen KI-Verfahren eine große Hilfe sein. Und es treten immer mehr Beispiele diagnostischer oder prognostischer Aufgabenstellungen zutage, bei denen Computer und Mensch mittlerweile zumindest gleichauf sind. Eines davon ist die visuelle Beurteilung von Hautkrebs anhand hochaufgelöster Fotografien. So konnten Mitarbeiter der Stanford University Anfang des Jahres zeigen, wie ein auf 129.450 Bildern trainiertes CNN bei der Klassifikation der klinisch am häufigsten auftretenden Hautkrebsvarianten einer Gruppe von 21 zertifizierten Dermatologen ebenbürtig war [9].

19.3.4 Intuition und Vertrauen auf dem Prüfstand

Ob beim Brettspiel Go oder bei medizinischen Entscheidungshilfen – Computer entwickeln während des Lernprozesses eine Art *Intuition*, die wir bislang von solch logisch und stur verdrahteten Computersystemen nicht erwartet hatten. Sie treffen

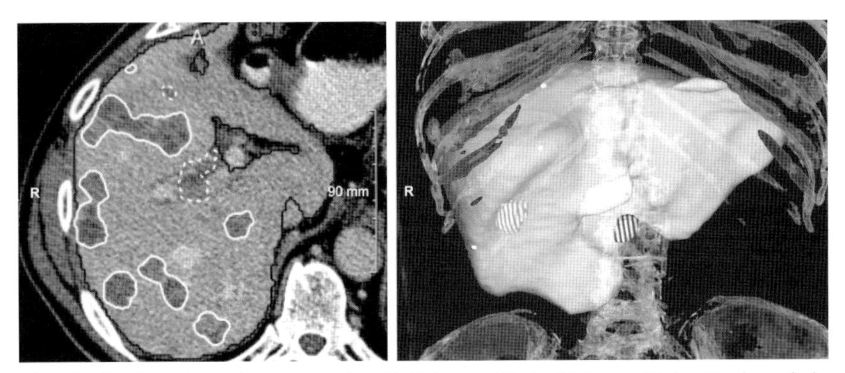

Abb. 19.8 Deep Learning segmentiert die Leber und Leberläsionen. Links: Nachgeschaltete Klassifikatoren sortieren falsch positive Funde aus (gestrichelte Linie), CT-Daten: LiTS Challenge. Rechts: Deep Learning unterscheidet Tumore (gestreift) von Zysten (Fraunhofer MEVIS, All rights reserved. CT-Daten: R. Brüning, Hamburg).

Vorhersagen auch dann, wenn nicht alle möglichen Kombinationen vollständig durchgerechnet werden können, also wenn sich ein gegebenes Muster nur so „anfühlt", als würde es zum Sieg führen bzw. zu einer bestimmten medizinischen Kategorie gehören. Die bislang unvollständige Erklärbarkeit der Antworten neuronaler Netze wurde bereits vielfach als Problem diskutiert und als Hürde für die Praxiseinführung gesehen [13].

Sollen wir also einem Computer vertrauen, auch wenn wir keine schlüssige Erklärung für die gegebene Antwort erhalten? Diese Frage führt zu einer tieferen Befassung mit der selbstlernenden Natur solcher KI-Systeme. *Selbstlernend* bedeutet, dass die tiefen neuronalen Netze in der Lage sind, ihr Wissen alleine anhand von Beispieldaten zu generieren und keine expliziten Regelvorgaben mehr benötigen. Während auf den ersten Netzwerkebenen noch einfache Merkmale extrahiert werden, werden auf den höheren Ebenen oftmals hochspezifische und kaum mehr vollständig beschreibbare Muster erlernt, mithilfe derer die Systeme ihre hohe Genauigkeit erzielen.

Es ist mittlerweile gelungen, trainierten Netzwerken eine Visualisierung der jeweils relevantesten Muster zu entlocken, was dem Benutzer dabei helfen könnte, *Vertrauen* gegenüber dem System zu entwickeln sowie Fehlfunktionen oder Falschalarme zu entdecken. Bei genauerer Hinsicht stellen wir jedoch fest, dass ein gehöriger Teil der Erklärung hinter den Computerergebnissen verborgen bleibt – ähnlich wie das menschliche Bauchgefühl, das wohl auch oft durch Erfahrung erlernt wurde, sich aber ebenso wenig in Worte fassen lässt.

Und dabei besteht ein wesentlicher Unterschied zwischen Mensch und Computer darin, dass sich die trainierten CNNs statistisch vollständig beschreiben und validieren lassen – eine Eigenschaft, die für die Zulassung als Medizinprodukt eine große Rolle spielt. Für die größere Verbreitung der KI-basierten Assistenten wird es auch wesentlich sein, möglichst viel von ihrem Innenleben verständlich zu machen und die verbleibenden Fehler ausführlich zu analysieren.

Vermutlich werden wir dabei immer wieder feststellen, dass Mensch und Maschine sehr unterschiedliche Fehlerquellen und auch Stärken aufweisen, passend zu der deutlich voneinander verschiedenen Mechanik des Lernens und Handelns. Somit wird für die Optimierung der *Mensch-Computer-Teams* auch die richtige Gestaltung der Benutzer-Schnittstellen erfolgsentscheidend sein.

19.4 Rollenverteilung im Wandel

19.4.1 Integrierte Diagnostikteams

Mit der Verbreitung digitaler Expertensysteme, großer Datenbanken und integrierter Diagnostik-Lösungen wird auch die Rollenverteilung zwischen den medizinischen Fachbereichen verändert werden. Es ist davon auszugehen, dass die weitgehende Trennung der Arbeitsabläufe in der Radiologie, Pathologie und weiteren diagnostischen Disziplinen zu einem ebenso integrierten transdisziplinären Handeln zusammengeführt werden.

Was heute im Rahmen der vielerorts organisierten Tumorboards auf Basis der einzelnen Fach-Befunde erfolgt, übernehmen künftig von Anfang an interdisziplinäre Diagnostikteams mit massiver Computerunterstützung – hocheffizient und individualisiert. Im besten Sinne würden bei diesen Teams alle relevanten Informationen zusammenlaufen, quasi als Schaltstelle der medizinischen Entscheidungsprozesse. In der Folge wird das reibungslose Zusammenspiel mit den zuweisenden Neurologen, Chirurginnen, Kardiologen, Onkologinnen, Strahlentherapeuten, Gynäkologinnen, Urologen, usw. einen noch höheren Stellenwert als bislang einnehmen. Konnektivität wird so im Bezug nicht nur auf die Daten, sondern auch auf die Handelnden zum zentralen Wettbewerbsfaktor.

19.4.2 Der mündige Patient

Begleitet wird die hier skizzierte Transformation zur digitalisierten Medizin von einer veränderten Arzt-Patient-Interaktion auf Basis der Telemedizin oder auch intelligenter *ChatDocBots*. Wir erwarten, dass ein Großteil der ärztlichen Beratungen in Zukunft virtuell erfolgen wird. In den USA werden voraussichtlich bereits 2020 mehr als 5 Mio. Arztkonsultationen per Videokonferenz erfolgen [24]. Dieser Trend geht gleichermaßen von den Gesundheitsversorgern und den Krankenkassen aus, die jeweils sowohl eine gesteigerte Kosteneffizienz als auch den Patientenkomfort im Blick haben. Neben der allgemeinen ärztlichen Beratung wird insbesondere auch die Notfallmedizin von der Telemedizin profitieren, um in schwierigen, seltenen Fällen Spezialwissen effizient zurate zu ziehen.

Noch gravierender als die Telemedizin verändert die bloße Verfügbarkeit von detaillierter Fachinformation das Arzt-Patienten-Gefüge. Bereits heute ist dies spürbar, wenn Ärztinnen sich in ihrer Praxis regelmäßig mit umfangreichem Halbwissen konfrontiert sehen, das ihre Patienten im Wesentlichen aus *Wikipedia*, den zahlreichen Online-Gesundheitsratgebern und von *Dr. Google* als Symptomsuchmaschine beziehen. Sich in solchen Situationen abzuwenden mit dem Kommentar „Wenn Sie bereits alles wissen, brauchen Sie mich ja nicht mehr!" wäre unangemessen und ein Fehlschlag auf ganzer Linie.

Doch das ist nur der Anfang. Fred Trotter [27] bezeichnete *E-Patients* als „die Hacker des Gesundheitswesens." Das *E* steht dabei für verschiedene Adjektive wie *educated*, *engaged*, *electronic* und vor allem *empowered*. E-Patienten sind die Akteure hinter der seit rund zehn Jahren propagierten *partizipativen Medizin*[4]. Mittlerweile gibt es eine ganze Reihe von Patientenportalen wie *PatientsLikeMe* und *ACOR*[5], in denen Betroffene sich miteinander verbinden und reichhaltige krankheitsbezogene Informationen untereinander und mit Ärzten austauschen können. Gerade bei seltenen Erkrankungen ist das Internet zunehmend besser als die Allgemeinmediziner.

Der nicht zu leugnende Trend zur Selbstdiagnostik sowie zu mündigeren Patientinnen und Patienten muss auch hinsichtlich seiner Gefahrenpotenziale diskutiert werden. Schwachstellen entstehen bereits durch Authentifizierungs- und Datenintegritätsprobleme bei der gemeinsamen Informationseingabe sowie durch Überdokumentation mit potenzieller Überdiagnose bzw. Fehldiagnose und schließlich unerwünschten klinischen Ergebnissen. Entsprechende Schulungen der professionellen Akteure, eine verbesserte Infrastruktur und sinnvolle gesetzliche Rahmenbedingungen können dabei helfen, diese Folgen zu vermeiden. In jedem Fall werden sich alle Akteure auf die neue Rollenverteilung einstellen und die Frage der *Verantwortung* im Wechselspiel von Versorgern, Versicherern, Industrie, staatlicher Regu-

[4] SPM – Society for Participatory Medicine: https://participatorymedicine.org/

[5] ACOR – Association of Cancer Online Resources: http://www.acor.org/

lierung, künstlicher Intelligenz sowie – mehr und mehr an zentraler Stelle – den Betroffenen neu diskutieren.

Die Frage der Verantwortung stellt sich auch, wenn in Zukunft Smartphones und Smart-Home-Geräte sowohl im Notfall als auch bei allgemeinen medizinischen Fragestellungen Ratschläge erteilen. So gibt Amazons digitaler Home-Assistant *Alexa* bereits heute Anleitungen zur Durchführung von Wiederbelebungsmaßnahmen [1].

19.5 Gesundheitsökonomische Potenziale

Ein wesentlicher Motivator für die Transformation der Medizin liegt in der Notwendigkeit, die Kosten der Gesundheitsversorgung zu reduzieren. Industrienationen verwenden im Schnitt zwischen 9 % und 12 % des Bruttoinlandsprodukts zur Deckung der Gesundheitskosten. Mit Gesundheitsausgaben in Höhe von 17,8 % des BIP verzeichnen die USA besonders hohe Kosten im internationalen Vergleich [5].

19.5.1 Kosteneinsparungen durch objektivierte Therapieentscheidungen

Die Ausgaben für Arzneimittel in Deutschland fallen mit knapp 53 Mrd. EUR und einem Anteil von 15,5% an den Gesamtausgaben schwer ins Gewicht (vgl. Abb.

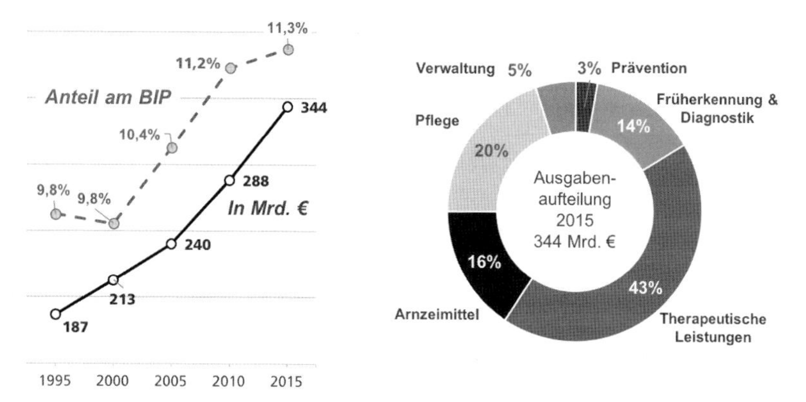

Abb. 19.9 Gesundheitsausgaben in der Bundesrepublik Deutschland (Fraunhofer MEVIS, All rights reserved. Basierend auf Daten des Statistischen Bundesamtes)

19.9, [7]). In den USA beläuft sich die Summe für diesen Posten auf über 325 Mrd. USD [5]. Bereits 2010 erzeugten alleine Krebserkrankungen in den USA über 120 Mrd. USD an direkten medizinischen Kosten, mit schnell wachsender Tendenz [15, 16]. Knapp die Hälfte dieser Kosten wird für Medikamente ausgegeben, insbesondere systemische Chemotherapien und sog. *Targeted Therapies*, die spezifischer auf die jeweilige Erkrankung abgestimmt sind und in zunehmender Anzahl verfügbar werden. Die typischen jährlichen Therapiekosten belaufen sich auf 20.000 bis 100.000 EUR, zum Teil sogar noch deutlich darüber.

Zudem bleiben diese teuren Therapien in einer großen Zahl erfolglos oder tragen nur zu einer geringfügigen Verzögerung des Krankheitsfortschritts bei und werden wieder abgesetzt. Außerhalb spezifischer Krebstypen, für die eine Therapie möglich ist, werden für die medikamentöse Krebstherapie nach wie vor nur rund ein Viertel effektive Behandlungen beobachtet (vgl. [21]). Die erfolglosen Krebstherapien stellen damit einen beträchtlichen Kostenfaktor im derzeitigen Gesundheitssystem dar, und weit über 50 Mrd. USD werden dafür jährlich ohne Heilungserfolg ausgegeben. Für die Betroffenen kommt gravierend hinzu, dass die meisten Chemotherapien erhebliche Nebenwirkungen haben, die nur im Erfolgsfall zu rechtfertigen sind.

Die Fortschritte in der spezifischen Immuntherapie, in der Genomik sowie im frühen in-vitro und in-vivo Therapiemonitoring versprechen Abhilfe durch sehr viel genauere Vorschläge der richtigen Therapiekombination, verbesserte Patientenselektion und Verifikation des Therapieansprechens [3].

19.5.2 Effizienzsteigerung durch Früherkennung und Datenmanagement

Mit Blick auf die Ausgabenverteilung entlang der Gesundheitswertschöpfungskette (vgl. Abb. 19.9) lässt sich feststellen, dass der weitaus größte Teil der Ausgaben für Therapie sowie ein weiterer großer Teil für Pflege anfällt und nur ein Bruchteil dessen für Vorsorge, Früherkennung und Diagnostik. Da eine späte Diagnose sowohl die Heilungschancen verschlechtert als auch die damit einhergehenden Therapie- und Pflegekosten steigert, geht von der diagnostischen Früherkennung ein signifikantes Einsparpotenzial aus. In den entwickelten Nationen wird heute nach wie vor zu spät diagnostiziert und damit zu viel Geld für Therapie ausgegeben.

Auch im allgemeinen Patientenmanagement und der Verwaltung medizinischer Leistungen werden reibungslose digitale Patientenakten zur Kosteneffizienz beitragen. Die heutigen Datensilos und Brüche im Austausch der Patienteninformationen führen zu einem schwerwiegenden Informationsverlust, der wiederum redundante

Prozeduren, beispielsweise in Form von zusätzlichen Arztgesprächen oder diagnostischen Verfahren, verursacht.

19.6 Veränderungen im Marktgefüge

19.6.1 Disruptive Innovation und der Kampf um die Standards

Die große Mehrheit der Stakeholder im Gesundheitssystem sehnt sich die Digitale Transformation herbei. Aufgrund umfangreicher regulatorischer Zulassungsanforderungen, langwieriger gesundheitspolitischer Gestaltungsprozesse und starker institutioneller Verflechtungen tendiert das Gesundheitswesen bislang zu langen Technologielebenszyklen und inkrementeller Innovation. Disruptive Innovation in der Medizin erfordert daher eine Einbettung in den jeweils vorherrschenden nationalen Kontext. Dass Disruption und Kooperation nicht im Widerspruch stehen müssen, zeigen innovative Gesundheitslösungen wie die US-amerikanische Krankenversicherung *Oscar*, die den Versicherer als *mobile-first* Gesundheitsassistenten neu erfindet und bereits ein entsprechendes Netzwerk von Klinikpartnern etabliert hat, oder auch das beträchtliche finanzielle Engagement amerikanischer Versorger und Versicherer in innovativen Startups.

Die oben beschriebene Vision einer digitalisierten Medizin erfordert parallele Innovationen entlang der medizinischen Wertschöpfungskette. Gleichzeitig weist der Gesundheitsmarkt Merkmale einer Netzwerkindustrie auf, die aufgrund von Wettbewerbseffekten zur Entwicklung von Oligopolen mit wenigen marktbeherrschenden Spielern neigt. Umfangreiche medizinisch kuratierte Patientendaten sind in der Ära der digitalisierten Medizin von hohem strategischem Wert für die kontinuierliche Optimierung und Validierung von selbstlernenden Algorithmen. In der Tat ist daher davon auszugehen, dass in naher Zukunft ein *Standard-Kampf* um die Integrationshoheit der Medizin und den damit einhergehenden Zugang zu Patientendaten entsteht. Um die Interoperabilität der Systeme zu gewährleisten und Nutzer vor der Abhängigkeit ausgewählter Anbieter zu bewahren, ist es erstrebenswert, Standards für den Datenaustausch zu entwickeln, wie Sie bereits für Klinikdaten (FHIR, HL7) und medizinische Bilddaten (DICOM) existieren.

19.6.2 Neue Wettbewerber im Gesundheitsmarkt

Das Wirtschaftsmagazin *The Economist* prophezeit, dass die Transformation der Medizin zu einem neuen Wettbewerbsgefüge zwischen etablierten Gesundheitsdienstleistern, Pharma- und Medizintechnikgiganten auf der einen Seite und *Technology Insurgents* auf der anderen Seite führt [24]. Zu Letzteren zählen große Technologieunternehmen wie Google/Alphabet, Apple, SAP und Microsoft, aber auch eine Vielzahl von Wagniskapital-finanzierten Startups, die Lösungen für Teilbereiche der digitalen Medizin entwickeln. Jährliche Wagniskapitalinvestitionen von mehr als 4 Mrd. USD in den USA während der vergangenen drei Jahre verdeutlichen die Hoffnungen, die Investoren in die Gesundheitstransformation setzen [23]. Nicht weniger beeindruckend ist Googles jüngste Finanzierungszusage in Höhe von 500 Mio. USD für das oben erwähnte *Project Baseline*.

Der entscheidende Vorteil der *Technology Insurgents* gegenüber etablierten Medizintechnik-Spielern könnte neben ihrer Agilität und reichlich vorhandener finanziellen Ressourcen vor allem darin bestehen, dass sie im Innovationsprozess weder durch die eigene *Legacy* noch durch die Gefahr, bestehendes Geschäft durch Disruption zu kannibalisieren, beeinflusst werden. Da KI-basierte Softwarelösungen ein Hauptunterscheidungsmerkmal im zukünftigen Wettbewerb sein werden, räumen wir diesen Firmen gute Chancen im Gesundheitsmarkt ein. Mittelfristig erwarten wir eine Vielzahl von Kooperationen zwischen Versorgern, etablierten Spielern und den neuen Marktteilnehmern, die, je nach nationalen Gegebenheiten, verschiedene Formen annehmen werden.

19.7 Ausblick

Betrachten wir die digitale Medizin der Zukunft von einiger Entfernung, so ist ein ausgeprägtes Wachstumspotenzial mit immensem wirtschaftlichen Interesse und hoher Dynamik festzustellen. Ein ganzes Arsenal von Verbesserungsmöglichkeiten ist durch die Zusammenkunft verschiedenster Technologien und Entwicklungen gegeben – die sogenannte *Super-Konvergenz*. Einige davon sind die Ergebnisse milliardenschwerer Investitionen in die biomedizinische Grundlagenforschung der letzten Jahrzehnte weltweit. Von besonderer Bedeutung für die digitale Transformation werden die Integration der medizinischen Datenräume sowie die zielgerichtete Nutzung modernster Methoden der künstlichen Intelligenz sein. In der Folge entsteht eine objektivierte Medizin mit strukturierten Behandlungsabläufen und dem Effekt einer früheren und genaueren Diagnostik mit besseren Behandlungserfolgen und geringeren Kosten (vgl. Abb. 19.10).

Fraunhofer ist Technologie- und Forschungspartner für Industrie, Politik und Kliniken und agiert als Wegweiser durch die Komplexität der digitalen Transformation. Aufgrund der Vielgliedrigkeit der Medizin sowie dem sich ständig erweiternden medizinischen Wissen ist nachhaltiger Erfolg nur dann zu erwarten, wenn die

Gegenwärtige Medizin		Versprechungen der Digitalen Medizin
Informationsasymmetrie zwischen Arzt und Patient	→	Mündiger Patient, im Mittelpunkt der Medizin
One-size-fits-all Medizin	→	Individualisierte Medizin
Variabler Einsatz von verteiltem medizinischen Wissen	→	Breit verfügbare Expertensysteme
Reaktive Medizin	→	Proaktive Präventionsmedizin
Diagnostik erfolgt nach Patientenaufnahme	→	Dezentrale Früherkennung und Diagnostik durch Wearables etc. bereits zuhause
Teils schlechte Heilungschancen durch zu späte Diagnose	→	Frühe Diagnose mit verbesserten Heilungschance
Therapie im Trial-and-Error-Verfahren	→	Objektivierte Planung und Prädiktion von Therapiekombinationen
Weitgehende Trennung von Heimpflege, ambulanter und klinischer Versorgung	→	Integration der Gesundheitsbereiche mit verkürzten stationären Behandlungszeiten
Disjunkte Datenspeicherung in Silos	→	Zentralisierte oder vernetzte Speicherung in Gesundheitsakte
Unvollständige Datenerfassung	→	Kontinuierliche Datenerfassung
Hoher Verwaltungsaufwand für medizinisches Personal	→	Mehr Zeit für zwischenmenschliche Betreuung der Patienten

Abb. 19.10 Versprechungen der Digitalen Medizin (Fraunhofer MEVIS)

Verzahnung von technologischer und biomedizinischer Forschung auf der einen Seite und klinischer Umsetzung und Produktentwicklung auf der anderen Seite dauerhaft gewährleistet ist. Populationsbezogene Forschungsprojekte wie die Nationale Kohorte werden künftig noch enger mit den Erkenntnissen der klinischen Datenanalyse zu verzahnen sein, um jeweils eine bestmögliche Diagnose und Therapieempfehlung zu generieren.

Die richtige Kombination aus gemeinnütziger Forschung, industrieller Entwicklung, klinischer Umsetzung und kluger politischer Leitlinie wird mitentscheidend dafür sein, welche Fortschritte am Ende tatsächlich erzielt werden. Viele Kliniken haben den strategischen und kommerziellen Wert ihrer Daten und ihres Wissens erkannt und suchen daher nach dem richtigen Weg, diesen Wert zu realisieren. Noch zu entwickelnde Kooperations- und Geschäftsmodelle müssen unter anderem auch die berechtigten Interessen der Klinikbetriebe sowie der Betroffenen wahren, sodass ein kontinuierlicher Austausch und Aufbau von Daten und Wissen im Netzwerk erfolgen kann. Ein bekanntes Gegenbeispiel ist die abgebrochene Partnerschaft zwischen dem MD Anderson Cancer Center und IBM Watson Health [12].

Neben allem berechtigten Optimismus sind beim Entwurf der künftigen IT-Systeme jedoch insbesondere auch die Risiken und Gefahren der Datenintegration sowie der Automatisierung bewusst zu machen und zu berücksichtigen. Der Datenschutz nimmt dabei eine besondere Stellung ein, und es gilt, die richtige Balance zu finden zwischen dem Schutz der Betroffenen und der Ermöglichung medizinischen Fortschritts, zumal laut Umfragen ein großer Teil der Patientinnen und Patienten bereit wäre, ihre Daten für die Forschung zur Verfügung zu stellen [25]. Auch die Zulassungsprozesse für automatisierte und selbstlernende Softwarelösungen werden in den kommenden Jahren zu überdenken sein. Nicht zuletzt setzt Fraunhofer Impulse für die Datensicherheit und digitale Souveränität in Deutschland und Europa, etwa mit ihrer Big-Data-Allianz sowie durch die Gründung der Industrial Data Space Association[6]. Der Anfang 2016 gegründete Verein zählt derzeit rund 70 Institutionen und Firmen als seine Mitglieder.

Nicht zuletzt wird ein zentraler Punkt sein, die medizinischen Curricula an den Fortschritt anzupassen. Ärztinnen und Pflegekräfte müssen vorbereitet sein auf die sich rasant entwickelnden technologischen Möglichkeiten und Bedürfnisse ihrer Patienten. Auch wenn die Zukunft nicht genau vorhergesagt werden kann, so müssen die Handelnden doch in der Lage sein, sich in der ständig komplexer werdenden medizinischen Informationswelt zurechtzufinden und gerade auch bei Nutzung einer erweiterten Computerassistenz souveräne Entscheidungen zu treffen. Und wir dürfen nicht vergessen, dass Empathie und das menschliche Miteinander ganz wesentlich zum Heilungserfolg beitragen. Somit sollte die Qualitäts-, Sicherheits- und Kosteneffizienzsteigerung der Digitalen Medizin in erster Linie dazu führen, dass Pflegepersonal und Ärzte in der Ausübung ihrer Tätigkeit wieder Mensch sein dürfen und von technischen und bürokratischen Lasten befreit werden.

[6] Industrial Data Space Association: http://www.industrialdataspace.org

Quellen und Literatur

[1] AHA – American Heart Association (2017) Alexa can tell you the steps for CPR, warning signs of heart attack and stroke. Blog. Zugriff im Juli 2017: http://news.heart.org/alexa-can-tell-you-the-steps-for-cpr-warning-signs-of-heart-attack-and-stroke/

[2] Aerts HJ, Velazquez ER, Leijenaar RT et al (2014) Decoding tumour phenotype by noninvasive imaging using a quantitative radiomics approach. Nat Commun 5:4006. doi:10.1038/ncomms5006

[3] ASCO (2017) Clinical Cancer Advances 2017, American Society of Clinical Oncology. Zugriff im Juli 2017: https://www.asco.org/research-progress/reports-studies/clinical-cancer-advances

[4] CB Insights (2017) From Virtual Nurses To Drug Discovery: 106 Artificial Intelligence Startups In Healthcare. Zugriff im Juli 2017: https://www.cbinsights.com/blog/artificial-intelligence-startups-healthcare/

[5] CMS – Centers for Medicare and Medicaid Services (2017) NHE Fact Sheet. Zugriff im Juli 2017: https://www.cms.gov/research-statistics-data-and-systems/statistics-trends-and-reports/nationalhealthexpenddata/nhe-fact-sheet.html

[6] Cooper DN, Ball EV, Stenson PD et al (2017) HGMD – The Human Gene Mutation Database at the Institute of Medical Genetics in Cardiff. Zugriff im Juli 2017: http://www.hgmd.cf.ac.uk/

[7] Destatis – Statistisches Bundesamt (2017) Gesundheitsausgaben der Bundesrepublik Deutschland. Zugriff im Juli 2017: https://www.destatis.de/DE/ZahlenFakten/GesellschaftStaat/Gesundheit/Gesundheitsausgaben/Gesundheitsausgaben.html

[8] Dusheck J (2016) Diagnose this – A health-care revolution in the making. Stanford Medicine Journal, Fall 2016. Zugriff im Juli 2017: https://stanmed.stanford.edu/2016fall/the-future-of-health-care-diagnostics.html

[9] Esteva A, Kuprel B, Novoa RA et al (2017) Dermatologist-level classification of skin cancer with deep neural networks. Nature 542(7639):115–118. doi:10.1038/nature21056

[10] Ferrucci D, Levas A, Bagchi S et al (2013) Watson: Beyond Jeopardy! Artificial Intelligence 199:93–105. doi:10.1016/j.artint.2012.06.009

[11] Harz M (2017) Cancer, Computers, and Complexity: Decision Making for the Patient. European Review 25(1):96–106. doi:10.1017/S106279871600048X

[12] Herper M (2017) MD Anderson Benches IBM Watson In Setback For Artificial Intelligence In Medicine. Forbes. Zugriff im Juli 2017: https://www.forbes.com/sites/matthewherper/2017/02/19/md-anderson-benches-ibm-watson-in-setback-for-artificial-intelligence-in-medicine

[13] Knight W (2017) The Dark Secret at the Heart of AI. MIT Technology Review. Zugriff im Juli 2017: https://www.technologyreview.com/s/604087/the-dark-secret-at-the-heart-of-ai/

[14] Lambin P, Rios-Velazquez E, Leijenaar R et al (2012) Radiomics: extracting more information from medical images using advanced feature analysis. Eur J Cancer 48(4):441–6. doi:10.1016/j.ejca.2011.11.036

[15] Mariotto AB, Yabroff KR, Shao Y et al (2011) Projections of the cost of cancer care in the United States: 2010-2020. J Natl Cancer Inst 103(2):117–28. doi:10.1093/jnci/djq495

[16] NIH – National Institutes of Health (2011) Cancer costs projected to reach at least $158 billion in 2020. News Releases. Zugriff im Juli 2017: https://www.nih.gov/news-events/news-releases/cancer-costs-projected-reach-least-158-billion-2020
[17] Ryan KJ (2016) Who's Smartest: Alexa, Siri, and or Google Now? Inc. Zugriff im Juli 2017: https://www.inc.com/kevin-j-ryan/internet-trends-7-most-accurate-word-recognition-platforms.html
[18] Sahiner B, Chan HP, Petrick N et al (1996) Classification of mass and normal breast tissue: a convolution neural network classifier with spatial domain and texture images. IEEE Trans Med Imaging 15(5):598–610. doi:10.1109/42.538937
[19] Schmutzler R, Huster S, Wasem J, Dabrock P (2015) Risikoprädiktion: Vom Umgang mit dem Krankheitsrisiko. Dtsch Arztebl 112(20): A-910–3
[20] Silver D, Huang A, Maddison CJ et al (2016) Mastering the game of Go with deep neural networks and tree search. Nature 529:484–489. doi:10.1038/nature16961
[21] Spear BB, Heath-Chiozzi M, Huff J (2001) Clinical application of pharmacogenetics. Trends Mol Med 7(5):201–4. doi:10.1016/S1471-4914(01)01986-4
[22] Stenson et al. (2017) The Human Gene Mutation Database: towards a comprehensive repository of inherited mutation data for medical research, genetic diagnosis and next-generation sequencing studies. Hum Genet 136:665-677. doi: 10.1007/s00439-017-1779-6
[23] Tecco H (2017) 2016 Year End Funding Report: A reality check for digital health. Rock Health Funding Database. Zugriff im Juli 2017: https://rockhealth.com/reports/2016-year-end-funding-report-a-reality-check-for-digital-health/
[24] The Economist (2017) A digital revolution in healthcare is speeding up. Zugriff im Juli 2017: https://www.economist.com/news/business/21717990-telemedicine-predictive-diagnostics-wearable-sensors-and-host-new-apps-will-transform-how
[25] TheStreet (2013) What Information Are We Willing To Share To Improve Healthcare? Intel Healthcare Innovation Barometer. Zugriff im Juli 2017: https://www.thestreet.com/story/12143671/3/what-information-are-we-willing-to-share-to-improve-healthcare-graphic-business-wire.html
[26] Topol E (2012) The Creative Destruction of Medicine: How the Digital Revolution will Create Better Health Care. Basic Books, New York. ISBN:978-0465061839
[27] Trotter F, Uhlman D (2011) Hacking Healthcare – A Guide to Standards, Workflows, and Meaningful Use. O'Reilly Media, Sebastopol. ISBN:978-1449305024
[28] Zhang W, Hasegawa A, Itoh K, Ichioka Y (1991) Image processing of human corneal endothelium based on a learning network. Appl Opt. 30(29):4211–7. doi:10.1364/AO.30.004211

20 Smart Energy

Die Digitale Transformation im Energiesektor

Prof. Dr. Peter Liggesmeyer · Prof. Dr. Dr. Dieter Rombach ·
Prof. Dr. Frank Bomarius
Fraunhofer-Institut für Experimentelles Software Engineering
IESE

Zusammenfassung

Eine erfolgreiche Energiewende ist ohne umfassende Digitalisierung nicht vorstellbar. Angesichts der Komplexität der Aufgabe „Digitalisierung des Energiesektors und aller angeschlossenen Systeme" erscheinen die bisherigen Anstrengungen zur Definition von grundlegenden Komponenten der Digitalisierung – wie konkret nutzbaren Referenzarchitekturen, Forschung zur Resilienz des zukünftigen Energiesystems – aktuell noch ungenügend und unkoordiniert. Zu diesen Komponenten zählen intelligente Steuerungsansätze, die Marktmechanismen und klassische Steuerungstechnik integrieren können, und umfassende Sicherheitskonzepte inklusive wirksamer Datennutzungskontrolle, die weit über das BSI-Schutzprofil für Smart Meter hinausgehen müssen. Die Digitalisierung des Energiesystems muss als langfristig angelegter, geplanter Transformationsprozess mit verlässlichen Meilensteinen konzipiert und betrieben werden.

20.1 Einleitung: Der Megatrend „Digitale Transformation"

Digitalisierung ermöglicht die intelligente Vernetzung von Menschen, Maschinen und Ressourcen, die fortschreitende Automatisierung und Autonomisierung von Prozessen, die Individualisierung von Dienstleistungen und Produkten sowie die Flexibilisierung und Fragmentierung, aber auch die Integration von Geschäftsmodellen entlang der gesamten Wertschöpfungskette [8]. Im Sinne dieser Definition wird zunehmend Digitalisierung als Transformationsprozess verstanden, in dessen Verlauf sich die Chance bietet, Verfahren und Abläufe grundlegend zu hinterfragen und auf revidierte oder oft sogar völlig neue Geschäftsmodelle auszurichten. Dabei müssen hergebrachte Systemarchitekturen zumeist grundlegend revidiert oder gänzlich neu geschaffen werden, um durch neuartige Vernetzungstopologie und Kommunikation herkömmliche, modernisierte und neuartige Produkte und Services anbieten zu können. Für solche, im Zuge der Digitalisierung neu organisierte Geschäftsmodelle wurde der Begriff Smart Ecosystem[1] geprägt. Grundlegendes Charakteristikum ist das Zusammenspiel von einzelnen Geschäftsmodellen in einem nach ökonomischen Zielen ausgerichteten größeren Gesamtsystem. Informationstechnische Basis hierfür sind Standards und offene IT-Plattformen mit niedrigen Transaktionskosten, hoher Zuverlässigkeit und Sicherheit zur technischen Abwicklung der Geschäftsmodelle. Internet-Technologien bieten die universellen Infrastrukturen zur Vernetzung der Geschäftspartner untereinander sowie auch die Verbindung der digitalen Abbilder von Dingen, Geräten, Anlagen, Waren und Dienstleistungen (sogenannte „Digitale Zwillinge") mit den über das Internet zu erreichenden physischen Dingen (Internet-of-Things – IoT).

In zahlreichen Domänen hat dieser Transformationsprozess bereits dazu geführt, dass bisherige an stoffliche Dinge und persönlich erbrachte Dienstleistungen gebundene Geschäftsmodelle im Zuge digitaler Transformation von einer dematerialisierten Data Economy überlagert (hybride Wertschöpfung), wenn nicht sogar substituiert wurden. Digital erbrachte Leistung steht somit zunehmend im Vordergrund:

- Amazon liefert ohne eigene Produktion, Uber transportiert ohne eigenen Fuhrpark, AirBnB vermietet Wohnraum, ohne eigene Flächen zu besitzen.
- Mittels Digitalisierung werden unrentable Standzeiten bei Investitionsgütern durch prädiktive Wartung vermieden.
- Durch Digitalisierung werden Investitionen in Anlagen durch Miete von Services (Logistik, Wärme, Licht, …) abgelöst.
- Digitalisierung ermöglicht neue Vertragsmodelle, z. B. den „On-Time-Arrival-Vertrag" für eine Bahnfahrt (Siemens).
- Digitalisierung lässt Added-on Values zu klassischen Produkten entstehen (FarmSight von JohnDeere).

Entscheidende Kompetenzen seitens der Entwickler und Betreiber in einer Data Economy sind Cloud- und IoT-Technologien, (Big) Data Analytics, Maschinelles Lernen, Deep Learning.

Die grundlegende Revision von Geschäftsabläufen stößt nicht selten an die Grenzen von geltenden rechtlichen Rahmen. Datenschutz und Schutz der Privatsphäre erreichen im Zuge intensiver digitaler Vernetzung neue Bedeutungen und müssen

[1] Ein smartes Öko-System integriert Informationssysteme, die Geschäftsziele unterstützen, und Eingebettete Systeme, die technischen Zielen dienen, so, dass diese als Einheit zusammenwirken, um gemeinsam übergeordnete (Geschäfts-)Ziele zu verfolgen.

revidiert werden, um einerseits ausreichenden Schutz zu gewähren und andererseits neue, ökonomisch tragfähige Geschäftsmodelle zu erlauben. Neben ökonomischen Gründen kann eine (noch) nicht international harmonisierte Gesetzeslage dabei zur Verlagerung der Firmen in Länder mit großzügiger Gesetzgebung führen.

In Domänen mit besonders starker Regulation – beispielsweise Gesundheit, Lebensmittel, Verkehr und im Energiesektor – sind rechtliche Regularien und verpflichtende Normen wie die EU-Datenschutzgrundverordnung[2] frühzeitig zu berücksichtigen und ggf. zu überarbeiten, um den Transformationsprozess nicht unnötig zu verzögern oder ganz zu ersticken.

20.2 Digitale Transformation im Energiesektor

Die digitale Transformation im Energiesektor ist ein vergleichsweise langsam voranschreitender Prozess – er wird voraussichtlich mehrere Dekaden benötigen. Dies begründet sich durch folgende Aspekte:

- Die Langfristigkeit von extrem teuren Investitionsentscheidungen in Netzinfrastrukturen und Kraftwerksparks erfordert die Auswahl ökonomisch sicherer Entscheidungen, was im Zuge des tiefgreifenden strukturellen Wandels durch die Energiewende besonders schwer fällt. Jedoch muss darauf geachtet werden, dass dieser Aspekt nicht als Grund zum unnötigen Hinauszögern dringend notwendiger Digitalisierung missbraucht wird.
- Die starke Regulation in jenen Bereichen der Energieversorgung, die ein natürliches Monopol bewirtschaften, hemmt Innovation, denn die für den Betrieb neuer Anlagen und Geschäftsmodelle notwendige Anpassung der Regulation folgt meist der Innovation zeitlich nach.
- Der Transformationsprozess betrifft mehrere, bislang separat operierende Sektoren der Energiebranche (Strom, Gas, Wärme) und wirkt sich auf benachbarte Branchen (Verkehr, Heimautomatisierung, Industrieautomatisierung) aus. Dabei stellt, bedingt durch die Dominanz der volatil einspeisenden Erneuerbaren Energien (EE) Wind und Sonne, der Stromsektor die Leitgröße dar, an der sich die Sektoren neu ausrichten müssen.

Im Zuge des digitalen Transformationsprozesses werden klassische Produkte des Energiesektors in den Hintergrund treten und von Services mit geldwerten Qualitäten abgelöst werden. Bisherige Produkte (Strom, Wärme und Gas) wurden vor allem

[2] EU-Datenschutzgrundverordnung (EU-DSGVO, Richtlinie EU 2016/679), Inkrafttreten am 25. Mai 2018

nach der physikalischen Größe Arbeit (in Vielfachen von Wattstunden (Wh)), also einem Volumentarif abgerechnet, teilweise auch nach der maximal bereitgestellten Anschlussleistung (in Vielfachen von Watt (W)). Die Qualität der Energielieferung durch zentral gesteuerte Großkraftwerke war gewohnt sehr hoch, aber nicht explizit ausgewiesener Bestandteil der Preisbildung. Mit anderen Worten: Die Kosten für Versorgungssicherheit und Stromqualität[3] waren bislang in den Volumentarif eingepreist.

Der Ausbau Erneuerbarer Energien (EE) und die politisch formulierten Klimaziele bewirken im elektrischen Energienetz den Rückbau des Kraftwerksparks, speziell der Atom- und Kohlekraftwerke. Zentral bereitgestellte Versorgungssicherheit, Netzdienste[4] und Stromqualität gehen damit verloren. Sie müssen künftig beim dezentral operierenden EE-Einspeiser hergestellt und bezahlt werden, erlangen also die Bedeutung von handelbaren Produkten.

Weitere neue Produkte können z. B. festgelegte Grade der Leistungserbringung selbst bei kritischen Bedingungen im Energienetz sein, ähnlich den Service Level Agreements (SLA) in der Informations- und Kommunikationsbranche (IKT). Für industrielle Kunden gibt es vereinzelt solche Produkte bereits; im Zuge der Digitalisierung könnten sie zum Standard werden und beispielsweise dafür sorgen, dass in Zeiten extremer Unterversorgung mit elektrischer Energie Basisfunktionen mit niedrigem Energiebedarf aufrechterhalten und verzichtbare Geräte gezielt abgeschaltet werden, wo bisher komplette Teilnetz-Abschaltungen erfolgen mussten. Weiter gedacht bedeutet dies: Statt abgenommene, eingespeiste oder transportierte Energiemengen zu bezahlen bilden sich künftig Flexibilitätsmärkte, in denen eine möglichst flexible, durch digitale Systeme berechnete Veränderung der Einspeise-, Bedarfs- oder Verbrauchsprofile geldwert gehandelt, gesteuert und abgerechnet wird. Flexibilität ist zunächst ein aus technischen Notwendigkeiten der Systembetriebsführung bei hoher fluktuierender EE-Einspeisung entstehendes Produkt. Es stellt im Grunde die Kosten der Betriebsführung unter nicht balancierten Netzbedingungen in den Vordergrund und bepreist nur indirekt die tatsächlich geflossenen Energiemengen, zumal Grenzkosten von EE-Anlagen gegen null gehen.

[3] Unter **Stromqualität** wird, vereinfacht gesagt, die Einhaltung von Soll-Spannung (230V) und Soll-Frequenz (50Hz) verstanden. So darf die tatsächliche Spannung um 10 Prozent und die Frequenz um 0,2 Hz abweichen. Bei stärkerer Abweichung ist mit Schäden in den angeschlossenen Systemen von Erzeugern und Verbrauchern zu rechnen und es erfolgt zumeist eine Notabschaltung.

[4] Unter **Netzdiensten** werden technisch notwendige Funktionen verstanden, z. B. Blindleistungserbringung, Schwarzstartfähigkeit (wieder Anfahren nach dem Black-out) und Erbringung von Kurzschlussleistung (Aufrechterhaltung des Stromflusses im Kurzschlussfall, damit Sicherungen auslösen können).

Energiemengen oder Anschlussleistungen spielen daher zukünftig eher die Rolle von unverrückbaren physikalischen Begrenzungen für die digitalen Märkte. Die reale Bedeutung des Leistungs- und Arbeitspreises ist bereits heute stark reduziert, obwohl immer noch auf der Basis von Arbeit und Leistung abgerechnet wird. Gelegentlich wird über Flatrates diskutiert, wie sie aus der Telekommunikation bekannt sind. Effizienzanforderungen und Klimaziele stehen Flatrates für Energie beim heutigen Energiemix noch entgegen.

Bevor jedoch Digitalisierung in der oben beschriebenen Weise den Energiesektor tatsächlich transformiert, müssen zum einen die Verteilnetze großflächig mit Informations- und Kommunikationstechnik ausgestattet und zum anderen neue Rollen für die Betreiber dieser Technik in einer Data Economy definiert werden.

Tabelle 20.1 Thesen zur Digitalisierung im Energiesystem der Zukunft

1	Notwendige Schlüsseltechnologien, etwa Internet of Things und Industrie 4.0, sind bereits heute verfügbar oder in naher Zukunft einsetzbar (5G).
2	Energieflüsse werden zunehmend von Informationsflüssen begleitet – Smart Meter sind nur ein Anfang. In Analogie zum Produktionssektor entstehen der „Digitale Zwilling der Energie“ und der „Energy Data Space“ [14].
3	Energiebezogene Daten werden zum wertvollen Gut – eine Energy Data Economy entsteht.
4	Die Bedeutung von Sektorkopplung und von Märkten wächst. Wechselwirkungen zwischen bislang separaten Systemen (z. B. Strom, Gas, Wärme, eMobilität) werden in diesem Zuge aufgebaut; es entstehen digitale Ökosysteme, die untereinander eng vernetzt sind.
5	Das digitalisierte Energiesystem ist vertrauenswürdig und verhält sich erwartungstreu.
6	Lernende, adaptive Strukturen unterstützen fortlaufende planvolle wie auch erratische Veränderungen des Energiesystems.
7	Das Energiesystem 2050 wird durch seine Dezentralität und Heterogenität deutlich höhere Anforderungen an Resilienz haben; Dezentralität und Heterogenität sind gleichzeitig auch Teil der Lösung der Resilienzanforderung.

20.3 Die Energiewende erfordert Sektorenkopplung und IKT

Anspruchsvolle Klimaziele sind nur durch massive Dekarbonisierung zu erreichen. Der deutsche Ansatz einer weitgehenden Ablösung fossiler Brennstoffe bei gleichzeitigem Kernenergie-Ausstieg erfordert noch über Jahre hinweg einen massiven Ausbau an EE-Anlagen. Hierbei sind Wind, Sonne, aber nur in geringerem Umfang Wasserkraft in Deutschland verfügbar. Biogase können nur begrenzte Energiemengen liefern, vor allem wegen entstehender Konkurrenz mit der Nahrungsmittelproduktion. Insofern wird die auf Sonne (PV und solare Wärme) und Wind basierende Versorgung extrem tageszeit- und wetterabhängig – man spricht von volatiler bzw. fluktuierender Einspeisung. Mit Fluktuation, die sowohl ein zeitweises drastisches Überangebot an elektrischer Energie als auch ein durchaus mehrtägiges massives Unterangebot (Volatilität) bedeuten kann, muss geeignet umgegangen werden, ohne die gewohnte Versorgungsicherheit herabzusetzen. Ein Portfolio von Maßnahmen und Zielen zur Problemlösung ist in der Diskussion:

- **Effizienzmaßnahmen** zur Reduktion des Energiebedarfs von Geräten und Anlagen:
  Während Maßnahmen zur Effizienzsteigerung grundsätzlich zu befürworten sind, da sie die Energiekosten herabsetzen und die Klimaziele leichter erreichbar machen, tragen sie kaum zur Lösung des Problems fluktuierender Darreichung elektrischer Energie bei. Denn Energieeffizienz kann auch mit nicht digitalen technischen Verbesserungen gesteigert werden, indem man z. B. Wärmeverluste, Druckverluste oder Reibung vermindert. In vielen modernen Geräten ist allerdings die intelligente digitale Steuerung für gesteigerte Energieeffizienz verantwortlich, etwa bei einer intelligenten Antriebssteuerung von Pumpen. Das Design dieser Steuerungen ist bislang auf die Optimierung des Betriebs bei Energiekosten ausgelegt, die weder zeit- noch lastabhängig sind. Erst durch kommunikative Öffnung des Systems für Signale aus dem Versorgungsnetz, z. B. bezüglich variabler Tarife, kann die Steuerung auch netzdienlich werden. Wir sprechen dann von Demand-Side Management.

- **Anpassung des Verbrauchs an die Darreichung** (Demand-Side Management (DSM) zur Lastverschiebung und Aktivierung von Speicherpotenzialen bei Endkundenanlagen):
  Werden Energiebedarfe von Geräten und Anlagen auch mit Rücksicht auf die aktuelle Netzsituation geregelt – z. B. indem Lastgänge verändert oder Speicherpotenziale in den Geräten und Anlagen genutzt werden, um Zeitraum bzw. Menge des Energiebezugs oder der Energieabgabe zu beeinflussen –, dann kann dieses Flexibilitätspotenzial zur Kompensation von Überschuss oder Unterdeckung im Stromnetz genutzt werden. Dieses netzdienliche Verhalten durch DSM wird erst durch weitgehende Digitalisierung und kommunikative Vernetzung sowohl der Energienetze als auch der einspeisenden und verbrauchenden Anlagen erreicht.

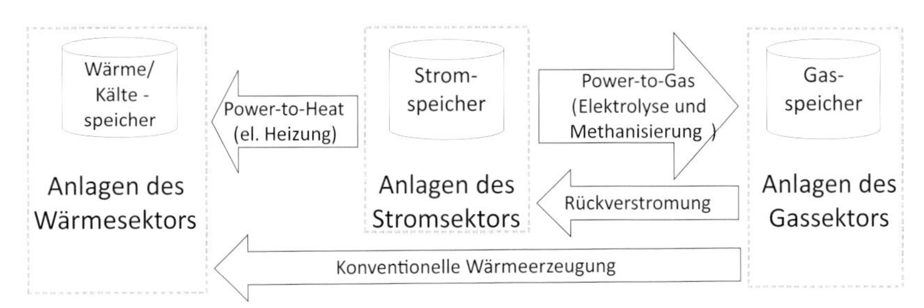

Abb. 20.1 Sektorenkopplung Wärme – Strom – Gas (Fraunhofer IESE)

- **Sektorenkopplung**, um Flexibilitätspotenziale anderer Energiesysteme (Gas, Wärme, Kälte) für den Stromsektor nutzbar zu machen:
  Bei der Sektorenkopplung werden Flexibilitätspotenziale genutzt, die über die Möglichkeiten des DSM hinausgehen, indem entweder momentan nicht durch elektrische Energie zu deckender Energiebedarf aus alternativ verfügbaren Quellen (z. B. Gas statt Strom) gedeckt wird, oder Speicherkapazität einer anderen Energieform (Wärme, Kälte u. a.) zur stromseitigen Anpassung des Lastgangs genutzt wird, was im Allgemeinen kostengünstiger ist als der Einsatz eines Stromspeichers (siehe Abb. 20.1). Der Sektorenkopplung wird mengen- und kostenmäßig das größte Potenzial zugeschrieben, um notwendige Flexibilität für das Stromnetz der Zukunft bereitzustellen. Sie kann sowohl in kleinen Anlagen beim Endkunden eingesetzt werden – etwa im kW-Bereich als bivalente Heizung, die wahlweise mit Gas oder Strom heizen kann – als auch im MW-Bereich, z. B. beim Energieversorger als zusätzliche Stromheizung für Wärmespeicher in Fernwärmenetzen. Sofern große Stromüberschussmengen vorhanden sind, können auch Varianten der Sektorkopplung mit geringeren Wirkungsgraden wirtschaftlich werden, beispielsweise Power-to-Gas (Elektrolyse, Methanisierung) oder Power-to-Liquid (Erzeugung von flüssigen Kraftstoffen) [5].

- **Marktmechanismen**:
  Flexibilitätsnachfragen, die aus volatiler Einspeisung oder Disbalancen im System entstehen, und Flexibilitätsangebote, die aus Demand-Side Management und Sektorenkopplung erwachsen, können zukünftig an neuen, elektronischen Märkten gehandelt werden, um vorrangig über Marktmechanismen zu einem ausgeglichenen Energiehaushalt des Stromnetzes zu kommen. Marktmechanismen sind politisch gewollt, und die Suche nach neuen Geschäftsmodellen, die diese Mechanismen identifizieren und erproben, ist im Gange. Einige Forschungsprojekte dazu untersuchen das mögliche Zusammenspiel technischer,

marktbezogener und angepasster regulatorischer Bedingungen (z.B. [9][15] [16]).

Mit Ausnahme der Energieeffizienz sind die vier genannten Ansätze also ausschließlich unter Einsatz von Digitalisierung umzusetzen: An das elektrische Energiesystem angeschlossene Geräte und Anlagen müssen digitalisiert und kommunikativ vernetzt werden, um Flexibilitätspotenziale bei Angebot und Nachfrage zu erkennen, zu kommunizieren, zu verhandeln und schließlich zu messen und abzurechnen. Der in diesem Zusammenhang oft gebrauchte Begriff Smart Energy bedeutet den Wechsel von einer zentralen Steuerung, die auf Verbrauchsvorhersagen basiert, hin zu einer dezentralen Steuerung, bei der zeitnah das tatsächliche Angebot und die Nachfrage mittels Marktmechanismen möglichst regional ausbalanciert werden. Erst wenn diese Regelkreise versagen, muss auf steuernde Durchgriffe zurückgeschaltet werden, die dann Marktmechanismen zeitweise und regional begrenzt außer Kraft setzen. Das Energiesystem der Zukunft muss also über eine Palette automatisierter Steuerungsstrategien verfügen, die situationsangepasst zum Einsatz kommen. Es sind noch erhebliche Forschungsleistungen nötig, um diese Palette zu definieren und zu erproben, um letztlich einen resilienten Betrieb zu gewährleisten. Um dezentraler Einspeisung und dezentraler Steuerung Rechnung zu tragen, muss das tradierte zentralistisch-hierarchische Organisationsprinzip der Stromnetze auf zellulär-hierarchische Organisation umgestellt werden.

20.4 Zellulares Organisationsprinzip

Räumliche Disbalancen von Erzeugung und Verbrauch müssen letztlich über elektrische Netze ausgeglichen werden. Extreme Disbalancen (nach Energiemenge, Leistung und nach örtlicher Verteilung) erfordern entsprechend leistungsfähige und damit teure Netze.

Die Topologie der heutigen elektrischen Netze ist aus historischen Gründen hierarchisch organisiert und in verschiedene Spannungsebenen unterteilt. Während weite Strecken mit Spannungen im Bereich mehrerer 100.000 Volt überbrückt werden (Transportnetze), wird diese Spannung mittels Transformatoren über mehrere Netzebenen (Mittelspannungsnetze) schließlich bis auf 230 bzw. 400 Volt (Verteilnetze), wie sie am Hausanschluss benötigt werden, herabgesetzt.

In der Vergangenheit erfolgte die Einspeisung durch große Kraftwerke auf der Ebene der höchsten Spannungsebenen. Die elektrische Energie wurde von dort aus in die Fläche verteilt. Der Energiefluss in den Leitungen und Transformatoren war unidirektional. Versorgungssicherheit, Sicherung der Stromqualität sowie Erbringung von Netzdiensten erfolgte vor allem durch Eingriffe auf den hohen Spannungsebenen. Die hierarchische Netzstruktur war an die zentral gesteuerte Erzeugung mittels weniger Großkraftwerke angepasst, die mit atomaren oder fossilen Brennstoffen betrieben wurden.

Im Zuge der Energiewende verringert sich die Anzahl dieser Großkraftwerke, während gleichzeitig immer mehr Energie in die mittleren und unteren Spannungsebenen aus EE-Anlagen eingespeist wird (dezentrale Einspeisung). Energiemengen müssen nun bidirektional übertragen werden können, da durch zeitweise lokale Übereinspeisung aus EE-Anlagen deren Netzabschnitt Überlast an die höhere Spannungsebene zur Abtransport übergeben muss. Leitungen und Transformatoren müssten dazu ertüchtigt oder die Erzeugungsanlagen zeitweise abgeregelt werden. Durch Sektorenkopplung und DSM kann der momentane lokale Verbrauch im betroffenen Netzabschnitt auch gezielt erhöht werden. Analoges gilt für zu geringe Einspeisung im Netzabschnitt.

Sofern bei dezentraler Einspeisung regional annähernd ausgeglichen erzeugt und verbraucht wird, sinkt die Netzbelastung. Sektorenkopplung und DSM sind hierbei wirksame Hebel. Autarkie von solchen regionalen „Zellen" ist aus Kostengründen jedoch nicht zu erreichen. Ferner ist die geografische Schwerpunktbildung von Wind (Norddeutschland) und Sonne (Süddeutschland) gegeben; mithin werden elektrische Transport- und Verteilnetze nicht obsolet [4]. Digitalisierung kann aber sehr wohl die Netzbelastung bzw. den Ausbaubedarf mindestens auf den Verteilnetzebenen einschränken.

In Abb. 20.2 sind Beispiele für mögliche Zellengrößen auf einer informellen Skala angeordnet. Das Zellkonzept ist ein rekursives Konzept. Das heißt: Übergeordnete Zellen (z. B. Quartiere) können aus untergeordneten gebildet sein.

Aus den Herausforderungen der dezentralen Einspeisung liegen zelluläre Steuerungsstrukturen mit subsidiär-hierarchischer Aufgabenverteilung nahe. Innerhalb der Zellen erfolgt Sektorenkopplung und DSM. Zellen können sich untereinander und in der Hierarchie energetisch ausgleichen (siehe Abb. 20.3).

Zellularität ist darüber hinaus eine Anforderung aus der Systemsicherheit: Zentralisierte Systeme haben im Allgemeinen einen Single Point of Failure. Sobald eine

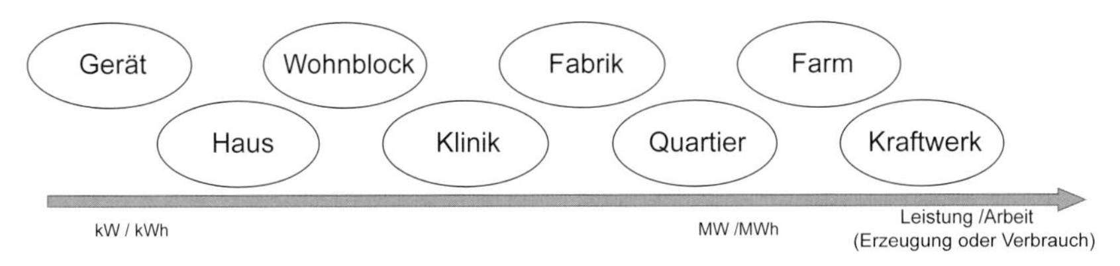

Abb. 20.2 Beispiele für Zellgrößen (Fraunhofer IESE)

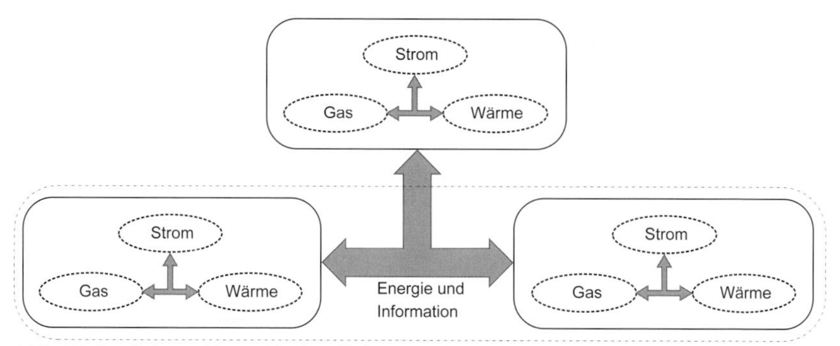

Abb. 20.3 Schema hierarchisch-zellulärer Struktur mit Sektorenkopplung (Fraunhofer IESE)

esentliche (nicht redundant vorhandene) Systemkomponente ausfällt oder durch physischen oder Cyber-Angriff kompromittiert ist, ist das System als Ganzes nicht mehr funktionsfähig. Dezentral geführte Systeme sind aufgrund der höheren Zahl betriebsrelevanter Komponenten aufwendiger anzugreifen, die Reichweite des Angriffs ist zunächst auf die angegriffene Komponente respektive deren Zelle beschränkt. Zellen können also die Ausbreitung von unerwünschten Netzzuständen eingrenzen. Jedoch kann in Zeiten des Internets und automatisierter Angriffe dieser Vorteil verloren gehen, sofern die Architektur der Zellen-Steuerungen keine geeigneten Verteidigungslinien beinhalten oder sofern die IKT in den Zellen identisch implementiert ist und dadurch bekannt gewordene Schwachstellen mit geringem Aufwand flächendeckend angegriffen werden können. Diversität der Implementierung der Software statt digitaler Monokulturen in Leitwarten, Betriebssystemen und Steuerungsalgorithmen erschwert einen breiten Angriff. Sie ist somit eine wünschenswerte, wenn auch kostentreibende Systemeigenschaft, da Skaleneffekte verloren gehen und einmal gefundene Lösungen schwerer übertragbar sind.

Die Digitalisierung ermöglicht es, Flexibilität als „Währung" im Energiesystem der Zukunft einzusetzen. Mit dem Produkt Flexibilität werden im Zuge der Transformation durch Digitalisierung neue Rollen und Akteure definiert und neue Geschäftsmodelle entstehen. Die Branche beginnt gerade darüber nachzudenken, welche neuen individualisierten Produkte denkbar und rentabel sein könnten. Einige Beispiele sind:

- Software plus Beratungsdienste zur Planung und Auslegung der Infrastruktur von Zellen (für Bestand und Neuplanungen).
- Software zum kontinuierlichen Monitoring von Zellen hinsichtlich einer Vielzahl von Kenngrößen, z. B. Klimaschutzbeiträge, Energieflüsse, Stoffströme,

Logistik, Sicherheitsstatus. Dienstleistungen rund um die Erfassung, Auswertung und den Vertrieb dieser Daten.
- Verschiedene Leitwarten für Akteure auf Zellebene (Aggregatoren, Kontraktoren, Wiederverkäufer von Daten) mit entsprechenden Datenaggregations- und Verarbeitungsfunktionen.
- Mess- und Auswertesoftware für Endkunden (Prosumer), für Vermieter, für Energieversorger, für Aggregatoren und andere Rollen mit entsprechenden Diensten.
- Analysesoftware zur Identifikation und Implementierung von Added-on Value Services für Versorger, Aggregatoren und Endkunden.

20.5 Herausforderungen für Energie-IKT

Die Informations- und Kommunikationsbranche hat in den vergangenen Jahren durchaus bewiesen, dass große IKT-Systeme hoch zuverlässig, performant und profitabel gebaut und betrieben werden können. Paradebeispiele sind das Internet oder die weltweiten Mobilfunksysteme. Insofern ist die Digitalisierung im Zuge der Energiewende von deutschlandweit langfristig vielen hundert Mio. oder (weltweit gerechnet) gar Milliarden Geräten und Anlagen in Bezug auf deren Anzahl und Performanz der IKT nicht anspruchsvoller als weltweiter Mobilfunk, Electronic Cash oder IP-TV.

Wirksame Mechanismen für Datensicherheit und Datennutzungskontrolle sind grundsätzlich bekannt. Es kommt nun darauf an, diese von Anfang an konsequent in die entstehenden Systeme einzubauen anstatt später nachbessern zu müssen.

Unter starker Beteiligung von Fraunhofer demonstrieren aktuelle deutsche Leitprojekte, wie im Bereich industrierelevanter eingebetteter Systeme seit Jahren gezielt Industriestandards geschaffen werden, um umfassende Digitalisierung voranzutreiben. Beispiele sind AUTOSAR [9], BaSys4.0 [10] oder Industrial Data Space (IDS) [11]. Leitprojekte für den Bereich der Energiesysteme mit vergleichbar hohem Anspruch starten gerade erst: siehe Projekte der Programme SINTEG [15] und KOPERNIKUS [16].Wesentlich für die Gestaltung der IKT-Systeme der zukünftigen Energieinfrastrukturen wird deren Kritikalität für Gesellschaft und Wirtschaft sein. Ausgehend von der gewohnt hohen Verfügbarkeit und Stromqualität in Deutschland soll auch in Zukunft das dann um viele Größenordnungen komplexere Energiesystem mindestens die gleiche Verfügbarkeit und Stromqualität liefern.

Alle über das Internet erreichbaren Systeme sind heutzutage einem jährlich um weit über das Zehnfache anwachsenden Strom von immer ausgefeilteren Cyber-Angriffen ausgesetzt [18]. Auch das Energiesystem der Zukunft wird auf Internettechnologie basieren und lohnendes Angriffsziel aus dem Internet sein. Es ist – trotz aller vorsorglichen Absicherung und Redundanz – mit Ausfällen aus Havarie von Energieanlagen, extremen Betriebszuständen und Ausfällen im elektrischen Netz, Ausfall von Kommunikationsnetzen und fehlerhaftem Verhalten durch gezielte physische und Cyber-Angriffe auf Anlagen und Netze zu rechnen. Insbesondere können diese Situationen auch komplex kombiniert auftreten oder gezielt herbeigeführt werden. Ausfälle wird es bei einem System dieser Komplexität also mit absoluter Sicherheit geben. Die Angriffsvektoren werden immer komplexer und schwerer zu erkennen.

Darüber hinaus wird das Energiesystem der Zukunft wesentlich weniger statisch konfiguriert sein als das heutige System. Physischer Zubau und Abschaltung von Anlagen werden bei der enormen Anzahl an Erzeugungs- und Verbrauchsanlagen statistisch gesehen viel häufiger auftreten. Außerdem: Wenn Teilnehmer auf Märkten frei agieren dürfen, verändern sich ihre Zugehörigkeiten virtuell zu Dienstleister-Bilanzkreisen. Elektromobilität, insbesondere bei der Nutzung von Schnellladesystemen, bedeutet ebenfalls eine temporäre Rekonfiguration im Netz, wobei der Endkunde auf Reisen vermutlich seinem heimatlichen Energieversorger zugeordnet sein will (Roaming).

Unter der Randbedingung eines sich stetig verändernden Systems und gleichzeitig hoher Anforderung an die Versorgungssicherheit, an Safety und Security, trägt das hergebrachte Designprinzip „fail-safe“ nicht mehr. Das System muss „safe-to-fail“ sein [6]. Das heißt: Auch wenn wesentliche Komponenten ausfallen oder in ihrer Leistung degradieren, reagiert das Restsystem automatisch auf solche Situation – ohne komplett auszufallen. Mechanismen dafür sind z. B. Laufzeit-Adaptionen oder Optimierung; daher sind eine Reihe von „selbst-x“-Technologien für das Energiesystem der Zukunft unabdingbar:

- **Selbstdiagnose**:
  Das System muss permanent wesentliche Systemparameter und Kenngrößen überwachen, um seinen aktuellen Zustand hinsichtlich Sicherheit, Stabilität und Reserven zu bewerten.
- **Selbstorganisation** (Adaption, Selbstheilung):
  Sobald wichtige Systemparameter drohen kritisch zu werden oder bereits kritisch geworden sind, muss das System alternative Konfigurationen bewerten und sich durch Rekonfiguration oder geändertes Verhaltensprofil in Richtung stabilerer und sicherer Zustände bewegen.
- **Selbstlernen**:
  Systeme von der Komplexität des Energiesystems können nicht manuell ausprogrammiert oder konfiguriert werden. Bereits geringste Änderungen würden nicht tragbare Aufwände nach sich ziehen. Das System muss seinen Zustand, ange-

schlossene Anlagen und deren Kenngrößen und typischen Profile selbst erfassen, in Modelle abbilden und die Erkenntnisse zur Steuerung aktiv nutzen (Modelllernen).
- **Selbstoptimierung**:
  Die vielfältigen Optimierungsziele einer Zelle können sich dynamisch ändern. So können tageszeitlich oder jahreszeitlich bedingt Klimaschutzziele in ihrer Wichtigkeit variieren. Das System muss in der Lage sein, sich teils widersprüchlichen und auf unterschiedlichen Zeitskalen variierenden Optimierungszielen anzupassen.

Grundlage zur Erfüllung all dieser Anforderungen ist die massive Erfassung, Verarbeitung und der sichere Austausch von Daten. Dazu muss als Grundlage ein Energy Data Space (EDS) als Adaption des Industrial Data Space (IDS) [12] für Energie geschaffen werden.

Eine grundlegende IKT-Referenzarchitektur ist zu definieren, die insbesondere alle wesentlichen Anforderungen hinsichtlich Sicherheit festlegt (Ziel: safe-to-fail) und umsetzbar macht, Standards vorgibt, aber der Implementierungsvielfalt (Ziele: Diversität und Offenheit) nicht entgegensteht.

Während in anderen Sektoren wie dem Automobilbau durch AUTOSAR [9] oder dem Bereich der eingebetteten Systeme und Industrie 4.0 mit BaSys4.0 [10] und IDS [11] gezielt übergreifende IKT-Standards geschaffen werden, stellt sich die IKT-Landschaft im Bereich Energie bislang noch als Flickenteppich dar.

20.6 Herausforderung Resilienz und umfassende Sicherheit

Die Energiewende ist charakterisiert durch Dezentralisierung – sowohl der Energieerzeugung wie auch der Steuerung des Energiesystems –, durch volatile Versorgung und durch massive Digitalisierung. Vor dem Hintergrund dieses tiefgreifenden Umbruchs muss ein geeigneter Resilienzbegriff für den Energiesektor definiert und operationalisiert werden [13]. Um dies leisten zu können und um grundsätzliche Entscheidungen zum Systemdesign zu treffen, muss in diesem Zusammenhang die Verantwortung für die Erbringung von systemdienlichen Leistungen neu verteilt werden. Zu diesen Leistungen gehören z. B. Spannungs- und Frequenzhaltung, Lieferung von Blindleistung, Sekundärregelleistung, Minutenreserve, Schwarzstart-Unterstützung, Kurzschlussleistung und ggf. auch Primärregelleistung (vgl. auch „Rolle der IKT“ in [7]). Wie viel dezentrale IKT für welche Aufgaben tatsächlich notwendig und sinnvoll ist, muss vor allem auch vor dem Hintergrund der Resilienz- und Realzeit-Anforderungen definiert werden.

Wie im vorigen Abschnitt ausgeführt, ist das zukünftige Energiesystem nicht statisch konfiguriert und wird sich gegen wechselnde, zum Teil unerwartete Einflüsse und Angriffe behaupten müssen.

Resilienz ist die Fähigkeit, sich an bislang unbekannte und unerwartete Änderungen anzupassen und dabei die Systemfunktion weiterhin zu erbringen.

Moderne Definitionen des Begriffs Resilienz verweisen auf die enge Kopplung mit den Konzepten Sicherheit, Vorausschau und Nachhaltigkeit [2][6]. Insofern ist Resilienz keine schematische Reaktion auf negative Einflüsse, sondern umfasst zusätzlich die Fähigkeit sich anzupassen und zu lernen.

Klassische Risikoanalysen stoßen aufgrund der Komplexität des Energiesystems an ihre Grenzen. Zudem sind sie nur bedingt geeignet, neuartige und unerwartete Ereignisse zu identifizieren. Künftig werden daher Kriterien zur Operationalisierung und Quantifizierung der Resilienz des Energiesystems zur Laufzeit benötigt. Teilweise müssten jedoch die Kriterien, Methoden und Indikatoren, Resilienz zu messen, erst entwickelt werden. Monitoringtechnologien müssen mit einem systemischen Ansatz verbunden werden, um mögliche Verwundbarkeiten des Energiesystems bereits während seiner Transformation – also ununterbrochen – zu identifizieren [3]. Aus anderen Branchen (Industrie 4.0 oder Nutzfahrzeuge) sind funktionierende Beispiele bekannt, wie im laufenden Betrieb auch bei Änderungen der Systemkonfiguration Systemsicherheit und Funktionalität überwacht und sichergestellt werden können.

Im Energiesystem der Zukunft entsteht ein bislang unbekanntes Zusammenwirken von physischen und virtuellen Elementen. Folglich sind auch geeignete neue Strategien für Redundanz zu erarbeiten. So ist beispielsweise die bewährte „n-1"-Regel für Redundanzauslegung nicht ausreichend, um die vielfältigen denkbaren fehlerhaften Wechselwirkungen zwischen IKT-Systemen, die korrumpiert sein können, möglicherweise maliziös beeinflussten Märkten, regulierten Teilsystemen und unveränderlichen physikalischen Randbedingungen zu kompensieren. Die Eigenschaft „safe-to-fail" erstreckt sich immer über alle physischen und virtuellen Komponenten des Systems – Resilienz ist eine durch komplexes Zusammenwirken entstehende Eigenschaft, die aufgrund der individuellen Konfiguration der Anlagen in jeder Zelle spezifisch ausgestaltet ist. Das dazu passende Frühwarnsystem und die Implementierung von elastischen Systemreaktionen sind brennende Forschungsfragen.

Eng mit den Fragen der Resilienz in Zusammenhang stehen die Fragen nach Vorhersage des Systemverhaltens, nach der verzögerungslosen Beobachtbarkeit des Systemzustandes und nach der zuverlässigen Nachvollziehbarkeit von Systemhand-

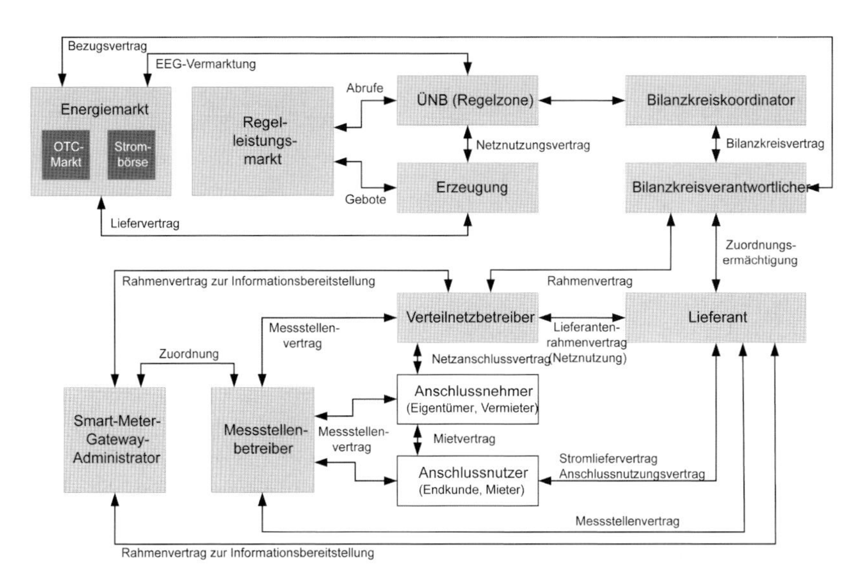

Abb. 20.4 Heutige vertragliche Beziehung der Akteure im Energiesektor (Bretschneider, Fraunhofer IOSB-AST)

lungen. Wie ein solches Monitoring auf Systemebene aufgebaut und wie komplexe Systemzustände und komplex zusammenhängende Prozesse für den Bediener verständlich und nachvollziehbar abgebildet werden können, ist eine weitere wichtige Forschungsfrage.

Schließlich müssen gestellte Anforderungen und erbrachten Leistungen vollständig, nicht verfälschbar und nicht abstreitbar dokumentiert und der Abrechnung zugänglich gemacht werden. Bisher ist das durch ein komplexes, statisches Vertragsgeflecht (vgl. Abb. 20.4) und dazu gehörende, von der BNetzA festgelegte Meldewege geregelt.

Eine konsequente Etablierung von Marktmechanismen im Zuge der voranschreitenden Energiewende führt dazu, dass sehr kleine Energiemengen bzw. Flexibilitäten gehandelt werden und die Vertragspartner (zumeist „Prosumer“) dazu nicht erst bilaterale Rahmenverträge abschließen können. Die vertraglichen Vereinbarungen, die nötig sind, die große Menge an kurzen Beziehungen der vielen Akteure in Zellen abzusichern, erfordern maschinell geschlossene Verträge („smart contracts“), die sich auf von Menschen geschlossenen Rahmenvereinbarungen stützen. Auch hier ist Forschungsbedarf gegeben, um in Realzeit rechtlich abgesicherte Vereinbarungen zwischen Maschinen zu treffen, die dann in Systemhandlungen übersetzt, in der

Erfüllung überwacht, nachvollziehbar dokumentiert und korrekt abgerechnet werden müssen. Zurzeit wird in diesem Kontext der Blockchain-Ansatz propagiert. Dessen Eignung bleibt zu überprüfen.

20.7 Energiewende als Transformationsprozess

Die Energiewende ist aufgrund ihrer technischen und gesellschaftlichen Komplexität ein Prozess, der mehrere Dekaden in Anspruch nehmen wird. Im Zuge des Transformationsprozesses müssen alte und neue Technik nicht nur koexistieren, sondern über lange Zeiträume integriert funktionieren. Die Autoren sind davon überzeugt, dass es nun an der Zeit ist, sich stärker auf die Digitalisierung der Energiewende zu fokussieren. Nur wenn man die Energiewende als komplexen und systemischen Transformationsprozess versteht, kann die Digitalisierung die notwendigen Änderungen auf technischer und gesellschaftlicher Ebene aktiv unterstützen, erfolgreich gestalten und helfen, den Transformationsprozess entsprechend forciert voranzutreiben. Der Münchner Kreis unterstützt diese Einschätzung sehr detailliert mit seinen 50 Empfehlungen [1].

In der Vergangenheit gab es viele wichtige Innovationen bezüglich EE-Technologie. Die begleitende digitale Vernetzung und die daraus erwachsenden systemischen Herausforderungen und Chancen wurden lange hintangestellt. Der zelluläre Ansatz ist bislang eine notwendig erscheinende, oft diskutierte, aber viel zu wenig im Kontext des Energiesystems erforschter Ansatz. Ebenso ist die Spezifikation und Implementierung von Resilienz – schließlich eine alle Komponenten betreffende kritische Systemeigenschaft – weitgehend unerforscht.

Nicht zuletzt ist der Erfolg des technischen Transformationsprozesses zum ganz wesentlichen Teil auf langfristige gesellschaftliche Akzeptanz und Unterstützung angewiesen [19], die kontinuierlich überprüft und aktiv gestaltet werden muss.

Quellen und Literatur

[1] Münchner Kreis: 50 Empfehlungen für eine erfolgreiche Energiewende, Positionspapier, 2015.

[2] Neugebauer, R.; Beyerer, J.; Martini, P. (Hrsg.): Fortführung der zivilen Sicherheitsforschung, Positionspapier der Fraunhofer-Gesellschaft, München, 2016.

[3] Renn, O.: Das Energiesystem resilient gestalten, Nationale Akademie der Wissenschaften Leopoldina, acatech – Deutsche Akademie der Technikwissenschaften, Union der

deutschen Akademien der Wissenschaften, Prof. Dr. Ortwin Renn Institute for Advanced Sustainability Studies, 03. Februar 2017 ESYS-Konferenz.

[4] Verband der Elektrotechnik, Elektronik, Informationstechnik e. V. (Hrsg.): Der zellulare Ansatz – Grundlage einer erfolgreichen, regionenübergreifenden Energiewende, Studie der Energietechnischen Gesellschaft im VDE (ETG), Frankfurt a. M., Juni 2015.

[5] Dötsch, Chr.; Clees, T.: Systemansätze und -komponenten für cross-sektorale Netze, in: Doleski, O. D. (Hrsg.): Herausforderung Utility 4.0, Springer Fachmedien GmbH, Wiesbaden, 2017.

[6] Ahern, J.: From fail-safe to safe-to-fail: Sustainability and resilience in the new urban world, Landscape and Urban Planning 100, 2011, S. 341–343.

[7] H.-J. Appelrath, H. Kagermann, C Mayer, Future Energy Grid – Migrationspfade ins Internet der Energie, acatech-Studie, ISBN: 978-3-642-27863-1,2012.

[8] Bundesnetzagentur: Digitale Transformation in den Netzsektoren – Aktuelle Entwicklungen und regulatorische Herausforderungen, Mai 2017.

[9] Flex4Energy FLEXIBILITÄTS¬MANAGEMENT FÜR DIE ENERGIE-VERSORGUNG DER ZUKUNFT, https://www.flex4energy.de

[10] AUTOSAR (AUTomotive Open System ARchitecture) https://www.autosar.org/

[11] Basissystem Industrie 4.0 (BaSys 4.0). http://www.basys40.de/

[12] White Paper Industrial Data Space https://www.google.de/url?sa=t&rct=j&q=&esrc=s&source=web&cd=2&cad=rja&uact=8&ved=0ahUKEwiHp6X9qr7UAhUFlxoKHeBcAFUQFggvMAE&url=https%3A%2F%2Fwww.fraunhofer.de%2Fcontent%2Fdam%2Fzv%2Fde%2FForschungsfelder%2Findustrial-data-space%2FIndustrial-Data-Space_whitepaper.pdf&usg=AFQjCNGHaxIr7RxDWl6OPIaUZlwGaN0RZA&sig2=_mec3o8JzqMQDxLeQTkldw

[13] Dossier der Expertengruppe Intelligente Energienetze: Dezentralisierung der Energienetzführung mittels IKT unterstützen, Juni 2017

[14] Dossier der Expertengruppe Intelligente Energienetze: Branchenübergreifende IKT-Standards einführen, Juni 2017

[15] https://www.bmwi.de/Redaktion/DE/Artikel/Energie/sinteg.html

[16] https://www.kopernikus-projekte.de/start

[17] https://www.bundesnetzagentur.de/DE/Sachgebiete/ElektrizitaetundGas/Unternehmen_Institutionen/ErneuerbareEnergien/ZahlenDatenInformationen/zahlenunddaten-node.html

[18] https://www.tagesschau.de/inland/cyberangriffe-107.html

[19] BDEW und rheingold institut: Digitalisierung aus Kundensicht, 22. 3. 2017, https://www.bdew.de/digitalisierung-aus-kundensicht

Advanced Software Engineering

21

Modell-basiert Software effizient und sicher entwickeln und prüfen

Prof. Dr. Ina Schieferdecker · Dr. Tom Ritter
Fraunhofer-Institut für Offene Kommunikationssysteme FOKUS

Zusammenfassung

Software rules them all! In jeder Branche spielt Software mittlerweile eine dominante Rolle für Innovationen technischer oder geschäftlicher Art, für die Verbesserung der funktionalen Sicherheit oder aber für die Erhöhung des Komforts. Gleichwohl wird Software nicht immer mit der nötigen Professionalität entworfen, (weiter-)entwickelt und/oder abgesichert – und gibt es unnötige Brüche in den Entwicklungs-, Wartungs- und Betriebsketten, die zuverlässigen, sicheren, performanten und vertrauenswürdigen Systemen zuwiderlaufen. Aktuelle Umfragen wie im jährlichen World Quality Report sprechen hier eine deutliche Sprache, welche direkt mit den bekannt gewordenen von Software verursachten Ausfällen großer, wichtiger und/oder sicherheitskritischer Infrastrukturen korreliert. So ist es höchste Zeit, die Softwareentwicklung den Experten zu überlassen und den Raum für die Nutzung aktueller Methoden und Technologien zuzulassen. Dieser Artikel wirft einen Blick auf aktuelle und zukünftige Software-Engineering-Ansätze, die Sie auch und insbesondere im Fraunhofer-Portfolio finden.

21.1 Einleitung

Beginnen wir mit den technologischen Veränderungen der digitalen Transformation, die in den Augen vieler Menschen revolutionäre Neuerungen unserer Gesellschaft darstellen: Gebäude, Autos, Züge, Fabriken und die meisten Dinge unseres Alltags sind bereits oder werden in naher Zukunft mittels der überall verfügbaren digitalen Infrastruktur unserer zukünftigen Gigabit-Gesellschaft verbunden sein [1]. Dies wird den Informationsaustauch sowie die Kommunikation und Interaktion in allen Lebens- und Arbeitsbereichen verändern – sei es im Gesundheitswesen, in Verkehr, Handel oder Produktion. Für diese durch die digitale Vernetzung getriebene Technologie- und Domänen-Konvergenz gibt es viele Begriffe: Internet of Things, Smart Cities, Smart Grid, Smart Production, Industrie 4.0, Smart Buildings, Internet of Systems Engineering, Cyber-Physical Systems oder Internet of Everything. Trotz unterschiedlicher Zielrichtungen und Anwendungsbereiche liegt all diesen Begriffen als Basiskonzept ein allumfassender Austausch von Informationen zwischen technischen Systemen zu Grunde – eben die „Digitale Vernetzung":

Mit Digitaler Vernetzung bezeichnen wir die durchgehende und durchgängige Verknüpfung der physischen Welt mit der digitalen Welt. Dazu gehören die digitale Erfassung, Abbildung und Modellierung der physischen Welt sowie die Vernetzung der daraus entstehenden Informationen. Diese ermöglicht die zeitnahe und teilautomatisierte Beobachtung, Auswertung und Steuerung der physischen Welt.

Die digitale Vernetzung ermöglicht einen nahtlosen Informationsaustauch zwischen den digitalen Abbildern von Personen, Dingen, Systemen, Prozessen sowie Organisationen und baut ein weltweites Netz von Netzen – ein Inter-Net – auf, das weit über die Vision des ursprünglichen Internets hinausgeht. Bei dieser neuen Form der Vernetzung geht es aber nicht mehr nur um das Vernetzen an sich. Vielmehr werden einzelne Daten zu Informationen zusammengefasst, um weltweit vernetztes und vernetzbares Wissen aufzubauen und dieses sowohl für ein wachsendes Verständnis als auch die Steuerung monotoner oder sicherheitskritischer Abläufe zu nutzen.

Mit Blick auf diese digitale Vernetzung nimmt die zentrale Rolle der Software weiter zu. Nicht nur werden die digitalen Abbilder, also die Strukturen, Daten und Verhaltensmodelle der Dinge, Systeme und Prozesse der physischen Welt, mittels Software realisiert, sondern ebenso alle Algorithmen, mit denen diese digitalen Abbilder visualisiert, interpretiert und weiterverarbeitet werden, und auch alle Funktionen und Dienste der Infrastrukturen und Systeme wie Server und (End-) Geräte im Netz der Netze. Während noch vor nicht allzu langer Zeit die wesentlichen Eigenschaften der Infrastrukturen und Systeme durch die Eigenschaften der Hardware definiert wurden und es im Wesentlichen um Software- und Hardware-Codesign ging, tritt die Hardware aufgrund generischer Hardwareplattformen und -komponenten in den Hintergrund und wird durch Software definiert oder gar aus Nutzersicht virtualisiert. Aktuelle technische Entwicklungen sind hierzu Software-Defined Networks inklusive Network Slices oder Cloud-Dienste wie Infrastructure as a Service, Platform as a Service oder Software as a Service.

Zudem beeinflussen diese softwarebasierten Systeme heutige kritische Infrastrukturen wie die Strom-, Wasser- oder Notfallversorgung wesentlich: Sie sind integraler Bestandteil der Systeme, sodass sowohl die enthaltene bzw. genutzte Software als auch die Infrastrukturen selbst zur sogenannten kritischen Infrastruktur werden. „Softwarebasiertes System" nutze ich als Oberbegriff für derartige Systeme, die maßgeblich durch Software in ihrer Funktionalität, Leistungsfähigkeit, Sicherheit und Qualität bestimmt werden. Dazu gehören vernetzte und nicht vernetzte Steuerungssysteme wie z. B. Steuergeräte in Automobilen, Flugzeugen, Systeme für das vernetzte und autonome Fahren und Systeme von Systemen wie z. B. die Verlängerung des Automobils in die Backbone-Infrastruktur der OEMs. Aber auch Systeme (von Systemen) in Telekommunikationsnetzen, der IT, Industrieautomatisierung und Medizintechnik werden darunter verstanden.

Softwarebasierte Systeme sind heutzutage oftmals verteilt und vernetzt, unterliegen Echtzeitanforderungen (weichen bzw. harten), sind offen über ihre Schnittstellen in die Umgebung eingebunden, stehen mit anderen softwarebasierten Systemen in Interaktion und nutzen lernende oder autonome Funktionalitäten zur Beherrschung der Komplexität. Unabhängig davon, ob wir uns mit der Digitalisierung nun in einer vierten Revolution oder in der zweiten Welle der dritten Revolution befinden: Die fortschreitende Konvergenz von Technologien und die Integration von Systemen und Prozessen wird über Software vermittelt und getragen. Auch neue Entwicklungen wie für Augmented Reality, Fabbing, Robotik, Datenanalytik und Künstliche Intelligenz stellen zunehmende Anforderungen an die Zuverlässigkeit und Sicherheit softwarebasierter Systeme.

21.2 Software und Software Engineering

Steigen wir etwas tiefer ein: Nach dem IEEE Standard for Configuration Management in Systems and Software Engineering (IEEE 828-2012 [1]) ist Software definiert als „computer programs, procedures and possibly associated documentation and data pertaining to the operation of a computer system". Sie umfasst programmierte Algorithmik, den Zustand und/oder Kontext erfassende bzw. repräsentierende Daten und verschiedenste beschreibende, erläuternde als auch spezifizierende Dokumente, siehe Abb. 25.1.

Ein Blick auf die aktuellen Marktzahlen zeigt die Omnipräsenz von Software: Laut Gartner 2016, werden 2017 weltweit IT-Ausgaben von 3,5 Billionen US$ erwartet. Dabei ist Software mit 357 Mrd. US$ der mit 6 % am stärksten wachsende Bereich [4]. Auch der Bitkom stützt diese Aussagen [5]: Laut seiner Umfrage bei 503 Unternehmen ab 20 Mitarbeitern und Mitarbeiterinnen entwickelt jedes dritte Unternehmen in Deutschland eigene Software. Unter den großen Unternehmen mit 500 oder mehr Mitarbeitern und Mitarbeiterinnen sind dies sogar 64 %. Schon jetzt beschäftigt laut dieser Umfrage jedes vierte Unternehmen in Deutschland Softwareentwickler und weitere 15 % geben an, dass sie für die digitale Transformation zusätzlich Softwarespezialisten einstellen wollen.

Jedoch, die Entwicklung und der Betrieb softwarebasierter, vernetzter Systeme erfolgt auch seit bald 50 Jahren nach der expliziten Adressierung der Softwarekrise 1968 [6] und mannigfaltigen Ansätzen und neuen Methoden zum Software Engineering als auch zum Quality Engineering nach wie vor nicht reibungsfrei [8]. F.L. Bauer führte den Begriff des Software Engineerings ursprünglich als Provokation ein: „The whole trouble comes from the fact that there is so much tinkering with software. It is not made in a clean fabrication process, which it should be. What we need, is software engineering.“ Die Autoren Fitzgerald und Stol benennen diverse Lücken bei Entwicklung, Wartung und Vertrieb softwarebasierter Systeme, die durch Methoden kontinuierlichen Entwickelns, Prüfens und Ausrollens geschlossen werden können.

Komplettiert wird diese Sicht durch Studien zu Ausfällen und Herausforderungen im Internet der Dinge (das Internet of Things, kurz IoT): Nach eigenen Angaben von deutschen Unternehmen existiert bei vier von fünf eine „Verfügbarkeits- und Datensicherungslücke“ von IT-Services [9]. So steht in Deutschland ein Server bei einem ungeplanten Ausfall durchschnittlich 45 min. still. Die geschätzten direkten Kosten für solche IT-Ausfälle stiegen 2016 um 36% auf 21,8 Mio US$ gegenüber 16 Mio US$ im Jahr 2015. Dabei enthalten diese Zahlen nicht die Auswirkungen, die sich nicht genau beziffern lassen wie sinkendes Kundenvertrauen oder Schaden für die Marke.

Die beiden mit IoT verbundenen Top-Herausforderungen sind Sicherheit, insbesondere IT-Sicherheit und Datenschutz sowie funktionale Sicherheit, und Interoperabilität der durch Software definierten Protokoll und Service Stacks [10].

In seiner jüngsten Ausgabe zeigt passend dazu der World Quality Report 2016-2017 [3] einen mit der weiteren Durchdringung der physischen mit der digitalen Welt entlang des Internets der Dinge einhergehenden Wandel in den vorrangigen Zielen der Qualitätssicherungs- und Prüf-Verantwortlichen. Er greift das zunehmende Ausfallrisiko und die Kritikaliät softwarebasierter, vernetzter Systeme aus Geschäfts- und Sicherheitsperspektive auf. So wird zunehmend auf Qualität und Sicherheit by Design geachtet und werden Qualitätssicherung und Prüfung in ihrer Wertigkeit angehoben, trotz oder besser wegen der steigenden Nutzung von agilen und DevOps-Methoden. So steigen mit der Komplexität der softwarebasierten, vernetzten Systeme auch die Aufwendungen für die Realisierung, die Anwendung und das Management (zunehmend virtualisierter) Testumgebungen. Obwohl ebenso durch Automatisierung in diesem Bereich umfangreiche Kostenersparnisse möglich sind, bleibt die Notwendigkeit bestehen, Qualitätssicherung und Prüfung auf allen Ebenen weiterhin effizienter zu machen.

21.3 Ausgewählte Eigenschaften von Software

Bevor wir über aktuelle Ansätze für die Entwicklung von softwarebasierten vernetzten Systemen diskutieren, lassen Sie uns einen Blick auf die Eigenschaften von Software werfen. Software ist als technisches Produkt zu verstehen, das mittels Software Engineering systematisch entwickelt werden muss. Software wird durch seine Funktionalität und weitere Qualitätsmerkmale wie Zuverlässigkeit, Benutzbarkeit, Effizienz, Wartbarkeit, Sicherheit, Kompatibilität und Portabilität charakterisiert [12]. Vor dem Hintergrund aktueller Entwicklungen und Enthüllungen müssen Aspekte der Ethik als auch der Gewährleistung und Haftung die Dimensionen der Softwarequalität ergänzen.

Lange galt Software als frei von allen Unwägbarkeiten, die anderen technischen Produkten anhaften, und in diesem Sinne als das ideale technische Produkt [11]. Ein wesentlicher Hintergrund hierbei ist, dass Algorithmen, Programmierkonzepte und -sprachen und damit jede Berechenbarkeit auf die Turing-Berechenbarkeit zurückgeführt wird (die Turing-These). Nach der Church'schen These umfasst hierbei Berechenbarkeit genau die für uns intuitiv berechenbaren Funktionen. Während sich also nicht-berechenbare Probleme wie das Halteproblem der Algorithmik und damit der Software entziehen, findet sich für jede intuitiv berechenbare Funktion ein Algorithmus mit begrenzter Berechnungskomplexität, der durch Software realisiert werden kann. Hierbei obliegt der Abgleich zwischen Funktion, Algorithmus und Software verschiedenen Phasen und Methoden des Software Engineerings wie Spezifikation, Entwurf und Implementierung als auch Verifikation und Validierung.

Wenn nun entlang des Verständnisses der intuitiven Berechenbarkeit Software als einfach herzustellendes Produkt klingt, ist sie es mitnichten. Was mit der Softwarekrise begann, von Herbert Weber 1992 wiederholt als „Die sogenannte Softwarekrise hat bisher noch nicht den nötigen Leidensdruck erzeugt, der notwendig ist, um sie zu überwinden" [13] und noch 2013 von Jochen Ludewig 2013 als „Der Anspruch des Software Engineerings ist also noch nicht eingelöst" [11] formuliert wurde, gilt bis heute. Das liegt auch an den besonderen Eigenschaften von Software.

Zuvorderst ist Software immateriell, sodass alle Erfahrungswerte zu materiellen Produkten nicht gelten oder nur bedingt übertragbar sind. So wird Software nicht gefertigt, sondern „nur" entwickelt. Software kann zu nahe Null-Kosten kopiert werden, wobei Original und Kopie völlig gleich und nicht unterscheidbar sind. Das führt u. a. zu bald unbegrenzten Möglichkeiten, Software auch in neuen, typischerweise nicht vorhergesehenen Kontexten wiederzuverwenden.

Einerseits verschleißt die Benutzung von Software diese nicht. Andererseits entwickeln sich der Nutzungskontext und die Ausführungsumgebung von Software kontinuierlich, sodass die nicht verschleißende Software doch technologisch als auch logisch veraltet und so kontinuierlich weiterentwickelt und modernisiert werden muss. Hierbei kommt es zu Wartungszyklen für die Software, die eben nicht den alten Zustand des Produkts wieder herstellen, sondern neue und unter Umständen nicht passende oder – kurz gesagt – fehlerhafte Zustände erzeugen.

So entstehen Fehler der Software nicht durch Abnutzung des Produkts, sondern werden in sie eingebaut. Oder aber Fehler entstehen entlang einer ungeplanten Nutzung der Software, die außerhalb der technischen Randbedingungen stattfindet. So kann beispielsweise eine sichere Software unsicher betrieben werden.

Zudem sind die Zeiten für eher beherrschbare Software in geschlossenen, statischen und lokalen Nutzungskontexten für im Wesentlichen Ein-/Ausgabefunktionalitäten lange vorbei. Software wird größtenteils als aus verteilten Komponenten aufgebautes und bezüglich seiner Schnittstellen offenes System verstanden, dessen Komponenten in verschiedenen Technologien und von verschiedenen Herstellern realisiert sein können, dessen Konfigurationen und Kontexte sich dynamisch ändern können, das Dritt-Systeme über Dienstorchestrierungen und verschiedene Schnittstellen- und Netzzugänge flexibel einbinden kann und das verschiedene Nutzungsszenarien und Lastprofile bedienen können muss. Die Aktionen und Reaktionen lassen sich nicht durch stetige Funktionen beschreiben.

Unser Verständnis der intuitiven Berechenbarkeit wird tagtäglich durch neue Konzepte, beispielsweise für datengetriebene, autonome, selbstlernende oder selbstreparierende Software, herausgefordert. Dabei nutzt Software zunehmend Heuristiken für ihre Entscheidungen, um auch bei NP-vollständigen Problemen effizient zu praktikablen Lösungen zu kommen. Unterm Strich sind softwarebasierte vernetzte Systeme entlang der enthaltenen Elementarentscheidungen sehr komplex und die komplexesten technischen Systeme, die bislang geschaffen worden sind. Dabei birgt bereits die schiere Größe von Softwarepaketen potenziell Schwierigkeiten. So zeigen beispielsweise aktuelle Messungen an ausgewählten Open-Source-Software-Paketen Relationen zwischen Softwarekomplexität, Code Smells, die Indikatoren für mögliche Software-Defekte sind, und Software Vulnerabilities, die Schwachstellen der Software bezüglich IT-Sicherheit, die zwar nicht direkt kausal, aber erkennbar und weiter zu untersuchen sind [14].

21.4 Modellbasierte Methoden und Werkzeuge

Im Folgenden erläutern wir ausgewählte modellbasierte Methoden und Werkzeuge zur effizienten Entwicklung zuverlässiger und sicherer Software, die Ergebnis der aktuellen F&E-Arbeiten bei Fraunhofer FOKUS sind.

Modelle haben in der Softwareentwicklung eine lange Tradition. Sie dienten ursprünglich der Spezifikation von Software und ihrer formalen Verifikation der Korrektheit. Mittlerweile werden sie allgemein als abstrakte, technologieunabhängige Träger von Informationen für alle Aspekte in der Softwareentwicklung und Qualitätssicherung genutzt [15]. So dienen sie als Informationsmittler zwischen Softwarewerkzeugen, als Abstraktionsmittel zur Erfassung komplexer Zusammenhänge wie bei der Risikoanalyse und -bewertung, der systematischen Vermessung und Visualisierung von Softwareeigenschaften als auch der Automatisierung von Softwareprüfungen, beispielsweise durch modellbasiertes Testen oder Testautomatisierung. Wie Whittle, Hutchinson und Rouncefield in [16] argumentieren, ist der besondere Mehrwert modellgetriebener Softwareentwicklung (Model-Driven Engineering, MDE) die Fixierung der Architekturen, Schnittstellen und Komponenten einer Software. Die Architektur als Fundament für Dokumentation, Funktionalität, Interoperabilität und Sicherheit wird auch von den im Folgenden vorgestellten Methoden und Werkzeugen von FOKUS genutzt.

Prozessautomatisierung

Heutige Softwareentwicklungsprozesse nutzen oftmals Teams an verschiedenen Standorten für einzelne Komponenten und die Integration von kommerziellen Dritt-Komponenten oder Open Source Software. Dabei kommen verschiedenste Softwarewerkzeuge zum Einsatz und verschiedene Personen in unterschiedlichen Rollen – ob aktiv oder passiv – nehmen teil. Zentrale Probleme sind hierbei die fehlende Konsistenz der Artefakte, die im Entwicklungsprozess entstehen, die mangelnde Automatisierung und die fehlende Interoperabilität zwischen den Werkzeugen.

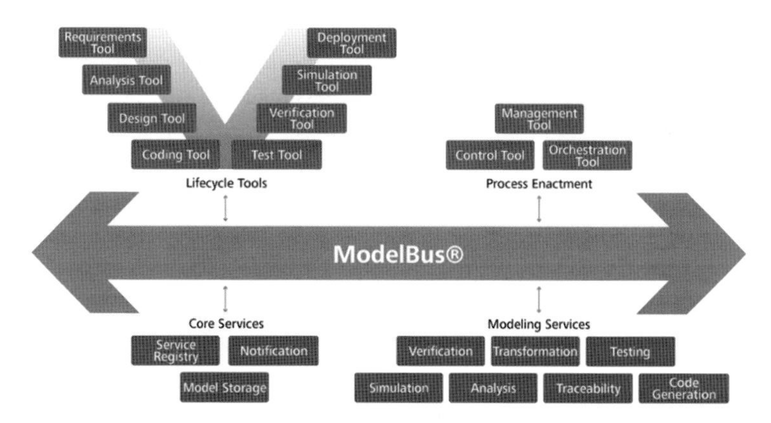

Abb. 21.1 Prozessautomatisierung mit ModelBus (Fraunhofer FOKUS)

ModelBus® ist ein Open Source Framework für die Werkzeugintegration in der Software- und Systementwicklung und schließt die Lücke zwischen proprietären Datenformaten und Programmierschnittstellen von Softwarewerkzeugen [17]. Es automatisiert die Ausführung mühsamer und fehleranfälliger Entwicklungs- und Qualitätssicherungsaufgaben, wie zum Beispiel die Konsistenzsicherung über den gesamten Entwicklungsprozess. Dabei benutzt das Framework Dienstorchestrierungen von Werkzeugen nach SOA (Service-Oriented Architecture)- und ESB (Enterprise Service Bus)-Prinzipien.

Die Softwarewerkzeuge einer Prozesslandschaft werden durch die Bereitstellung von ModelBus®-Adaptoren an den Bus angeschlossen. Für die Anbindung von IBM Rational Doors, Eclipse und Papyrus, Sparx Enterprise Architect, Microsoft Office, IBM Rational Software Architect, IBM Rational Rhapsody oder MathWork Matlab Simulink stehen Adaptoren zur Verfügung.

21.5 Risikobewertung und automatisierte Sicherheitstests

Sicherheitskritische softwarebasierte Systeme werden nach dem ISO-Standard „Risk management" [18] einer sorgfältigen Risikoanalyse und -bewertung unterworfen, um die Risiken zu erfassen und zu minimieren. Für komplexe Systeme kann dieses Risikomanagement jedoch sehr aufwendig und schwierig sein. Während die subjektive Einschätzung erfahrener Experten im Kleinen eine akzeptable Methode zur Risikoanalyse sein kann, müssen bei zunehmender Größe und Komplexität andere Ansätze, beispielsweise risikobasiertes Testen [21], gewählt werden.

Eine weitere Möglichkeit zu einer objektiveren Analyse besteht im Einsatz von Sicherheitstests entsprechend ISO/IEC/IEEE „Software and systems engineering - Software testing" (ISO 29119-1, [19]). Dazu bietet es sich an, zunächst von Experten eine High-Level-Abschätzung der Risiken, basierend auf Erfahrung und Literatur, durchführen zu lassen. Um dieses initiale Risikoassessment genauer zu machen, können Sicherheitstests genau dort eingesetzt werden, wo das erste High-Level-Risikobild die größten Unsicherheiten aufweist. Die objektiven Testergebnisse können dann benutzt werden, um das bisherige Risikobild zu erweitern, zu verfeinern oder zu korrigieren. Wirtschaftlich anwendbar wird diese Methode jedoch erst mit angemessener Tool-Unterstützung.

RACOMAT ist ein von Fraunhofer FOKUS entwickeltes Werkzeug für das Risikomanagement, welches insbesondere das Risikoassessment mit Sicherheitstests kombiniert [20]. Das Sicherheitstesten kann dabei unmittelbar in Ereignissimulationen eingebunden werden, welche RACOMAT zur Berechnung von Risiken nutzt. RACOMAT ermöglicht eine weitgehende Automatisierung von der Risikomodel-

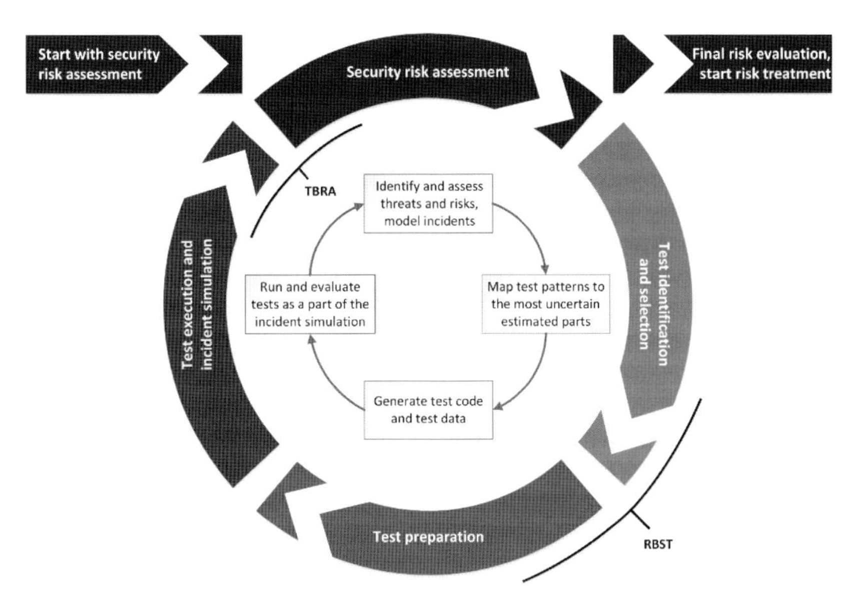

Abb. 21.2 Risikoanalyse und Sicherheitstests mit RACOMAT (Fraunhofer FOKUS)

lierung bis hin zum Sicherheitstesten. Bestehende Datenbanken etwa von bekannten Bedrohungsszenarien werden von RACOMAT genutzt, um ein hohes Maß an Wiederverwendung sicherzustellen und Fehler zu vermeiden.

Dabei wird von RACOMAT ein komponentenbasiertes, kompositionales Risikoassessment unterstützt. Es werden intuitiv verständliche Risikographen verwendet, um ein Bild der Risikolage zu modellieren und zu visualisieren. Für die Risikoanalyse können bekannte Verfahren wie Fault Tree Analysis (FTA), Event Tree Analysis (ETA) und Conducting Security Risk Analysis (CORAS) in Kombination eingesetzt werden, um von den verschiedenen Stärken der einzelnen Verfahren profitieren zu können. Ausgehend von einem Gesamtbudget für das Risikoassessment berechnet RACOMAT, wie viel Aufwand für das Sicherheitstesten sinnvoll ist, um die Qualität des Risikobilds durch Reduktion von Unsicherheiten zu verbessern. Das Werkzeug gibt Empfehlungen, wie diese Mittel eingesetzt werden sollen. Dafür identifiziert RACOMAT relevante Tests und priorisiert diese.

21.6 Softwarevermessung und Visualisierung

Softwarebasierte Systeme werden durch immer mehr Funktionen sowie hohe Sicherheits-, Verfügbarkeits-, Stabilitäts- und Benutzbarkeitsanforderungen immer komplexer. Damit es dadurch nicht zu Qualitätseinbußen kommt und strukturelle Probleme frühzeitig erkannt werden können, muss bereits am Anfang des Entwicklungsprozesses mit der Qualitätssicherung begonnen werden. Hierfür eignet sich ein modellgetriebener Entwicklungsprozess, in dem Modelle von zentraler Bedeutung für die Qualität des softwarebasierten Systems sind. Bisher wurden für diese jedoch weder Qualitätskriterien definiert noch etabliert. Zukünftig müssen Modelleigenschaften und deren Qualitätsanforderungen identifiziert und zusätzlich Mechanismen gefunden werden, mit denen sich ihre Eigenschaften und Qualität ermitteln lassen.

Metrino ist ein Werkzeug, das die Qualität von Modellen prüft und sicherstellt [22]. Es kann in Kombination mit ModelBus® genutzt, aber auch unabhängig eingesetzt werden. Mithilfe von Metrino lassen sich Metriken für domänenspezifische Modelle generieren, selbständig definieren und verwalten. Die erstellten Metriken können auf alle Modelle angewendet werden, die mit dem als Entwicklungsbasis genutzten Meta-Modell übereinstimmen. So analysiert und verifiziert Metrino Eigenschaften wie Komplexität, Größe und Beschreibung von Softwareartefakten. Zusätzlich bietet das Werkzeug verschiedene Möglichkeiten, um die rechnerischen Ergebnisse der Metriken zu überprüfen und grafisch darzustellen – etwa in einer Tabelle oder in einem Netzdiagramm. Indem Metrino Ergebnisse mehrerer Evaluationen speichert, können zudem Ergebnisse aus unterschiedlichen Zeiträumen

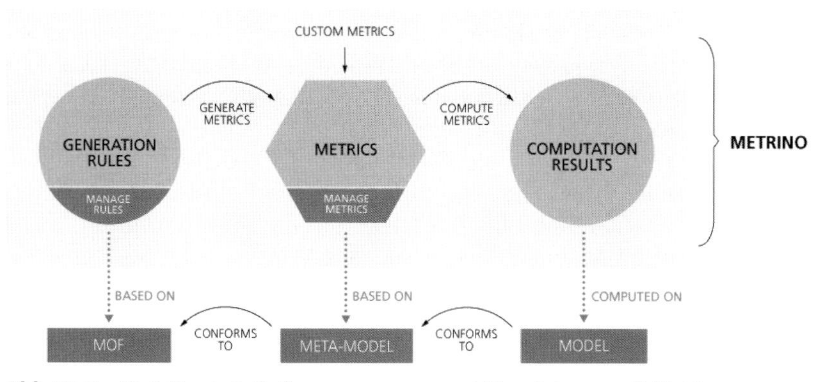

Abb. 21.3 Modellbasierte Softwarevermessung und Visualisierung mit Metrino (Fraunhofer FOKUS)

analysiert und miteinander verglichen werden. Nur so kann eine optimale Qualität des endgültigen, komplexen softwarebasierten Systems gewährleistet werden.

Metrino basiert auf dem Structured Meta-Model (SMM), das von der Object Management Group (OMG) entwickelt wurde, und kann sowohl für Modelle der Unified Modeling Language (UML) als auch für domänenspezifische Modellierungssprachen (DSLs) genutzt werden. Der Anwendungsbereich von Metrino schließt außerdem spezielle, werkzeugspezifische Sprachen und Dialekte mit ein.

Egal ob beim Entwerfen eingebetteter Systeme oder bei Software im Allgemeinen: Metrino ist in unterschiedlichsten Domänen anwendbar. Das Werkzeug kann Metriken verwalten und sie gleichermaßen auf (Modell-)Artefakte oder auch auf die komplette Entwicklungskette anwenden, was die Rückverfolgbarkeit und Abdeckungsanalyse mit einschließt.

21.7 Modell-basiertes Testen

Die Qualität von Produkten entscheidet maßgeblich über ihre Akzeptanz im Markt. Insbesondere in Märkten mit sicherheitsrelevanten Produkten, wie z. B. der Medizin-, Transport- oder Automatisierungsbranche, wird der Qualitätssicherung daher eine hohe Priorität eingeräumt. In diesen Branchen ist Qualität ebenso entscheidend für die Zulassung von Produkten. Dennoch sind die Budgets für die Qualitätssicherung begrenzt. Für Manager und Ingenieure ist es daher wichtig, dass die vorhandenen Mittel effizient eingesetzt werden. Noch finden oftmals manuelle Testmethoden Anwendung, auch wenn so nur eine vergleichsweise geringe Anzahl von Tests erzeugt und durchgeführt werden kann und dies zudem sehr fehleranfällig ist. So ist die Effizienz manueller Testmethoden begrenzt und steigende Kosten sind unvermeidbar. Eine wertvolle Alternative bietet die modellbasierte Testgenerierung und -ausführung: Die Verwendung von Modellen, aus denen automatisch Testfälle abgeleitet werden können, bietet ein enormes Potenzial zur Steigerung der Testqualität bei niedrigeren Kosten. Darüber hinaus hat sich in Fallstudien und bei Praxiseinsätzen gezeigt, dass sich die bei der Einführung modellbasierter Testverfahren nötigen Investitionskosten in Technik und Schulungen bereits nach kurzer Zeit amortisieren [24].

So bietet Fokus!MBT eine integrierte Testmodellierungsumgebung, die den Benutzer zielführend entlang der Fokus!MBT-Methodik leitet und so die Erstellung und Nutzung des zugrundeliegenden Testmodells vereinfacht [25]. Ein Testmodell beinhaltet testrelevante strukturelle, verhaltensspezifische und methodikspezifische Informationen, die das Wissen des Testers maschinenverarbeitbar konservieren. Dadurch lässt es sich jederzeit anpassen oder auswerten – etwa zur Generierung weiterer testspezifischer Artefakte. Weitere Vorteile des Testmodells sind die Visualisierung und Dokumentation der Testspezifikation. Als Modellierungsnotation verwendet Fokus!MBT das von der Object Management Group spezifizierte und von FOKUS maßgeblich mitentwickelte UML Testing Profile (UTP), eine testspezifische Erweiterung zur in der Industrie weit verbreiteten Unified Modeling Language (UML). Dies ermöglicht den Testern, die gleichen Sprachkonzepte der Systemarchitekten und Anforderungsingenieure zu verwenden, beugt so Kommunikationsproblemen vor und fördert das gegenseitige Verständnis.

Fokus!MBT basiert auf der flexiblen Eclipse RCP-Plattform, dem Eclipse Modeling Framework (EMF) sowie Eclipse Papyrus. Als UTP-basierte Modellierungsumgebung verfügt es über alle Diagramme der UML sowie zusätzliche testspezifische Diagramme. Neben den Diagrammen setzt Fokus!MBT auf ein proprietäres Editor-Framework zur Darstellung und Bearbeitung des Testmodells. Die grafischen Editor-Oberflächen lassen sich gezielt für die jeweiligen Bedürfnisse bzw. Kenntnisse der Benutzer optimieren. Dabei wird, wenn nötig, gänzlich von UML/UTP abstrahiert, was es auch IT-fremden Fachexperten ermöglicht, modellbasierte Testspezifikation in kurzer Zeit zu erstellen. Dies wird zudem durch die Bereitstellung kontextspezifischer Aktionen unterstützt, die den Benutzer entlang der Fokus!MBT-Methodik leiten. So werden methodisch inkorrekte oder im jeweiligen Kontext nicht zielführende Aktionen gar nicht erst ermöglicht. Darauf aufbauend integriert Fokus!MBT automatisierte Modellierungsregeln, welche die Einhaltung von Richt-

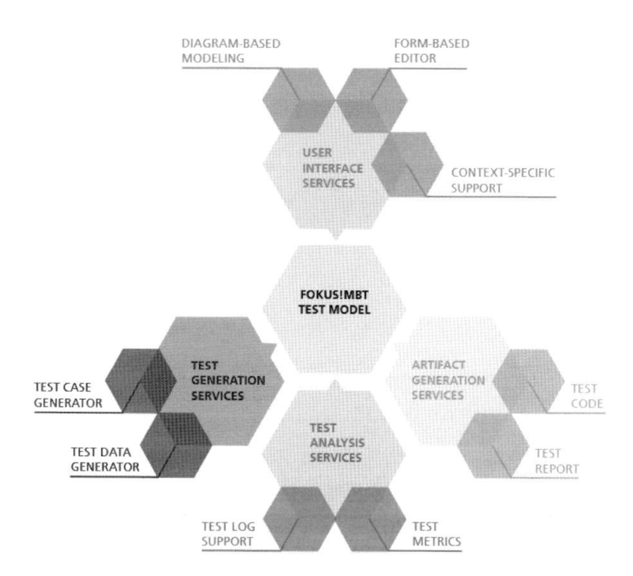

Abb. 21.4 Modellbasiertes Testen mit Fokus!MBT (Fraunhofer FOKUS)

linien – insbesondere Modellierungs- oder Namenskonventionen – nach und während der Arbeiten am Testmodell garantieren. Diese präventiven Qualitätssicherungsmechanismen unterscheiden Fokus!MBT von anderen UML-Werkzeugen, beschleunigen die Modellerstellung und minimieren kostspielige Reviewsitzungen.

Die Validierung des zu testenden Systems hinsichtlich seiner Anforderungen ist das wesentliche Ziel aller Testaktivitäten. Die konsequente und lückenlose Nachverfolgbarkeit, insbesondere zwischen Anforderungen und Testfällen, ist dabei unverzichtbar. Fokus!MBT geht einen Schritt weiter und bezieht zudem die Testausführungsergebnisse in die Anforderungsnachverfolgbarkeit innerhalb des Testmodells mit ein. Dadurch entsteht ein durchgängiges Nachverfolgbarkeitsnetzwerk zwischen Anforderung, Testfall, Testskript und Testausführungsergebnis, wodurch der Status der jeweiligen Anforderungen oder der Testfortschritt unmittelbar berechenbar werden. Die Visualisierung der Testausführungsergebnisse ermöglicht darüber hinaus, den Ablauf der Testfallausführung zu analysieren, aufzubereiten und auszuwerten. Somit beinhaltet das Testmodell alle relevanten Informationen, um die Qualität des getesteten Systems abzuschätzen und das Management bei seiner Entscheidungsfindung über die Freigabe des Systems zu unterstützen.

21.8 Testautomatisierung

Analytische Methoden und insbesondere dynamische Prüfungsansätze sind ein zentrales und oft auch exklusives Instrument, um die Qualität gesamter Systeme zu überprüfen. Software-Tests benötigen dabei alle typischen Elemente der Software-Entwicklung, denn Tests sind selbst softwarebasierte Systeme und müssen deshalb genauso entwickelt, konstruiert, geprüft, validiert und ausgeführt werden. Testsysteme besitzen darüber hinaus die Fähigkeit zu kontrollieren, zu stimulieren, zu beobachten und das System unter Test zu bewerten. Obwohl Standardentwicklung und Programmierungstechniken meist auch für Tests anwendbar sind, sind spezifische Lösungen für die Entwicklung eines Testsystems wichtig, um auf dessen Besonderheiten Rücksicht nehmen zu können. Dieser Ansatz trieb die Entwicklung und Standardisierung von spezialisierten Testspezifikations- und Testimplementierungssprachen voran.

Einer der ursprünglichen Gründe für die Entwicklung der Tree and Tabular Combined Notation (TTCN) war die präzise Konformitätsdefinition für Protokolle von Telekommunikations-Komponenten gemäß ihrer Spezifikationen. Testspezifikationen wurden eingesetzt, um Testprozeduren objektiv zu definieren und das Equipment auf regelmäßiger Basis zu bewerten, zu vergleichen und zu zertifizieren. So wurde die automatisierte Ausführung auch für TTCN überaus wichtig.

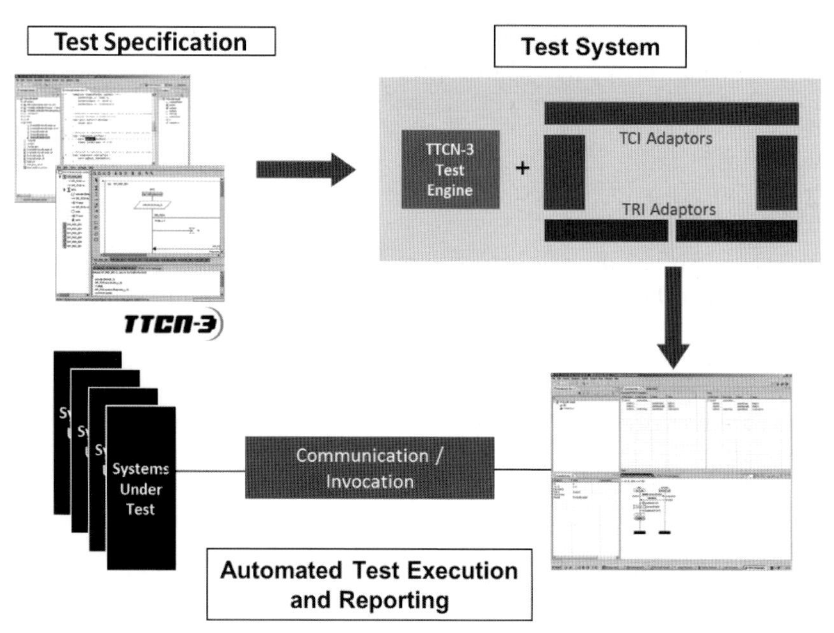

Abb. 21.5 Testautomatisierung mit TTCN-3 (Fraunhofer FOKUS)

Über die Jahre wuchs die Bedeutung von TTCN und verschiedene Pilotprojekte demonstrierten eine erfolgreiche Anwendbarkeit außerhalb der Telekommunikation. Mit der Annäherung der Telekommunikations- und der Informationstechnologiebranche wurde die direkte Anwendbarkeit von TTCN auch für Entwickler aus anderen Branchen sichtbar. Diese Trends sowie die Charakteristika jüngerer IT- und Telekommunikationstechnologien stellten auch neue Anforderungen an TTCN: Ergebnis ist TTCN-3 (Testing and Test Control Notation Version 3, [27]).

TTCN-3 ist eine standardisierte und moderne Testspezifikations- und Testimplementierungssprache, die vom European Telecommunication Standards Insitute (ETSI) entwickelt wurde. Fraunhofer FOKUS war maßgeblich an der Entwicklung von TTCN-3 beteiligt und ist verantwortlich für verschiedene Elemente der Sprachdefinition, inklusive Part 1 (Konzepte und Kernsprachen), Part 5 (Laufzeit-Schnittstellen) und Part 6 (Testkontroll-Schnittstellen) und TTCN-3 Werkzeuge und Testlösungen [28][29].Mithilfe von TTCN-3 können Tests textuell oder grafisch entwickelt und automatisiert zur Ausführung gebracht werden. Im Gegensatz zu vielen (Test-)Modellierungssprachen umfasst TTCN-3 nicht nur eine Sprache für die Spezifikation von Tests, sondern ebenso eine Architektur und Ausführungsschnittstellen für TTCN-3 basierte Testsysteme. Aktuell nutzt FOKUS beispielsweise TTCN-3 für die Entwicklung der Eclipse IoT-Testware zur Prüfung und Absicherung von IoT-Komponenten und Lösungen [30].

21.9 Weitere Ansätze

Nicht alle unsere Methoden, Technologien und Werkzeuge können hier vorgestellt werden. Unsere Publikationen (siehe auch [31]) enthalten weitere Informationen zu

- sicherheitsorientierten Architekturen,
- Prüfen und Zertifizieren funktionaler Sicherheit,
- Modell-basiertem Re-Engineering,
- Modell-basierter Dokumentation,
- Modell-basierter Portierung in die Cloud oder
- Modell-basierten Fuzz Tests.

21.10 Weiterbildungsangebote

Es genügt nicht allein, neue Methoden, Technologien und Werkzeuge zu entwickeln. Diese müssen ebenso vermittelt werden und in Projekten und Piloten bei ihrer Einführung begleitet werden.

So engagiert sich Fraunhofer FOKUS seit langem bei der beruflichen Weiterbildung. Das Institut hat in Kooperation mit dem ASQF (Arbeitskreis Software-Qualität und Fortbildung [32]) und in Kooperation mit dem GTB (German Testing Board [33]und dem ISTQB (International Testing Qualifications Board [34]) die folgenden Weiterbildungsschemata initiiert und / oder maßgeblich mitentwickelt:

- GTB Certified TTCN-3 Tester
- ISTQB Certified Tester Foundation Level – Model-Based Testing
- ISTQB Certified Tester Advanced Level – Test Automation Engineer
- ASQF/GTB Quality Engineering for the IoT

Zudem bildet Fraunhofer FOKUS mit der Hochschule für Technik und Wirtschaft und der Technischen Hochschule Brandenburg ein Konsortium im Lernlabor Cybersicherheit [35] mit Weiterbildungsmodulen zu

- Secure Software Engineering
- Security Testing
- Quality Management & Product Certification
- Sichere E-Government-Lösungen

- Sichere Public-Safety-Lösungen

Diese und weitere Angebote – wie zu Semantic Business Rule Engines oder Offenen Verwaltungsdaten – sind zudem über die FOKUS-Akademie [36] erreichbar.

21.11 Ausblick

Software-Entwicklung und Qualitätssicherung befinden sich im Spannungsfeld von zunehmender Komplexität, der Forderung nach qualitativ hochwertiger, sicherer und zuverlässiger Software und dem gleichzeitigen ökonomischen Druck auf kurze Entwicklungszyklen und schnelle Produkteinführungszeiten.

Modell-basierte Methoden, Technologien und Werkzeuge adressieren die daraus resultierenden Herausforderungen und unterstützen insbesondere moderne, agile Entwicklungs- und Absicherungsansätze. Kontinuierliche Entwicklung, Integration, Prüfung und Inbetriebnahme profitieren in besonderem Maße von modell-basierten Ansätzen, da sie ein starkes Fundament für Automatisierung bilden und mit ihrer Unabhängigkeit von konkreten Software-Technologien auch zukünftige Technologieentwicklungen unterstützen können.

Es sind weitere Fortschritte in der modell-basierten Entwicklung zu erwarten bzw. bereits Teil der aktuellen Forschung. Während die eigentliche Integration sowie die Testausführung bereits nahezu vollständig automatisiert durchgeführt werden, ist die Analyse und Behebung von Fehlern immer noch eine größtenteils manuelle Tätigkeit, was aufwendig und selbst wiederum fehleranfällig ist und so zu immensen Verzögerungen und Kosten führen kann. Selbstreparierende Software unter Anleihe der vielfältigen Software-Komponenten in Open Source Software mittels Mustererkennung und Analyse durch Deep Learning-Methoden und Reparatur und Bewertung mittels evolutionärer Software Engineering-Ansätze würde einen weiteren Schritt in der Automatisierung bringen. So könnte Software nicht nur selbstlernend, sondern selbstreparierend werden.

Aber bis dahin gilt es

- Software Engineering als Ingenieursdisziplin zu verstehen und es den Experten zu überlassen, komplexe softwarebasierte, vernetzte Systeme zu entwickeln und abzusichern,
- Software Engineering selber als Forschungs- und Entwicklungsbereich weiter auszubauen und unsichere, manuelle Schritte der Software-Entwicklung und Absicherung zu automatisieren,

- zu den Software-Plattformen Monitoring- und Prüfumgebungen für alle Ebenen einer digitalisierten Anwendungslandschaft aufzusetzen, die über Virtualisierungsmethoden effizient verwaltet werden können.
- Sicherheit, Interoperabilität und Benutzungsfreundlichkeit nehmen einen zunehmenden Stellenwert in der Qualität softwarebasierter vernetzter Systeme ein und erfordern Priorität beim Entwurf, der Entwicklung und Absicherung.

Quellen und Literatur

[1] Henrik Czernomoriez, et al.: Netzinfrastrukturen für die Gigabitgesellschaft, Fraunhofer FOKUS, 2016.

[2] IEEE: IEEE Standard for Configuration Management in Systems and Software Engineering, IEEE, 828-2012, https://standards.ieee.org/findstds/standard/828-2012.html, besucht am 15.7.2017.

[3] World Quality Report 2016-2017: 8th Edition – Digital Transformation, http://www.worldqualityreport.com, besucht am 15.7.2017.

[4] Gartner 2016: Gartner Says Global IT Spending to Reach $3.5 Trillion in 2017, http://www.gartner.com/newsroom/id/3482917, besucht am 15.7.2017.

[5] Bitkom Research 2017: Jedes dritte Unternehmen entwickelt eigene Software, https://www.bitkom.org/Presse/Presseinformation/Jetzt-wird-Fernsehen-richtig-teuer.html, besucht am 15.7.2017.

[6] NATO Software Engineering Conference, 1968: http://homepages.cs.ncl.ac.uk/brian.randell/NATO/nato1968.PDF, besucht am 21.7.2017.

[7] Friedrich L. Bauer: Software Engineering - wie es begann. Informatik Spektrum, 1993, 16, 259-260.

[8] Brian Fitzgerald, Klaas-Jan Stol, Continuous software engineering: A roadmap and agenda, Journal of Systems and Software, Volume 123, 2017, Pages 176-189, ISSN 0164-1212, http://dx.doi.org/10.1016/j.jss.2015.06.063, besucht am 21.7.2017.

[9] VEEAM: 2017 Availability report, https://go.veeam.com/2017-availability-report-de, besucht am 21.7.2017.

[10] Eclipse: IoT Developer Trends 2017 Edition, https://ianskerrett.wordpress.com/2017/04/19/iot-developer-trends-2017-edition/, besucht am 21.7.2017.

[11] Jochen Ludewig und Horst Lichter: Software Engineering. Grundlagen, Menschen, Prozesse, Techniken. 3., korrigierte Auflage, April 2013, dpunkt.verlag, ISBN: 978-3-86490-092-1.

[12] ISO/IEC: Systems and software engineering -Systems and software Quality Requirements and Evaluation (SQuaRE) - System and software quality models, ISO/IEC 25010:2011, https://www.iso.org/standard/35733.html, besucht am 22.7.2017.

[13] Herbert Weber: Die Software-Krise und ihre Macher, 1. Auflage, 1992, Springer-Verlag Berlin Heidelberg, DOI 10.1007/978-3-642-95676-8.

[14] Barry Boehm, Xavier Franch, Sunita Chulani und Pooyan Behnamghader: Conflicts and Synergies Among Security, Reliability, and Other Quality Requirements. QRS () 2017 Panel, http://bitly.com/qrs_panel, besucht am 22.7.2017.

[15] Aitor Aldazabal, et al. „Automated model driven development processes." Proceedings of the ECMDA workshop on Model Driven Tool and Process Integration. 2008.

[16] Jon Whittle, John Hutchinson, and Mark Rouncefield. „The state of practice in model-driven engineering." IEEE software 31.3 (2014): 79-85.

[17] Christian Hein, Tom Ritter und Michael Wagner: Model-Driven Tool Integration with ModelBus. In Proceedings of the 1st International Workshop on Future Trends of Model-Driven Development - Volume 1: FTMDD, 35-39, 2009, Milan, Italy.

[18] ISO: Risk management, ISO 31000-2009, https://www.iso.org/iso-31000-risk-management.html, besucht am 22.7.2017.

[19] ISO/IEC/IEEE: Software and systems engineering - Software testing - Part 1: Concepts and definitions. ISO/IEC/IEEE 29119-1:2013, https://www.iso.org/standard/45142.html, besucht am 22.7.2017.

[20] Johannes Viehmann und Frank Werner. „Risk assessment and security testing of large scale networked systems with RACOMAT." International Workshop on Risk Assessment and Risk-driven Testing. Springer, 2015.

[21] Michael Felderer, Marc-Florian Wendland und Ina Schieferdecker. „Risk-based testing." International Symposium On Leveraging Applications of Formal Methods, Verification and Validation. Springer, Berlin, Heidelberg, 2014.

[22] Christian Hein, et al. „Generation of formal model metrics for MOF-based domain specific languages." Electronic Communications of the EASST 24 (2010).

[23] Marc-Florian Wendland, et al. „Model-based testing in legacy software modernization: An experience report." Proceedings of the 2013 International Workshop on Joining AcadeMiA and Industry Contributions to testing Automation. ACM, 2013.

[24] Ina Schieferdecker. „Model-based testing." IEEE software 29.1 (2012): 14.

[25] Marc-Florian Wendland, Andreas Hoffmann, and Ina Schieferdecker. 2013. Fokus!MBT: a multi-paradigmatic test modeling environment. In Proceedings of the workshop on ACadeMics Tooling with Eclipse (ACME ,13), Davide Di Ruscio, Dimitris S. Kolovos, Louis Rose, and Samir Al-Hilank (Eds.). ACM, New York, NY, USA, Article 3, 10 pages. DOI: https://doi.org/10.1145/2491279.2491282

[26] ETSI: TTCN-3 – Testing and Test Control Notation, Standard Series ES 201 873-1 ff.

[27] Jens Grabowski, et al. „An introduction to the testing and test control notation (TTCN-3)." Computer Networks 42.3 (2003): 375-403.

[28] Ina Schieferdecker und Theofanis Vassiliou-Gioles. „Realizing distributed TTCN-3 test systems with TCI." Testing of Communicating Systems (2003): 609-609.

[29] Juergen Grossmann, Diana Serbanescu und Ina Schieferdecker. „Testing embedded real time systems with TTCN-3." Software Testing Verification and Validation, 2009. ICST'09. International Conference on. IEEE, 2009.

[30] Ina Schieferdecker, et al. IoT-Testware – an Eclipse Project, Keynote, Proc. of the 2017 IEEE International Conference on Software Quality, Reliability & Security, 2017.

[31] FOKUS: System Quality Center, https://www.fokus.fraunhofer.de/sqc, besucht am 22.7.2017.

[32] ASQF: Arbeitskreis Software-Qualität und Fortbildung (ASQF), http://www.asqf.de/, besucht am 25.7.2017.

[33] GTB: German Testing Board, http://www.german-testing-board.info/, besucht am 25.7.2017.
[34] ISTQB: International Software Testing Qualifications Board, http://www.istqb.org/, besucht am 25.7.2017.
[35] Fraunhofer: Lernlabor Cybersicherheit, https://www.academy.fraunhofer.de/de/weiterbildung/information-kommunikation/cybersicherheit.html, besucht am 25.7.2017.
[36] FOKUS: FOKUS-Akademie, https://www.fokus.fraunhofer.de/de/fokus/akademie, besucht am 25.7.2017.
[37] FOKUS: System Quality Center, https://www.fokus.fraunhofer.de/sqc, besucht am 25.7.2017.

Automatisiertes Fahren

22

Computer greifen zum Steuer

Prof. Dr. Uwe Clausen
Fraunhofer-Institut für Materialfluss und Logistik IML
Prof. Dr. Matthias Klingner IVI
Fraunhofer-Institut für Verkehrs- und Infrastruktursysteme IVI

Zusammenfassung

Digitale Vernetzung und autonome Fahrfunktionen markieren ein neues faszinierendes Kapitel der Erfolgsgeschichte des Automobilbaus, die bereits weit über ein Jahrhundert währt. So wird sich mit leistungsfähiger Umfelderkennung, sehr genauen Ortungs- und latenzarmen Kommunikationstechnologien die Fahrzeug- und Verkehrssicherheit in beträchtlichem Ausmaß erhöhen. Eine präzise vollautomatische Fahrzeugpositionierung autonom fahrender Elektromobile schafft die Voraussetzung, innovative Hochstromladetechnologien im Unterbodenbereich einzuführen. Wenn künftig autonome bzw. hochautomatisierte Fahrzeuge mit intelligenten Verkehrssteuerungen Informationen austauschen, kann dies zu einer deutlich effizienteren Nutzung bestehender Verkehrsinfrastrukturen und erheblichen Reduktionen verkehrsbedingter Schadstoffemissionen führen. Drei Beispiele, die unterstreichen, welche enorme Bedeutung Elektromobilität in Verbindung mit autonomen Fahrfunktionen für die Entwicklung einer wirklich nachhaltigen Mobilität hat. Dabei ist das Spektrum der zu lösenden wissenschaftlich-technischen Herausforderungen außerordentlich breit. Zahlreiche Fraunhofer-Institute sind an diesem volkswirtschaftlich bedeutenden Entwicklungsprozess beteiligt und bringen nicht allein Fachkompetenzen auf höchstem wissenschaftlich-technischen Niveau ein, sondern auch praktische Erfahrung in der industriellen Umsetzung von Hochtechnologien. Auf einige der aktuellen Forschungsthemen wird im Folgenden eingegangen. Sie beinhalten unter anderem autonome Fahrfunktionen in komplexen Verkehrssituationen, kooperative Fahrmanöver in Fahrzeugschwärmen, latenzarme Kommunikation, digitale Karten und genaue Lokalisierung, Funktions- und Manipulationssicherheit fahrerloser Fahrzeuge, digitale Vernetzung und Datensouveränität in intelligenten Verkehrssystemen, Reichweitenverlängerung und Schnellladefähigkeit von autonomen Elektrofahrzeugen bis hin zu neuem Fahrzeugdesign, modularem Fahrzeugaufbau und skalierbarer Funktionalität. Auch wenn der Automobilbereich im Mittelpunkt der Betrachtung steht, lohnt sich der Blick auf interessante Fraunhofer-Entwicklungen bei autonomen Transportsystemen der Logistik, fahrerlosen mobilen Arbeitsmaschinen im Bereich der Landtechnik, autonomer Schienenfahrzeugtechnik und unbemannten Schiffen und Unterwasserfahrzeugen.

22.1 Einleitung

Erste Grundlagen für hochautomatisierte Fahrfunktionen wurden bereits vor mehr als zwanzig Jahren in dem europäischen PROMETHEUS-Projekt (PROgraMme for a European Traffic of Highest Efficiency and Unprecedented Safety, 1986 - 1994) entwickelt. An diesem mit mehr als 700 Mio. Euro bislang größten europäischen Forschungsvorhaben zur Verbesserung der Effizienz, Umweltverträglichkeit und Sicherheit des Straßenverkehrs beteiligten sich neben den Fahrzeugherstellern fast alle bedeutenden europäischen Zuliefererfirmen und Wissenschaftseinrichtungen. Fraunhofer-Institute wie das damalige IITB und heutige IOSB in Karlsruhe haben diese Forschung bis in die heutige Zeit sehr erfolgreich fortsetzen können. Viele Ergebnisse aus diesen ersten Jahren haben mittlerweile eine breite Anwendung in der modernen Fahrzeugtechnik gefunden. Dazu gehören beispielsweise Systeme zur sicheren Fahrzeugführung (Proper Vehicle Operation), zur Überwachung der Fahrstabilität (Friction Monitoring and Vehicle Dynamics), zur Unterstützung der Spurhaltung (Lane Keeping Support), zur Sichtweitenüberwachung (Visibility Range Monitoring), zur Überwachung des Fahrerzustands (Driver Status Monitoring) oder Systementwicklungen zur Kollisionsvermeidung (Collision Avoidance), für kooperative Fahrmanöver (Co-operative Driving), zur autonomen Geschwindigkeits- und Abstandsregelung (Autonomous Intelligent Cruise Control) oder auch der automatische Notruf (Automatic Emergency Call).

Damals wie heute ist die Migration zu immer höheren Automatisierungsgraden eng an die Entwicklung der Fahrerassistenzsysteme gebunden. Zum Schutz der Fahrzeuginsassen bieten der Notbremsassistent, die Multikollisionsbremse, das Pre-Crash-Sicherheitssystem oder Spurhalte- und Spurwechselassistenten immer umfassender automatisierte Fahrfunktionen. Während diese Fahrerassistenzsysteme vor allem in sicherheitskritischen Fahrsituationen aktiv in die Fahrzeugsteuerung eingreifen, entlastet der Abstandsregeltempomat (ACC) den Fahrer im monotonen Verkehrsfluss auf Autobahnen und Landstraßen. Auf Basis der ACC-, Spurhaltesysteme und einer hochverfügbaren Car2Car-Kommunikation entwickeln sich gegenwärtig erste Formen des Platoonings. Über längere Autobahnstrecken werden hierbei Fahrzeuge teilautonom bei hoher Geschwindigkeit und minimalem Sicherheitsabstand im Pulk geführt. Das Platooning wird, so die allgemeine Erwartungshaltung, in den kommenden Jahren vor allem für Nutzfahrzeuge weiterentwickelt und in die praktische Anwendung überführt werden.

22.2 Autonomes Fahren im Automobilbereich

22.2.1 State of the Art

Auch im Automobilbereich stellen automatisierte Autobahnfahrten, automatisches Rangieren und Einparken heute weitgehend gelöste Herausforderungen dar. Mit der Zusammenführung aktiver Unterstützungsfunktionen von Längs- und Querführung – beispielsweise in der aktuellen Mercedes E-Klasse – bewegen sich die Fahrzeuge bereits in die Grauzone zwischen Teil- und Hochautomatisierung und definieren somit den „State of the Art" der marktreifen und gesetzeskonformen Serienausstattung.

Die funktionsspezifische Ausprägung der am weitesten entwickelten Ansätze für automatisierte Fahrfunktionen zeigten sich erstmals bei den DARPA-Grand Challenges der Defense Advanced Research Projects Agency des US-amerikanischen Verteidigungsministeriums. Diese Wettbewerbe für unbemannte Landfahrzeuge, die die Entwicklung vollkommen autonom fahrender Fahrzeuge stark vorangetrieben haben, wurde 2007 letztmals ausgetragen.

Mittlerweile gehört der IT-Konzern Google – jetzt Alphabet – zu den Technologieführern im Bereich autonomer Fahrzeuge. Bis zum November 2015 erreichten die Google Cars die Marke von 3,5 Mio. Testkilometern und mit 75% einen neuen Rekord beim Anteil vollautomatisch zurückgelegter Wegstrecke. Google betreibt derzeit ca. 53 Fahrzeuge, die mittels (D)GPS, Laserscanner, Kameras und hochgenauen Karten vollautomatisch fahren können. Auch wenn die Sicherheit der implementierten autonomen Fahrfunktionen teilweise noch zu hinterfragen ist, plant auch Tesla mit Verkaufszahlen von 500.000 hochautomatisierten Pkw pro Jahr ab 2018 im Bereich der hochautomatisierten Elektrofahrzeuge neue Maßstäbe zu setzen. Etablierte Fahrzeughersteller wie BMW, Audi und Nissan zeigten autonome Fahrmanöver bisher vor allem in abgegrenzten Bereichen wie Autobahnen oder Parkhäusern. Mercedes-Benz demonstrierte 2013 mit der legendären autonomen Überlandfahrt von Mannheim nach Pforzheim, was heute unter idealen Bedingungen mit seriennahen Sensoren und Aktuatoren umsetzbar ist. Der schwedische Fahrzeughersteller VOLVO, der auf dem Gebiet des autonomen Fahrens ebenfalls aktiv ist, implementiert in Schweden und Norwegen derzeit ein cloudbasiertes Straßeninfor-

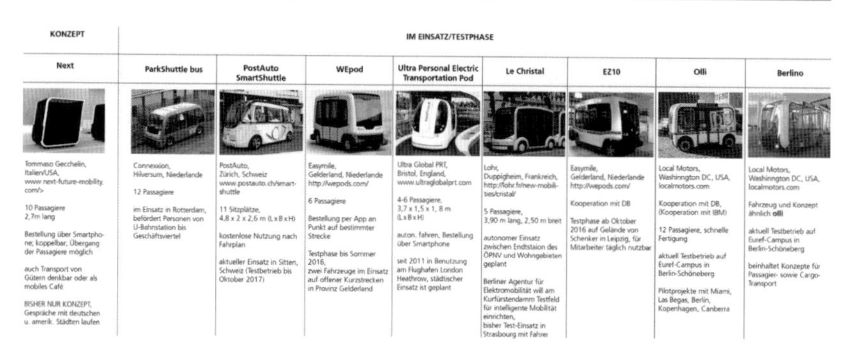

KONZEPT	IM EINSATZ/TESTPHASE							
Next	ParkShuttle bus	PostAuto SmartShuttle	WEpod	Ultra Personal Electric Transportation Pod	Le Christal	EZ10	Olli	Berlino
Tommaso Gecchelin, Italien/USA, www.next-future-mobility.com/> 10 Passagiere 2,7m lang Bestellung über Smartphone; koppelbar; Übergang der Passagiere möglich auch Transport von Gütern denkbar oder als mobiles Café BISHER NUR KONZEPT, Gespräche mit deutschen u. amerik. Städten laufen	Connexxion, Hilversum, Niederlande 12 Passagiere im Einsatz in Rotterdam, befördert Personen von U-Bahnstation bis Geschäftsviertel	PostAuto, Zürich, Schweiz www.postauto.ch/smart-shuttle 11 Sitzplätze, 4,8 x 2 x 2,6 m (L x B x H) kostenlose Nutzung nach Fahrplan aktueller Einsatz in Sitten, Schweiz (Testbetrieb bis Oktober 2017)	Easymile, Gelderland, Niederlande http://wepods.com/ 6 Passagiere Bestellung per App an Punkt auf bestimmter Strecke Testphase bis Sommer 2016, zwei Fahrzeuge im Einsatz auf offener Kurzstrecken in Provinz Gelderland	Ultra Global PRT, Bristol, England, www.ultraglobalprt.com 4-6 Passagiere, 3,7 x 1,5 x 1, 8 m (L x B x H) auton. fahren, Bestellung über Smartphone seit 2011 in Benutzung am Flughafen London Heathrow, städtischer Einsatz ist geplant	Lohr, Duppigheim, Frankreich, http://lohr.fr/new-mobilities/cristal/ 5 Passagiere, 3,90 m lang, 2,50 m breit autonomer Einsatz zwischen Endtstaion des ÖPNV und Wohngebieten geplant Berliner Agentur für Elektromobilität will am Kurfürstendamm Testfeld für intelligente Mobilität einrichten, bisher Test-Einsatz in Strasbourg mit Fahrer	Easymile, Gelderland, Niederlande http://wepods.com/ Kooperation mit DB Testphase ab Oktober 2016 auf Gelände von Schenker in Leipzig, für Mitarbeiter täglich nutzbar	Local Motors, Washinngton DC, USA, localmotors.com Kooperation mit DB, (Kooperation mit IBM) 12 Passagiere, schnelle Fertigung aktuell Testbetrieb auf Euref-Campus in Berlin-Schöneberg Pilotprojekte mit Miami, Las Begas, Berlin, Kopenhagen, Canberra	Local Motors, Washinngton DC, USA, localmotors.com Fahrzeug und Konzept ähnlich **olli** aktuell Testbetrieb auf Euref-Campus in Berlin-Schöneberg beinhaltet Konzepte für Passagier- sowie Cargo-Transport

Abb. 22.1 Autonome Shuttlesysteme in Konzept- / Test- oder Piloteinsatzphasen (Fraunhofer IML, IVI)

mationssystem. Der schnelle Austausch von hochgenauem digitalen Kartenmaterial, Straßenzustandsinformationen und aktuellen Verkehrsdaten ist eine wesentliche Voraussetzung, autonomes Fahren künftig ausreichend sicher zu gestalten.

Neben Automobilherstellern sind auch große Tier-1-Zulieferer wie ZF oder Continental im Feld der Automatisierung aktiv und beginnen vermehrt, eigenständige Lösungen zu präsentieren. Für fahrerlose Shuttle-Pilotfahrzeuge erschließen sich bereits erste Märkte (siehe Abb. 22.1).

Die beschriebenen Demonstrationen der OEMs, Zulieferer und Shuttlehersteller zeigen, dass vollautomatisches Fahren auch mit Serienfahrzeugen mittelfristig möglich sein wird. Dabei stehen – insbesondere mit Blick auf die Serienentwicklung – zunächst vergleichsweise wenig komplexe Umgebungen wie Autobahnen im Mittelpunkt, wobei der Sicherheitsfahrer die Überwachungsinstanz darstellt. Dass dieses Konzept nur bedingt geeignet ist, die Sicherheit hochautomatisierter Fahrzeuge umfassend zu garantieren und dass die spontane Übergabe der Fahrfunktion an den Fahrer in wirklich kritischen Fahrsituationen zu Fehlhandlungen führen kann, unterstreichen erste zum Teil tragische Unfälle. Eine Alternative zum Sicherheitsfahrer könnten wegseitige, missionsbasierte Fahrzeugüberwachungen und im Gefahrenfall extern synchronisierte Fahrzeugbewegungen darstellen, die von den OEMs allerdings bisher kaum betrachtet werden.

Aus den Google- und Daimler-Demonstrationen lässt sich ableiten, dass Fahrzeuge über eine Fusion von Odometrie, Lasersensoren und DGPS in urbanen Umgebungen sicher und dezimetergenau geortet werden können. Der Aufbau wegseitiger Absicherungssysteme ist damit durchaus realisierbar. Auf Basis von LiDAR-Systemen erfolgt derzeit im Living Lab der Universität Reno im Bundesstaat Nevada die Implementierung eines solchen wegseitigen Überwachungssystems. Das Fraunhofer IVI ist mit entsprechenden Projekten daran beteiligt. Darüber hinaus verdeutlicht der gegenwärtige Entwicklungsstand, dass die erforderlichen Produkte zur Vernetzung von vollständig autonomen Fahrzeugen mit der Infrastruktur kurz- bis mittelfristig in der Breite verfügbar sein werden und daher die Nutzung dieser Kommunikationsstrukturen auch zur Gewährleistung der Verkehrssicherheit dienen können.

Die wachsende Nachfrage nach automatisierten Fahrfunktionen wurde in der letzten Zeit durch eine Reihe von Nutzerstudien – unter anderem auch des Fraunhofer IAO – herausgestellt. Befragungen von Bitkom, Bosch, Continental oder der GfK zeigen ein hohes Interesse (33% bis 56%) und betonen die künftige Bedeutung der Faktoren Sicherheit und Komfort als wichtigste Kaufkriterien für Neuwagen. Für das Jahr 2035 wird eine Marktdurchdringung automatisierter Fahrzeuge von 20% [1] bis zu 40% [2] für möglich erachtet. Bereits in den nächsten Jahren werden hochentwickelte Fahrsicherheitssysteme und komfortorientierte Assistenzsysteme den stark wachsenden Zukunftsmarkt der Car-IT dominieren. PricewaterhouseCoopers beziffert in der Studie „Connected Car 2014" bis 2020 eine Steigerung der jährlichen weltweiten Umsätze in den beiden genannten Rubriken auf rund 80 Mrd. Euro [3]. Mit steigender Tendenz liegt der Wertschöpfungsanteil von Elektronik im Auto gegenwärtig bei 35% bis 40% des Verkaufspreises [4].

Die Ausgaben deutscher Automotive-Firmen für Patente und Lizenzen im Bereich Elektrik/Elektronik haben sich seit 2005 deutlich erhöht und liegen derzeit bei über 2 Mrd. Euro [5]. McKinsey prognostiziert für Connectivity-Dienste im Fahrzeug eine Verfünffachung der Umsatzpotenziale bis zum Jahr 2020 [6]. All das macht den Automobilmarkt für Unternehmen aus der IT-Branche zunehmend attraktiv. So werden in einer amerikanischen Internet-Studie bereits heute Google und Intel als einflussreichste Akteure im Themenkomplex automatisiertes Fahren ausgewiesen [7]. Während die IT-Bereiche US-amerikanische Firmen dominieren, wird insbesondere den deutschen Fahrzeugherstellern und Zulieferern eine führende Position in der Entwicklung und Einführung höherentwickelter Automatisierungssysteme zugesprochen. Die bereits erwähnte Studie „Connected Car 2014" weist mit VW, Daimler und BMW drei deutsche Konzerne als innovationsstärkste Automobilhersteller in Bezug auf Fahrassistenzsysteme aus. Zu ähnlichen Einschätzungen kommen auch amerikanische Studien – sowohl in Bezug auf die drei deutschen Premiumhersteller Audi, BMW und Daimler [7] als auch bezüglich der deutschen Zulieferer Bosch und Continental [3].

22.2.2 Autonomes Fahren in komplexen Verkehrssituationen

Autonomes Fahren nach dem VDA-Standard Level 5 – vollständig fahrerlos – wird im öffentlichen Verkehrsraum zunächst nur dann zulassungsfähig sein, wenn es durch eine leistungsfähige Car2Infrastructure- sowie Car2Car-Vernetzung wegseitig überwacht und in Gefahrensituationen durch externe Absicherungssysteme beeinflusst werden kann. Überwachtes und kooperatives Fahren in sogenannten Automatisierungszonen wird sich im urbanen Raum zunächst im Bereich der innerstädtischen Logistik und des öffentlichen Personennahverkehrs in Form autonomer Shuttle-Linien, eTaxen und Lieferverkehre durchsetzen. Mittelfristig werden hochautomatisierte bzw. vollständig autonome Fahrzeuge in kooperativ agierenden Fahrzeugverbänden im Rahmen einer umfassenden Automatisierung innerstädtischer Verkehrsnetze maßgeblich zur Verflüssigung der Verkehrsströme sowie zur effizienteren Auslastung bestehender Verkehrsinfrastrukturen beitragen.

Für das kooperative Fahren in Automatisierungszonen, das neben der linearen Fahrzeugführung aufeinanderfolgender Fahrzeuge (Platooning) auch die mehrspurige Fahrzeugführung heterogener Fahrzeugschwärme beinhaltet, werden derzeit in Fraunhofer-Instituten vor allem des IuK-Verbunds verschiedene Technologien entwickelt. Dazu gehören:

- hochperformante und verlässliche Kommunikationstechniken für autonome Fahrfunktionen auf der Grundlage von WLAN-11p-Systemen, erweitertem LTE-Standard bis hin zu 5G-Mobilfunk
- Monitoring- und Prädiktionsfunktionen für die Kommunikationsqualität
- schnelle Ad-hoc-Netzwerk- und Protokolltechnologien
- robuste Ad-hoc-Identifikation und Situationserkennung
- kombinierte Umfeldsensorik auf der Basis von Kamera, Radar, LIDAR und Ultraschall
- robuste und sichere Sensordatenfusion auf Perzeptionsebene
- Innenraumsensorik und strukturintegrierte E/E-Systeme zur ausfallsicheren Erfassung und Weiterleitung von Daten- und Energie-Verteilungen
- schnelle SLAM-Technologien für dynamische Ortungskorrekturen
- Detektionsverfahren und Klassifikatoren für die autonome Fahrzeugführung
- Machine Learning für autonomes Fahren in der realen Welt
- kooperative Lenk- und Abstandsregelung
- robuste und sichere Pfadplanungsverfahren
- Fahrstrategien und Schwarmführung für 2D-Schwarmmanöver
- robuste Methoden zur Fahrbahnzustandserfassung
- digitales Kartenmaterial mit dynamischer Aktualisierung.

Neben etablierten Open Source Frameworks der Robotik wie ROS oder auch YARP, Orocos, CARMEN, Orca oder MOOS kommen dabei auch eigene Simulations- und Entwicklungstools wie OCTANE des Fraunhofer IOSB institutsübergreifend zur Anwendung. Zumeist übertragen beim autonomen Fahren implementierte Zustandsautomaten je nach erkannter Situation die Kontrolle des Fahrzeugs an diverse Bahnregler für die einzelnen Fahraufgaben wie Geradeausfahrt, Spurwechsel, Abbiegen links oder rechts usw. Obwohl mit diesen zustandsabhängigen Bahnreglern bereits eindrucksvolle Leistungen erzielt wurden, ist die Funktionssicherheit nicht ausreichend, vollautomatisiertes Fahren im öffentlichen Verkehrsraum abzubilden. Anders als im offenen Gelände der DARPA-Challenges sind im realen Straßenverkehr weit komplexere, teilweise mehrdeutige Verkehrssituationen zu bewältigen, die die situationsdiskreten Auswahlprozesse zur Zuordnung der Bahnregler destabilisieren. In [8][9] wurde u. a. von Wissenschaftlern des Fraunhofer IOSB ein deutlich leistungsfähigeres Bahnplanungsverfahren eingeführt, das die Unsicherheiten reduziert und mittlerweile auch von anderen Autoren [10] verfolgt wird. Das Verfahren [10][11] berechnet zu jedem Zeitpunkt eine multikriteriell optimierte Trajektorie, die alle Entscheidungskriterien menschlicher Fahrer wie Kollisionsfreiheit, Regelkonformität, Komfort und Reisezeit einschließt.

In der probabilistischen Modellierung werden nicht nur messfehlerbehaftete Sensorsignale, sondern auch Unsicherheiten berücksichtigt – beispielsweise bzgl. der Verhaltensweise menschlicher Verkehrsteilnehmer. Über geeignete statistische Verhaltensmodelle kann ein autonomes Fahrzeug so seine Fahrweise der menschlichen anpassen – eine Grundvoraussetzung für automatisiertes Fahren im Mischverkehr. Dass autonomes Fahren im Mischverkehr auf dieser Modellgrundlage möglich ist, unterstreichen auch Ergebnisse des EU-Projekts PROSPECT, in dem dieser Ansatz für eine proaktive Situationsanalyse zum Schutz von Fußgängern weiterentwickelt wurde. In [11] stellen Mitarbeiter des Fraunhofer IOSB ein Optimierungsverfahren vor, das globale Optima für derartige Fahrmanöver innerhalb einer vorgebbaren Zeit findet. In [12] wurde nachgewiesen, dass diese für das sichere autonome Fahren im Realverkehr eine notwendige Voraussetzung darstellen. Ein automatisiertes Fahrzeug sollte bei der Bahnplanung auch die Rückwirkung seiner Manöver auf das Verhalten der Fahrzeuge in seiner Umgebung berücksichtigen. Dies ist insbesondere beim Einfädeln in fließenden Verkehr notwendig, dem sich menschliche Fahrer – beispielsweise beim Ausparken – vorsichtig tastend nähern, bis ein Fahrzeug eine geeignete Lücke lässt. Derartige Planungsprozesse operieren in einem sehr großen Suchraum. Hocheffiziente Verfahren zur Lösung dieser Optimierungsprobleme sind in [13] und [14] zu finden.

Voraussetzung für jegliche Art autonomen Fahrens ist die sensorielle Wahrnehmung der Fahrzeugumgebung. Um die hohen Anforderungen an Zuverlässigkeit,

Gesichtsfeld und Reichweite zu erfüllen, werden in der Regel mehrere unterschiedliche Sensorsysteme eingesetzt. Mittels Multisensorfusion wird aus den Messinformationen ein konsistentes Umgebungsmodell erzeugt, das zur Kartierung [15][16], zur Hinderniserkennung und zur Erkennung bewegter Objekte [17] eingesetzt werden kann. Erwähnt wurde bereits die Bedeutung der Integrationstechnologien für eine robuste, hochauflösende Umfeldsensorik. Fraunhofer-Institute des Verbunds Mikroelektronik arbeiten derzeit intensiv an neuen Sensoren, insbesondere im Bereich automotivtauglicher Radar- und Lidarsysteme. Hochintegrierte Sensortechnologien auf der Basis von SiGe bzw. SiGe-BiCMOS sowie die Entwicklung von Gehäusetechniken im Millimeterwellenbereich, an deren Entwicklung ebenfalls Fraunhofer-Institute wie das EMFT beteiligt waren, haben den großflächigen Einsatz von Radarsensoren im Automobilbereich überhaupt erst ermöglicht. In Kombination mit Ultraschall-, Kamera- und Lidarsystemen haben sich diese Radarsensoren mittlerweile fest etabliert. Heutige Systeme arbeiten überwiegend im weltweit standardisierten 76-77-GHz-Frequenzband. 24-GHz-Sensoren werden noch für Heckanwendungen (Totwinkel-Überwachung, Spurwechselassistent, Auspark-Assistent) eingesetzt. Aufgrund der geringeren Bandbreite ist auch hier der Übergang zu 77-GHz-Sensoren absehbar.

Die Vielfalt der Szenarien im urbanen Umfeld stellt große Herausforderungen – vor allem auch an die videobasierte Umfelderfassung. Maschinelle Lernverfahren, basierend auf tiefen neuronalen Netzen (Deep Learning), führten in den letzten Jahren zu massiven Verbesserungen. Beispielsweise konnte die Fehlerrate bei der Echtzeit-Personendetektion um bis zu 80% verringert werden [18]. Zusätzlich zur klassischen Objektdetektion wurden mittlerweile Verfahren zur feingranularen, pixelweisen Objektunterscheidung gezeigt [19].

Im EU-Forschungsprojekt AdaptIVe untersuchen 28 Partner – darunter die zehn größten europäischen Automobilhersteller, Zulieferer, Forschungsinstitute und Universitäten –diverse Einsatzszenarien autonomen Fahrens auf Autobahnen, Parkflächen und in komplexen urbanen Gebieten. Im Jahr 2014 startete das Projekt aFAS, in dem acht Partner aus Wirtschaft und Wissenschaft ein autonomes Absicherungsfahrzeug für Arbeitsstellen auf Autobahnen entwickeln. Im Projekt IMAGinE wird die Entwicklung neuer Assistenzsysteme im Kontext kooperativen Verhaltens erforscht. Unter Federführung von Fraunhofer wurden im europäischen Forschungsprojekt SafeAdapt neue E/E-Architektur-Konzepte für erhöhte Ausfallsicherheit von autonomen E-Fahrzeugen entwickelt, evaluiert und validiert. Das C-ITS Projekt (Intelligent Transport System) entwirft eine europaweite Infrastruktur und koordiniert die länderübergreifende Zusammenarbeit vor allem im Bereich der Kommunikationsinfrastrukturen. 2017 startete das Projekt AUTOPILOT, das das Fahrzeug als Sensorknoten betrachtet und in eine IoT-Struktur einbindet, in der das

Fahrzeug einen spezifischen Info-Knoten bildet. Tests erfolgen in fünf verschiedenen europäischen Regionen.

22.2.3 Kooperative Fahrmanöver

Dass durch „Synchronisation der Bewegungen„ eine erstaunliche Anzahl von bewegten Objekten auf engsten Raum konzentriert werden kann, demonstrieren Fisch-, Vogel- oder Insektenschwärme ebenso wie der Herdentrieb einiger Säugetierarten. Bekannte Beispiele für spontane Synchronisation sind in der nichttechnischen Welt der rhythmische Applaus oder die La-Ola-Welle, Schwarmbewegungen im Tierreich oder das synchrone „Feuern der Synapsen„ im Nervensystem bzw. im technischen Bereich der Synchronlauf der Stromgeneratoren in einem Versorgungssystem. In den hochautomatisierten Verkehrssystemen der Zukunft werden durch Synchronisation die

- Verkehrsdichten auf bestehenden Infrastrukturen erhöht,
- Verkehrsflüsse durch koordinierte Priorisierung und synchronisierte Signalanlagen beschleunigt,
- Transportketten im öffentlichen Verkehr flächendeckend durch dynamische synchronisierte Anschlussbedingungen optimiert und dabei
- verkehrsbedingte CO_2- und Schadstoff-Emissionen deutlich reduziert.

Synchronisierte Mobilität setzt einen hohen Automatisierungsgrad voraus, der bei den einzelnen Fahrzeugen beginnt und sich über die Infrastruktur bis hin zu den Verkehrszentralen erstreckt. Die Entwicklung der Synchronisationsmechanismen zur flächenhaften Verkehrsbeeinflussung durch hochautomatisierte dynamische Verkehrsleitsysteme beinhaltet u. a.

- den Einsatz von kooperativen Systemen zur Steuerung, Überwachung und Absicherung der komplexen Verkehrsflusssteuerung,
- die Implementierung hochdimensionaler Synchronregler zur dynamischen Taktung von Lichtsignalanalgen in Verkehrsnetzen,
- die Synchronisation der Fahrzeugzu- und -abflüsse in urbane Bereiche sowie
- die Führung synchron bewegter Fahrzeugpulks, pulkinterne Kommunikation, Fahrzeugortung und Abstandsregelung.

Eine mathematische Beschreibung der Synchronisation von n schwach gekoppelten Oszillatoren mit Eigenfrequenzen ω_i liefert das KURAMOTO-Modell. Dieser nichtlineare Modellansatz hat mittlerweile in ganz unterschiedlichen Wissenschaftsgebieten Anwendung gefunden und bietet auch in der Verkehrstechnik eine hervorragende Grundlage, durch Einführung einer schwachen, zustandsabhängigen Wechselwirkung zwischen den einzelnen Ampelschaltungen „Dynamische Grünen Wellen„ in Abhängigkeit von der Verkehrsbelastung zu formieren. „Schwache Wechselwirkungen„ – das heißt Signale zur Veränderung der Fahrprofile oder Ampelzyklen – werden zwischen den Fahrzeugen und/oder Lichtsignalanlagen in Abhängigkeit von der lokalen Verkehrsdichte und Phasenlage der Ampelschaltung in Echtzeit berechnet, über funkbasierte Kommunikationskanäle an die Fahrzeuge bzw. Anlagen vermittelt und damit zur geregelten Synchronisation der Fahrgeschwindigkeiten bzw. Ampelschaltungen genutzt.

Die Planung kooperativer Fahrmanöver ist außerordentlich komplex, da für die optimale Auswahl sämtliche Kombinationen möglicher Trajektorien aller beteiligten Fahrzeuge betrachtet werden müssen. Algorithmen zur Planung kooperativer Fahrmanöver – besonders zur kooperativen Unfallvermeidung – wurden u. a. in [20][21][22] vorgeschlagen. Aufgrund der hohen Problemkomplexität werden hierbei unterschiedliche einschränkende Annahmen zugrunde gelegt – beispielsweise eine vergleichsweise grobe Diskretisierung der Pläne oder die Beschränkung auf bestimmte Szenarien [22].

22.2.4 Latenzarme, breitbandige Kommunikation

Die Fähigkeit lebender Organismen, reflexartig auf unterschiedlichste Gefahrensituationen zu reagieren, hat sich im Verlauf der Evolution als überlebensnotwendig erwiesen. In den Sekundenbruchteilen vor einem unvermeidbaren Aufprall schützen bereits heute Pre Crash Safety Systems (PCSS) Fahrzeuginsassen und Unfallteilnehmer durch Straffen der Gurte, Auslösen verschiedener Airbags oder das Anheben von Fronthauben. Vollständig autonome Fahrzeuge werden künftig in der Lage sein, Crashsituationen generell zu vermeiden bzw. im Mischverkehren außerhalb überwachter Automatisierungszonen weitgehend zu entschärfen. Dazu dienen die Punkte:

- frühzeitiges Erkennen der Gefahrensituation,
- Car2Car-Kommunikation und koordinierte Trajektorienwahl,
- extrem manövrierfähige Fahrwerksauslegung und
- hochdynamische, autonom gesteuerte Fahrmanöver.

Die Entwicklung autonomer Fahrzeuge unterliegt einer Sicherheitsphilosophie, die davon ausgeht, dass auch künftig nicht alle Gefahrensituationen – zumindest für Standardausweich- oder -bremsmanöver ausreichend früh – zu erkennen sein werden. Verteilte elektrische Antriebe, Mehrachslenkregelverfahren, ABS, ESP und Torque Vectoring sowie bekannte Verfahren der Fahrzeugstabilisierung über kombinierte Längs-/Querregelung bieten in solchen Gefahrenmomenten zusätzliche Freiheitsgrade. Durch autonom gesteuerte Fahrmanöver in fahrdynamischen Grenzbereichen werden auch verbleibende Restrisiken sicher zu beherrschen sein.

Für die Koordination der autonomen Fahrfunktionen in Gefahrensituationen muss eine besonders leistungsfähige Car2X-Kommunikation (LTE-V, 5G) mit sehr kurzen Latenzzeiten und höchsten Übertragungsraten bereitgestellt werden. Fraunhofer-Institute wie das IIS und das HHI sind an der Entwicklung sowie an der Definition der Standards dieser Kommunikationstechnologien maßgeblich beteiligt.

Welche Kommunikationstechnologien sich im Kontext der Car2X-Kommunikation in den nächsten Jahren durchsetzen werden, ist derzeit nur bedingt vorhersehbar. Entwicklungspotenziale sind sowohl in bereits eingeführten Technologien wie WLAN-11p wie auch in den erweiterten 4G-Standards LTE-V (Vehiculare) und LTE Advaced Pro mit Grundfunktionen aus 3GPP Release 14 bis hin zu dem sich abzeichnenden 5G- Mobilfunkstandard erkennbar. Für den Bereich schmalbandinger Anwendungen wurde 2017 basierend auf der LTE-Cat-NB1-Spezifikation durch die Deutsche Telekom ein Narrow-Band-IoT-Service eingeführt, der hohe Signalstärken und Reichweiten ermöglicht. Zu innovativen Anwendungen in Logistik und Verkehr ist das Fraunhofer IML in die Entwicklung involviert.

Die kommunikationstechnische Ausstattung autonomer Pilotfahrzeuge wird derzeit weitgehend offen und migrationsfähig gestaltet, um neueste Forschungsergebnisse und Technologiestandards zu funktionssicherer, latenzarmer, robuster und IT-gesicherter IoT-Kommunikation zeitnah und flexibel integrieren zu können. Aktuell stellt WLAN-11p die einzige uneingeschränkt verfügbare Car-2-X-Kommunikationstechnologie dar. Entwicklungsschwerpunkte konzentrieren sich derzeit auf anwendungsspezifische Funktionen wie WLAN-11p-basierte „kooperative Perzeption“ oder schnelle Videodatenübertragung. Mit der Verfügbarkeit von LTE-V ab 2018 wird dann auch eine standardisierte Mobilfunk-Variante für Car-2-X-Kommunikation bereitstehen. Die zukünftigen Entwicklungen für Car-2-X im 5G-Mobilfunk stellen Erweiterungen von LTE-V dar. Durch die redundante Nutzung komplementärer Kommunikationskanäle in Kombination mit einer situationsadaptiven Auswahl der optimalen Zugangstechnologie werden Anforderungen an höchste Zuverlässigkeit und Robustheit des Informationsaustausches künftig sicherzustellen sein. Auch zum Thema präziser Lokalisierung laufen derzeit an Fraunhofer-Instituten wie dem IIS Entwicklungsprojekte beispielsweise zur Gewinnung fälschungssicherer Positionierungsinformationen auf Basis von GALILEO PRS.

22.2.5 Wegseitige Absicherungssysteme

Beim anspruchsvollsten Automatisierungsgrad – vollständig fahrerloses Fahrzeug – sind Sicherheitsanforderungen zu erfüllen, die deutlich über dem liegen, was derzeit technisch beherrscht wird. Autonome Fahrzeuge müssen dem höchsten Sicherheitsintegritätslevel (SIL 4) genügen und damit eine Fehlerrate unter 10^{-4} ... 10^{-5} garantieren. Andererseits müssten ohne einen einzigen Eingriff des Sicherheitsfahrers mehr als 300.000 km unfallfreie Fahrt auf Autobahnen und in hochbelastetem urbanem Verkehrsraum nachgewiesen werden, um zumindest dem durchschnittlichen Sicherheitsniveau eines menschlichen Fahrers zu entsprechen. Vereinzelte Spitzenwerte fahrerloser Fahrt ohne Sicherheitseingriff liegen für Google / Waymo Cars heute zwischen 2000 km und 3000 km, die allerdings überwiegend auf Highways absolviert wurden. Die Auswertung umfangreicher Testkampagnen in Kalifornien belegen, dass sich die Automobilhersteller derzeit auf einem durchschnittlichen Niveau von einem Eingriff pro 5 km bewegen. Basierend auf Erkenntnissen u. a. aus den Projekten „Digitaler Knoten“, „Road Condition Cloud“ und „iFUSE“ zeichnen sich zwei Strategien zur Erhöhung der Sicherheit des autonomen Fahrens ab. Viele Beiträge folgen dem klassischen Ansatz, die Sicherheit des autonomen Fahrens durch fahrzeugseitige Systemverbesserungen zu erhöhen:

- hochintegrierte Multisensorsysteme für die Umfelderfassung,
- leistungsfähigere Signal- und Bildprozessierung,
- Lernverfahren zur Situationserkennung und zur Verbesserung der Reaktionsfähigkeit,
- funktionssichere Bordnetz-Infrastruktur mit mikro-integrierten Elektroniksystemen,
- kooperative Fahrzeugführung und
- Ausbau robuster und latenzarmer Car2X-Kommunikation.

Ergänzend dazu werden wegseitige Absicherungssysteme auf der Grundlage hochperformanter Car2Infrastructure-Kommunikation, stationärer Umfeldsensorik sowie darauf aufbauender Objekterkennung, Tracking und Verhaltensmodellierung entwickelt. Forschungsschwerpunkte konzentrieren sich dabei auf

- mehrstufige Sicherheitskonzepte für Automatisierungszonen,
- bildgestützte Absicherungssysteme in Kombination mit stationären Radar-LiDAR-Sensoren,
- kooperative, über Car2X ausgetauschte Umfelddaten,
- Sensordatenfusion auf Perzeptionsebene,
- Kompressionsverfahren für die externe Situationserfassung,

Abb. 22.2 Wegseitig überwachte Automatisierungszone (Fraunhofer IML, IVI)

- Prognose und Matching von Bewegungsmustern externer Objekte im Mischverkehr sowie
- Umweltmodelle zu lokalen Witterungsbedingungen und zum Fahrbahnzustand.

Die wegseitige Absicherung überträgt damit einen definierten Teil der Sicherheitsverantwortung einer intelligenten Infrastruktur und kann als eine Art „virtueller Sicherheitsfahrer" in überwachten Automatisierungszonen verstanden werden.

Die stationäre Umfeldsensorik, Situationsprädiktion und Pfadplanung wird dabei ergänzt durch Informationen aus den Fahrzeugen zu erkannten Situationen und beabsichtigter Trajektorie. In Gefahrenmomenten koordiniert das Absicherungssystem die Reaktion der überwachten Fahrzeuge und löst vorausschauend Kollisionskonflikte auf bzw. greift durch Nothalt- und Ausweichmanöver ein. Mit fortschreitender Entwicklung der Perzeptions- und Prädiktionsfähigkeit der Fahrzeugsteuerungen sowie einer immer leistungsstärkeren Car2X-Vernetzung werden Zielkonflikte für externe Noteingriffe mehr und mehr vermieden. Die Freigabe autonomer Fahrfunktionen für definierte Szenarien außerhalb der Automatisierungszonen kann nach einer auf Grundlage der Unfallstatistik (GIDAS-Datenbank) festzulegenden Mindestanzahl an Testkilometern ohne externen Eingriff erfolgen. Ob künftig an hochbelasteten Verkehrsstraßen und -kreuzungen wegseitige Absicherungs- und Koordinationssysteme generell verbleiben, wird die weitere Entwicklung zeigen.

22.2.6 Digitale Vernetzung und Funktionssicherheit fahrerloser Fahrzeuge

„Fahrerlose Fahrzeuge" stellen höchste Anforderungen an die funktionale Sicherheit der implementierten sicherheitsrelevanten Komponenten. Forschungsschwerpunkte an Fraunhofer-Instituten wie dem ESK in München oder dem IIS in Erlangen konzentrieren sich nicht nur auf das modulare, multifunktionale Prototyping aus-

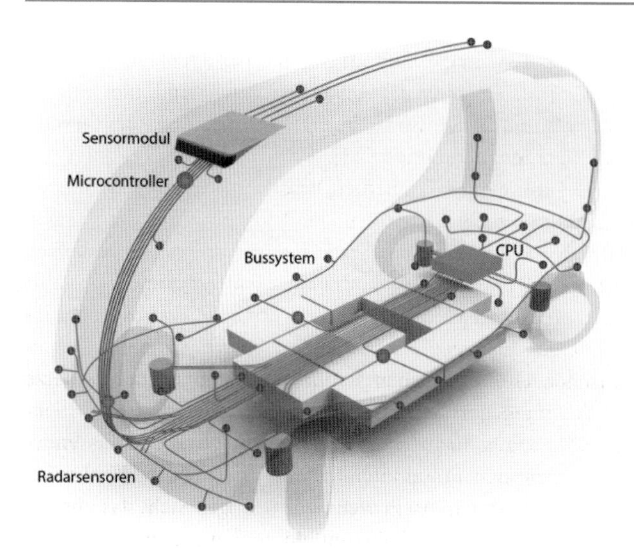

Abb. 22.3 Vernetzte Elektrik-/Elektronik-Systeme in autonomen Fahrzeugen (Fraunhofer IML, IVI)

fallsicher gestalteter E/E(Elektrik/Elektronik)- und Software-Architekturen, fehlertoleranter Sensorik- und Aktuatorikausstattungen bis hin zu hot-Plug&Play-Mechanismen, sondern vor allem auch auf die Funktionssicherheit der vernetzten E/E-Komponenten sowie der darauf aufbauenden autonomen Fahrfunktionen. Die Zahl der vernetzten E/E-Systeme in einem Fahrzeug hat sich in den vergangenen zehn bis zwölf Jahren auf etwa einhundert in den Oberklasse- und achtzig in den Mittelklassewagen verdoppelt. In autonomen elektrischen Fahrzeugen wird sich dieser Vernetzungsgrad weiter sprunghaft erhöhen.

Als wesentliche Ergebnisse der Fraunhofer-Forschung werden daher modulare E/E- und Software-Architekturen erwartet, die ein flexibles und sicheres Zusammenwirken der E/E-Systeme, der einzelnen Schnittstellen, Daten- und Energieflüsse in den E/E-Systemen sowie eine variable Verknüpfung von Fahrzeug- und Umgebungsdaten ermöglichen.

Sensordaten lassen sich durch die Nutzung einer größeren Anzahl an Sensoren, unterschiedlicher physikalischer Sensorprinzipien und einer geeigneten Sensorfusion mit hinreichender Ausfallsicherheit bereitstellen. Ein besonders hoher Grad an Sensorintegration kann durch Applikation der extrem dünnen und flexiblen Sensorsysteme erreicht werden, wie sie beispielsweise am Fraunhofer EMFT entwickelt wurden. Die Daten-, Versorgungs- und Kontrollpfade dieser Systeme können im Versagensfall geeignet verschaltet werden. Für die sicherheitsrelevanten Aktorsysteme ist dieses Integrationsszenario in autonomen Fahrzeugen deutlich komplexer.

Zur Aufrechterhaltung der Daten- und Energieflüsse im Versagensfall einzelner Komponenten werden dafür Mechanismen des Rekonfigurations- und Rückfallebenenmanagements entwickelt und in die Software-Architektur sowie das Vernetzungskonzept autonomer Fahrzeuge integriert [23].

Während Ausfall- und Manipulationssicherheit bereits in der konventionellen Fahrzeugtechnik anspruchsvolle technische Lösungen bedingen, sind die Herausforderungen deutlich komplexer, autonomen Fahrzeugen die Fähigkeit zu verleihen, mit höchster Sicherheit alle Gefahrensituationen außer- und innerhalb des Fahrzeugs frühzeitig erkennen und selbstständig auflösen zu können. Dass darüber hinaus Elektrofahrzeuge besonders agil reagieren, autonome Fahrfunktionen Fahrzeuge auch in fahrdynamischen Grenzbereichen stabilisieren können und vernetze Fahrzeuge über einen Erkennungshorizont verfügen, der über das optische Blickfeld in konventionellen Fahrzeugen hinausgeht, ist Teil eines weitaus umfassenderen Forschungsszenarios, dem sich Fraunhofer-Institute in Dresden, Karlsruhe, Kaiserslautern und Darmstadt widmen. Auch wenn aus heutiger Sicht das absolut sichere Fahrzeug in einem unfallfreien Verkehrsumfeld noch weitgehend visionär erscheint, bietet das autonome Fahren doch alle technischen Voraussetzungen, diese Zielstellung in nicht allzu ferner Zukunft tatsächlich zu erreichen.

Car2X-Kommunikation mit den Möglichkeiten der schnellen Ad-hoc-Vernetzung sowie der Bereitstellung umfangreicher Fahrzeugdaten – wie Positions-, Verhaltens- und Antriebsdaten, Betriebsstrategien, Energiebedarf, Umgebungsdaten, Umweltinformationen, Verkehrs-, Car-2-X-, Multimedia-System- sowie Interaktions- und Überwachungsdaten – birgt die Gefahr der direkten Manipulation der Fahrzeugsteuerung sowie des Missbrauchs personenbezogener oder fahrzeugspezifischer Daten. Forschungsschwerpunkte an verschiedenen Fraunhofer-Instituten des IuK-Verbundes befassen sich daher mit

- fehlertoleranten Kommunikationssystemen mit entsprechender Kodierung, Verschlüsselung und Datenfusion,
- Sicherheitstechnologien mit Ende-zu-Ende-Verschlüsselung für die Interfahrzeugkommunikation sowie
- Signierung und Verifizierung von Sensordaten.

Souveräne Datenräume für Wirtschaft, Wissenschaft und Gesellschaft zu entwickeln ist darüber hinaus ebenfalls Anliegen eines umfassenden Forschungs- und Entwicklungsvorhabens zahlreicher IuK-Institute der Fraunhofer-Gesellschaft. Die 2016 gegründete Industrial Data Space Association kann als Unternehmensplattform mittlerweile auf mehr als siebzig zum Teil börsennotierte Mitgliedsunternehmen verweisen. Die Fraunhofer-Data-Space-Referenzmodellarchitektur [24] ist hervorragend geeignet, datensouveräne internetbasierte Interoperabilität sowie sicheren Datenaustauschs auch in intelligenten Verkehrssystemen zu gewährleisten. Der Aufbau eines deutschlandweiten Mobility Data Space wird derzeit gemeinsam mit dem BMVI und der Bundesanstalt für Straßenwesen (BASt) konzipiert. Dieser Mobility Data Space soll auch die Rahmenarchitektur für die Echtzeit-Datenversorgung autonomer Fahrzeuge bilden, um digitales Kartenmaterial, Fahrzeitprognosen, Verkehrsbeschilderung u. a. ortsreferenziert den autonomen Fahrfunktionen zur Verfügung zu stellen und rückwirkend Sensorinformationen und Floating Car Data zur Verkehrslageerfassung zurückzuspielen.

22.2.7 Reichweiteverlängerung und Schnellladefähigkeit von autonomen Elektrofahrzeugen

Hochpräzise Ortung in Kombination mit autonomen Fahrfunktionen ermöglicht dynamisches Nachladen auf einer induktiven Ladespur während der Fahrt oder exakte Fahrzeugpositionierung zur vollautomatisierten konduktiven Impulsladung über Hochstromkontakte im Unterbodenbereich. Schnellladevorgänge mit Ladeströmen weit über 1000 Ampere auf der 800-Volt-Spannungsebene sind über manuelle Stecker-Systeme nicht handhabbar. Die technischen Grundlagen für das Super-Fast-Charging wurden vom Fraunhofer IVI gemeinsam mit Industriepartnern bereits 2014 am ersten schnellladefähigen Elektrobus (EDDA-Bus) [25] in Europa in der praktischen Anwendung demonstriert. Innerhalb von 5 min. kann im EDDA-Bus der Fahrstrom für einen etwa 15 km langen Busumlauf über ein hochautomatisiertes Kontaktsystem nachgeladen werden. Implementiert wurde eine spezielle Traktionsbatterie mit einer sehr hohen Leistungsdichte. Derzeit sind Hochleistungsbatterien mit bis zu 5C-Ladestrom kurzzeitig belastbar. Die Verfügbarkeit von 10C-Batterien ist absehbar. Mit derartigen Batterien ließe sich im Pkw-Bereich der Traktionsstrom für 400 km Fahrstrecke in nur f5 min. nachladen. Dazu bedarf es allerdings spezieller, autonom befahrbarer Unterbodenladesysteme. Diese technisch anspruchsvollen Ladesysteme in Verbindung mit Batterien hoher Leistungsdichte könnten für eine stärkere Verbreitung der Elektromobilität sorgen und eine überaus sinnvolle Alternative bieten, die derzeitigen Reichweitenbeschränkungen nicht allein durch höhere Energiedichten zu überwinden, sondern mit Ladeleistungen von mehr als 10 C vollautomatisierte kurze Nachladezyklen zu ermöglichen. Solche hochbeanspruchten elektrischen Ladesysteme müssen im kontaktnahen Bereich sensorisch überwacht werden. Unter der Bezeichnung Cyber Physical Connectors existieren für genannte Anwendungsfälle entsprechende technische Lösungen am Fraunhofer EMFT, die eine hinreichende Funktionssicherheit auch unter extremen Belastungssituationen gewährleisten [26].

22.2.8 Fahrzeugdesign, modularer Fahrzeugaufbau und skalierbare Funktionalität

Mit der Übernahme der Fahrfunktion durch das Fahrzeug selbst wird sich der Aufbau künftiger Automobile grundlegend wandeln. Erste Designstudien und Prototypen demonstrieren, dass der Wegfall von Motorraum, Lenkrad und Armaturen in sensorgeführten Fahrzeugen mit elektrischen Antriebssträngen zahlreiche Gestaltungsfreiräume eröffnet, die zur Erhöhung von Flexibilität, energetischer Effizienz und Fahrzeugsicherheit sowohl im Personen- wie auch im Gütertransport genutzt werden können.

Die bereits in der konventionellen Automobiltechnik verfolgte Modularisierungsstrategie, sämtliche Fahr- und Steuerungsfunktionen in wenigen Grundmodulen zu konzentrieren und diese Grundmodule durch nutzungsspezifische Aufbaumodule zu komplettieren, lässt sich bei autonomen Elektrofahrzeugen ohne Fahrerplatz deutlich konsequenter umsetzen und führt zu einer im klassischen Automobilbau bisher nicht ansatzweise erreichten Flexibilisierung von Produktion, Logistik, Service, Nutzung bis hin zum selbständigen Austausch der Aufbaumodule. Als exemplarisches Beispiel können die Entwurfsstudien (Bilder 22.4 bis 22.7) zum bipart eV – einem elektrischen Versuchsfahrzeug mit autonomen Fahrfunktionen nach VDA Klassifikation Level 5 „fahrerlos„ – herangezogen werden. Im Grundmodul (Bild 4) konzentriert sind alle für das autonome elektrische Fahren notwendigen Komponenten. Die Aufbaumodule, sogenannte CAPs, können von beliebigen Herstellern für ganz spezifische Anwendungsszenarien angeboten werden. Skalen-

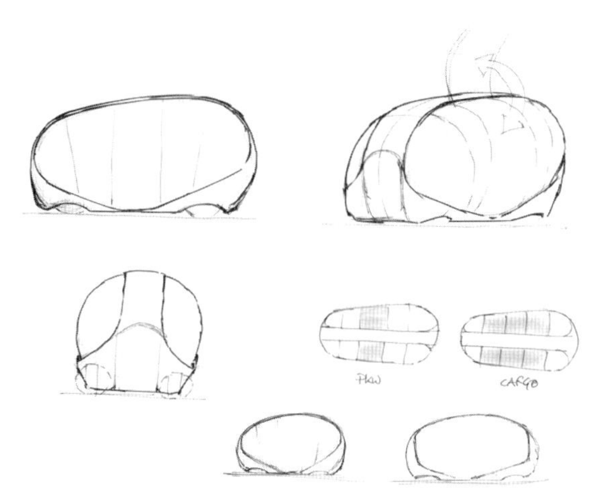

Abb. 22.4 Autonomes Grundmodul mit Sensormontage im Front-, Dach- und Heckbereich sowie anwendungsspezifischen Aufbaumodulen (Fraunhofer IML, IVI)

Abb. 22.5 bipart eV mit CAP zur Personenbeförderung (Fraunhofer IML, IVI)

effekte durch Wiederverwendung der Module und Entkopplung der Lebenszyklen einzelner Fahrzeugmodule steigern damit die Effizienz und Nachhaltigkeit des Fahrzeugbaus ganz erheblich.

Inwieweit autonome Fahrfunktionen einzelne Crashlastfälle sicher ausschließen und damit zu einer vereinfachten Auslegung der Karosserie beitragen, ist eine komplexe Fragestellung, die die mechanische Strukturfestigkeit des Fahrzeugaufbaus mit der Sicherheit des autonomen Fahrens verbindet.

Der erweiterte konstruktive Spielraum in der Gestaltung autonomer Fahrzeuge umfasst nicht allein die aus flexibel austauschbaren Modulen aufgebaute Fahrzeugstruktur, sondern auch die virtuelle oder mechanische Koppelfähigkeit (siehe

Abb. 22.6 Virtuell und mechanisch gekoppelte Module (Fraunhofer IML, IVI)

Abb. 22.5) zu mehrgliedrigen Fahrzeugverbänden, die vornehmlich in der Logistik oder in Transportsystemen des öffentlichen Verkehrs einsetzbar sind.

Dass Aufbaumodule für fahrerlose Fahrzeuge künftig durch OEM-ferne Hersteller unterschiedlichster Industriebranchen angeboten werden können, deutet neue Geschäftsmodelle und ein verändertes Wettbewerbsszenario im Automobil- und Nutzfahrzeugbereich an.

22.3 Autonome Transportsysteme der Logistik

Fahrerlose Transportfahrzeuge (FTF) in der Intralogistik gibt es bereits seit den 1960er Jahren. Die Steuerung basierte bei frühen Systemen auf der optischen Erkennung von Streifen am Boden, später auf induktiver Spurführung. Neuartige FTF, wie sie z. B. am Fraunhofer IML entwickelt wurden, bewegen sich hingegen frei im Raum und nutzen hybride Ortungssysteme aus Odometrie und Funksendern für die Positionierung. Selbstständig finden diese Transportroboter der neuesten Generation ohne Spurführung optimale Wege zum Bestimmungsort der Güter.

Menschen und andere Fahrzeuge werden dank eingebauter Sensorik erkannt und Hindernisse umfahren. Aktuell wurde für die Produktionslogistik bei BMW der

Abb. 22.7 Multi Shuttle am Fraunhofer IML (Fraunhofer IML, IVI)

„Smart Transport Robot" entwickelt, der sich unter anderem dadurch auszeichnet, dass erstmals Komponenten aus der Automobilindustrie für ein FTF verwendet werden. So erfolgt die Energieversorgung des STR beispielsweise durch wiederverwendete BMW-i3-Batterien. Weitere Serienteile aus der Automobilproduktion ermöglichen eine kostengünstige Produktion des koffergroßen Transportroboters, der bei einem Eigengewicht von nur 135 kg Lasten bis zu 550 kg heben, transportieren und absetzen kann. Dabei sind mit dem hochflexiblen System u. a. mit Autoteilen beladene Rolluntersetzer in der Produktionslogistik zu befördern. Zukünftig werden 3D-Kamerasysteme eine noch präzisere Navigation ermöglichen und auch die Kosten für die Sicherheitssensorik im Vergleich zu herkömmlichen FTF weiter senken.

Auch außerhalb der Produktionslogistik vollzieht sich ein dynamischer Wandel in Richtung automatisierten Fahrens. Dies betrifft einerseits die Automatisierung von Serien-Lkw – aktuell vorrangig in abgrenzbaren Bereichen (Werks- bzw. Hoflogistik) – wie anderseits auch ganz neue Konzepte sehr kleiner Fahrzeuge für den Einsatz im öffentlichem Raum wie den Zustellroboter von Starship Technologies, der elektrisch angetrieben mit wenig mehr als Schrittgeschwindigkeit und vorrangig auf Gehwegen für die Paketzustellung auf der letzten Meile eingesetzt wird.

Vollautomatisches Lkw-Fahren wird noch eine Reihe von Jahren der Erprobung und Weiterentwicklung erfordern, aber die Automatisierung in der Transportlogistik birgt große Potenziale. Neben Digitalisierung und neuen Antriebs- und Fahrzeugkonzepten ist dies einer der wesentlichen Veränderungstreiber und wird hinsichtlich der Anwendungsszenarien etwa am Fraunhofer IML erforscht.

22.4 Fahrerlose Arbeitsmaschinen in der Landtechnik

Robuste und einfache Werkzeuge wie Pflugschar, Egge, Sense oder Rechen haben über viele Jahrhunderte den Ackerbau in den verschiedenen Regionen der Welt dominiert. Wenn heute schwere Traktoren, komplexe Bodenbearbeitungseinheiten sowie vollautomatisierte Sä-, Dünge- und Erntemaschinen das Bild einer modernen, hochproduktiven Landbautechnik prägen, dann ist der Entwicklungszeitraum für diese Technologien im historischen Kontext gemessen außerordentlich kurz und dabei durchaus nicht widerspruchsfrei. Denn mit zunehmender Mechanisierung, größeren Arbeitsbreiten und steigender Automatisierung hat sich nicht nur die Produktivität, sondern auch das Maschinengewicht dramatisch erhöht. Traktoren mit Zugleistungen von mehr als 350 Kilowatt sind in der Lage, Drehmomente von einigen Tausend Newtonmeter aufzubringen und damit Arbeitsbreiten bei der Bodenbearbeitung bis 30 m zu realisieren, allerdings wiegen diese Traktoren 20 t und mehr. Derart schwere Technik auf unbefestigtem Feld zu bewegen, führt zu hohem

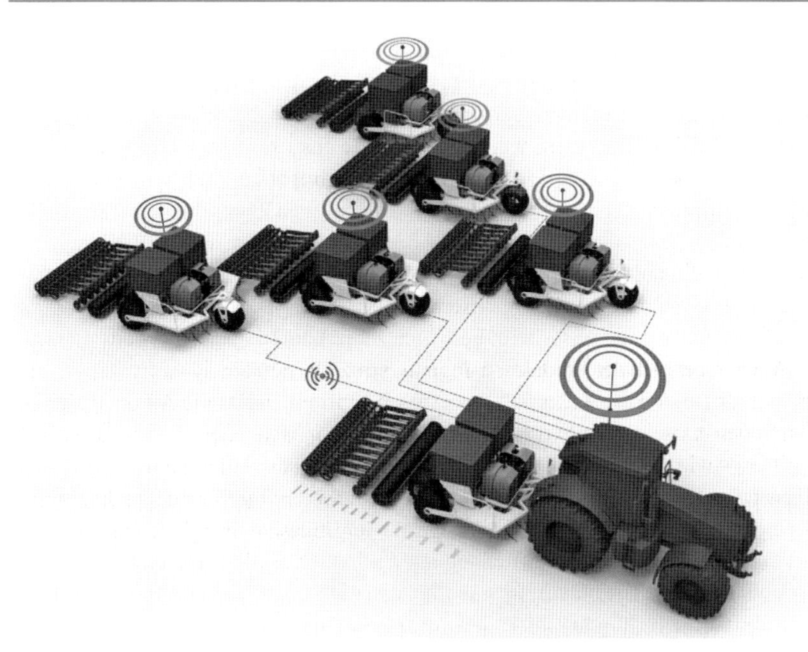

Abb. 22.8 Autonome Feldschwarm®-Einheiten für Bodenbearbeitung (© TU Dresden Lehrstuhl Agrarsystemtechnik) (Fraunhofer IML, IVI)

Kraftstoffbedarf und zu einer extremen Verdichtung der Ackerböden mit bleibender Schädigung bis in tiefere Schichten.

Die skizzierte Entwicklung verdeutlicht, dass ein nachhaltiger und auch im Hinblick auf die weltweite Ernährungssituation effizienter Landbau künftig völlig neue Wege beschreiten muss, um hochautomatisierte, möglichst vollständig elektrifizierte Landmaschinen bodenschonend einsetzen zu können. Sogenannte Feldschwarm®-Einheiten könnten sich als ein momentan noch visionärer, in den kommenden Jahren jedoch durchaus marktrelevanter Migrationspfad für zukünftige Landmaschinentechnik erweisen. Sie verfügen über emissionsfreie, hocheffiziente Antriebssysteme und realisieren die Feldbearbeitung in einem Schwarmverband. Die benötigte Zug- und Arbeitskraft wird in einem solchen Schwarm elektrisch auf die Räder und Arbeitswerkzeuge der Schwarmfahrzeuge verteilt. Feldschwarm®-Einheiten sind in der Lage, sich autonom zu bewegen und im Verband flexible Arbeitsbreiten sowie unterschiedlich gestaffelte Arbeitsprozesse abzudecken. Feldschwarm®-Technologien in leichter Bauweise – wie sie in dem großen, vom BMBF geförderten Forschungsvorhaben „Feldschwarm“ derzeit entwickelt werden

– schonen nicht nur den Ackerboden, sondern erreichen aufgrund der Elektrifizierung, der genauen Navigation, umfassender Sensorausstattung sowie autonomer Fahrfunktionen auch deutlich höhere Automatisierungs- und Energieeffizienzgrade als die gezogene, bisher noch weitgehend mechanisch oder hydraulisch angetriebene Gerätetechnik. Feldschwarm®-Einheiten sind damit prädestiniert, Schlüsseltechnologien für sich weltweit abzeichnende Entwicklungstrends zum Precision Farming oder Computer Aided Farming bereitzustellen. Fraunhofer ist mit seinen Instituten IVI und IWU maßgeblich an diesen Entwicklungen beteiligt.

22.5 Autonome Schienenfahrzeugtechnik

Durch die Spurführung und die durch Stellwerk und Fahrdienstleiter erfolgende weitestgehend externe Steuerung von Bewegungen von Schienenfahrzeugen ist die Automatisierung des Fahrens auf der Schiene im Vergleich zur Straße technologisch gut lösbar und in Teilen auch weit fortgeschritten. Fahrerloses Fahren im Schienenverkehr auf der freien Strecke ist in geschlossenen Systemen wie Teilen der Nürnberger U-Bahn [27] oder der Dortmunder H-Bahn schon lange Realität. Bei Neubauten werden Systeme zunehmend fahrerlos gestaltet (Kopenhagen oder die neuen Metrolinien 13 und 14 in Paris [28]). Bestehende U-Bahnsysteme werden zunehmend auf fahrerlosen Betrieb umgestellt [29]. Ein Beispiel ist neben der Nürnberger U-Bahn die Pariser Metrolinie 1 [28].

Im Gegensatz zur Automatisierung auf der Straße verbleiben wesentliche Steuerungsfunktionen nach wie vor in zentralen Leitstellen (Stellwerke). Im Fernverkehr erhofft man sich durch automatische und vorausplanende Steuerung neben einer verbesserten Nutzung der Kapazität auch Beiträge zum energieoptimierten Fahren. Gerade im Schienengüterverkehr ist großer Aufwand jedoch dort zu verbuchen, wo Züge zusammengestellt bzw. wieder getrennt werden, Rangierhandlungen erfolgen oder Ladestellen bedient werden. Hier werden mit großem Personal- und Materialaufwand wenige Tonnenkilometer zurückgelegt. Diese Funktionen sind zur Bündelung von Verkehren und zur Bedienung der Kunden unverzichtbar. Es werden Ansätze der Automatisierung sowohl aus Effizienzgründen als auch zur Verbesserung der Arbeitssicherheit diskutiert. Die Langlebigkeit von Rollmaterial und Bahninfrastruktur erfordert angepasste Migrationskonzepte z. B. mit einer Teilautomatisierung von Rangierbewegungen in Werksgeländen und Rangieranlagen, in denen eine Absicherung gegen Fehlhandlungen von anderen Verkehrsteilnehmern oder sonstiger Personen möglich ist. Dabei kann das automatisierte Fahren durchaus mit konventionellem Rangieren verknüpft und ggfs. auch mit Sensoren aus dem Automobilbereich [30] unterstützt werden, beispielsweise durch Radarsensoren zur Abstandsdetektion im Rangierbetrieb. Mit zunehmenden Erfahrungen aus teilautomatisierten Betriebsbereichen und weiterer Verbesserung der Sensorik wird im nächsten Schritt an den Einsatz fahrerlos fahrender Fahrzeuge auf regionalen Strecken gedacht.

22.6 Unbemannte Schiffe und Unterwasserfahrzeuge

Über 70% der Erdoberfläche sind mit Wasser bedeckt. Schiffe sind auf den Weltmeeren oft viele Wochen unterwegs und erfordern Besatzungen mit spezifischer nautischer Kompetenz. Die Realisierung autonom fahrender Schiffe wurde noch 2014 von 96% der deutschen Reeder für sehr unwahrscheinlich gehalten. Bereits zwei Jahre später waren 25% überzeugt, dass eine unbemannte Schifffahrt möglich ist (PWC, Reederstudie, Ausgaben 2014 und 2016). Anspruchsvolle Betriebsumgebungen auf hoher See, die Einschränkung der Datenübertragung und permanente Überwachung der technischen Systeme an Bord machten bislang neben offenen rechtlichen Fragen eine autonome Schifffahrt unwahrscheinlich – aber mittlerweile haben Industrieunternehmen, Klassifizierungsgesellschaften und Forschungseinrichtungen, nicht zuletzt das Fraunhofer CML in Hamburg, vielversprechende Fortschritte erreicht. Durch die Verbesserung und Beschleunigung der Datenübertragung, der fortschreitenden Digitalisierung und Entwicklung von Lösungen speziell für die autonome Schifffahrt scheint die Realisierung in Zukunft denkbar. Dabei fokussieren sich neuere Arbeiten auf Schiffe, die für den autonomen Einsatz auf festgelegten Relationen und nicht für den globalen Einsatz vorgesehen sind. Dann vorliegende Rahmenbedingungen machen eine permanente digitale Überwachung und Steuerung besser möglich. Die gewählten Einsatzbereiche bieten sich für wartungsarme Elektro- oder Hybridantriebe an. So wird in Norwegen derzeit ein elektrisch angetriebenes Container-Feeder-Schiff für Entfernungen bis 30 Seemeilen entwickelt, das nach einer Übergangsphase ab 2020 autonom operieren soll.

Das Fraunhofer CML hat sich in den vergangenen Jahren, zuerst im EU-geförderten Forschungsprojekt MUNIN [31], dann in Zusammenarbeit mit dem südkoreanischen Schiffbau- und Schiffstechnologieunternehmen Daewoo Shipbuilding and Marine Engineering DSME, intensiv mit Lösungen für unbemannte und autonom fahrende Handelsschiffe auseinandergesetzt. In diesem Kontext werden drei Schiffsführungssimulatoren eingesetzt, z. B. bei der Weiterentwicklung von Systemen für die eigenständige Durchführung von Ausweichmanövern. Da auch autonom fahrende Schiffe sich den international geltenden Kollisionsverhütungsregeln entsprechend verhalten müssen, um gefährliche Situationen und Kollisionen zu vermeiden, muss ihre Steuerung mindestens so zuverlässig reagieren, wie es auch

Abb. 22.9 Visualisierung eines autonomen Ausweichmanövers und Wetter Routings (Fraunhofer CML)

von einem menschlichen Steuermann vorschriftsmäßig erwartet würde. Die am Fraunhofer CML entwickelte Lösung ist in der Lage, Daten aus unterschiedlichen Sensorquellen wie Radar, Automatic Identification System (AIS) oder Tag- und Nachtsichtkameras zusammenzuführen und daraus ein Verkehrslagebild zu erstellen. Sollte die Situation es erfordern, wird auf Basis der internationalen Kollisionsverhütungsregeln ein Ausweichmanöver errechnet und durchgeführt. Die Simulationsumgebung wird ergänzt durch eine Landkontrollstation (Shore Control Center, SCC). Das SCC gestattet die Beobachtung und Kontrolle einer Flotte autonom navigierender Schiffe von Land aus. Im Regelbetrieb operieren diese auf hoher See, ohne auf externe Unterstützung angewiesen zu sein. Sollten automatisierte Bordsysteme jedoch durch eine Situation überfordert werden, kann durch das Shore Control Center umgehend eingegriffen werden. So leistet die Entwicklung von Assistenzsystemen für die Handelsschifffahrt auf dem Weg zur autonomen Schifffahrt bereits wichtige Beiträge für mehr Effizienz und Sicherheit an Bord.

Auch unter der Wasseroberfläche navigieren Fahrzeuge, um Unterwasserkarten zu erstellen, marine Sedimente zu untersuchen sowie Inspektionen und Vermessungen durchzuführen. Anwendungsgebiete sind neben der Meeresforschung die Vorbereitung der Verlegung von Tiefseekabeln und Pipelines bzw. deren Inspektion [32].

Abb. 22.10 Visualisierung des automatisierten Ausgucks – Objekterkennung durch Kamerasysteme (Fraunhofer CML)

Doch weder Funkwellen noch optische oder akustische Signale gestatten eine kontinuierliche Kommunikation unter Wasser. DEDAVE, ein vom Fraunhofer IOSB flexibles Tiefsee-Unterwasserfahrzeug, kann bis zu 6000 m tief tauchen, Missionen mit bis zu 20 h Dauer durchführen und ist mit mehreren Sensoren ausgestattet. Aufgrund der patentierten Schnellwechseleinrichtung für Batterien und Datenspeicher sind Wartungs- und Rüstzeiten geringer, was Dauer und Kosten einer Mission erheblich reduziert. Aktuelle Forschungsarbeiten untersuchen die Führung eines Schwarms, bestehend aus 12 intelligenten Tiefsee-Robotern [33].

Quellen und Literatur

[1] IHS Automotive (2014): Emerging technologies. Autonomous cars - Not if, but when
[2] Victoria Transport Institute (2013): Autonomous vehicle implementation predictions. Implications for transport planning. http://orfe.princeton.edu/~alaink/SmartDrivingCars/Reports&Speaches_External/Litman_AutonomousVehicleImplementationPredictions.pdf [letzter Zugriff: 03.07.2017]
[3] Strategy& (2014): Connected Car Studie 2014
[4] O. Wyman Consulting (2012): Car-IT Trends, Chancen und Herausforderungen für IT- Zulieferer
[5] Zentrum für europäische Wirtschaftsforschung ZEW, Niedersächsisches Institut für Wirtschaftsforschung (NIW) (2009): Die Bedeutung der Automobilindustrie für die deutsche Volkswirtschaft im europäischen Kontext. Endbericht an das BMWi
[6] McKinsey (2014): Connected car, automotive value chain unbound. Consumer survey

[7] Appinions (2014): Autonomous cars. An industry influence study
[8] J.R. Ziehn (2012): Energy-based collision avoidance for autonomous vehicles. Masterarbeit, Leibniz Universität Hannover
[9] M. Ruf, J.R. Ziehn, B. Rosenhahn, J. Beyerer, D. Willersinn, H. Gotzig (2014): Situation Prediction and Reaction Control (SPARC). In: B. Färber (Hrsg.): 9. Workshop Fahrerassistenzsysteme (FAS), Darmstadt, Uni-DAS e.V., S. 55-66
[10] J. Ziegler, P. Bender, T. Dang, and C. Stiller (2014): Trajectory planning for Bertha. A local, continuous method. In: Proceedings of the 2014 IEEE Intelligent Vehicles Symposium (IV), S. 450-457
[11] J.R. Ziehn, M. Ruf, B. Rosenhahn, D. Willersinn, J. Beyerer, H. Gotzig (2015): Correspondence between variational methods and hidden Markov models. In: Proceedings of the IEEE Intelligent Vehicles Symposium (IV), S. 380-385
[12] M. Ruf, J.R. Ziehn, D. Willersinn, B. Rosenhahn, J. Beyerer, H. Gotzig (2015): Global trajectory optimization on multilane roads. In: Proceedings of the IEEE 18th International Conference on Intelligent Transportation Systems (ITSC), S. 1908-1914
[13] J.R. Ziehn, M. Ruf, D. Willersinn, B. Rosenhahn, J. Beyerer, H. Gotzig (2016): A tractable interaction model for trajectory planning in automated driving. In: Proceedings of the IEEE 19th International Conference on Intelligent Transportation Systems (ITSC), S. 1410-1417
[14] N. Evestedt, E. Ward, J. Folkesson, D. Axehill (2016): Interaction aware trajectory planning for merge scenarios in congested traffic situations. In: Proceedings of the IEEE 19th International Conference on Intelligent Transportation Systems (ITSC), S. 465-472
[15] T. Emter und J. Petereit (2014): Integrated multi-sensor fusion for mapping and localization in outdoor environments for mobile robots. In: Proc. SPIE 9121: Multisensor, Multisource Information Fusion: Architectures, Algorithms, and Applications
[16] T. Emter, A. Saltoğlu, J. Petereit (2010): Multi-sensor fusion for localization of a mobile robot in outdoor environments. In: ISR/ROBOTIK 2010, Berlin, VDE Verlag, S. 662-667
[17] C. Frese, A. Fetzner, C. Frey (2014): Multi-sensor obstacle tracking for safe human-robot interaction. In: ISR/ROBOTIK 2010, Berlin, VDE Verlag, S. 784-791
[18] C. Herrmann, T. Müller, D. Willersinn, J. Beyerer (2016): Real-time person detection in low-resolution thermal infrared imagery with MSER and CNNs. In: Proc. SPIE 9987, Electro-Optical and Infrared Systems: Technology and Applications
[19] J. Uhrig, M. Cordts, U. Franke, T. Brox (2016): Pixel-level encoding and depth layering for instance-level semantic segmentation. 38th German Conference on Pattern Recognition (GCPR), Hannover, 12.-15. September
[20] C. Frese und J. Beyerer (2011): Kollisionsvermeidung durch kooperative Fahrmanöver. In: Automobiltechnische Zeitschrift ATZ Elektronik, Jg. 6, Nr. 5, S. 70-75
[21] C. Frese (2012): Planung kooperativer Fahrmanöver für kognitive Automobile. Dissertation, Karlsruher Schriften zur Anthropomatik, Bd. 10, KIT Scientific Publishing
[22] M. Düring, K. Lemmer (2016): Cooperative maneuver planning for cooperative driving. In: IEEE Intelligent Transportation Systems Magazine, Bd. 8, Nr. 3, S. 8-22
[23] J. Boudaden, F. Wenninger, A. Klumpp, I. Eisele, C. Kutter (2017): Smart HVAC sensors for smart energy. International Conference and Exhibition on Integration Issues of Miniaturized Systems (SSI), Cork, 8.-9. März
[24] https://www.fraunhofer.de/en/research/lighthouse-projects-fraunhofer-initiatives/industrial-data-space.html [letzter Zugriff: 03.07.2017]

[25] http://www.edda-bus.de/ [letzter Zugriff: 03.07.2017]
[26] F.-P. Schiefelbein, F. Ansorge (2016): Innovative Systemintegration für elektrische Steckverbinder und Anschlusstechnologien. In: Tagungsband GMM-Fb. 84: Elektronische Baugruppen und Leiterplatten (EBL), Berlin, VDE Verlag; F. Ansorge (2016): Steigerung der Systemzuverlässigkeit durch intelligente Schnittstellen und Steckverbinder im Bordnetz. Fachtagung Effizienzsteigerung in der Bordnetzfertigung durch Automatisierung, schlanke Organisation und Industrie-4.0-Ansätze, Nürnberg, 5. Oktober
[27] G. Brux (2005): Projekt RUBIN. Automatisierung der Nürnberger U-Bahn. Der Eisenbahningenieur, Nr. 11, S. 52-56
[28] http://www.ingenieur.de/Branchen/Verkehr-Logistik-Transport/Fahrerlos-Paris-Die-Metro-14-um-sechs-Kilometer-verlaengert [letzter Zugriff: 03.07.2017]
[29] A. Schwarte, M. Arpaci (2013): Refurbishment of metro and commuter railways with CBTC to realize driverless systems. In: Signal und Draht, Jg. 105, Nr. 7/8, S. 42-47
[30] Verband der Automobilindustrie e.V. (2015): Automatisierung Von Fahrerassistenzsystemen zum automatisierten Fahren; Institute for Mobility Research (2016): Autonomous Driving The Impact of Vehicle Automation on Mobility Behaviour
[31] http://www.unmanned-ship.org/munin/ [letzter Zugriff: 03.07.2017]
[32] https://www.fraunhofer.de/content/dam/zv/de/presse-medien/Pressemappen/hmi2016/Presseinformation%20Autonome%20Systeme.pdf [letzter Zugriff: 03.07.2017]
[33] https://arggonauts.de/de/technologie/ [letzter Zugriff: 03.07.2017]